普通高等教育"十二五"规划教材

大学化学实验

丛书主编　张四方

化学综合实验

本册主编　周成勇

中国石化出版社

内 容 提 要

本书内容的选择标准有二：一是实验内容的综合，同一个实验中包含两个或两个以上知识点的有机结合与渗透；二是实验方法的综合，综合运用两种或两种以上方法来完成同一个实验。全书共七个单元，包括无机物制备与测定、配合物制备与测定、有机物合成与表征、物质分离与检测、化学过程控制与分析、新型合成技术与应用、化学方法与具体应用等，旨在强化知识、方法的综合运用，在化学学科层面理解化学，用化学方法解决具体问题。

本书可以作为普通高等院校化学、应用化学专业的实验教材使用，也可作为相关人员的参考书。

图书在版编目（CIP）数据

化学综合实验／周成勇主编．—北京：中国石化出版社，2011.11（2015.7 重印）
（大学化学实验/张四方主编）
普通高等教育“十二五”规划教材
ISBN 978-7-5114-1264-5

Ⅰ. ①化… Ⅱ. ①周… Ⅲ. ①化学实验-高等学校-教材
Ⅳ. ①O6-3

中国版本图书馆 CIP 数据核字（2011）第 224542 号

中国石化出版社出版发行

地址：北京市东城区安定门外大街 58 号
邮编：100011　电话：(010)84271850
读者服务部电话：(010)84289974
http://www.sinopec-press.com
E-mail:press@sinopec.com
北京柏力行彩印有限公司印刷
全国各地新华书店经销
*
787×1092 毫米 16 开本 16.5 印张 411 千字
2015 年 7 月第 1 版第 3 次印刷
定价：38.00 元

序

在过去的100多年里，化学作为一门核心、实用、创造性科学，为人类认识物质世界和人类文明进步做出了巨大贡献。特别是近几十年来，数学、物理、生物、计算机学科和量子化学的迅速发展，以及在化学中的广泛应用，化学已从描述性学科逐渐走向推理性学科，化学研究的对象也从传统的原子、分子层次扩展到了原子、分子片、分子、超分子、多分子聚集态层次；按无机化学、有机化学、分析化学、物理化学、高分子化学划分的化学二级学科体系被打破，建构起了合成化学、分离化学、分析化学、物理化学、理论化学、化学生物学、纳米(材料)化学、绿色化学、化学信息学新体系；化学已成为研究从原子、分子片、分子、超分子，到分子和原子的各种不同尺度和不同复杂程度的聚集态和组装态的合成和反应、分离和分析、结构和形态、物理性能和生物活性及其规律和应用的自然科学。

化学学科的迅速发展，对化学人才的培养，特别是高素质创新人才的培养提出了更高的要求。高等院校作为我国高素质化学人才培养的重要基地，对高素质人才的培养将起到不可替代的作用。然而，我国高等化学教育长期以来一直沿用“专业化、专门化”的“窄、专、深”课程体系，使化学实验教学依附化学二级学科，化学实验的目的重在加深对理论的理解和技能的训练，人为地消弱了化学学科之间的内在联系与渗透，学生综合能力得不到有效提高，严重制约了高素质化学人才的培养。为了适应21世纪社会发展对高素质化学人才培养的需求，全面反映化学学科发展水平，中国石化出版社组织编写了普通高等教育“十二五”规划教材《大学化学实验》。

普通高等教育“十二五”规划教材《大学化学实验》编写时力求以培养高素质化学人才为宗旨，提高学生化学综合素质为目标，打破了传统化学实验教学的旧模式，建立了以能力培养渐进发展的新模式，使教材具备以下特点：

新颖性 编写体系上，根据社会对化学人才的需求和化学学科发展的变化，打破了传统化学实验教学依附于化学二级学科的实验教学模式，重建了以能力培养为核心的“技能、基础、综合、探究”能力培养新模式，强化了高素质化学人才能力培养在普通高等教育中的重要性；实验体例上，增加了实验背景、实验指导、实验拓展等内容。实验背景为学生课前准备实验提供了与本实验相关的背景材料，内容涉及相关物质的性质与用途、研究成果与动态、实验方法与技术等，旨在启发思维，拓展视野；实验拓展为学生实验后提供本实验延伸的参考思路，内容涉及知识迁移、方法迁移、应用迁移等，旨在举一反三，触类旁通；实验指导为学生在实验过程中如何高质量完成实验提供指导，内容涉及实验安全注意事项、实验操作关键和技巧等，旨在保证安全，提高效率。这些变化使《大学化学实验》与传统教材相比具有了一定的新颖性。

前导性 内容选择上，删除了那些内容陈旧、方法简单，不再适应高素质人才培养需求的实验，增加了能够反映当今化学学科成就的新技术、新方法、新成果，并将新能源、新材料、食品安全、绿色化学等与人类社会关系密切的化学内容纳入到了教材之中，突出了化学对社会所应承担的义务，使《大学化学实验》在内容上具备了一定的前导性。

系统性 《大学化学实验》共分6册：《化学技能训练》、《化学基础实验》、《化学综合实验》、《化学探究实验》、《中学化学实验研究》和《化学创新实验》。《化学技能训练》、《化学基础实验》、《化学综合实验》、《化学探究实验》构成了现代高等教育本科化学基本实验教学体系；《中学化学实验研究》为这个实验教学体系提供了教师教育延伸，为未来从事化学教育教学的学生提供专项培养；《化学创新实验》为这个实验教学体系提供了科学研究延伸，为未来从事科学研究和继续深造的学生提供专项培养。一个基本实验教学体系和两个专项培养模块使《大学化学实验》比传统化学实验教材更具系统性。

针对性 《大学化学实验》编写时充分考虑了“985”和“211”院校与一般高等院校人才培养目标和教学条件的差异，将《大学化学实验》使用的对象定位于一般高等院校的化学和应用化学专业。为了更好地适应一般高等院校的使用，教材内容选择不求仪器设备的高精尖，但求实验思路的异新变，教材内容为教学选择留出来足够的余地，使不同层次、不同类型的学校可以根据自身特点和区域特点进行特色办学、个性办学。

《大学化学实验》主要内容介绍如下：

《化学技能训练》 以教育部理科化学教学指导委员会制订的“化学、应用化学专业化学实验教学基本内容”为依据，包括实验安全、实验物品、样品采集、实验操作、测量仪器、数据处理、技能训练等内容，旨在规范和训练学生操作技能。

本册教学建议：教学在第1学期，时数为78学时。

《化学基础实验》 以教育部理科化学教学指导委员会制订的“化学、应用化学专业化学实验教学基本内容”为依据，包括重要常数测定、物质性质检验、无机物质制备、有机物质制备、物质分离鉴定、化学方法分析、仪器方法分析、重要参数测定和化学过程操作等内容，旨在强化化学实验操作和学习解决化学问题的基本方法。

本册教学建议：教学在第2、3、4、5学期，时数为216学时。

《化学综合实验》 内容选择标准有二，一是实验内容的综合性，一个实验含有两个或两个以上知识点的有机结合与渗透；二是实验方法(或手段)的多元性，综合运用两种或两种以上方法和手段来完成同一个实验。包括无机物制备与分析、配合物制备与测定、有机物合成与表征、物质的分离与检测、物质参数控制与测量、新技术训练与应用等内容，旨在强化知识、方法的综合运用，在化学学科层次理解化学。

本册教学建议：教学在第6学期，时数为54学时。

《化学探究实验》 提出课题，给出背景材料，通过学生的创新活动，共同构成学生的科学训练计划。包括合成路线设计、反应过程控制、物质分离提纯、物质结构表征、性能参数测定等内容，旨在帮助学生构建科学研究意识，提升科学探究能力，实现自我价值。

本册教学建议：教学在第7学期，时数为54学时。

《中学化学实验研究》 以中学化学实验教学内容为研究对象，通过科学探究，了解过程与结果之间的关系，为未来从事化学实验教学储备能量。包括典型高中化学实验、典型初中化学实验、改进型化学实验、手持化学实验、综合化学实验和探究化学实验等内容，旨在为学生未来从事化学教学做准备。

本册教学建议：教学在第7学期，时数为51学时。

《化学创新实验》 实验内容来自于教师科研项目成果、大学生创新性实验成果、化学学科的研究成果等。内容包括无机物、有机物、高分子化合物的合成与表征，新型功能性材料的制备与功能研究，食品、环境、化工等领域的化学问题与解决，旨在为学生从事科学研究和研究生学习做准备。

本册教学建议：教学在第7学期或第8学期，时数为54学时。

《大学化学实验》由张四方任总主编。参编院校有：太原师范学院、海南师范大学、晋中学院、忻州师范学院、运城学院和长治学院。所有分册的编写思路、实验内容、实验体例等都由大家共同讨论，充分酝酿确定，是集体智慧的结晶。《大学化学实验》的编写得到了参编院校、中国石化出版社的大力支持，太原师范学院教务处和中国石化出版社任翠霞老师给予了大力协助，在此向他们表示衷心的感谢。在编写过程中，我们参阅了大量文献资料，在此也衷心地向参阅文献的所有作者表示最诚挚谢意。

由于编者水平所限，加之时间仓促，教材中存在不妥之处，真诚希望读者提出宝贵意见。

张四方

前　言

《化学综合实验》是完成《化学技能训练》、《化学基础实验》教学之后，在化学学科层面对化学知识、实验方法综合运用的一门实验课程，是高等教育本科化学基本实验教学体系的重要组成部分。旨在强化化学知识、方法的综合运用，加强在化学学科层面对化学的理解，学习用化学方法解决具体问题。

《化学综合实验》的编写以高等化学教育改革为指导，以培养高素质化学人才为目的。内容选择上涉及无机物制备与测定、配合物制备与测定、有机物合成与表征、物质分离与检测、化学过程控制与分析、新型合成技术与应用、化学分析方法与应用等，体现了实验过程的综合性；体例设计上以提高学生科学素养为宗旨，构建了实验目的、实验背景、实验原理、实验步骤、实验指导、实验拓展、实验思考新体例，体现了"了解化学体系、掌握化学原理、剖析化学困惑、扩散化学思维"的科学教育思路；方法选择上既有传统的实验方法，又有新型的实验方法，体现了化学研究方法的前导性。通过这些努力，使本教材具备了综合性、教育性、前导性。

《化学综合实验》共有7个单元，其内容介绍如下：

单元1　无机物制备与测定，包括硫代硫酸钠、高锰酸钾、硫酸铝、明矾、过氧化钙、试剂级氯化钠、聚合硫酸铁净水剂等物质的制备及纯度、含量、性能测定。

单元2　配合物制备与测定，包括多酸化合物、三草酸合铁(Ⅲ)酸钾、双水杨醛缩乙二胺合钴(Ⅱ)、硫酸四氨合铜(Ⅱ)、三氯化六氨合钴(Ⅲ)、铬(Ⅲ)配合物、配合物几何异构体等物质的制备及组成、性能测定。

单元3　有机物合成与表征，包括安息香、二苯乙二酮、二苯基乙醇酸、乙酰乙酸乙酯、乙酰二茂铁、阴离子表面活性剂、甲基叔丁基醚、2-乙酰基环己酮、8-羟基喹啉及其铝配合物等化合物的合成及组成、结构表征。

单元4　物质分离与检测，包括槐米中芦丁的提取、水解及其水解产物的分离和鉴定、铜(Ⅱ)和钴(Ⅱ)的连续萃取与测定、离子配合物的离子交换分离及可见光谱分析、菠菜中色素的提取分离及含量测定、食品中苯甲酸与山梨酸和糖精的分离、浊点萃取－可见分光光度法测定水中痕量铜、超声波辅助法提取苹果渣中的总黄酮等。

单元5　化学过程控制与分析，包括蔗糖酶的制备及其米氏常数测定、银在氢氧化钾溶液中的电化学行为研究、聚乙烯醇相对分子质量及分子构型测定、凝胶法制备γ-Al_2O_3及比表面测定、二氧化钛微粉的制备及其表面电性质测定、季铵盐型 Gemini 表面活性剂的合成及性能表征等。

单元6　新型合成技术与应用，包括超声波法、微波法、高压法、电化学法、相转移催化法、光化学法、水热法等新技术在合成化合物的运用及合成产物分析。

单元7　化学分析方法与应用，包括食品、植物、头发、水泥、饮用水中化学成分的分析和检测等。

教材使用建议：教学安排在第6学期，教学时数54学时。

本教材由长治学院周成勇担任主编，并由周成勇、张四方、李军修改并统校全稿。参加编写的有：太原师范学院陈娟(单元1)、忻州师范学院尹爱萍(单元2)、长治学院韩小见(单元3)、晋中学院白官(单元4，单元7)、运城学院刘赵荣(单元5)、长治学院周成勇(单元6)。太原师范学院、海南师范大学、长治学院、晋中学院、忻州师范学院、运城学院等院校参与了全书的审稿。在编写过程中，我们参阅了大量文献和资料，在此向这些文献和资料的作者表示衷心感谢，中国石化出版社和长治学院给予了大力支持，白官和吕秀清对全书的图表进行了绘制和加工，在此也向他们表示诚挚的感谢。

由于编者的水平所限，加之时间仓促，教材的不妥之处，恳请读者提出宝贵意见。

周成勇

2011年7月于长治学院

目　录

单元1　无机物制备与测定

实验一　硫代硫酸钠的制备和纯度测定

实验目的

(1) 进一步练习冷凝管的安装和回流操作；

(2) 进一步练习气体发生、器皿连接等操作；

(3) 学习硫代硫酸钠的两种制备方法，锻炼学生的综合能力；

(4) 掌握硫代硫酸钠的基本化学性质及纯度检测方法。

实验背景

硫代硫酸钠($Na_2S_2O_3 \cdot 5H_2O$)，又名大苏打、海波。无色晶体，极易溶于水，不溶于乙醇；在33℃以上的干燥空气中易风化，在潮湿空气中易潮解；加热至100℃，会失去5个结晶水；在中性和碱性溶液中稳定，酸性溶液中分解；$S_2O_3^{2-}$中两个硫原子呈不同的氧化态：一个+6价，一个−2价，是一种中等强度的还原剂；具有较强的配位能力。

硫代硫酸钠除了在分析化学中用来定量测定碘，也是非常重要的无机化工原料。照相业常用作洗相的定影剂；鞣革时作为重铬酸盐的还原剂；在纺织工业中用于棉织品漂白后的脱氯剂、染毛织物的硫染剂、靛蓝染料的防白剂、纸浆脱氯剂；医药工业中用作洗涤剂、急救解毒剂和褪色剂等；还用于四乙基铅、染料中间体等的制造和矿石提银等。

硫代硫酸钠的制备方法主要有两种：一是亚硫酸钠法，以亚硫酸钠为原料，与硫磺化合生成硫代硫酸钠，该方法设备简单，操作简便；另一种是硫化钠中和法，以工业硫化钠和碳酸钠为原料，再通入SO_2气体制得硫代硫酸钠，该方法原料简单易得，成本较低。

本实验采用两种方法制备硫代硫酸钠，进行比较研究，以锻炼学生综合运用知识和解决问题的能力。

实验原理

1. 亚硫酸钠法制备硫代硫酸钠

亚硫酸钠法是工业和实验室中制备$Na_2S_2O_3 \cdot 5H_2O$的主要方法。将亚硫酸钠溶液在沸腾温度下与硫粉化合，即可生成硫代硫酸钠。经抽滤、浓缩、结晶制得$Na_2S_2O_3 \cdot 5H_2O$。反应方程式如下：

$$Na_2SO_3 + S + 5H_2O \xlongequal{\quad} Na_2S_2O_3 \cdot 5H_2O$$

2. 硫化钠中和法制备硫代硫酸钠

(1) 硫化钠的提纯　纯的硫化钠为无色晶体，工业硫化钠因含有大量杂质如重金属硫化物、煤粉等，呈现红褐色或棕黑色。本实验采取非水溶剂重结晶法提纯硫化钠，将硫化钠溶于热的酒精中，趁热过滤除去难溶性杂质，冷却后硫化钠晶体析出，其他可溶性杂质则留在母液中除去。

（2）硫代硫酸钠的制备　在硫化钠和碳酸钠的混合溶液中，通入二氧化硫气体饱和。反应方程式如下：

$$2Na_2S + 4SO_2 + Na_2CO_3 \xlongequal{} 3Na_2S_2O_3 + CO_2\uparrow$$

主要包含下面三步反应：

$$SO_2 + Na_2CO_3 \xlongequal{} Na_2SO_3 + CO_2\uparrow$$
$$2Na_2S + 3SO_2 \xlongequal{} 2Na_2SO_3 + 3S$$
$$Na_2SO_3 + S \xlongequal{} Na_2S_2O_3$$

反应中碳酸钠用量不宜过少。如用量过少，则中间产物亚硫酸钠量少，使析出的硫不能全部生成硫代硫酸钠。

反应完毕后，过滤得到硫代硫酸钠溶液，然后蒸发浓缩、冷却结晶、过滤即可得到 $Na_2S_2O_3 \cdot 5H_2O$ 晶体。

仪器试剂

仪器：圆底烧瓶　水浴锅　直管（或球形）冷凝管　铁架台　酒精灯　抽滤瓶　布氏漏斗　烧杯　锥形瓶　分液漏斗　橡皮塞　打孔器　蒸馏烧瓶　洗气瓶　磁力搅拌器　台秤　碱吸收瓶　螺旋夹　烘箱　表面皿　螺旋夹　橡皮塞

试剂：工业硫化钠（s）　无水亚硫酸钠（s）　$NaCO_3$（s）　$Pb(Ac)_2$ 溶液（10%）　乙醇（95%）　H_2SO_4（浓）　NaOH（$6mol \cdot L^{-1}$，10%）　HAc - NaAc 缓冲溶液　I_2 标准溶液（$0.10mol \cdot L^{-1}$）　淀粉溶液（0.2%）　酚酞　HAc（28%）　pH 试纸

实验步骤

1. 亚硫酸钠法制备硫代硫酸钠

称取无水亚硫酸钠 12.6g 置于烧杯中，加 75mL 水，用表面皿作盖，加热，搅拌溶解，继续加热到近沸。再称研碎的硫磺粉 4g 放在小烧杯中，加水和乙醇各半，将其调成糊状（为什么?）；在搅拌下分次加入近沸的亚硫酸钠溶液中，继续加热沸腾（为什么?），保持 1 ~ 1.5h。注意：沸腾过程中，要经常搅拌，并且将烧杯壁上黏附的硫用少量水冲淋下去，同时可补偿水分的蒸发损失。

反应完毕，趁热用布氏漏斗减压过滤，弃去未反应的硫磺粉。滤液转入蒸发皿中，并放在石棉网上加热浓缩到大约等于 20mL，搅拌，冷至室温，如无晶体析出，可加几粒硫代硫酸钠晶种，搅拌，即有大量晶体析出。用布氏漏斗过滤，用少量乙醇洗涤晶体，并用玻璃棒轻压晶体，尽量抽干，取出晶体置于烘箱内，在 40℃ 下干燥 1 h（为什么不能高温?）。冷却、称重，计算产率。

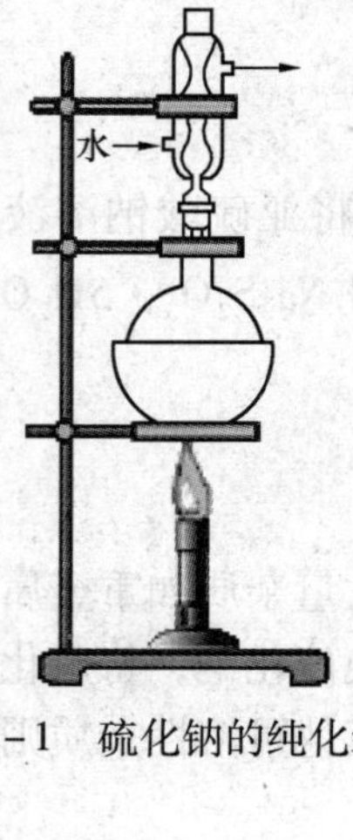

图 1 - 1　硫化钠的纯化装置

2. 硫化钠中和法制备硫代硫酸钠

（1）硫化钠的提纯　称取研碎的工业级硫化钠 18g，置于 500mL 的烧瓶中，再加入 150mL 95% 乙醇和 8mL 蒸馏水。将烧瓶放在水浴锅里（为什么?），烧瓶上装一支 300mm 长的直管（或球形）冷凝管，并向冷凝管中通入冷却水（如图 1 - 1 所示）。加热使水浴锅中的水保持沸腾，回流约 40min（为什么?）。

停止加热，使烧瓶在水浴锅上静置 5min，然后取下烧瓶，用两层滤纸趁热抽滤(为什么?)，除去不溶性杂质。将滤液转入一只 250mL 的烧杯中，不断搅拌促使硫化钠晶体大量析出。再冷却至室温。冷却后倾析出上层母液。得到的硫化钠晶体用少量 95% 乙醇倾析法洗涤 2 次，然后抽滤。抽干后，再用滤纸将产品吸干，所得产品组成相当于 $Na_2S \cdot 5H_2O$。母液装入指定的回收瓶中。

(2) 硫代硫酸钠的制备　称取提纯后的硫化钠 15g，放入 250mL 锥形瓶中，再加入一定量的 Na_2CO_3(根据化学计量关系计算)。向锥形瓶中注入 150mL 蒸馏水使其溶解(可适当加热，促进溶解)。

按图 1-2 安装好制备硫代硫酸钠的装置。在分液漏斗中，注入浓 H_2SO_4，蒸馏烧瓶中加入亚硫酸钠固体(比理论量稍多些)，在碱吸收瓶中注入 $6mol \cdot L^{-1}$ NaOH 溶液，以吸收多余的 SO_2 气体。

打开分液漏斗，使 H_2SO_4 慢慢滴下，打开螺旋夹，适当调节螺旋夹(防止倒吸)，使 SO_2 气体均匀地通入 $Na_2S - Na_2CO_3$ 混合溶液中，打开电磁搅拌器搅拌。随着 SO_2 气体的通入，可发现有大量浅黄色的硫渐渐析出(为什么?)，继续通 SO_2 气体，反应进行约半小时，待溶液的 pH 值等于 7 时(为什么不能小于 7?)，停止通入 SO_2 气体。

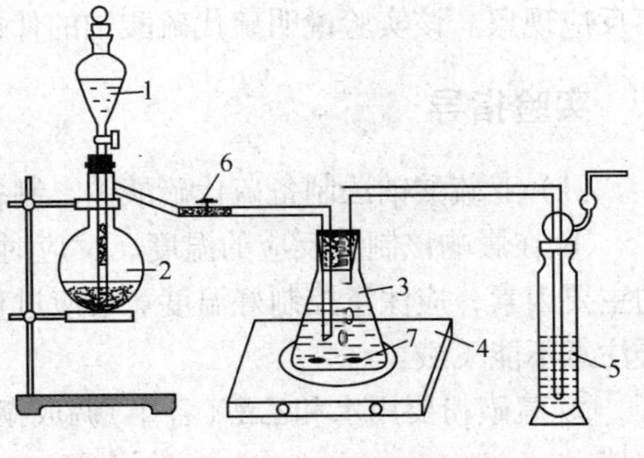

图 1-2　制备硫代硫酸钠的装置

1—分液漏斗；2—蒸馏烧瓶；3—锥形瓶；4—电磁搅拌器；5—碱吸收瓶；6—螺旋夹；7—小磁铁

过滤所得的硫代硫酸钠溶液，然后将其转移至烧杯中，蒸发浓缩，直至溶液中有一些晶体析出时，停止蒸发，冷却到室温，使 $Na_2S_2O_3 \cdot 5H_2O$ 结晶析出，待结晶完全后，抽滤，用 95% 乙醇洗涤 2 次，抽干。将晶体放入烘箱，在 40℃ 下干燥 40 ~ 60min，冷却后称量，计算产率。

$$Na_2S_2O_3 \cdot 5H_2O \text{ 的产率}(\%) = \frac{b \times 2 \times 78.06}{a \times 3 \times 248.21} \times 100\%$$

式中　b——所得 $Na_2S_2O_3 \cdot 5H_2O$ 晶体的克数，g；

a——硫化钠的用量，g；

78.06——硫化钠的摩尔质量，$g \cdot mol^{-1}$；

248.21——$Na_2S_2O_3 \cdot 5H_2O$ 的摩尔质量，$g \cdot mol^{-1}$。

3. 产品中 $Na_2S_2O_3 \cdot 5H_2O$ 含量的测定

用分析天平准确称取 0.5g 自制的硫代硫酸钠样品，置于锥形瓶中，用少量蒸馏水溶解，滴入 2 滴酚酞(为什么?)，再注入 10mL HAc - NaAc 缓冲溶液，以保证溶液的弱酸性。然后用 $0.1mol \cdot L^{-1}$ 的 I_2 标准溶液滴定，以淀粉为指示剂，滴到 1min 内溶液的蓝色不褪掉为终点，记录所用的 I_2 标准溶液体积，按下式计算产品纯度：

$$w_{Na_2S_2O_3 \cdot 5H_2O} = \frac{c \times V \times 0.24820 \times 2}{m} \times 100\%$$

式中　V——所用 I_2 标准液的毫升数，mL；

c——I_2 标准液的物质的量浓度，$mol \cdot L^{-1}$；

m——所取 $Na_2S_2O_3 \cdot 5H_2O$ 样品的质量，kg。

4. 性质检测

取0.3g自制的硫代硫酸钠产品，溶解于10mL蒸馏水中，配成溶液，作如下实验：

(1) 取1mL上述溶液于试管中，向试管中滴加$1mol \cdot L^{-1}$的HCl溶液，振荡，观察现象。用酸化的$K_2Cr_2O_7$溶液润湿的滤纸条放在试管口的上方，观察滤纸条颜色的变化，该现象说明硫代硫酸钠的什么性质？

(2) 取1mL上述溶液于试管中，往试管中滴加碘水，观察现象。该实验说明硫代硫酸钠的什么性质？

(3) 在试管中加入5滴$0.1mol \cdot L^{-1}$ $AgNO_3$溶液，再缓慢滴加硫代硫酸钠溶液，仔细观察反应现象。该实验说明硫代硫酸钠的什么性质？

实验指导

(1) 亚硫酸钠法制备硫代硫酸钠，制备过程中应注意以下几点：

① 在影响该制备反应的温度、反应时间和搅拌速度等因素中，温度是影响产率和含量的主要因素，应注意控制好温度。反应过程中始终要保持沸腾，蒸发的水分要及时补充，还要注意不能飞溅。

② 硫磺粉要用水和乙醇(各半)调成糊状后，分次加入沸腾的亚硫酸钠溶液中，并不断搅拌。

③ 反应结束后一定要趁热减压过滤。

④ 蒸发浓缩的终点判断：滤液蒸发至连续不断地产生大量小气泡，且呈现黏稠，即为蒸发浓缩终点。如果滤液蒸发过度，结晶水不足，得到的产物不呈晶态而呈非晶态白色块状物。蒸干会使硫代硫酸钠分解。

(2) 硫化钠中和法制备硫代硫酸钠，制备过程涉及到多种操作技能，应注意：

① 将硫化钠溶于乙醇并加热时，要把烧瓶放在水浴锅里并回流40min(理解其中的原因)。

② 冷凝管的安装要正确。

③ 制备硫代硫酸钠的装置连接要通畅，气密性要好，反应前要检查气密性。

④ 分液漏斗中浓硫酸的滴速不能太快，反应不能太剧烈，产生的二氧化硫气体要均匀。

⑤ 螺旋夹打开后要注意观察气体通过情况，及时调节，防止锥形瓶里的溶液倒吸。

⑥ 通二氧化硫气体过程中要仔细观察锥形瓶里的变化，要不断检测瓶中溶液的pH值，严格控制$pH=7$时停止通气，不能小于7。检测锥形瓶里溶液pH值时，要注意二氧化硫气体的泄漏。

⑦ 本实验要用到浓硫酸，要特别小心！

⑧ 二氧化硫具有刺激性气味，对人体和环境会有毒害和污染。所以制备硫代硫酸钠的装置最好安装在通风橱中进行实验！

(3) 产品中五水硫代硫酸钠的含量用碘量法测定时，要加入HAc－NaAc缓冲溶液。

实验拓展

1. 洗印照片

在洗相时，相纸(感光材料)经曝光之后，形成肉眼看不见的潜影，这种潜影必须经过冲洗加工，才能形成可见的影像。由此可见，冲洗加工是感光材料形成影像不可缺少的重要手段，冲洗步骤为：显影、定影、水洗、干燥。

（1）显影：将已曝光的感光材料浸入显影液中，使曝光的卤化银颗粒与显影液发生反应，卤化银被还原成金属银，形成可见的影像。其主要反应如下：

$$HOC_6H_4OH + 2AgBr \xlongequal{} C_6H_4O_2 + 2Ag + 2HBr$$

（2）定影：相纸在乳剂层中还有大部分未感光的溴化银存在，因此要将感光材料上未感光的卤化银颗粒除去，否则见光之后还会发生变色，使可见的影像无法稳定保存。硫代硫酸钠的定影作用是由于它能与溴化银反应生成易溶于水的配合物。定影过程可用下列反应式表示：

$$AgBr + 2Na_2S_2O_3 \xlongequal{} Na_3[Ag(S_2O_3)_2] + NaBr$$

（3）水洗：经定影后的感光材料必须进行充分的水洗，除去残留在感光材料上的药液，有利于影像的保存。

（4）干燥：水洗后的感光材料，经过干燥，就可以得到稳定的影像。

2. 酸性坚膜定影液配方(柯达 F－5)

温水(52℃)700mL、硫代硫酸钠 240g、无水亚硫酸钠 15g、乙酸(28%)48mL、硼酸 7.5g、钾明矾 15g，加水至 1000mL。

3. 中性显影液配方(柯达 D－72)

温水(52℃)750mL、米突尔 3.1g、无水亚硫酸纳 45g 、对苯二酚 12g、无水碳酸钠 67.5g、溴化钾 1.9g，加水至 1000mL。

实验思考

1. 在硫化钠和碳酸钠的混合溶液中通入二氧化硫是放热反应还是吸热反应？为什么？
2. 制备硫代硫酸钠的两种方法各有什么优缺点？实验室使用哪一种更好些？
3. 结晶时为什么要加硫代硫酸钠晶种？
4. 所得产品硫代硫酸钠晶体一般只能在 40～50℃烘干，温度高了，会发生什么现象？

实验二　高锰酸钾的制备及纯度测定

实验目的

（1）练习熔融、浸取、过滤和结晶等基本操作；
（2）了解定量测定产品中高锰酸钾含量的方法；
（3）掌握锰的各种氧化态之间的相互转化；
（4）掌握碱熔氧化法制备高锰酸钾的基本原理和操作方法。

实验背景

高锰酸钾是暗紫色的针状晶体，水溶液为紫红色，见光或受热会发生分解，高锰酸钾是一种强氧化剂，常用作分析化学试剂，还可用作织物和油脂的漂白剂，在医药上常用作杀菌剂，高锰酸钾稀溶液(0.1%)常用于餐具和水果的消毒。

工业上制备高锰酸钾常用的方法有碳化法和电解法。

碳化法以软锰矿粉和KOH为原料，先制得K_2MnO_4溶液。然后用净化的CO_2处理溶液，根据MnO_4^{2-}在酸性介质中歧化的性质，可制得$KMnO_4$。此法设备简单，耗能少，使用普遍，但产率不高。

电解法是先制得锰酸钾，然后对锰酸钾溶液进行电解来制备高锰酸钾。电解法产率较高，但是需要的电极材料镍片较昂贵，且电解时间较长，工业上常用，但不适合学生实验。

本实验采取碳化法制备高锰酸钾。

实验原理

软锰矿的主要成分是二氧化锰，在实验室常用二氧化锰固体代替。将二氧化锰在较强氧化剂（如氯酸钾）存在下与碱共熔，即可得到墨绿色的锰酸钾晶体，反应式如下：

$$3MnO_2 + KClO_3 + 6KOH = 3K_2MnO_4 + KCl + 3H_2O$$

得到的锰酸钾固体用水浸取后，随着溶液碱性降低，水溶液中的MnO_4^{2-}不稳定，会发生歧化反应。在弱碱性和近中性介质中，歧化反应趋势较小，反应速度也较慢。但在弱酸性介质中，锰酸根离子易发生歧化反应，生成高锰酸根离子和二氧化锰。反应式如下：

$$3MnO_4^{2-} + 2H_2O = 2MnO_4^- + MnO_2 \downarrow + 4OH^-$$

向锰酸钾的溶液中通入二氧化碳气体，可发生如下反应：

$$3K_2MnO_4 + 2CO_2 = 2KMnO_4 + 2K_2CO_3 + MnO_2 \downarrow$$

固液分离，可得到高锰酸钾溶液，因为$KMnO_4$的溶解度比K_2CO_3和KCl小得多，经浓缩结晶可得到暗紫色的高锰酸钾针状晶体。

产品中高锰酸钾的含量可用草酸钠标准溶液测定。反应式如下：

$$5C_2O_4^{2-} + 2MnO_4^- + 16H^+ = 2Mn^{2+} + 10CO_2 \uparrow + 8H_2O$$

仪器试剂

仪器：铁坩埚　启普发生器　坩埚钳　泥三角　布氏漏斗　抽滤　烘箱　蒸发皿　烧杯　表面皿　8号铁丝　防护眼镜　厚的确凉布　酸式滴定管　分析天平　容量瓶　锥形瓶　恒温水浴锅　酒精灯

试剂：二氧化锰(s)　氢氧化钾(s)　氯酸钾(s)　大理石(s)　H_2SO_4($3mol \cdot L^{-1}$)　盐酸（工业）　$Na_2C_2O_4$标准溶液($0.01mol \cdot L^{-1}$)

实验步骤

1. 高锰酸钾的制备

（1）二氧化锰的熔融氧化　称取2.5g氯酸钾固体和5.2g氢氧化钾固体，放入铁坩埚中（为什么不用瓷坩埚?），用铁棒（为什么不用玻璃棒?）混合均匀。将铁坩埚放在泥三角上，用坩埚钳夹紧，小火加热，边加热边用铁棒搅拌。待混合物熔融后，将3g二氧化锰固体分2次加入铁坩埚中，快速搅拌均匀，随着熔融物的黏度增大，用力加快搅拌以防结块或粘在坩埚壁上。待反应物干涸后，提高温度，强热5min，得到墨绿色锰酸钾熔融物。

（2）浸取　待盛有熔融物的铁坩埚冷却后，用铁棒尽量将熔快捣成粉末，并将其侧放于盛有 80mL 蒸馏水的 250mL 烧杯中以小火共煮，直到熔融物全部溶解为止，小心用坩埚钳取出坩埚。

（3）二氧化碳的制备　用启普发生器制备 CO_2，如图 1－3 所示安装好装置，检查好气密性，加入适量的大理石块和稀盐酸，打开旋塞即可产生气体。

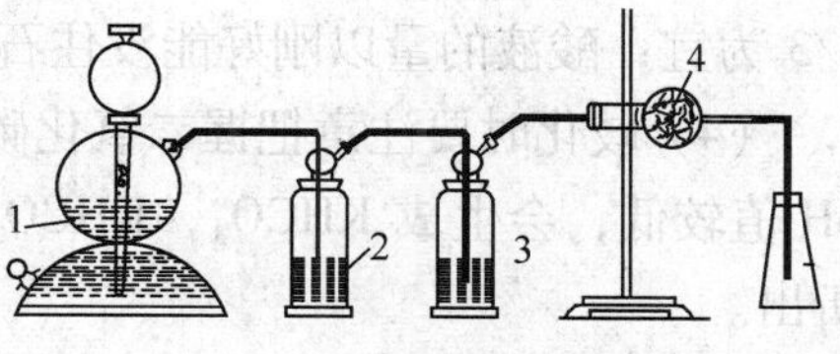

图 1－3　二氧化碳的制备装置
1—大理石和稀盐酸；2—硫酸铜溶液；3—碳酸氢钠溶液；4—无水氯化钙

（4）锰酸钾的歧化　趁热向浸取液中通二氧化碳气体，使锰酸钾歧化，用玻璃棒（为什么不用铁棒？）沾取溶液于滤纸上观察，如果滤纸上只有紫红色而无绿色痕迹，即表示锰酸钾已歧化完全，pH 值应在 10～11之间，立即停止通气，静止片刻，用铺有厚的确凉布的布氏漏斗减压过滤（为什么不用滤纸？）。

（5）滤液的蒸发结晶　将滤液倒入蒸发皿中，用水浴蒸发浓缩至表面开始出现 $KMnO_4$ 晶膜为止，自然冷却，待晶体完全析出后，用铺有厚的确凉布的布氏漏斗抽滤，将 $KMnO_4$ 晶体抽干。

（6）高锰酸钾晶体的干燥　把晶体转移到已知质量的表面皿中，用玻璃棒将其散开，放入烘箱中 80℃ 烘 30min（为什么温度不能太高？），冷却后称量，计算产率。

2. 高锰酸钾纯度分析

用差减法准确称量 1.0000g 左右自制的高锰酸钾固体，放入小烧杯中，加少量水溶解，然后转移到 100mL 容量瓶定容。将配好的溶液小火煮沸 1h，过滤除去杂质。

在 250mL 锥形瓶中加入 0.0100mol · L^{-1} 草酸钠标准溶液 20mL，再加入 15mL 3mol · L^{-1} 的 H_2SO_4，水浴加热至 75～85℃（为什么？），趁热用上述配好的高锰酸钾溶液进行滴定，开始时滴定要缓慢，待溶液中产生 Mn^{2+} 后，滴定速度可加快（为什么？），直到溶液呈现微红色并持续半分钟内不褪色即为终点。平行滴定 3 份，记录所用高锰酸钾溶液体积，计算产品中高锰酸钾的含量。

3. 锰各种氧化态间的相互转化（选做）

利用自制高锰酸钾晶体，设计实验步骤，实现锰的各种氧化态之间的相互转化。写出有关反应的离子方程式。

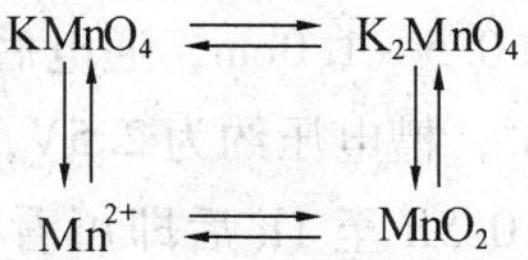

实验指导

（1）二氧化锰的熔融氧化是本实验操作的第一个关键步骤，实验时有一定难度。要注意：

① 氯酸钾和氢氧化钾固体必须完全熔化后，才能加入二氧化锰，边加边快速搅拌，使固体之间充分反应。

② 反应比较激烈，要注意防护，严禁其他药品放在酒精灯周围。

③ 随着熔融物黏度增大，一定要大力搅拌防止结块，此时铁坩埚一定要夹紧。

④ 最后要强热 5min，并用铁棒将熔融物捣碎，熔融物应为墨绿色粉末状，不能是黑色，否则产率极低。

(2) 浸取要注意熔融物一定要全部溶解，浸取时间不能太短，浸取液的量要控制好。

(3) 制备二氧化碳时要选择粒度合适的大理石，量不能太多，以不超过中间球体体积的1/3为宜，酸液的量以刚好能没住石块为好，防止酸液冲出。

(4) 歧化时要注意把握二氧化碳的通入量，要保证歧化完全，还不能过量，过量后溶液pH值较低，会生成 $KHCO_3$，$KHCO_3$ 溶解度比 K_2CO_3 的小，蒸发浓缩时会与 $KMnO_4$ 一起析出。

(5) 蒸发浓缩要用水浴加热，浓缩至表面出现晶膜即可，不可蒸干。

(6) 纯度分析时，要注意：

① 用高锰酸钾溶液滴定草酸钠，溶液温度要控制在75 ~ 85 ℃。

② 滴定的速度要把握好。刚开始时滴定的速度不能太快，当第一滴高锰酸钾溶液的紫色缓慢褪去后，再滴第二滴，几滴后，速度可适当加快。

③ 高锰酸钾指示终点不太稳定，因为空气中还原性物质会使高锰酸钾褪色，所以终点以出现微红色并持续半分钟内不褪色为准。

实验拓展

1. 电解法制备高锰酸钾

(1) 实验原理　固体碱熔氧化先制得锰酸钾，然后用水或稀溶液浸取，配成内含 K_2CO_3、KOH、K_2MnO_4 等的电解液，在333 K时电解。当溶液呈枣红色或紫红色时，停止通电，将电解液转入储槽内，冷却并分离得高锰酸钾的粗制晶体(含量为94%)，粗制品经重结晶可得合格的产品。电解反应如下：

$$2K_2MnO_4 + 2H_2O \xlongequal{\text{电解}} 2KMnO_4 + 2KOH + H_2\uparrow$$

电极反应：

阳极　$2MnO_4^{2-} \xlongequal{} 2MnO_4^- + 2e$

阴极　$2H_2O + 2e \xlongequal{} H_2\uparrow + 2OH^-$

(2) 实验步骤　将浸取好的锰酸钾溶液倒入150mL的烧杯中，加热至333 K，以两块光滑的镍片为阳极，浸入溶液的面积约为32cm^2，阴极则由一条粗铁丝弯曲而成，浸入溶液的面积为阳极的1/10，电极间距离约0.5 ~ 1.0cm，通电后阳极的电流密度为30 ~ 60mA/cm^2，阴极的电流密度为300 ~ 600mA/cm^2，槽电压约为2.5V，这时可看到阴极上有气体放出，溶液也由墨绿色逐渐转变为紫红色。0.5h至1h后即可看到烧杯底部沉积出的 $KMnO_4$ 晶体。停止通电，取出电极，用铺有厚的确凉布的布氏漏斗将晶体抽干，母液回收。重结晶即可得纯净的 $KMnO_4$ 晶体。

2. 相关化合物的溶解度

相关化合物的溶解度见表1-1。

表1-1　溶解度　　g·(100g H_2O)$^{-1}$

温度	0℃	10℃	20℃	30℃	40℃	50℃	60℃	70℃	80℃	90℃	100℃
KCl	27.6	31.0	34.0	37.0	40.0	42.6	45.5	48.3	51.1	54.0	56.7
$K_2CO_3\cdot 2H_2O$	51.3	52	52.5	53.2	53.9	54.8	55.9	57.1	58.3	59.6	60.9
$KMnO_4$	2.83	4.4	6.4	9.0	12.56	16.89	22.2	—	—	—	—

实验思考

1. 为了使 K_2MnO_4 发生歧化反应，能否用盐酸代替二氧化碳？为什么？乙酸可以吗？
2. 由锰酸钾在酸性介质中歧化的方法来得到高锰酸钾的最大转化率是多少？
3. 除了电解法，还可采取何种方法提高高锰酸钾的转化率？
4. 二氧化锰的熔融氧化时为什么要加入 KOH 固体？

实验三　试剂级氯化钠的制备及纯度测定

实验目的

(1) 学习由海盐制备试剂级氯化钠及其纯度检验的方法；

(2) 进一步练习溶解、过滤、蒸发浓缩、结晶、重结晶等操作；

(3) 学习目视比色和比浊进行限量分析的原理和方法；

(4) 通过粗盐提纯，了解盐类溶解度知识在无机物提纯中的应用，学习中间控制检验方法。

实验背景

原盐是人类生存的必需品和重要的工业原料，有着其他产品不可替代的作用。氯化钠试剂或氯碱工业用的食盐水都是由粗食盐提纯而得的。

化学试剂的纯度较高，根据纯度及杂质含量的多少，可将其分为以下几个等级：

(1) 优级纯试剂　亦称保证试剂，为一级品，纯度高，杂质极少，主要用于精密分析和科学研究，常以 GR 表示。

(2) 分析纯试剂　亦称分析试剂，为二级品，纯度略低于优级纯，杂质含量略高于优级纯，适用于重要分析和一般性研究工作，常以 AR 表示。

(3) 化学纯试剂　为三级品，纯度较分析纯差，但高于实验试剂，适用于工厂、学校一般性的分析工作，常以 CP 表示。

(4) 实验试剂　为四级品，纯度比化学纯差，但比工业品纯度高，主要用于一般化学实验，不能用于分析工作，常以 LR 表示。

化学试剂除上述几个等级外，还有基准试剂、光谱纯试剂及超纯试剂等。基准试剂相当或高于优级纯试剂，专作滴定分析的基准物质，用以确定未知溶液的准确浓度或直接配制标准溶液，其主成分含量一般在 99.95% ~100.0%，杂质总量不超过 0.05%。光谱纯试剂主要用于光谱分析中作标准物质，其杂质用光谱分析法测不出或杂质低于某一限度，纯度在 99.99% 以上。超纯试剂又称高纯试剂，是用一些特殊设备如石英、铂器皿生产的。

一般无机实验中用的较多的是分析纯和化学纯的试剂。

粗盐中除了含有泥沙等不溶性杂质外，还含有 SO_4^{2-}、CO_3^{2-}、Ca^{2+}、Mg^{2+}、Fe^{3+} 和 K^+ 等可溶性杂质。不溶性的杂质可用溶解、过滤方法除去。可溶性的杂质要加入适当的化学试剂，使之转化为难溶物除去。提纯后的产品可通过氯化钠含量分析、杂质的限量分析等手段确定产品的级别。

实验原理

先把粗盐加热溶解，过滤除去不溶性的杂质。除去 K^+、Ca^{2+}、Mg^{2+}、SO_4^{2-}、CO_3^{2-} 等可溶性离子，最常用的方法是先加入稍过量的 $BaCl_2$ 溶液，将 SO_4^{2-} 转化为 $BaSO_4$ 沉淀，过滤除去 SO_4^{2-}；再加入 NaOH 和 Na_2CO_3 混合溶液除去 Mg^{2+}、Ca^{2+}、Fe^{3+} 和过量的 Ba^{2+}，用稀盐酸溶液调节食盐溶液 pH 值至 2～3，可除去 OH^- 和 CO_3^{2-} 两种离子。有关化学反应式如下：

$$Ba^{2+} + SO_4^{2-} \xlongequal{} BaSO_4\downarrow$$

$$Ca^{2+} + CO_3^{2-} \xlongequal{} CaCO_3\downarrow$$

$$2Mg^{2+} + 2OH^- + CO_3^{2-} \xlongequal{} Mg_2(OH)_2CO_3\downarrow$$

$$CO_3^{2-} + 2H^+ \xlongequal{} CO_2\uparrow + H_2O$$

$$OH^- + H^+ \xlongequal{} H_2O$$

K^+ 与加入的沉淀剂都不发生作用，仍然留在溶液中，由于溶解度比 NaCl 大，且含量特别小，浓缩结晶时使其留在母液中除去。这样提纯的 NaCl 仍含有少量 KCl，要达到试剂级要求，还需要进一步提纯。常用的方法有两种：第一种是重结晶法；第二种是将得到的 NaCl 溶解配成饱和溶液，向溶液中通入 HCl 气体，因同离子效应，NaCl 晶体析出，KCl 留在母液中。本实验采用重结晶法提纯 NaCl。

仪器试剂

仪器：烧杯　量筒　布氏漏斗　三角架　石棉网　台秤　分析天平　表面皿　蒸发皿　水泵　比色管架　比色管　抽滤瓶　滤纸　pH 试纸　酒精灯

试剂：粗盐　$BaCl_2$ 溶液（$1.0mol\cdot L^{-1}$）　NaOH 溶液（$2.0mol\cdot L^{-1}$）　Na_2CO_3（$1.0mol\cdot L^{-1}$）　盐酸（$2.0mol\cdot L^{-1}$，$3.0mol\cdot L^{-1}$）　淀粉溶液（1%）　$AgNO_3$ 标准溶液（$0.10mol\cdot L^{-1}$）　荧光素指示剂（0.5%）　酚酞指示剂（1%）　NaOH（$0.10mol\cdot L^{-1}$）　$(NH_4)Fe(SO_4)_2$ 标准溶液（含 Fe^{3+} $0.01g\cdot L^{-1}$）　KSCN（25%）　Na_2SO_4 标准溶液（含 SO_4^{2-} $0.01g\cdot L^{-1}$）　乙醇（95%）

实验步骤

1. 粗盐的提纯

（1）粗盐的溶解　用台秤称量 8.0g 粗盐，放入 100mL 烧杯中，加 30mL 去离子水，加热、搅拌使盐完全溶解。

（2）SO_4^{2-} 的除去　煮沸上面的粗盐溶液（为什么要煮沸?），边搅拌边逐滴加入 $1.0mol\cdot L^{-1}$ $BaCl_2$ 溶液，大约需加 2mL。为了检验沉淀是否完全，可将酒精灯移开，待沉淀下降后，在上层清液中沿杯壁加入 2 滴 $BaCl_2$ 溶液，从侧面观察是否有浑浊现象，若无浑浊，说明 SO_4^{2-} 已沉淀完全；若有浑浊，则要继续滴加 $BaCl_2$ 溶液，直到沉淀完全为止。然后小火加热 5min，以使沉淀颗粒长大而便于过滤。用普通漏斗过滤，保留滤液，弃去沉淀。

（3）Ca^{2+}、Mg^{2+}、Ba^{2+} 等离子的除去　在滤液中加入 1mL $2.0mol\cdot L^{-1}$ NaOH 溶液和 3mL $1.0mol\cdot L^{-1}$ Na_2CO_3 溶液，同上法，用 Na_2CO_3 溶液检验沉淀是否完全，继续煮沸 5min。用普通漏斗过滤（为什么?），保留滤液，弃去沉淀。

（4）调节溶液的 pH 值　在滤液中逐滴加入 2.0mol·L^{-1}盐酸，充分搅拌，并用玻璃棒蘸取滤液在 pH 试纸上试验，直到溶液呈微酸性（pH 值 2～3）为止（为什么?）。

（5）浓缩结晶　将溶液转移到蒸发皿中，用小火加热，蒸发浓缩至溶液呈稠粥状为止，但切不可将溶液蒸干（为什么?）。将浓缩液冷却至室温，用布氏漏斗减压过滤，用少量蒸馏水洗涤晶体，抽干收集产品。

（6）重结晶　按 NaCl: H_2O = 1:4 的比例，将晶体重新溶解，加热浓缩至大量晶体出现，冷却，减压过滤，用少量水洗涤晶体，抽干，将晶体转入蒸发皿在石棉网上小火烤干，冷却称重，计算产率。

2. 产品检验

（1）氯化钠含量的测定　用减量法称取 0.15g 干燥恒重的样品，称准至 0.0002g，溶于 70mL 水中，加 10mL 1% 的淀粉溶液，在摇动下用 0.10mol·L^{-1} $AgNO_3$ 标准溶液避光滴定，接近终点时，加 3 滴 0.5% 的荧光素指示剂（为什么?），继续滴定至乳液呈粉红色，记录所用硝酸银标准溶液的体积。

氯化钠含量（x）按下式计算：

$$x = \frac{\frac{V}{1000} \times c \times 55.84}{G} \times 100\%$$

式中　V——硝酸银标准溶液的用量，mL；

c——硝酸银标准溶液的浓度，mol·L^{-1}；

G——样品质量，g；

58.44——氯化钠的摩尔质量，g·moL^{-1}。

（2）水溶液反应　称取 5g 样品，称准至 0.01g，溶于 50mL 不含二氧化碳的水中，加 2 滴 1% 酚酞指示剂，溶液应无色（为什么?），加 0.05mL 0.10mol·L^{-1}氢氧化钠溶液，溶液呈粉红色（为什么?）。

（3）Fe^{3+}的限量分析　在酸性条件下，Fe^{3+}和 SCN^-生成血红色的配离子 $Fe(NSC)^{3-n}$（n=1～6），颜色随 n 的增大而变深。

标准系列溶液的配制：用吸量管吸取 0.30mL、0.90mL、1.50mL 浓度为 0.01g·L^{-1}的 $(NH_4)Fe(SO_4)_2$ 标准溶液，分别加入 3 支 25mL 的比色管中，再各加入 2mL 25% 的 KSCN 溶液和 2mL 3mol·L^{-1}的 HCl 溶液，用蒸馏水稀释至刻度，摇匀。装有 0.30mL Fe^{3+}标准溶液的比色管，内含 0.003mg 的 Fe^{3+}，其溶液相当于一级试剂；装有 0.90mL Fe^{3+}标准溶液的比色管，内含 0.009mg 的 Fe^{3+}，其溶液相当于二级试剂；装有 1.50mL Fe^{3+}标准溶液的比色管，内含 0.015mg 的 Fe^{3+}，其溶液相当于三级试剂。

试样溶液的配制：称取 3.00g NaCl 产品，放入一支 25mL 比色管中，加 10mL 蒸馏水使其溶解，再加入 2.00mL 25% 的 KSCN 溶液和 2mL 3mol·L^{-1}的 HCl 溶液，用蒸馏水稀释至刻度，摇匀。

试样溶液和标准溶液进行目视比色，确定产品的纯度等级。

（4）SO_4^{2-}的限量分析　SO_4^{2-}与 Ba^{2+}生成难溶的 $BaSO_4$ 白色沉淀而使溶液浑浊，溶液的浑浊度在 $BaCl_2$ 的含量一定时，与 SO_4^{2-}的浓度成正比。

标准系列溶液的配制：用吸量管吸取 1.00mL、2.00mL、5.00mL 浓度为 0.01g·L^{-1} Na_2SO_4 标准溶液，分别加入三支 25mL 的比色管中，再各加入 3.00mL1mol·L^{-1}的 $BaCl_2$ 溶

液，1mL 3mol · L^{-1}的 HCl 溶液及 5mL95% 的乙醇，用蒸馏水稀释至刻度，摇匀。装有 1.00mL SO_4^{2-}标准溶液的比色管，内含 0.01mg 的 SO_4^{2-}，其溶液相当于一级试剂；装有 2.00mL SO_4^{2-}标准溶液的比色管，内含 0.02mg 的 SO_4^{2-}，其溶液相当于二级试剂；装有 5.00mL SO_4^{2-}标准溶液的比色管，内含 0.05mg 的 SO_4^{2-}，其溶液相当于三级试剂。

试样溶液的配制：称取 1.00g NaCl 产品，放入一支 25mL 比色管中，加 10mL 蒸馏水使其溶解，再加 3.00mL 1mol · L^{-1} $BaCl_2$ 溶液和 1mL 3mol · L^{-1}的 HCl 溶液及 5mL 95% 的乙醇，用蒸馏水稀释至刻度，摇匀。

试样溶液与标准溶液进行比浊。根据溶液产生混浊的程度，确定产品中 SO_4^{2-}杂质含量所达到的等级。

实验指导

（1）常用的过滤方法有常压过滤（普通过滤）、减压过滤（吸滤）和热过滤三种。过滤时，应考虑各种因素的影响而选用不同方法。常压过滤最为简单、常用，但过滤速度较慢。减压过滤可加速过滤，并使沉淀抽吸得较干燥。但不宜用于过滤胶状沉淀和颗粒太小的沉淀，因为胶状沉淀在快速过滤时易透过滤纸，颗粒太小的沉淀易在滤纸上形成一层密实的沉淀，溶液不易透过。某些溶质在溶液温度降低时，易成晶体析出，为了滤除这类溶液中所含的其他难溶性杂质，通常使用热滤漏斗进行过滤，防止溶质结晶析出。

（2）浓缩结晶的程度要控制好，由于氯化钠的溶解度随温度变化不大，不能用冷却法析出，要蒸到溶液呈稠粥状为好，但切忌将溶液蒸干。

（3）在化学试剂和医用氯化钠的产品检验中，常用容量沉淀法（吸附指示剂滴定法）测定 NaCl 含量和产品纯度检验。用容量沉淀法测定 NaCl 含量时，一般使用吸附指示剂荧光黄。其变色原理是：Ag^+滴定氯化物溶液的过程中，由于加入淀粉溶液，导致形成胶态 AgCl，溶液中若含有高浓度的 Cl^-被胶体吸附为第一层。吸附指示剂是一种有机弱酸，它部分地离 解为 H^+和带负电的荧光黄阴离子。荧光黄阴离子被 Cl^-吸附层所排斥，但是，在滴定到达终点时，溶液中的 Cl^-被定量沉淀，如过量滴入 1 滴 $AgNO_3$ 标准溶液，使溶液体系中有了过量的 Ag^+，AgCl 胶状沉淀就吸附 Ag^+为第一吸附层了，这时这层 Ag^+又吸附荧光黄阴离子作为第二吸附层。在溶液中带负电的荧光黄离子使溶液呈黄绿色，但当它被 Ag^+层吸附时，就呈现淡红色。

（4）目视比色法进行限量分析时，标准系列溶液的配制一定要准确，标准系列溶液和试样溶液的配制条件要完全相同。比色时，要从管口垂直向下观察，比较待测液与标准溶液颜色的深浅。

实验拓展

1. 试剂级氯化钠的技术条件

根据中华人民共和国国家标准（简称国标）GB－1266—77，试剂级氯化钠的技术条件如下：

（1）氯化钠含量不少于 99.8%；

（2）水溶液反应合格；

（3）杂质最高含量见表 1－2。

表 1-2　化学试剂 NaCl 杂质最高含量(国家标准)

名　称	优 级 纯	分 析 纯	化 学 纯
澄清度实验	合格	合格	合格
水不溶物	0.003	0.005	0.02
干燥失重	0.2	0.2	0.2
溴化物(Br^-)	0.02	0.02	0.1
碘化物(I^-)	0.002	0.002	0.012
硫酸盐(SO_4^{2-})	0.001	0.002	0.005
硝酸盐(NO_3^-)	0.002	0.002	0.005
氮化合物(N)	0.0005	0.001	0.001
镁(Mg)	0.001	0.002	0.005
钾(K)	0.01	0.02	0.04
钙(Ca)	0.005	0.007	0.01
铁(Fe)	0.0001	0.0003	0.0005
砷(As)	0.00002	0.00005	0.0001
钡(Ba)	合格	合格	合格
重金属(以 Pb 计)	0.0005	0.0005	0.001

2. 目视比色法

目视比色法是指用眼睛比较溶液颜色的深浅以测定物质含量的方法。常用的目视比色法是标准系列法。这种方法就是使用一套由同种材料制成的、大小形状相同的比色管，于管中分别加入一系列不同量的标准溶液和待测液，在实验条件相同的情况下，再加入等量的显色剂和其他试剂，稀释至一定刻度，然后从管口垂直向下观察，比较待测液与标准溶液颜色的深浅。若待测液与某一标准溶液颜色深度一致，则说明两者浓度相等. 若待测液颜色介于两标准溶液之间，则取其算术平均值作为待测液浓度。该方法设备简单. 操作方便，可用于杂质含量的限量分析。

实验思考

1. 如何证明你所加的沉淀剂是足量的?
2. 能不能先除去 Ca^{2+} 和 Mg^{2+}，再除去 SO_4^{2-}?
3. 氯化钡毒性较大，本实验能否用氯化钙代替?
4. 往 NaCl 饱和溶液中通入 HCl 气体，NaCl 能析出吗? 实验中应如何操作?

实验四　煤矸石制硫酸铝及纯度测定

实验目的

(1) 学习以固体废弃物煤矸石和工业硫酸为原料制备硫酸铝的原理和方法;
(2) 了解氧化铝、硫酸铝的性质并通过产品分析，掌握配位滴定的原理和方法;
(3) 增强学生利用“废物”生产化工产品及保护环境的意识。

实验背景

煤矸石是采煤过程和洗煤过程中排放的固体废物，是一种在成煤过程中与煤层伴生的含碳量较低、比煤坚硬的黑灰色岩石。包括巷道掘进过程中的掘进矸石、采掘过程中从顶板、底板及夹层里采出的矸石以及洗煤过程中挑出的洗矸石。煤矸石除含有一定量的可燃煤外，SiO_2 和 Al_2O_3 的含量较高，另外还含有一定量的 CaO、MgO、Fe_2O_3、K_2O 和 Na_2O 等金属氧化物，是一种包含多种矿物的混合物，煤矸石中主要氧化物的含量见表 1－3。煤矸石的排放量很大，大约占当年原煤产量的 10% ~15%。

表 1－3　煤矸石的主要化学组成及含量

组　成	含　量/%	组　成	含　量/%
SiO_2	52 ~ 65	MgO	0.4 ~ 2.4
Al_2O_3	16 ~ 36	TiO_2	0.9 ~ 4.0
Fe_2O_3	2.3 ~ 14.6	$K_2O + Na_2O$	1.5 ~ 3.0
CaO	0.4 ~ 2.3		

作为排放量最大的工业固体废物，煤矸石具有环境－经济的“两面性”，弃之为害，用之为宝。煤矸石排放造成的环境影响十分严重，不仅侵占土地资源，其中一些有害元素经过风化淋漓，还会造成土壤污染和水体污染，影响农作物的生长、危害人体健康。另外，矸石中残留的碳素在干旱季节可自燃引起森林火灾，并排放大量的 SO_2、NO_x、CO 和烟尘，造成大气污染。据有关部门分析测算，我国由煤矸石排放每年带来的直接经济损失高达 120 亿元。如果我们能对煤矸石进行再生利用，不但能改善生态环境、减少对土地的侵占，还能节约资源、开发新的产品、延长和扩展产业链，从而促进煤炭工业的可持续发展，带来巨大的环境效益、经济效益和社会效益。

近年来，国家大力推进煤矸石的综合利用，在政策法规、管理体系、技术装备上给予支持，在煤矸石的能源利用、建材利用和化工利用等方面取得较大成效。但总体来说，我国煤矸石的再生利用仍处于初级阶段，开发新的再生利用的有效途径，对促进我国煤矸石资源产业的发展具有重大的现实意义。

煤矸石中常含有大量的有益矿物，因此，可通过对煤矸石中矿物的回收制备化工原料。利用煤矸石制取铝盐，是近年来煤矸石化工利用的新途径。铝盐是十分重要的化工原料，一般由铝土矿制备。利用煤矸石制备铝盐，可以大量节约资源，其主要产品有硫酸铝、聚合氯化铝、氢氧化铝及氧化铝等。硫酸铝可作为絮凝剂，用于提纯饮用水及污水处理，也可用于造纸、印染、鞣革、石油除臭、油脂澄清等。利用煤矸石制备硫酸铝，首先煤矸石经过粉碎、焙烧和磨粉后，用硫酸进行酸浸反应，生成硫酸铝，然后再经过过滤分离渣液，滤液在经过浓缩、冷却、结晶后，即可得到结晶的硫酸铝产品。

实验原理

为使煤矸石中的 Al_2O_3 较多地转化为活性的 $\gamma-Al_2O_3$，需在 650 ~ 750℃焙烧，若温度太低达不到活化的目的，温度太高则得到在酸中难以转化成硫酸铝的 $\alpha-Al_2O_3$。

当 Al_2O_3 与 H_2SO_4 反应时，主反应式如下：

$$Al_2O_3 + H_2SO_4 + (x-3)H_2O = Al_2(SO_4)_3 \cdot xH_2O$$

$$x = 6、10、14、16、18$$

主要的副反应：

$$Fe_2O_3 + 3H_2SO_4 \xlongequal{\quad} Fe_2(SO_4)_3 + 3H_2O$$

通常得到的硫酸铝产物为无色单斜晶体 $Al_2(SO_4)_3 \cdot 18H_2O$。此外煤矸石中的钙、镁、钛等金属氧化物也不同程度地与 H_2SO_4 反应，生成相应的硫酸盐，产品中含杂质硫酸铁较高时，颜色发黄。反应时煤矸石粉应该过量，以使产品不含游离酸，且使原料硫酸被充分利用。

仪器试剂

仪器：马弗炉　电动搅拌器　分析天平　托盘天平　调压变压器　电炉　三颈瓶　温度计　回流冷凝器　滴定管　烧杯　量筒　布氏漏斗　吸滤瓶　容量瓶　锥形瓶　移液管　蒸发皿　石棉网　瓷盘

试剂：60 目以下的煤矸石粉　工业硫酸(50%)　HCl(1∶1)　聚丙烯酰胺(0.1%)　氨水(1∶1)　磺基水杨酸(10%)　EDTA 标准溶液($0.01mol \cdot L^{-1}$，$0.025mol \cdot L^{-1}$)　HAc－NaAc 缓冲溶液($pH = 4 \sim 5$)　$CuSO_4$标准溶液($0.025mol \cdot L^{-1}$)　PAN 指示剂(0.1%)　KF 溶液(20%)　精密 pH 试纸　滤纸

实验步骤

1. 硫酸铝的制备

(1) 焙烧　称取 60 目以下的煤矸石粉 50g 放入蒸发皿中，置于马弗炉中焙烧 2h，控制温度为 650～750℃(为什么？如果煤矸石中含硫量较高时，炉膛内的烟应用管道导出室外)，自然冷却后备用。

(2) 硫酸浸取　按图 1－4 安装实验装置。将一定量(如何计算？)50% 的工业硫酸加入三颈瓶中，在搅拌下加入焙烧好的煤矸石粉，用少量水冲洗好瓶口，装好温度计，然后加热至 100℃左右，冷凝器开始回流(为什么？)，反应一段时间后，若反应物黏稠，可补加适量的水以维持反应的正常进行，反应约 2h，当 pH 值为 2.5 时停止反应(为什么？)，加入 125mL 水，趁热倒入烧杯中，加入 0.1% 的聚丙烯酰胺中性溶液 3mL(为什么？)，搅拌约 1min，静置 20min(为什么？)。

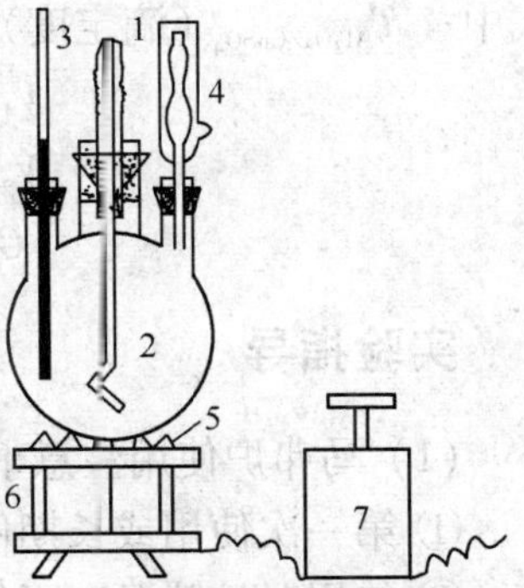

图 1－4　实验装置图

1—电动搅拌器；2—三颈瓶；3—温度计；4—回流冷凝管；5—石棉网；6—电炉；7—调压变压器

(3) 过滤　将静置后的清液减压过滤，用约 60℃热水(为什么？)洗涤 3 次。

(4) 浓缩　将滤液转入蒸发皿浓缩，至大量起泡沫为止，倒入瓷盘中，冷却后即为产品，称量并计算产率。

2. 产品分析

(1) 氧化铁的测定(EDTA 容量法)　准确称取 2.5g(精确到 0.0001g)产品于 5mL 烧杯中，加蒸馏水溶解，转入 100mL 容量瓶中，用少量水洗涤烧杯 3 次，洗涤液加入容量瓶并稀释至刻度，摇匀，待测。

移取上述溶液 10mL 于 250mL 锥形瓶中，加 1∶1 盐酸 2mL，煮沸 2min(为什么？)，加入 50mL 蒸馏水，用 1∶1 氨水调节 pH 值为 1.5～2.0(用精密试纸检验)(为什么？)，加入 10%

磺基水杨酸溶液3滴，加热至60~70℃（为什么?），用0.01mol·L^{-1} EDTA标准溶液滴定至试液由紫红色变为亮黄色或无色。试液保留，供测定铝用。

氧化铁含量按下式计算：

$$Fe_2O_3(\%) = \frac{T_{Fe_2O_3/EDTA} \times V_1}{G \times \frac{V_2}{250}} \times 100\%$$

式中 $T_{Fe_2O_3/EDTA}$（滴定度）——1mL EDTA标准溶液相当于氧化铁的克数；

V_1——滴定时消耗EDTA标准溶液的体积，mL；

V_2——移取待测液的体积，mL；

G——试样质量，g。

（2）氧化铝的测定（置换滴定法） 在滴定完铁的试液中，准确加入0.025mol·L^{-1} EDTA标准溶液25mL，用1:1的氨水调节pH值约4.5（用精密试纸检验），加入pH=4~5的HAc-NaAc缓冲溶液15mL（为什么?），加水稀释至150mL，煮沸3min（为什么?），加入0.1% PAN指示剂15滴，用0.025mol·L^{-1}硫酸铜标准溶液趁热滴定至试液由黄色变为稳定的鲜红色或者紫色时，不计读数，再加20%氟化钾溶液20mL（加入KF的作用是什么?），煮沸2min（为什么?），用0.025mol·L^{-1}硫酸铜标准溶液滴定至试液由黄色变为稳定的紫红色或蓝紫色即为终点。

氧化铝含量按下式计算：

$$Al_2O_3(\%) = \frac{T_{Al_2O_3/CuSO_4} V_1}{G \times \frac{V_2}{250}} \times 100\%$$

式中 $T_{Al_2O_3/CuSO_4}$（滴定度）——1mL硫酸铜标准溶液相当于氧化铝的克数；

V_1——第二次滴定时消耗硫酸铜标准溶液的体积，mL；

V_2——移取待测液的体积，mL；

G——试样质量，g。

实验指导

（1）马弗炉使用注意事项：

① 第一次使用或长期停用后再次使用时应先进行烘炉，温度200~600℃，时间约4h。

② 使用时炉膛温度不得超过最高炉温，也不要长时间工作在额定温度以上。

③ 工作环境要求无易燃易爆物和腐蚀性气体。

④ 为确保使用安全，必须加装地线，并接地良好。

⑤ 使用时炉门要轻关轻开，以防损坏机件。

⑥ 在炉膛内放取样品时，应先关断电源，并轻拿轻放，以保证安全和避免损坏炉膛。

⑦ 为延长产品使用寿命和保证安全，在设备使用结束之后要及时从炉膛内取出样品，退出加热并关掉电源。

（2）焙烧的温度要控制好。煤矸石属高岭石类晶体，煅烧时煤矸石在350~750℃首先脱除晶层间水分，并逐步形成具有化学活性的物质，当温度达到650~750℃时，氧化铝便转为具有化学活性表面积较大的$\gamma-Al_2O_3$，浸取率较大。但温度再继续升高，$\gamma-Al_2O_3$会逐步转化为非活性的 $\alpha-Al_2O_3$，使煤矸石中的氧化铝在酸中的浸取率急剧下降。

（3）EDTA 容量法测氧化铁的含量时，酸度和温度的控制是关键步骤，要特别注意。

（4）滴定度：

$$T_{Al_2O_3/EDTA} = \frac{V_1 \times m}{V_2 - V_3} g/mL$$

$$T_{Al_2O_3/CuSO_4} = T_{Al_2O_3/EDTA}$$

式中 V_1——移取铝标准溶液的体积，mL；

V_2——加入 EDTA 标准溶液的体积，mL；

V_3——回滴过量 EDTA 标准溶液所消耗的硫酸铜标准溶液的体积，mL；

m——1mL 铝标准溶液含氧化铝质量，g。

$$T_{Fe_2O_3/EDTA} = \frac{V_1 \times m}{V_2} g/mL$$

式中 V_1——移取铁标准溶液的体积，mL；

V_2——滴定时消耗 EDTA 标准溶液的体积，mL；

m——1mL 铁标准溶液含三氧化二铁质量，g。

实验拓展

1. EDTA 容量法测定铁基本原理

络合滴定法测定铁，是以铁（Ⅲ）离子和 EDTA 形成很稳定的络合物（$\lg K_{FeY^-} = 25.1$）的反应为基础的。

$$Fe^{3+} + H_2Y^{2-} \rightleftharpoons FeY^- + 2H^+$$

铁（Ⅲ）的 EDTA 络合物，在不同 pH 值条件下以不同的形式存在，颜色亦不尽相同。

$$\underset{\text{淡黄色}}{FeHY} \xrightleftharpoons{pH=1} \underset{\text{黄色}}{FeY} \xrightleftharpoons{pH=6} \underset{\text{褐色}}{Fe(OH)Y} \xrightleftharpoons{pH=9} \underset{\text{棕色}}{Fe(OH)_2Y} \xrightleftharpoons{pH=10.5} \underset{\text{棕黑色}}{Fe(OH)_3}$$

络合滴定法测定铁，可以直接滴定，也可用回滴法。直接滴定可在较高的酸度下进行，应用较广泛。以磺基水杨酸为指示剂的络合滴定法基本原理如下：

在 pH = 1.3 ~ 2 的溶液中，磺基水杨酸与铁（Ⅲ）形成红色络合物，但络合强度远小于 EDTA 与三价铁的络合强度，因此在滴定到达终点时，溶液由红紫色变为铁（Ⅲ）与 EDTA 络合物的淡黄色。由于反应较慢，应在 50 ~ 70℃ 滴定，但温度不能过高，否则铝将与之络合而使结果偏高。滴定溶液的酸度应在 pH = 1.3 ~ 2 之间，若 $pH < 1$ 时，铁（Ⅲ）和磺基水杨酸的络合能力减低，且 EDTA 与铁（Ⅲ）不定量络合，pH 太大时，铝、铁易水解而产生浑浊，影响测定。

2. 置换滴定法测定氧化铝基本原理

由于铝离子容易水解形成一系列多核羟基配合物，这些多核羟基配合物与 EDTA 络合较慢，因此，用 EDTA 络合滴定法滴定 Al^{3+} 时，不用直接滴定，而通常采用返滴定或置换滴定法。返滴定法测定铝缺乏选择性，所有能与 EDTA 生成稳定络合物的离子都干扰，所以往往采用置换滴定法提高选择性。基本原理如下：

一般加入过量的 EDTA，络合其中的铝及其他元素，用锌（铜，铅）标液滴定过量的 ED-

TA，加入氟化物，加热置换出与铝络合的 EDTA，再用锌(铜，铅)标液滴定置换出的 EDTA，从而求得铝量。主要反应方程式为：

$$AlY^- + 6F^- + 2H^+ \Longrightarrow (AlF_6)^{3-} + H_2Y^{2-}$$

实验思考

1. 若煤矸石中 Al_2O_3 的含量为20%，试计算反应中理论上应加50%的硫酸多少毫升?
2. 本实验如何去除产品中的铁杂质?
3. 设计由煤矸石制备聚合氯化铝的实验方案。

实验五　明矾的制备及其单晶培养

实验目的

(1) 认识铝和氢氧化铝的两性；

(2) 学会利用身边易得的废铝材料制备明矾的方法；

(3) 学习从溶液中培养单晶的原理和方法；

(4) 进一步练习溶解、过滤、结晶以及沉淀的转移和洗涤等无机制备中常用的基本操作。

实验背景

明矾又称白矾、钾矾、钾铝矾、十二水硫酸铝钾，是含有结晶水的硫酸钾和硫酸铝的复盐，化学式 $KAl(SO_4)_2 \cdot 12H_2O$，正八面体晶形，有玻璃光泽，密度 1.757g · cm^{-3}，熔点 92.5℃，有酸涩味，易溶于水，不溶于乙醇，易水解成氢氧化铝凝胶沉淀，受热时易失去结晶水而变成白色粉末。

明矾是传统的食品改良剂和膨松剂，常用作油条、粉丝、米粉等食品生产的添加剂。中医认为其具有解毒杀虫、燥湿止痒、止血止泻、清热消痰的功效。近年来的研究证实，明矾还具有抗菌、抗阴道滴虫等作用。一些中医用明矾来治疗高脂血症、十二指肠溃疡、肺结核咯血等疾病。此外明矾还可用来作净化浊水的助沉剂、造纸工业的松香胶沉降剂、感光工业的定影液和相纸的坚膜剂等。

铝是目前世界上除钢铁外用量最大的金属。铝的使用范围十分广泛，建筑、运输、交通、电子电讯、家用电器、电力、机械等各行各业中铝合金属几乎无所不在。随着产量、使用量的增加，废弃铝制品量也越来越大。而且许多铝制品都是一次性使用，如易拉罐，从制成产品至产品丧失使用价值时间较短。日常生活中，经常可见到随手丢弃的饮料罐，这些铝罐若任其自然分解，大约需要一百年的时间。而制造这些铝罐要消耗大量的纯铝、电力和人力，虽然地壳中铝的含量位居第三，却也并非可以取之不尽、用之不竭。因此，废弃铝的回收、再利用，无论从节约地球上资源、节约能耗、成本，还是从环境保护、改善人类生态环境等各方面都具有十分巨大的意义。

废铝的回收，除了直接生产再制铝外，还可以制成一些有用的产品，用废易拉罐等铝制品来制备明矾，就是其中之一。不仅可以锻炼学生的基本技能，还可以提高学生将理论知识用于实践的综合能力，培养学生废物利用、保护环境的观念。

实验原理

1. 明矾的制备

(1) 氢氧化钠法　铝是一种两性元素，既与酸反应，又与碱反应。将废铝制品溶于浓氢氧化钠溶液，其中的铝即可生成可溶性的四羟基合铝(Ⅲ)酸钠($Na[Al(OH)_4]$)，而其他金属杂质不溶，过滤除去杂质，再用稀 H_2SO_4 调节溶液的 pH 值，可将其转化为氢氧化铝，氢氧化铝溶于硫酸，生成硫酸铝。硫酸铝能同碱金属硫酸盐硫酸钾在水溶液中结合成一类在水中溶解度较小的同晶的复盐，即明矾[$KAl(SO_4)_2 \cdot 12H_2O$]，当溶液冷却时，明矾则结晶出来。反应方程式如下：

$$2Al + 2NaOH + 6H_2O \xlongequal{} 2Na[Al(OH)_4] + 3H_2\uparrow$$

$$2Na[Al(OH)_4] + H_2SO_4 \xlongequal{} 2Al(OH)_3\downarrow + Na_2SO_4 + 2H_2O$$

$$2Al(OH)_3 + 3H_2SO_4 \xlongequal{} Al_2(SO_4)_3 + 6H_2O$$

$$Al_2(SO_4)_3 + K_2SO_4 + 12H_2O \xlongequal{} 2KAl(SO_4)_2 \cdot 12H_2O$$

(2) 氢氧化钾法　将铝溶于稀氢氧化钾溶液成可溶性的四羟基合铝(Ⅲ)酸钾 $K[Al(OH)_4]$，用稀 H_2SO_4 调节溶液的 pH 值，将其转化为氢氧化铝，继续加 H_2SO_4 使氢氧化铝溶于硫酸，溶液浓缩后经冷却即可析出明矾晶体。反应方程式如下：

$$2Al + 2KOH + 6H_2O \xlongequal{} 2K[Al(OH)_4] + 3H_2\uparrow$$

$$2K[Al(OH)_4] + 4H_2SO_4 \xlongequal{} Al_2(SO_4)_3 + K_2SO_4 + 8H_2O$$

$$Al_2(SO_4)_3 + K_2SO_4 + 12H_2O \xlongequal{} 2KAl(SO_4)_2 \cdot 12H_2O$$

2. 单晶的培养

图 1-5 是溶解度曲线，曲线 *SS* 为饱和溶解度曲线，在此线以下的区域为不饱和区，称为稳定区。曲线 *TT* 为过饱和溶解度曲线，在此曲线以上的区域称为不稳区。而介于曲线 *SS* 和 *TT* 之间的区域称为亚稳区。要使晶体从溶液中析出，从原理上来说有两种方法：一是保持浓度一定，降低温度的冷却法；二是保持温度一定，增加浓度的蒸发法。

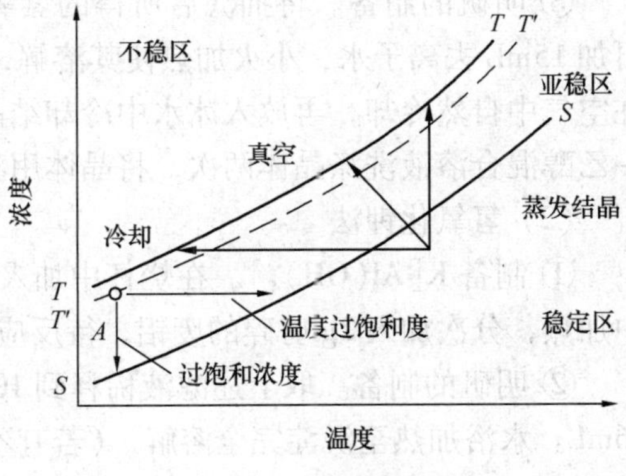

图 1-5　溶解度曲线

在稳定区的任一点溶液都是稳定的，不管采用什么措施都不会有结晶析出。在亚稳区的任一点，如不采取措施，溶液也可以长时间保持稳定，如加入晶种，溶质会在晶种上长大，溶液的浓度随之下降到 *SS* 线。亚稳区中各部分的稳定性并不一样，接近 *SS* 线的区域较稳定，而接近 *TT* 线的区域极易受刺激而结晶。因此有人提出把亚稳区再一分为二，上半部为刺激结晶区，下半部为养晶区。在不稳区的任一点溶液能立即自发结晶，在温度不变时，溶液浓度自动降至 *SS* 线。因此，溶液需要在亚稳区或不稳区才能结晶，在不稳区，结晶生成很快，来不及长大，浓度即降至溶解度，所以形成大量细小晶体，这在工业结晶中是不利的。

为得到颗粒较大而又整齐的晶体，通常需加入晶种并把溶液浓度控制在亚稳区的养晶区，让晶体缓慢长大，因为养晶区自发产生晶核的可能性很小。

仪器试剂

仪器：台秤　烧杯　玻璃漏斗　漏斗架　布氏漏斗　抽滤瓶　蒸发皿　表面皿　玻璃棒　试管　电加热套　温度计　剪刀　毛细管　提勒管

试剂：易拉罐或其他铝制品　NaOH(s)　H_2SO_4(3mol·L^{-1})　H_2SO_4(1:1)　K_2SO_4(s)　无水乙醇　铝试剂(0.1%)　$Na_3[Co(NO_2)_6]$溶液　$BaCl_2$(0.1mol·L^{-1})　KOH(1.5mol·L^{-1})　$NH_3·H_2O$(6mol·L^{-1})　HAc(6mol·L^{-1})　$BaCl_2$(1mol·L^{-1})　HCl(6mol·L^{-1})　pH试纸　涤纶线

实验步骤

1. 明矾的制备

(1) 氢氧化钠法

① 制备$Na[Al(OH)_4]$。在台秤上用表面皿快速称取固体氢氧化钠4g，迅速将其转移至250mL烧杯中，加40mL去离子水温热溶解，称取2g剪碎的易拉罐或其他废铝制品，分次放入溶液中(为什么?)，将烧杯置于热水浴中加热，反应过程中可不时补充水分，以保持体积不变，待反应完毕后，趁热用普通漏斗过滤。

② 氢氧化铝的生成和洗涤。在上述$Na[Al(OH)_4]$溶液中逐滴加入8mL左右的3mol·L^{-1} H_2SO_4溶液，搅拌，直至溶液的pH值为8~9为止，继续煮沸10min(为什么?)，此时溶液中生成大量的白色氢氧化铝沉淀，用布氏漏斗抽滤，并用热水(为什么?)洗涤沉淀，洗至滤液pH值为7~8时为止(为什么?)，将沉淀抽干。

③ 明矾的制备。将抽滤后所得的氢氧化铝沉淀转入蒸发皿中，加入10mL 1:1 H_2SO_4，再加15mL去离子水，小火加热使其溶解，再加入4g K_2SO_4，继续加热至溶解，将所得溶液在空气中自然冷却，再放入冰水中冷却结晶，待结晶完全后，减压过滤，用10mL 1:1的水-乙醇混合溶液洗涤晶体两次，将晶体用滤纸吸干，称重，计算产率。

(2) 氢氧化钾法

① 制备$K[Al(OH)_4]$。在烧杯中加入50mL 1.5mol·L^{-1}KOH溶液，将烧杯置于热水浴中加热，分次加入2g剪碎的废铝，待反应完毕后，用布氏漏斗抽滤。

② 明矾的制备。取上述滤液稀释到100mL，在不断搅拌下，滴加9mol·$L^{-1}$$H_2SO_4$大约16mL。水浴加热至沉淀完全溶解，(若有不溶性杂质，可常压过滤除去)。并适当浓缩溶液，然后用自来水冷却结晶，抽滤，用10mL 1:1的水-乙醇混合溶液洗涤晶体两次，将晶体用滤纸吸干，称重，计算产率。

2. 产品的定性检测

取少量产品溶于水配成饱和溶液。

(1) 试管中取1mL饱和溶液，加入2滴6mol·L^{-1}HAc使溶液呈微酸性，再加入几滴$Na_3[Co(NO_2)_6]$溶液，若试管中有黄色沉淀，表示有K^+存在。

(2) 试管中取1mL饱和溶液，加入2滴6mol·L^{-1}HAc，使溶液呈微酸性，再加入几滴铝试剂，摇荡后，放置片刻，再加入几滴6mol·$L^{-1}$$NH_3·H_2O$，置于水浴上加热，如出现红色絮状沉淀，表示有$Al^{3+}$存在。

（3）试管中取 1mL 饱和溶液，加入 2 滴 6mol · L^{-1} HCl，再滴加 1mcl · L^{-1} $BaCl_2$，若出现白色沉淀，表示有 SO_4^{2-}。

3. 产品熔点的测定

将产品研细、干燥，装入毛细管中，把毛细管放入提勒管中，控制一定升温速度，测量产品的熔点，测量两次，取平均值。

4. 明矾单晶的培养

（1）籽晶的制备　称取 9g 自制的明矾，加入 50mL 的去离子水，加热溶解。然后放在不易振动且溶剂可挥发的地方，在烧杯口上盖一块滤纸，以免灰尘落下（为什么?）。放置 1 天后，杯底会有小晶体析出，从中挑选出晶型完好的籽晶待用，同时过滤溶液，留待后用。

（2）单晶的培养　以缝纫用的涤纶线把籽晶系好，剪去余头，缠在玻棒上悬吊在已过滤的饱和明矾溶液中，放在溶剂可挥发的地方，在烧杯口上盖一块滤纸，以免灰尘落下，观察晶体的缓慢生长。数天后，可得到棱角完整齐全、晶莹透明的大块晶体。在晶体生长过程中，应经常观察，若发现籽晶上又长出小晶体，应及时去掉，若杯底有晶体析出也应及时滤去（为什么?），以免影响晶体生长。

实验指导

（1）废铝原材料必须清洗干净表面杂质，可用砂纸打磨处理，反应前铝片必须要剪成碎屑，尽量缩短反应时间。

（2）铝屑与强碱 NaOH（KOH）反应激烈，有气体冒出，气味刺鼻，反应过程应注意防护，防止溅出，尽量在通风橱内进行，待不再冒气泡时，反应完全。反应过程应不断补充水分，保持体积基本不变。

（3）氢氧化铝的生成和洗涤是影响产品纯度和产率的关键步骤。

① 加入硫酸后应充分搅拌后再检验溶液的酸碱性，使溶液 pH 值为 8 ~ 9，因为 $Al(OH)_3$ 为两性，加酸过多或过少，均会使 $Al(OH)_3$ 的量减少。

② 用热水洗涤氢氧化铝沉淀一定要彻底，以免后面产品不纯。

（4）把 $Al(OH)_3$ 转移到蒸发皿中应想办法转移完全，否则会使产率降低。

（5）制得的明矾溶液要自然冷却得到 $KAl(SO_4)_2 \cdot 12H_2O$ 结晶，而不能骤冷。

（6）制备籽晶时，要获得好的晶种，配制合适浓度的过饱和溶液是关键，配好的溶液要放在不振动的地方，还要注意灰尘不能落下。

（7）为获得棱角完整、透明的单晶，应让晶种有足够的时间长大，并放在没有灰尘、不易振动的地方；晶种要悬于溶液中央，不得接触杯壁；晶体生长过程中应不时关注，若表面有小晶体长出，应及时剔除，若烧杯底部有晶体析出，要过滤除去。

实验拓展

1. 不同温度下明矾、硫酸铝、硫酸钾的溶解度（表 1－4）

表 1－4　明矾、硫酸铝、硫酸钾的溶解度　　$g \cdot (100g\ H_2O)^{-1}$

温度 T/K	273	283	293	303	313	333	353	363
$KAl(SO_4)_2 \cdot 12H_2O$	3.00	3.99	5.90	8.39	11.7	24.8	71.0	109
$Al_2(SO_4)_3$	31.2	33.5	36.4	40.4	45.8	59.2	73.0	80.8
K_2SO_4	7.4	9.3	11.1	13.0	14.8	18.2	21.4	22.9

2. 培养晶种的另一种方法

将高出室温20℃的饱和溶液放在烧杯里，将几段涤纶线横悬于溶液中央，在烧杯口上盖一块滤纸，放置一天后，选择其中晶形完整的晶体保留在线上，将其余晶体去掉，剪去多余线头，把长有晶体的线垂直挂于饱和溶液中，即可培养单晶，这样操作可避免由于条件不适，晶种部分溶解从线上脱落。

3. 类质同晶

类质同晶又称为类质同象。指物质结晶时，晶体结构位置上的某些离子或原子的位置部分或全部地被介质中性质相近的其他离子或原子所置换，共同结晶成的单相晶体，而不改变晶体结构化和键性，只引起晶胞参数微小变化的现象。如：明矾 $KAl(SO_4)_2 \cdot 12H_2O$ 和铬钾矾 $KCr(SO_4)_2 \cdot 12H_2O$ 是类质同晶体，皆为八面体晶体。

类质同晶体可以制备混合晶体。用明矾晶体作为晶种，吊在铬钾矾饱和溶液中，则在明矾晶体的各个晶面上均匀地长出铬钾矾的晶体，即在透明的晶种外面长上深紫色的铬钾矾的晶体；反之，也可以在深紫色的铬钾矾的晶种外面长上透明的明矾晶体。

实验思考

1. 复盐和简单盐的性质有什么不同？
2. 用热水洗涤氢氧化钠沉淀时，是除去什么离子？
3. 若在饱和溶液中，籽晶长出一些小晶体或烧杯底部出现少量晶体时，对大晶体的培养有何影响？应如何处理？
4. 制得的明矾溶液为何采用自然冷却得到结晶，而不采用骤冷的办法？

实验六　过氧化钙的制备及含量分析

实验目的

（1）掌握制备过氧化钙的原理及方法；

（2）掌握过氧化钙含量的分析方法；

（3）巩固无机制备及化学分析的基本操作。

实验背景

过氧化钙（CaO_2）常温下为无色或淡黄色粉末，无臭、无毒、几乎无味，极微溶于水，不溶于乙醇、乙醚、丙酮等溶剂。与稀酸反应生成过氧化氢。过氧化钙在常温干燥条件下稳定，其有效氧含量 22.2%，加热至 375℃ 则开始分解，400～425℃ 完全分解成 O_2 和 CaO。在湿空气或吸水过程中逐渐分解出氧气，其 10% 的水浆液的 pH 值为 12。

过氧化钙是一种新型的多功能无机精细化工产品，在化学工程、农业、水产、环保、食品和医药中具有广泛的使用。农业方面，由于过氧化钙在潮湿空气中可长期缓慢地释放氧气，因此可作为水稻种子包衣，使水稻直播成为现实，从而打破几千年来传统的水稻种植模式，不仅省工、省力，而且可增产；另外，用复合过氧化钙处理大豆、棉花、玉米等农作物的种子，不仅促进种子发芽率，还增产 12% 以上，同时具有改良土壤、杀虫灭菌、促进植物新陈代谢等多种功效。在水产养殖中复合过氧化钙可提高水中溶解氧，降低化学耗氧量，降低氨氮，调节 pH 值和硬度，并且可以改善水质和环境，是良好的供氧剂。环保方面，利用过氧化钙的碱性及氧化性，对 Cd^{2+}、Pb^{2+}、Cu^{2+}、Mn^{2+} 等重金属离子的工业废水和印染有机废水去除率高，没有二次污染，是一种有效、安全、无毒的"环境友好型"绿色水处理剂。生活方面过氧化钙用于果蔬保鲜，效果极佳，还可加入到牙膏配方中，具有高度美白效果，等等。从众多日益开发的应用领域看，过氧化钙的生产及应用具有广阔前景。

目前，国内外过氧化钙的生产方法主要有氯化钙法、氢氧化钙法、喷雾干燥法、空气阴极法。其中氯化钙法和氢氧化钙法过程和设备较简单，技术较成熟，适合于小规模生产。由于过氧化氢分解速度随温度升高而迅速加快，因此，一般是在 0 ~ 5℃ 的低温下合成，常温下合成需要加入稳定剂。

实验原理

过氧化钙可用氯化钙与过氧化氢及碱反应制取：

$$CaCl_2 + H_2O_2 + 2\ NH_3 \cdot H_2O + 6H_2O = CaO_2 \cdot 8H_2O + 2NH_4Cl$$

也可用氢氧化钙和过氧化氢反应来制取：

$$Ca(OH)_2 + H_2O_2 + 6H_2O = CaO_2 \cdot 8H_2O$$

在水溶液中析出的为 $CaO_2 \cdot 8H_2O$，再于 150℃ 左右脱水干燥，即得 CaO_2。

过氧化钙含量分析可利用在酸性条件下，过氧化钙与酸反应生产过氧化氢，再用$KMnO_4$标准溶液滴定，而测得其含量。反应方程式如下：

$$5CaO_2 + 2\ MnO_4^- + 16H^+ = 5Ca^{2+} + 2Mn^{2+} + 5O_2\uparrow + 8\ H_2O$$

按下式计算 CaO_2 的含量：

$$w(CaO_2) = \frac{\frac{5}{2}c_{KMnO_4} \cdot V_{KMnO_4} \cdot 0.07208}{m_s} \times 100\%$$

仪器试剂

仪器：分析天平　台秤　酸式滴定管　三口瓶　布氏漏斗　吸滤瓶　真空泵　恒温干燥箱　烧杯　试管

试剂：$CaCl_2 \cdot 6H_2O$(s)　$Ca(OH)_2$(s)　H_2O_2(30%)　$NH_3 \cdot H_2O$(浓)　HCl($2mol \cdot L^{-1}$)　$MnSO_4$($0.05mol \cdot L^{-1}$)　$KMnO_4$ 标准溶液($0.02mol \cdot L^{-1}$)　冰块　卫生香　火柴　淀粉 KI 试纸

实验步骤

1. 过氧化钙的制备

(1) 钙盐法　在 100mL 的三口瓶中，加入 11g 氯化钙，用 10mL 水溶解，制成 $CaCl_2$ 溶液。另外量取 30% 双氧水 11mL，将它加入到 15mL 浓氨水中，将所得 $CaCl_2$ 溶液和 $NH_3 - H_2O_2$ 溶液都置于冰水浴中冷却(为什么?)。

待溶液充分冷却后，在搅拌下将 $CaCl_2$ 溶液逐滴加入 $NH_3 - H_2O_2$ 溶液中(滴加时仍置于冰水浴中)。滴加结束后继续搅拌15～20min(为什么?)。然后，进行减压抽滤，湿滤饼用冰水(为什么?)洗涤2～3次。晶体抽干后，置于恒温干燥箱在150℃脱水干燥1 h，得过氧化钙产品，最后冷却、称重、计算产率。

(2) 氢氧化钙法　在250mL的三口瓶中，加入10g $Ca(OH)_2$，用一定量水调浆(为什么?)，置于冰水浴中冷却。另外，量取30%双氧水16mL置于冰水浴中冷却。

待溶液充分冷却后，在搅拌下将 $Ca(OH)_2$ 悬浮液滴加到双氧水中，滴加结束后继续搅拌15～20min。然后，进行减压抽滤，湿滤饼用冰水洗涤2～3次。晶体抽干后，置于恒温干燥箱在150 ℃干燥1h，得过氧化钙产品，最后冷却、称重，计算产率。

2. 过氧化钙的定性检验

取少量自制的过氧化钙固体于试管中，加热，将带有余烬的卫生香伸入试管，观察现象，若余烬的卫生香复燃，则为过氧化钙。反之，则不是。

3. 过氧化钙含量分析

准确称取0.15g左右产物两份，分别置于250mL烧杯中，各加入50mL蒸馏水和15mL 2mol·L^{-1} HCl溶液使其溶解，再加入1mL 0.05mol·L^{-1} $MnSO_4$ 溶液(为什么?)，用0.02mol·L^{-1} $KMnO_4$标准溶液滴定至溶液呈微红色，30s内不褪色即为终点。平行测定两份，计算 CaO_2 的质量分数。

4. CaO_2 的性质

在试管中放入少许 CaO_2 固体，逐渐加入水，观察固体的溶解情况。取出一滴溶液，用淀粉KI试纸实验。在原试管中滴入少许稀盐酸，观察固体的溶解情况，从中再取出一滴溶液，用淀粉KI试纸实验。写出相关的反应方程式。

实验指导

(1) 由于过氧化氢易分解，且分解速度随温度升高而迅速加快，所以反应要低温进行，温度以0～8℃为宜，低于0℃，液体易冻结，使反应困难。

(2) 30%的 H_2O_2 有强烈的腐蚀作用，量取时要使用手套。

(3) 将 $CaCl_2$ 溶液加入 $NH_3-H_2O_2$ 溶液中的速度不能过快，减少 H_2O_2 的分解，且要不断搅拌持续15～20min让反应充分进行。

(4) 本实验采取将 $Ca(OH)_2$加入到 H_2O_2 溶液中的方式，产品纯度和产率高，且得到的产物易过滤。如果把 H_2O_2 加入到 $Ca(OH)_2$ 中，由于反应体系的碱性强而引起 H_2O_2 分解加快，会降低 H_2O_2 利用率。而且反应物 $Ca(OH)_2$ 表面会被生成的 CaO_2 包裹，阻碍 $Ca(OH)_2$ 与 H_2O_2 继续反应，产品的纯度和产率都会下降。

(5) $Ca(OH)_2$ 调成糊状对反应更加有利。由于反应为液固反应，反应物 $Ca(OH)_2$ 的粒度越小，则反应速度越快，产物越不容易附着于反应物 $Ca(OH)_2$ 上，使反应能完全进行彻底。此外，将反应物制成悬浮液，使之分散，有利于反应物间的相互接触，使反应能更完全。

(6) 将 $Ca(OH)_2$ 悬浮液滴加到双氧水中的速度要把握好。太快 H_2O_2 利用率低，大约4～5min即可。

(7) 抽滤出的晶体是八水合物($CaO_2 \cdot 8H_2O$)，在150℃下烘烤，逐步脱去结晶水后得无水 CaO_2。

(8) $KMnO_4$ 标准溶液滴定，滴定终点一定要保证30s内不褪色为准，避免返色，影响分析结果。

实验拓展

1. 喷雾干燥法制备过氧化钙

将按一定比例配制好的过氧化氢和氢氧化钙或氧化钙的水悬浊液通过一个有多层圆心通道的喷嘴，进行气流雾化反应，可直接制得过氧化钙产品，气源是脱除水、油及二氧化碳的干燥氮气，反应压力为0.2MPa，反应式如下：

$$Ca(OH)_2 + H_2O_2 \xlongequal{\quad} CaO_2 + 2H_2O$$

$$CaO + H_2O_2 \xlongequal{\quad} CaO_2 + H_2O$$

此法工艺简单，产品纯度高，能耗低，能连续生产。但该法操控难度较大，设备、管道易结垢堵塞，且存在爆炸的危险性。

2. 空气阴极法制备过氧化钙

在碱性条件下，空气中的氧和水在特制的阴极上反应，得到过氧化氢，再由碱性过氧化氢水溶液和消石灰制得过氧化钙产品。

阴极：$O_2 + H_2O + 2e \xlongequal{\quad} HO_2^- + OH^-$

阳极：$2OH^- \xlongequal{\quad} 2e + H_2O + 1/2\ O_2$

此法生产能力比较小，只适用于小规模生产。这是继蒽醌法生产双氧水工业化之后，为进一步降低过氧化氢成本而出现的廉价制 H_2O_2 的工艺。

3. 量气法测定产品中过氧化钙含量

按图1－6将量气管与水准管用橡皮管连接，用漏斗加水，检查系统是否漏气，如果漏气，就要检查接口处是否严密，直到装置不漏气为止。

准确称取0.25～0.28g无水过氧化钙加入试管中，转动试管使 CaO_2 在试管内均匀地铺成薄层，把试管连接到量气管上，塞紧橡皮塞，把水准管的液面与量气管的液面调至同一水平面，记下量气管液面的初读数。

用小火缓缓加热试管，CaO_2 逐渐分解放出 O_2，量气管内的液面随即下降。为了避免系统内外压差太大，水准管也应相应地向下移动，保持与量气管的液面持平。待 CaO_2 大部分分解后，大火使之完全分解，停止加热，当试管完全冷却后，保持量气管与水准管的液面在同一水平面上，记下量气管内液面的读数，并记录实验时的温度和大气压。计算产品中 CaO_2 含量。

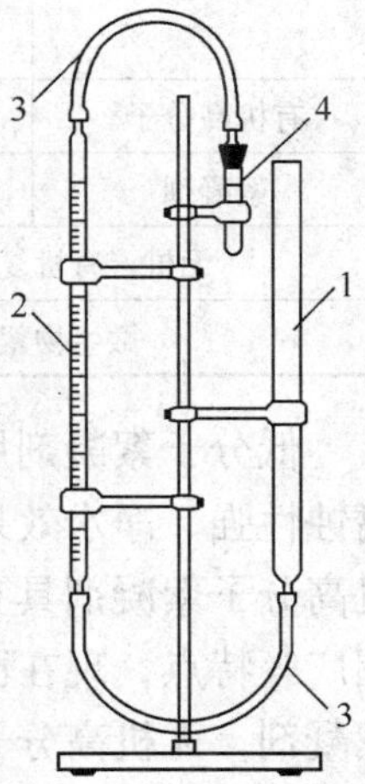

图1－6　过氧化钙含量测定装置

1—水准管；2—量气管；3—橡皮管；4—试管

实验思考

1. 比较两种制备方法的优缺点。
2. 简述 CaO_2 产品有哪些用途。
3. $KMnO_4$ 滴定常用 H_2SO_4 调节酸度，而测定 CaO_2 产品时为什么要用HCl？对测定结果会有影响吗？

实验七　聚合硫酸铁净水剂的制备及性能测定

实验目的

(1) 了解聚合硫酸铁的性质与用途;

(2) 学习如何制备聚合硫酸铁;

(3) 了解聚合硫酸铁主要性能指标的测定。

实验背景

絮凝净水剂也称混凝剂，是一种能使水溶液中的溶质、胶体或悬浮物颗粒脱稳而产生絮物或絮状沉淀物的药剂。可分为无机絮凝剂、有机絮凝剂、微生物絮凝剂三大类。其中，无机絮凝剂包括无机低分子絮凝剂和无机高分子絮凝剂；有机絮凝剂包括人工合成有机高分子絮凝剂和天然有机高分子絮凝剂(见表1-5)。絮凝剂在水处理及工业生产过程的固液分离中起着重要的作用，随着国家对环境污染治理力度的加大，絮凝剂将具有更大的发展前景。

表1-5　絮凝剂的分类

絮　凝　剂		名　　称
无机絮凝剂	低分子	硫酸铝　硫酸铁　硫酸亚铁　氯化亚铁　三氯化铁
	高分子	聚氯化铝　聚硫酸铝　聚硫酸铁　聚氯化铁
	复合高分子	聚氯化铝铁　聚硫酸铝铁　聚硅氯化铝　聚硅硫酸铝
有机高分子絮凝剂	合成高分子	聚丙烯酸胺　聚氧乙烯　聚丙烯酸钠　聚马来酸　聚硫脲
	天然高分子	淀粉衍生物类　纤维素衍生物类　多糖类
无机-有机复合絮凝剂		无机+人工合成(天然)有机高分子类
微生物絮凝剂		菌胶团产生菌

低分子絮凝剂用干法或湿法投到水处理设施中后进行水解聚合，聚集速度慢、絮体小、腐蚀性强、净水效果不理想，因此逐渐被高分子絮凝剂所取代。与其他传统絮凝剂相比，无机高分子絮凝剂具有絮凝效果好，残留在水中的铝、铁离子少，易生产，价格低廉，使用范围广等特点，现在已经成功地应用在给水、工业水以及城市污水的处理中，并逐渐成为主流絮凝剂。无机高分子絮凝剂，又被称为第二代絮凝剂。可分为聚合铝、聚合铁、聚合硅酸以及复合型无机高分子絮凝剂四大类。

聚合硫酸铁(PFS)也称碱式硫酸铁或羟基硫酸铁，化学式可表示为$[Fe_2(OH)_n(SO_4)_{3-n/2}]_m$($n<2$，$m>10$)，是一种无机高分子絮凝剂。聚铁中存在$[Fe_2(OH)_3]^{3+}$、$[Fe_3(OH)_6]^{3+}$、$[Fe_8(OH)_{20}]^{4+}$等高价和多络离子，具有快速混溶、中和悬浮颗粒上电荷、水解架桥、混凝沉淀和很强的吸附作用，从而使水迅速澄清，尤其是对工业废水和生活污水处理效果特别好，而且适应性广泛，药剂消耗量少，排污量少，水处理成本比目前市场上主流的聚合硫酸铝低约30%～40%。另外，生产聚合硫酸铁的原料易得，价格低廉，可利用工业废弃物为原料制备，变废为宝，是一种值得推广的理想水处理剂。

聚合硫酸铁的生产方法多种多样，按氧化方式的不同可分为两大类：直接氧化法和催化氧化法。直接氧化法，采用强氧化剂如氯酸盐、次氯酸盐、过氧化氢和高锰酸钾等将亚铁离子氧化为铁离子，然后经水解和聚合得到聚合硫酸铁；催化氧化法，是在催化剂的作用下，利用纯氧或空气将亚铁离子氧化为铁离子，同样经水解和聚合得到聚合硫酸铁。直接氧化法工艺简单，操作方便，适合于实验室需要少量聚合硫酸铁时使用；工业生产多采用催化氧化法。

本实验以废铁屑为原料制得硫酸亚铁，再选择双氧水为氧化剂直接氧化法制备聚合硫酸铁。此法设备简单、操作方便，常温常压下即可进行，且产品无杂质，稳定性好，无污染，适合实验室操作。

实验原理

将废铁屑表面油污先除去，加入稀硫酸反应，即可生成硫酸亚铁，过滤，浓缩结晶即可得七水合硫酸亚铁晶体。方程式如下：

$$Fe + H_2SO_4 \longrightarrow FeSO_4 + H_2\uparrow$$

七水合硫酸亚铁在酸性条件下，被双氧水氧化成硫酸铁，经水解、聚合反应得到红棕色聚合硫酸铁。反应方程式如下：

$$2FeSO_4 + H_2SO_4 + H_2O_2 \longrightarrow Fe_2(SO_4)_3 + 2H_2O$$

$$Fe_2(SO_4)_3 + nH_2O \longrightarrow Fe_2(OH)_n(SO_4)_{(3-n/2)} + n/2H_2SO_4$$

$$mFe_2(OH)_n(SO_4)_{(3-n/2)} \longrightarrow [Fe_2(OH)_n(SO_4)_{(3-n/2)}]_m$$

氧化、水解、聚合3个反应同时存在于一个体系当中，相互影响，相互促进。其中氧化反应是3个反应中较慢的一步，控制着整个反应过程。

反应中1mol硫酸亚铁需要0.5mol硫酸，如果硫酸用量小于0.5mol，则氧化时氢氧根取代硫酸根生成碱式盐，它易聚合生成聚合硫酸铁。因此，反应中总硫酸根的物质的量和总铁的物质的量之比$[n(SO_4^{2-})/n(Fe^{3+})]$要小于1.5。

仪器试剂

仪器：三口烧瓶　分液漏斗　恒温水浴　精密电动搅拌器　分光光度计　酸度计　密度计　黏度计　容量瓶　量筒　表面皿　布氏漏斗　吸滤瓶　浊度仪

试剂：废铁屑　铁钉　H_2O_2(30%)　H_2SO_4(浓、3mol·L^{-1})　铁标准溶液(100 μg·mL^{-1})　磺基水杨酸(25g·L^{-1})　氨水(50%)　硫酸(33%)

实验步骤

1. 聚合硫酸铁的制备

将10g的铁屑先除去表面油污，放入烧杯中，加入3mol·L^{-1} H_2SO_4 75mL，盖上表面皿，用小火加热，使铁屑和H_2SO_4反应直至不再有气泡冒出为止，加热过程中要不时补充少量的水。趁热抽滤，并将滤液立即转移至蒸发皿中，在溶液中放入一枚洁净的小铁钉(为什么?)，小火加热蒸发浓缩，溶液的温度保持在70℃(为什么?)，当溶液内开始有晶体析出时，停止蒸发，冷至室温，抽滤、洗涤即得浅蓝绿色的$FeSO_4·7H_2O$晶体。

称取30g $FeSO_4·7H_2O$加入到三口烧瓶中，加30mL蒸馏水溶解，在不断搅拌下，分别滴加浓硫酸1.7mL和8mL 30%双氧水，双氧水的加入要控制好，将分液漏斗插入液面以下

将 H_2O_2 慢慢滴入，控制 H_2O_2 加入量约为每分钟 1.0mL(为什么?)，中速搅拌 15min 后，过滤，70℃水浴中熟化 4h，冷却，即可得到较高盐基度的红棕色聚合硫酸铁溶液。

2. 主要性能指标的测定

(1) 密度测定　将制得的聚合硫酸铁注入干净、干燥的量筒中，不得有气泡(为什么?)，然后将其置于 20℃恒温水浴，待温度恒定后，将测量范围为 1.400 ~ 1.500 的密度计插入试样中，稳定后读数即为 20℃时试样的密度。

(2) pH 测定　开启酸度计电源，预热 20min 后，用 pH 值为 4.00 或 6.86 的标准缓冲溶液校对，然后将配制好的 1% 的试样溶液倒入 50mL 塑料烧杯中进行 pH 值测定。

(3) 黏度测定　根据 $K = \eta/(dt)$，先计算常数 K(20℃蒸馏水)，其中 η 为 20℃蒸馏水的绝对黏度(1.005×10^{-3} Pa·s^{-1})，d 为 20℃蒸馏水相对密度(0.9982g·mL^{-1})，t 为蒸馏水流过黏度计 2 个刻度的时间，再根据 $\eta = Kdt$，求出样品聚合硫酸铁黏度。

(4) 全铁含量的测定

① 标准曲线的绘制。准确吸取 0、2、4、6、8、10mL 100μg·mL^{-1} 铁标准溶液分别于 50mL 容量瓶中，用 25g·L^{-1} 磺基水杨酸溶液稀释至 20mL 左右，加过氧化氢 2 滴，用 50% 的氨水和 33% 的硫酸溶液调至由黄色变成紫红色(为什么?)，再用磺基水杨酸溶液稀释至刻度，摇匀，5min 后，在分光光度计上，选择 530 nm 波长，以试剂空白作参比测量吸光度，绘制铁标准曲线。

② 自制聚合硫酸铁中铁含量的分析。准确吸取 lmL 自制聚合硫酸铁用水稀释在 100mL 容量瓶中，从中吸取 0.2 ~ 5.0mL(视含量而定)于 50mL 容量瓶中，加过氧化氢 2 滴，用 25g·L^{-1} 磺基水杨酸溶液稀释至约 20mL，用 50% 的氨水和 33% 的硫酸溶液调至由黄色变成紫红色，再用磺基水杨酸溶液稀释至刻度，摇匀，5min 后，在分光光度计上，选择 530nm 波长，测量吸光度。从标准曲线计算聚合硫酸铁中铁的含量。

(5) 絮凝效果实验　在 1000mL 烧杯中加入泥土 1g，再加水至 1000mL，搅拌均匀，使浊度保持一致，用浊度仪测定浊度。取自制的聚合硫酸铁溶液 1mL 于 200mL 烧杯中，加入 100mL 蒸馏水，制得稀释溶液。

取 200mL 配好的污水，加入稀释后的聚合硫酸铁 6mL，先剧烈搅拌 3min 后，再慢速搅拌 10min，静置 30min，在离液面 2 ~ 3 cm 处吸取上层清液，测定其浊度(饮用水的浊度要求在 5 度以下)。

实验指导

(1) $FeSO_4 \cdot 7H_2O$ 制备过程中，铁屑与稀硫酸反应时，需要加热促进反应进行，同时要不断补充蒸发掉的水分，防止结晶。所以加热温度不宜太高，可控制在 80℃左右。另外蒸发浓缩析出 $FeSO_4 \cdot 7H_2O$ 时温度也不宜过高，否则会失去部分结晶水。

(2) 硫酸的用量是决定产品质量的关键。硫酸量不足，溶液中 OH^- 浓度大，容易生成 $Fe(OH)_3$ 凝胶沉淀，使产品中铁含量大大降低。一般来说，当硫酸与硫酸亚铁物质的量之比在 0.35 ~ 0.45 之间时，产品性能较好，滴加硫酸时应尽量缓慢。

(3) 双氧水的量及加入速度要控制好，这也是影响产品质量的重要因素，由于双氧水易分解，所以要加入到液面下，且要不断搅拌。

(4) 分光光度计在使用时，要注意：

① 仪器在运行中禁止将样品池盖长时间盖上，以防光电管疲劳；

② 装入的溶液约达比色皿 2/3 体积，不宜过多或过少，必须把比色皿外面的液体用滤纸吸干，方可放入样品池架内；

③ 仪器使用完后，必须关闭电源，并将比色皿用高纯水冲洗干净，将外部的水用滤纸吸干后放入样品池架内待用。

实验拓展

1. 我国聚合硫酸铁主要性能指标(表 1-6)

表 1-6　聚合硫酸铁产品指标

项　　目	聚合硫酸铁国家标准	
	一级品	二级品
外观	红棕色溶液	红棕色溶液
密度(20℃)/$g \cdot cm^{-3}$	≥1.45	≥1.33
Fe^{3+}/%	≥11.0	≥9.0
Fe^{2+}/%	≤0.10	≤0.20
盐基度/%	≥12.0	≥8.0
pH 值(1%水溶液)	2.0~3.0	2.0~3.0

2. 混凝机理

主要包括以下几个方面：

(1) 压缩双电层　在分散系中加入盐类电解质，将使扩散层中的反离子浓度增大，同时一部分反离子会被挤入 Stern 层，双电层的电位因此会迅速下降，从而扩散层厚度压缩。由于扩散层厚度的减小，静电排斥作用的范围随之减小，微粒在碰撞时可以更加接近，胶体将失去稳定性而发生絮凝。

(2) 吸附-电性中和　这种现象在水处理中出现较多。指胶核表面直接吸附带异号电荷的聚合离子、高分子物质、胶粒等，来降低双电层的电位，从而导致絮凝的发生。

(3) 吸附架桥　吸附架桥作用是指高分子物质和胶粒以及胶粒与胶粒之间的架桥。当高分子物质的一端与胶粒接触而相互吸附后，其余部分则伸展在溶液中，可以与一个表面有空位的胶粒粘附，形成“胶粒-高分子-胶粒”的絮凝体，这样聚合物就起到架桥连接的作用。

(4) 网捕或卷扫　用金属盐或金属氧化物和氢氧化物作絮凝剂时，当加入量足够大时，金属氢氧化物[如 $Al(OH)_3$ 或 $Fe(OH)_3$]或金属碳酸盐(如 $CaCO_3$)能迅速沉淀，水中的胶粒可被这些沉淀物在形成时网捕、卷扫发生絮凝。

上述四种混凝机理在水处理中不是孤立存在的现象，往往是同时伴随着其中的几种，只是在某种特定情况下以其中一种机理为主而已。

实验思考

1. 聚合硫酸铁絮凝剂与其他铁盐小分子絮凝剂相比，有哪些优点？
2. 制备聚合硫酸铁过程中除了用双氧水作氧化剂，还可以选择什么试剂？
3. 实验中为什么要控制硫酸和双氧水的加入量？

单元2　配合物制备与测定

实验一　多酸化合物的制备及结构表征

实验目的

（1）了解多酸化合物及其盐的组成和结构；

（2）掌握多酸化合物及其盐的一般合成方法；

（3）学习由红外光谱法鉴定多酸化合物及其盐。

实验背景

由两个或两个以上的含氧酸分子缩合去水而成的酸叫做多酸。例如：由两个磷酸 H_3PO_4 分子去水缩合而成的焦磷酸 $H_4P_2O_7$ 就是一种双酸。多酸中含有相同酸根的称为同多酸，含有不同酸根的称为杂多酸。同多酸及其盐如重铬酸 $H_2Cr_2O_7$ 和重铬酸钾 $K_2Cr_2O_7$；杂多酸及其盐如十二水合十二钼磷酸 $H_3[PMo_{12}O_{40}]\cdot 12H_2O$ 和十二钼磷酸钾 $K_3[PMo_{12}O_{40}]$。

多酸化合物的合成最早起源于1862年，Berzelius发现将钼酸铵加到磷酸中会产生黄色沉淀，这就是现在人们熟知的最经典的多酸化合物磷钼酸铵 $(NH_4)_3PMo_{12}O_{40}$。化学元素中有近40种元素可形成多酸，包括各个成酸元素、两性元素以至若干金属性较强的元素。元素周期表中尤以第ⅤB族和第ⅥB族元素能形成同多酸根离子。大部分含氧酸可以形成多酸，而有些含氧酸如硝酸 HNO_3 和碳酸 H_2CO_3 不能缩合生成同多酸。

1848年磷钼酸铵黄色化合物沉淀法被应用到分析化学上鉴定铵根离子，但关于多酸的组成一直是个谜。直到1862年，Marignac发现了钨硅酸及其盐后，杂多化合物的组成才被确定下来。最近的研究指出多酸化合物又称为“多聚氧桥金属氧酸盐”，它是由一些前过渡元素（Mo，W，V，Nb，Ta等）以 MO_x（x 值一般为6）为单元通过共角、共边（偶尔共面）氧联缩聚而成的多金属氧酸化合物，更广义地称为金属－氧簇化合物。对于同多阴离子而言，M可以是其中一种或几种混合，M一般称配原子。对于杂多阴离子也是一样，只是M可以被其他金属部分取代，另外杂多阴离子中还存在杂原子，周期表中大部分元素均可作为杂原子，因此杂多阴离子的种类很多，数目巨大。一般而言，杂多阴离子的结构通常是由处于最高氧化态（即 d^0，偶尔也有 d^1）的前过渡元素，以近八面体为基础，而后通过共用氧原子，形成一类共角、共边和共面（极少）的结构独特的多核配合物。在通常情况下，多酸化合物是同多酸、杂多酸及其盐的总称。

同多酸的聚合度类型有：①有限而无定度缩合；②有限而有一定度缩合，如钼酸根和钨酸根离子，有六多酸、十二多酸等；③无限而无定度缩合，如硅酸根和磷酸根离子。单硅酸可缩合为二、三、四……至极高聚硅酸，成为硅酸溶胶或凝胶的粒子。

杂多酸一般是强酸，比它的母酸要强得多。通常，含有较小阳离子的杂多酸盐可溶于水，含有较大阳离子的盐则难溶解。

通常多酸中的配原子以最高氧化态形式存在，具有氧化性。多酸可以经历多电子还原而不改变其结构，还可以加氢或脱氧形成混合价化合物，催化过程通过电子传递或氢和氧的转移来实现。同时具有酸性和氧化性，可作为酸化和氧化的双功能催化剂，多酸可与其他金属取代形成取代型杂多酸化合物，通过有目的的选择组成元素来调节多酸的各种性质。

多酸化学到现在已有 100 多年的历史。有近 70 种元素可做杂多酸中的杂原子。杂多化合物已经成为了一类庞大而重要的化合物，正以一类最有应用前景的、具有优异性能的配合物为人所瞩目。如杂多酸作为高效的均相催化剂应用于有机化工生产中，钨磷酸盐可催化乙烯聚合。此外，钼磷酸铊可用作无机离子交换剂。杂多类化合物在医学、药学、抗病毒、生物化学及分析化学等领域的潜在应用价值也引起了科学家们极大的兴趣。因此，研究多酸化合物很有必要。

实验原理

合成杂多化合物常用的方法是将含有简单含氧阴离子或含杂原子的含氧阴离子的水溶液进行酸化。如：

$$7MoO_4^{2-} + 8H^+ \Longrightarrow [Mo_7O_{24}]^{6-} + 4H_2O$$

$$12WO_4^{2-} + HPO_4^{2-} + 23H^+ \Longrightarrow [PW_{12}O_{40}]^{3-} + 12H_2O$$

加入合适的阳离子，杂多酸盐就会从水溶液中析出。实验中，试剂的加入顺序、控制合适的温度和溶液的 pH 值都是很重要的。

本实验合成十二钨钴酸钾($K_5CoW_{12}O_{40} \cdot 20H_2O$)。以 $K_2S_2O_8$ 作氧化剂，将 Co^{2+} 氧化为 Co^{3+}。

$$8H_2O + 12WO_4^{2-} + Co(CH_3COO)_2 \Longrightarrow CoW_{12}O_{40}^{6-} + 2CH_3COO^- + 16OH^-$$

$$2CoW_{12}O_{40}^{6-} + S_2O_8^{2-} \Longrightarrow 2CoW_{12}O_{40}^{5-} + 2SO_4^{2-}$$

反应后分别用乙酸和硫酸酸化反应产物，导致产物中杂质较多，可采用重结晶的方法并控制合适的结晶速度，即可得到金黄色大棒状晶体。

产物可由红外光谱(IR)鉴定。杂多酸及其盐往往都有特征的红外光谱，$K_5CoW_{12}O_{40} \cdot 2H_2O$ 的 IR 谱除了 3400 ~ 3500cm^{-1} 和 1620 ~ 1630 cm^{-1} 两个结晶水的特征吸收峰外，$CoW_{12}O_{40}{}^{5-}$ 阴离子有 4 个特征吸收峰。其中 955 cm^{-1}、895cm^{-1}、758 cm^{-1} 吸收峰与 W—O 键振动有关，而 433cm^{-1} 的吸收峰可能与 Co—O 键振动有关。

仪器试剂

仪器：托盘天平　量筒　抽滤装置　精密 pH 试纸　烧杯　玻璃漏斗及漏斗架　显微镜或放大镜　红外光谱仪

试剂：$Na_2WO_4 \cdot 2H_2O$　$Co(Ac)_2 \cdot 4H_2O$　KCl　$K_2S_2O_8$　HAc　H_2SO_4 ($2mol \cdot L^{-1}$)　冰块　冰乙酸

实验步骤

1. $K_6CoW_{12}O_{40}$ 的制备

在盛有 13mL 去离子水的小烧杯中滴加 2 滴冰乙酸，再加入 2. 5g $Co(Ac)_2 \cdot 4H_2O$，搅拌溶解得到乙酸钴溶液。

在盛有 40mL 去离子水的烧杯中加入 19. 8g $Na_2WO_4 \cdot 2H_2O$，搅拌溶解，用乙酸调节溶液 pH 值至6.5~7.5(为什么?)，得到钨酸钠溶液。

将钨酸钠溶液加热近沸腾，边搅拌边加入已配制好的乙酸钴溶液，将混合溶液微沸15min，趁热加入13g KCl 固体，溶解后将混合物冷却至室温，抽滤，以少量滤液洗涤沉淀物，烘干，得深绿色产物。

2. $K_5CoW_{12}O_{40}$的制备

用托盘天平称取20g 深绿色 $K_6CoW_{12}O_{40}$加入32mL 2mol · L^{-1} H_2SO_4 中，微热数分钟使其溶解，过滤，弃去不溶物(不溶物是什么?)。将滤液加热至沸腾(为什么?)，在搅拌下分批加入 $K_2S_2O_8$ 固体，每次约加0.5g，直至溶液由蓝绿色转化为金黄色。再继续加热煮沸5~8min,以分解过量的 $K_2S_2O_8$。

将上述反应液冷却至室温(若析出的晶体较少可用冰浴冷却)，得到不纯的黄色 $K_5CoW_{12}O_{40}$晶体，过滤沉淀，用显微镜(或放大镜)观察，可观察到黄色棒状晶体和无色透明的杂质。将粗产品用10mL 热去离子水重结晶(如何操作? 注意什么?)，抽滤，烘干，得到黄色晶体产物，称重(冷却速度慢或溶液较稀，可得到较大的黄色棒状晶体)。

3. $K_5CoW_{12}O_{40}$红外光谱鉴定

取少量纯净干燥的产物，加入 KBr 后，研细压片，测其红外光谱，以鉴定其纯度和结构。$K_5CoW_{12}O_{40}$标准 IR 谱图如图2-1所示。图2-1中，若1000~1200cm^{-1}有 n 个吸收峰，即产物中含有杂质。当杂质较多时，该区域的吸收峰较强，甚至会掩盖 W—O 键在955cm^{-1}的特征吸收峰，甚至在570~610cm^{-1}处出现较强的吸收峰。

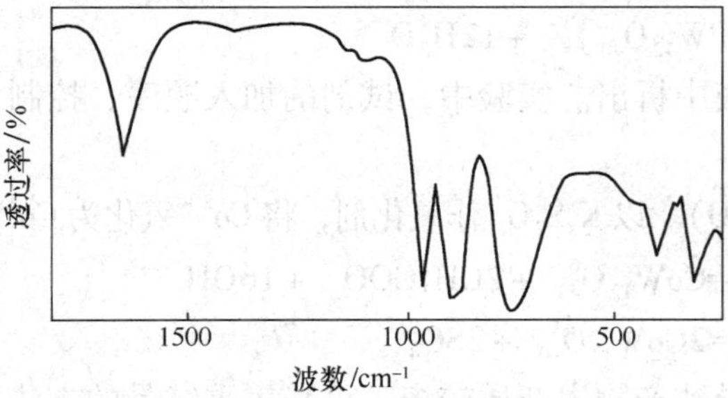

图2-1　$K_5CoW_{12}O_{40}$标准谱图

实验指导

(1) 测 $K_5CoW_{12}O_{40}$ · $20H_2O$ 红外光谱所用的样品应在空气中自然风干。此外，$CoW_{12}O_{40}^{5-}$ 在 IR 谱中的四个特征吸收峰可能有较小的位移，这是正常现象。

(2) 重结晶时溶剂的量要尽可能少，开始加入的溶剂量应不足以将粗产物全部溶解，在加热的过程中可以小心地补加溶剂，直到沸腾时固体物质全部溶解为止。热溶液趁热抽滤，以除去不溶的杂质；再将滤液冷却，使其结晶析出。

(3) 配制钨酸钠溶液时，滴加冰乙酸是防止乙酸钴水解。

(4) 使用 $K_2S_2O_8$ 固体时，要检验药品是否失效($K_2S_2O_8$ 固体是白色结晶，无气味，能溶于水，水溶液呈酸性；遇潮湿逐渐分解，放出氧气；不溶于乙醇；相对密度：2.477，熔点：100℃以下分解)。

(5) $K_2S_2O_8$ 分解的反应方程式为：

$$2K_2S_2O_8 \overset{\triangle}{=\!=\!=} 2K_2SO_4 + 2SO_3 + O_2$$

(6) 酸度计的复合电极使用前要预先在饱和 KCl 溶液中浸泡24h，使其活化。

(7) 多酸的酸化十分重要，有些化合物对酸碱十分敏感。往往 pH 值差0.01产物则迥然不同。因此，在钨酸钠酸化调节 pH 值时一定要准确。

(8) 多酸化合物的制备中，试剂加入的顺序不同，产物则不同。如：先将 SiO_3^{2-} 和 WO_4^{2-} 混合，然后酸化，得到的是 $\alpha-[SiW_{12}O_{40}]^{4-}$；而先将 WO_4^{2-} 酸化，再将 SiO_3^{2-} 酸化，

然后二者混合，得到的是$\beta-[SiW_{12}O_{40}]^{4-}$。

(9) 搅拌下分批加入$K_2S_2O_8$固体时，不要加入太快，以免溶液爆沸。

(10) 冰浴冷却$K_5CoW_{12}O_{40}$晶体时，不要过冷，以免K_2SO_4等杂质析出过多。

实验拓展

1934 年，Bragg 研究小组的 J. F. Keggin 在实验室中合成出$H_3PW_{12}O_{40}\cdot 5H_2O$，他把该物质粉末的 X 射线衍射实验结果与计算值进行比较，提出了具有划时代意义的 Keggin 结构模型(1∶12 系列 A 型)。

1953 年，Dawson 首次用 X 射线衍射法测定了$K_6[P_2W_{18}O_{60}]\cdot 14H_2O$的结构，结果表明其为三斜晶系。Strandbery 在对$Na_6[P_2Mo_{18}O_{60}]\cdot 24H_2O$的结构测定后指出：$Na_6[P_2Mo_{18}O_{60}]\cdot 24H_2O$和$K_6[P_2W_{18}O_{60}]\cdot 14H_2O$具有相同的结构构型。此后一些有关 2∶18 系列杂多化合物的结构相继被测定出来，它们都具有与$K_6[P_2W_{18}O_{60}]\cdot 14H_2O$相类似的骨架。后人为纪念 Dawson，称 2∶18 系列杂多化合物为 Dawson 结构杂多化合物。

1937 年，J. A. Anderson 推测出 1∶6 型杂多化合物的结构，如$[IMo_6O_{24}]^{6-}$，其中 I(Ⅶ)∶Mo＝1∶6，1974 年被最终确定下来，故称 1∶6 系列杂多化合物为 Anderson 结构杂多化合物。

1953 年，Wangh 首次合成了$(NH_4)_6[XMo_9O_{12}]$ ($X=Ni^{4+}$，Mn^{4+})；1960 年 D. H. Brown 研究了 1∶9 BeW_9 的合成；1970 年以后，相继合成了以 P、Si、As 为杂原子的钼的杂多化合物和以 P、Si、As、Ge、Sb 为杂原子的钨的杂多化合物，后人称此类化合物为 Wangh 结构(1∶9 系列)杂多化合物。此外还有 Silverton (1∶12 系列 B 型)结构，它们与 1∶12 系列 A 型、2∶18 系列、1∶6 系列、1∶9 系列以及同多酸的 Lindqvist 结构(M_6O_{19}结构)一起被称为多酸的 6 种基本结构。

由于多酸化合物中原子数目较多，结构复杂，传统的描述方法是把它们的结构看成是以金属为中心的MO_n多面体通过共有角氧和边氧形成的组合。由于受测试手段的限制，直到 1971 年，能够进行结构解析的多酸晶体只有 14 种(其中单晶 12 种)。从 20 世纪 80 年代开始，随着四圆 X 射线衍射仪的应用，迄今已确定了 100 多种多酸结构，其中 Keggin 结构和 Dawson 结构是两种常见的基本结构。

1. Keggin 结构(1∶12 系列 A 型)

具有 Keggin 结构的杂多阴离子结构通式为$[XM_{12}O_{40}]^{n-}$ (X＝P、Si、Ge、As 等，M＝Mo、W)。四面体的XO_4位于分子结构的中心，相互共用角氧和边氧的 12 个八面体MO_6包围着XO_4。Keggin 结构杂多阴离子共有 α、β、γ、δ 和 ε 型 5 种异构体(图 2－2)。

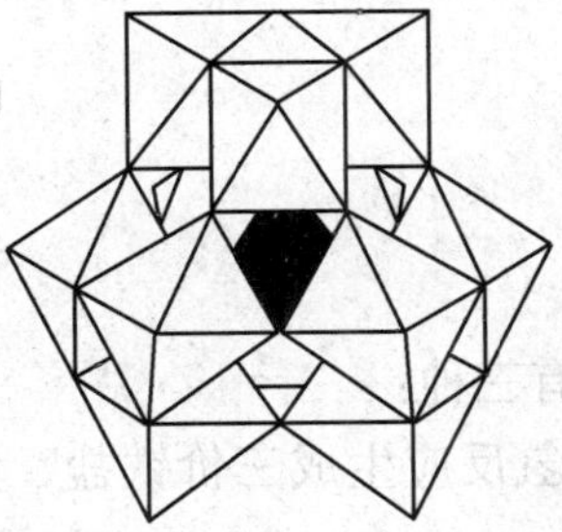

图 2－2　α－Keggin 结构

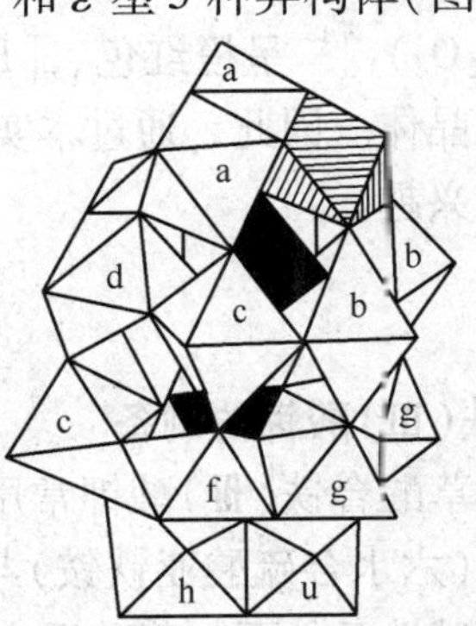

图 2－3　α－Dawson 结构

2. Dawson 结构(2∶18 系列)

这是一类与 Keggin 结构一样重要的杂多化合物。具有 Dawson 结构的杂多阴离子结构通式为$[X_2M_{18}O_{62}]^{n-}$，两个四面体 XO_4 以角氧相连，位于分子结构的中心，其余 18 个八面体 MO_6 相互共用顶角、边，并分布在两个四面体的周围(图 2 - 3)。

实验思考

1. 怎样才能使晶体长得大而杂质又尽可能少?
2. 在 Keggin 结构中哪一种氧原子与多原子的结合力最大？为什么?
3. 为什么在乙酸钴溶解前先向水中滴加冰乙酸?
4. $K_6CoW_{12}O_4$ 溶于 $2mol \cdot L^{-1}$ H_2SO_4 中，微热数分钟后溶解过滤时，不溶物是什么?
5. 重结晶的溶剂应如何选择?

实验二　三草酸合铁(Ⅲ)酸钾的制备及组成测定

实验目的

(1) 了解三草酸合铁(Ⅲ)酸钾的制备原理和性质;
(2) 了解简单盐与配合物的区别，能通过实验区分配合物的内外界;
(3) 了解热重 - 差热分析，熟悉磁化率测定的操作技术;
(4) 掌握配合物的制备方法。

实验背景

三草酸合铁(Ⅲ)酸钾为翠绿色单斜晶体，溶于水(溶解度：0℃时为 4.7g /100g 水；100℃时为 117.7g/100g 水)，难溶于乙醇。110℃下失去三分子结晶水而成为 $K_3[Fe(C_2O_4)_3]$，230℃时分解。该配合物对光敏感，遇光照射发生分解，反应式为:

$$2K_3[Fe(C_2O_4)_3] \cdot 3H_2O \xlongequal{} 3K_2C_2O_4 + 2FeC_2O_4 + 2CO_2\uparrow + 6H_2O$$

因此，在实验室中可做成感光纸，进行感光实验。另外，由于它的光化学活性，能定量进行光化学反应，所以常用作化学光量计。同时它是制备负载型活性铁催化剂的主要原料，也是一些有机反应的良好催化剂，具有很好的工业应用价值。

三草酸合铁(Ⅲ)酸钾的制备过程中存在物质颜色的多样化，如 $FeC_2O_4 \cdot 2H_2O$ 为淡黄色微晶沉淀、$[Fe(C_2O_4)_3]^{4-}$ 呈橙红色、$[Fe(C_2O_4)_3]^{3-}$ 呈鲜翠绿色、$K_3[Fe(C_2O_4)_3] \cdot 3H_2O$ 为翠绿色鲜艳粗大晶体。因此，通过本实验可以很好地培养观察、分析、解决问题的能力，提高对化学实验的兴趣。

实验原理

1. 三草酸合铁(Ⅲ)酸钾的制备

实验室制备三草酸合铁(Ⅲ)酸钾常用的方法有三种:

(1) 由摩尔盐(六水合硫酸亚铁铵)与过氧化氢反应生成三价铁盐，然后加入氨水得到氢氧化铁沉淀，在碱性条件下与草酸反应。

(2) 以废铁屑为原料制得硫酸亚铁铵(也可直接使用试剂硫酸亚铁铵)，加草酸制得草酸亚铁后，在过量草酸根存在下用过氧化氢氧化制得三草酸合铁(Ⅲ)酸钾。其反应方程式：

$$Fe + H_2SO_4(稀) = FeSO_4 + H_2\uparrow$$

$$FeSO_4 + (NH_4)_2SO_4 + 6H_2O = (NH_4)_2SO_4 \cdot FeSO_4 \cdot 6H_2O$$

$$(NH_4)_2Fe(SO_4)_2 \cdot 6H_2O + H_2C_2O_4 = FeC_2O_4 \cdot 2H_2O(s, 黄色) + (NH_4)_2SO_4 + H_2SO_4 + 4H_2O$$

$$6FeC_2O_4 \cdot 2H_2O + 3H_2O_2 + 6K_2C_2O_4 = 4K_3[Fe(C_2O_4)_3] \cdot 3H_2O - 2Fe(OH)_3(s)$$

加入适量草酸可使 $Fe(OH)_3$ 转化为三草酸合铁(Ⅲ)酸钾：

$$2Fe(OH)_3 + 3H_2C_2O_4 + 3K_2C_2O_4 = 2K_3[Fe(C_2O_4)_3] \cdot 3H_2O$$

加入乙醇，放置即可析出产物的结晶。

(3) 由 $FeCl_3$ 为起始原料，在一定条件下直接与 $K_2C_2O_4$ 反应合成三草酸合铁(III) 酸钾。

$$FeCl_3 + 3K_2C_2O_4 = K_3[Fe(C_2O_4)_3] + 3KCl$$

三草酸合铁(Ⅲ)配离子稳定常数：$K_{稳} = 1.58 \times 10^{20}$。

2. 三草酸合铁(Ⅲ)酸钾的定性分析

(1) 外界离子的确定：K^+ 与 $Na_3[Co(NO_2)_6]$ 在中性或稀乙酸介质中，生成亮黄色的 $K_2Na[Co(NO_2)_6]$沉淀，

$$2K^+ + Na^+ + [Co(NO_2)_6]^{3-} = K_2Na[Co(NO_2)_6](s)$$

由此可确定外界离子是 K^+。

(2) 内界离子的确定：Fe^{3+} 与 KSCN 反应生成血红色的 $Fe(NCS)_n^{3-n}$；$C_2O_4^{2-}$ 与 Ca^{2+} 生成白色沉淀 CaC_2O_4，由此可以判断 Fe^{3+}、$C_2O_4^{2-}$ 处于配合物的内层。

(3) 结晶水的确定：结晶水的吸收带在 3550～3200cm^{-1}之间，一般在 3450cm^{-1}附近。使用红外光谱图定性分析，得出结果。

(4) 草酸根通过红外光谱分析确定其存在：草酸根形成配合物，红外吸收的振动频率和谱带归属见表 2－1。

表 2－1　配合物 IR 振动频率和谱带归属

频率 γ/cm^{-1}	谱　带　归　属
1712，1677，1649	羰基 C＝O 的伸缩振动吸收带
1390，1270，1255，885	C—O 伸缩及 O—C＝O 弯曲振动
797，785	O—C＝O 弯曲及 M—O 键的伸缩振动
528	C—C 的伸缩振动吸收带
498	环变形 O—C＝O 弯曲振动
366	M—O 伸缩振动吸收带

3. 三草酸合铁(Ⅲ)酸钾的定量分析

用 $KMnO_4$ 法测定产品中 Fe^{3+} 含量和 $C_2O_4^{2-}$ 含量，并确定 Fe^{3+} 和 $C_2O_4^{2-}$ 的配位比。

在酸性介质中，用 $KMnO_4$标准溶液滴定试液中的 $C_2O_4^{2-}$，根据 $KMnO_4$标准液的消耗量可直接计算出 $C_2O_4^{2-}$ 的质量分数，其反应式为：

$$5C_2O_4^{2-} + 2MnO_4^- + 16H^+ = 10CO_2 + 2Mn^{2+} + 8H_2O$$

在上述测定草酸根后剩余的溶液中，用锌粉将 Fe^{3+} 还原为 Fe^{2+}，再用 $KMnO_4$ 标准溶液滴定 Fe^{2+}，其反应式为：

$$Zn + 2Fe^{3+} \xlongequal{} 2Fe^{2+} + Zn^{2+}$$

$$5Fe^{2+} + MnO_4^- + 8H^+ \xlongequal{} 5Fe^{3+} + Mn^{2+} + 4H_2O$$

根据 $KMnO_4$ 标准溶液的消耗量，可计算出 Fe^{3+} 的质量分数。

根据：

$$n(Fe^{3+}):n(C_2O_4^{2-}) \xlongequal{} \frac{w(Fe^{3+})}{55.8}:\frac{w(C_2O_4^{2-})}{88.0} \quad (2-1)$$

可确定 Fe^{3+} 与 $C_2O_4^{2-}$ 的配位比。

结晶水的含量可采用质量分析法。将已知质量的产品在110℃下干燥脱水，待脱水完全后再进行称量，即可计算出结晶水的质量分数。

钾的质量分数可由总量100% 减去铁、草酸根、结晶水的质量分数而得出。

4. 产物的结构表征

通过对配合物磁化率的测定，可推算出配合物中心离子的未成对电子数，进而推断出中心离子外层电子的结构配键类型。

仪器试剂

仪器：烧杯　量筒　普通漏斗　酸式滴定管　抽滤瓶　布氏漏斗　蒸发皿　试管　表面皿　台秤　电子分析天平　酒精灯　铁架台　石棉网　铁圈　滴管

试剂：摩尔盐　氢氧化钾(固体)　草酸(固体)　铁氰化钾(固体)　H_2O_2 溶液(30%)　氨水($6mol \cdot L^{-1}$)　KSCN 溶液($0.1mol \cdot L^{-1}$)　$BaCl_2$ 溶液($0.1mol \cdot L^{-1}$)　乙醇(95%)　工业酒精(3.5%)　六氰合铁(Ⅲ)酸钾溶液

实验步骤

1. 三草酸合铁(Ⅲ)酸钾的制备

(1)方法一

①$Fe(OH)_3$ 的制备。称5g摩尔盐(或3g氯化亚铁或硫酸亚铁)放入250mL烧杯中，加入100mL水，微微加热，搅拌溶解。加入5mL 30% H_2O_2 溶液(应如何加?)，搅拌，微热，溶液变为棕红色并有少量棕色沉淀生成(什么物质？什么原因?)。往此烧杯中再加入$6mol \cdot L^{-1}$氨水(按计算量过量50%，为什么过量？过量多少比较合适？理论依据是什么?)至溶液中，使氢氧化铁沉淀完全(如何判断沉淀完全?)。直接加热，不断搅拌，煮沸后静置，倾去上层清液。在留下的沉淀中加入100mL水，进行同样操作，洗涤沉淀(洗涤的目的是什么?)，然后进行抽滤。再用50mL热水洗涤沉淀，抽干，得氢氧化铁沉淀。

②三草酸合铁(Ⅲ)酸钾的制备。称取2g氢氧化钾和4g草酸溶解在80～100mL水中，加热使其完全溶解后，在搅动下，将氢氧化铁沉淀加入此溶液中。加热，使氢氧化铁溶解。普通过滤，除去不溶物，将滤液收集在蒸发皿中，在水浴上(也可用蒸发皿小火加热)浓缩至20mL，转移至50mL小烧杯中，用冰水冷却，搅拌，便析出翠绿色晶体(若将浓缩液放置4h以上，则能析出较大的、具有漂亮绿色的单斜晶体)。将晶体先用少量水洗涤，后用95%乙醇洗涤(作用是什么?)，用滤纸吸干，得翠绿色晶体。

(2) 方法二

① 草酸亚铁的制备。称取6.0g$(NH_4)_2Fe(SO_4)_2 \cdot 6H_2O$固体放入250mL烧杯中，加入1.5mL $2mol \cdot L^{-1}$ H_2SO_4(为什么?)和20.0mL蒸馏水，加热搅拌溶解。再称取3.0g

$H_2C_2O_4 \cdot 2H_2O$ 放到 100mL 烧杯中，加 3.0mL 蒸馏水微热，溶解后，取 22mL 倒入上述 250mL 烧杯中，加热搅拌至沸并维持微沸 5min（为什么?）。静置，得到黄色晶体 $FeC_2O_4 \cdot 2H_2O$沉淀。用倾析法倒出清液，用热蒸馏水洗涤沉淀 3 次，以除去可溶性杂质。

② 三草酸合铁(III)酸钾的制备。在上述沉淀中加入 15.0mL 饱和 $K_2C_2O_4$溶液（如何配制?），水浴加热至40℃。用滴管慢慢加入（为什么要慢慢加入?）25.0mL 3% 的 H_2O_2 溶液，恒温在 40℃左右（此时有何现象?），边加边搅拌，然后将溶液加热至沸（为什么?），并分两次加入 8mL 饱和 $H_2C_2O_4$溶液（第一次加 5mL，第二次慢慢加入 3mL），趁热过滤。滤液中加入 5mL 乙醇（为什么?），微热溶液使析出的晶体再溶解后，用表面皿盖好烧杯，静置，自然冷却（避光静置过夜）。晶体完全析出后，抽滤，称重，计算产率。

(3) 方法三　用托盘天平称取 10.7g $FeCl_3 \cdot 6H_2O$ 放入 100mL 烧杯中，用 16mL 蒸馏水溶解配制成（约 $0.4g \cdot mL^{-1}$）$FeCl_3$ 溶液，加入数滴稀盐酸调节溶液的 pH = 12（为什么?）；用托盘天平称取 21.8g 草酸钾放入 250mL 烧杯中，加入 60mL 蒸馏水并加热至 85 ~ 95 ℃，逐滴加入三氯化铁溶液并不断搅拌，至溶液变成澄清翠绿色，测定此时溶液 pH 值为 4，再将此溶液放到冰水混合物中冷却，保持此温度直到结晶完全析出母液，然后再将晶体溶于 60mL 热水中，再冷却到 0℃，待其晶体完全析出，然后减压过滤，用 10% 乙酸溶液洗涤晶体一次（为什么?），再用丙酮洗涤两次，减压过滤抽干晶体，将合成的$K_3Fe(C_2O_4)_3 \cdot 3H_2O$粉末在 110℃ 下放在干燥器中干燥（1.5 ~ 2.0h），然后冷却、称重量。将所得产物用研钵研成粉末，用黑布包裹储存待用。

此产品在制备及干燥时须避光，所得成品也要放在暗处。

2. 三草酸合铁(Ⅲ)酸钾的定性分析

(1) 将少许产品放在表面皿上，在日光下观察晶体颜色变化。与放在暗处的晶体比较。

(2) 将上述分解得到的黄色草酸亚铁加水配成溶液，加入固体六氰合铁(Ⅲ)酸钾，观察生成的藤氏蓝沉淀。

(3) K^+的鉴定：在试管中加入少量产物，用去离子水溶解，再加入 1mL $Na_3[Co(NO_2)_6]$ 溶液，放置片刻，观察现象。

(4) Fe^{3+}的鉴定：在试管中加入少量产物，用去离子水溶解。另取一支试管加入少量的 $FeCl_3$ 溶液。各加入 2 滴 $0.1mol \cdot L^{-1}$KSCN 溶液，观察现象。在装有产物溶液的试管中加入 3 滴 $2mol \cdot L^{-1}$硫酸，再观察溶液颜色有何变化，解释实验现象。

(5) $C_2O_4{}^{2-}$的鉴定：在试管中加入少量产物，用去离子水溶解。另取一支试管加入少量的 $K_2C_2O_4$ 溶液。各加入 2 滴 $0.5mol \cdot L^{-1}$ $CaCl_2$ 溶液，观察实验现象有何不同。

(6) 将产品溶于热水，加 KSCN 固体少许，观察有无血红色 $Fe(NCS)_n^{3-n}$ 产生；另取一份产品溶液加入含 Ca^{2+} 的溶液，观察有无白色沉淀 CaC_2O_4 生成，借此判断 Fe^{3+}、$C_2O_4{}^{2-}$ 处于配合物的内层还是外层。

(7) 结晶水的确定：取干燥好的产品，用 KBr 压片法测红外光谱，观察在 $3450cm^{-1}$附近的峰。通过红外谱图的对照，进行分析。

3. 三草酸合铁(Ⅲ)酸钾的化学式确定

(1) $C_2O_4^{2-}$ 含量的测定　精确称取 0.185 ~ 0.220g 干燥过的三草酸合铁(Ⅲ)酸钾样品 3 份，分别放入 250mL 锥形瓶中，加 50mL 蒸馏水和 15mL 浓度为 $2mol \cdot L^{-1}$的硫酸，用高锰酸钾标准溶液滴定。

先从滴定管中放出约 10mL 标准高锰酸钾溶液到锥形瓶中，加热至 70～85℃（不高于 85℃）（为什么?），直至紫红色褪去，再用高锰酸钾溶液滴定热溶液，直至微红色在 30s 内不消失。记录消耗高锰酸钾溶液的体积（如何读数?），计算其准确浓度（滴定完的溶液保留备用）。计算每克无水化合物所含 $C_2O_4^{2-}$ 的 n_1 值。

（2）铁含量的测定　在上述保留的 3 份溶液中，加入还原剂锌粉，直至黄色消失（为什么?），加热溶液 2min 以上，使 Fe^{3+} 还原为 Fe^{2+}，过滤除去多余的锌粉（为什么?）。滤液放入另一干净的锥形瓶中，洗涤锌粉使 Fe^{2+} 定量转移到滤液中，室温下再用高锰酸钾标准溶液滴定至微红色。

计算所含 Fe^{3+} 的 n_2 值。

根据 $n_2(Fe^{3+}):n_1(C_2O_4^{2-})=w(Fe^{3+})/55.8:w(C_2O_4^{2-})/88.0$

可确定 Fe^{3+} 与 $C_2O_4{}^{2-}$ 的配位比。

4. 配合物磁化率的测定

（1）样品管的准备　洗涤磁天平的样品管，并用去离子水冲洗，再用酒精、丙酮各冲洗一次，用吹风机吹干（也可烘干）。

（2）样品管的测定　在磁天平的挂钩上挂好样品管，并使其处于两磁极的中间，调节样品管的高度，使样品管底部对准电磁铁两极中心的连线（即磁场强度最强处）。在不加磁场的条件下称量样品管的质量。

打开电源预热。用调节器旋钮慢慢调大输入电磁铁线圈的电流至 5.0 A，在此磁场强度下测量样品管的质量。测量后，用调节器旋钮慢慢调小输入电磁铁的电流直至零为止。记录测量温度。

（3）标准物质的测定　从磁天平上取下空样品管，装入已研细的标准物 $(NH_4)_2Fe(SO_4)_2\cdot 6H_2O$ 至刻度处，在不加磁场和加磁场的情况下测量标准物质 + 样品管的质量。取下样品管，倒出标准物，按步骤（1）的要求洗净并干燥样品管。

（4）样品的测定　取产品（约 2g）在玛瑙研钵中研细，按照“标准物质的测定”的步骤及实验条件，在不加磁场和加磁场的情况下，测定样品 + 样品管的质量。测量后关闭电源及冷却水。测定结果填入表 2－2。

（5）数据记录与处理　根据实验数据和标准物质的比磁化率 $\chi_M=9500\times10^{-6}\cdot(T+1)^{-1}$，计算样品的摩尔磁化率 χ_M 近似得到样品的摩尔顺磁化率，计算出有效磁矩 μ_{eff}，求出样品 $K_3Fe(C_2O_4)_3\cdot 3H_2O$ 中心离子 Fe^{3+} 的未成对电子数 n，判断其外层电子结构，属于内轨型还是外轨型配合物。或判断此配合物中心离子的 d 电子构型，形成高自旋还是低自旋配合物，草酸根是属于强场配体还是弱场配体。

表 2－2　磁化率测定数据

测量物品	无磁场时的质量	加磁场后的质量	加磁场后 Δm
空样品管 m_0			
标准物质 + 空样品管			
样品 + 空样品管			

实验指导

（1）浓氨水具有强腐蚀性，配制 6mol·L^{-1}氨水时应在通风橱中进行。

（2）氢氧化铁沉淀是胶状沉淀，所以过滤需用快速滤纸。

（3）双氧水具有腐蚀性，使用时注意不要沾到皮肤上。

（4）氢氧化钾具有强腐蚀性和吸水性，因此，称量时必须用玻璃容器。

（5）加入 30% H_2O_2 时应控制好滴加速度和温度。滴加太慢，反应体系中 H_2O_2 浓度太低，影响氧化效果；滴加太快，H_2O_2 分解过多，也会导致反应不完全，所以以连续滴加同时快速搅拌为宜；温度应控制在 40℃，但不宜过低，否则，反应速度太慢。

（6）加入 6mol·L^{-1}氨水的作用是使氢氧化铁沉淀完全，因此，不能过量太多。

（7）洗涤沉淀的目的是除去可溶性杂质。

（8）加入 25.0mL 3% 的 H_2O_2 溶液后，将溶液加热至沸的目的是除去过量 H_2O_2。

（9）在加入饱和 $H_2C_2O_4$溶液时，理论参考值为 8mL，但实际操作时不能以固定加入 8mL 饱和 $H_2C_2O_4$溶液为依据，而应以反应溶液的 pH 值变化为依据，最终达到 pH 值为 3～3.5。因为，第一步制备草酸亚铁时，不同操作者草酸亚铁损失量有较大差异，导致酸溶时所需草酸量相差也较大，加入草酸过多，pH 值过低，生成 $K_2C_2O_4$ 等副反应严重，加入草酸过少，pH 值过高，氢氧化铁溶解不充分，导致产量下降。

（10）用高锰酸钾标准溶液滴定样品溶液时，Fe^{3+}的黄色对终点观察可能有干扰，如果有干扰，可以加入适量磷酸与 Fe^{3+}生成无色的 $FeHPO_4^{+}$，以消除影响。

（11）加还原剂锌粉时量不能太多，否则，溶液 pH 值增高，会产生白色混浊影响滴定终点的观察。

（12）$K_3Fe(C_2O_4)_3$溶液未达饱和，冷却时不析出晶体，可以继续加热蒸发浓缩，直至稍冷后表面出现晶膜。

（13）测量磁化率误差的主要原因是装样品不均匀，因此需将样品一点一点地装入样品管，边装边在垫有橡皮板的台面上轻轻撞击样品管，并且还要注意每个样品填装的均匀程度、紧密状况应该一致。

（14）高锰酸钾溶液的配制和标定

① 浓度为 0.02mol·L^{-1}高锰酸钾溶液的配制。称取计算量（应稍多于理论计算量，每升约需 3.3～3.5g）的高锰酸钾溶于适量水中，盖上表面皿，加热至沸，并保持微沸状态约 1h；冷却后用微孔玻璃漏斗过滤（也可用玻璃棉代替），滤液储存于清洁带塞的棕色瓶中（避免光对他的催化分解），最好将溶液于室温下静置 2～3d（使各种还原性物质完全氧化）后过滤（滤去 MnO_2 沉淀）备用。

② 0.02mol·L^{-1}高锰酸钾溶液的标定。分析天平上精确称取 3 份经烘干过的草酸钠固体（每份 0.15～0.18g），分别放入 250mL 的锥形瓶中，并加 50mL 蒸馏水。待草酸钠溶解后，加入 15mL 浓度为 2mol·L^{-1}的硫酸。加热至 70～85℃（即开始冒蒸气的温度），趁热用待标定的高锰酸钾溶液进行滴定（高锰酸钾色深，液面弯月面不易看出，读数时应以液面的最高线为准），开始滴定时反应速度很慢，待溶液中产生 Mn^{2+}后，反应速度加快，但滴定时仍必须是逐滴加入，若滴定太快，部分高锰酸钾在热溶液中按下式分解：

$$4KMnO_4 + 2H_2SO_4 = 4MnO_2 + 2K_2SO_4 + 2H_2O + 3O_2$$

如此小心滴定至溶液显微红色，30 s 内不消失即为终点（高锰酸钾滴定终点不太稳定，这是由于空气中含有还原性气体及尘埃等杂质，能使高锰酸钾慢慢分解，而使微红色消失）。注意滴定结束时的温度不应低于60℃。

根据每份滴定中 $Na_2C_2O_4$ 的质量和用去的高锰酸钾溶液的体积，计算出高锰酸钾溶液的浓度，相对平均偏差不应大于0.2%。计算公式为：

$$C_{KMnO_4} = \frac{m_{Na_2C_2O_4}}{M_{Na_2C_2O}\frac{V_{KMnO_4}}{1000}} \times \frac{2}{5} \qquad (2-2)$$

（15）除用 $KMnO_4$ 作自身指示剂外，也可使用邻二氮菲 - Fe(Ⅱ)作指示剂，终点更易观察。反应开始时速度较慢，必要时可先加入一些锰，以增加反应速度。

（16）磁天平样品管先用洗液浸泡，再用自来水冲洗，最后用蒸馏水冲洗，保证干净。

实验拓展

1. 仪器分析法定量分析产物

采用磺基水杨酸比色法测定三草酸合铁(Ⅲ)酸钾配合物中的铁含量，在分光光度计上测定系列铁标准溶液和样品溶液的吸光度；而配合物中钾的质量分数可以用原子吸收光谱测定，也可用离子选择电极测定。

2. 产物的结构表征

(1)用电导率法测定产物中正负离子的电荷，确定配合物的类型；

(2)用磁天平测定产物的磁化率，确定配合物中心离子的未成对电子数，说明草酸根是属于强场配体还是弱场配体；

(3)对配合物进行热重分析，计算样品的失重率，并与各种可能的热分解反应的理论失重率相比较，确定配合物结晶水的数目和失去结晶水的温度。参考红外光谱图，确定配合物的组成；

(4)由气相色谱测定配合物在不同温度热分解逸出气体的组分及其相对含量，结合热分解的结果，写出热分解反应方程式；

(5)X 射线粉末衍射分析，确定产品的物相。

实验思考

1. 测定 Fe^{3+} 时，当高锰酸钾标准溶液逐滴加入时，待测液的颜色为什么会逐渐变黄？

2. 写出各步实验现象和化学反应方程式。根据摩尔盐的量计算理论产量和产率。

3. 现有硫酸铁、氯化钡、草酸钠、草酸钾四种物质为原料，如何制备三草酸合铁(Ⅲ)酸钾？

4. 在用硫酸亚铁代替硫酸亚铁胺来合成 $K_3[Fe(C_2O_4)_3]$ 时可用硝酸代替过氧化氢作氧化剂，写出用硝酸作氧化剂的主要方程式。你认为哪个做氧化剂较好？请说出你的理由。

实验三　铬(Ⅲ)配合物的制备及分裂能测定

实验目的

（1）了解不同配体对配合物中心离子 d 轨道能级分裂的影响；

（2）学习 Cr(Ⅲ)配合物的制备方法；

（3）了解配合物电子光谱的测定；

（4）掌握配合物分裂能的测定方法。

实验背景

大多数过渡金属配离子都有特征性颜色。这与配离子的组成、几何结构和电子结构密切相关。当配离子吸收光谱能量后，将发生伴随有振动－转动能级改变的电子能级间的跃迁。过渡金属配离子的可见－紫外光谱通常被指定为宇称禁阻的 d－d 跃迁和宇称允许的电荷迁移跃迁。

Cr(Ⅲ)属于 d^3 组态的自由离子，在八面体场中，基态谱项 ^4F 分裂为 $^4A_{2g}$，$^4T_{2g}$，$^4T_{1g}$ 配位场谱项，d 电子的允许跃迁有 $^4A_{2g}\rightarrow{}^4T_{2g}$，$^4A_{2g}\rightarrow{}^4T_{1g}(F)$，$^4A_{2g}\rightarrow{}^4T_{1g}(P)$，与这三种跃迁相对应的电子光谱有三个吸收峰，但实验中往往只出现两个吸收峰或更少，这是因为有强的电荷迁移吸收峰覆盖。其中 $\nu_1 = {}^4A_{2g}\rightarrow{}^4T_{2g}$，跃迁的能量为 10Dq 即八面体场中的分裂能，故分裂能可以通过电子光谱中与 $^4A_{2g}\rightarrow{}^4T_{2g}$ 跃迁相对应的最大波长的吸收峰位置来计算；ν_2 对应着 $^4A_{2g}\rightarrow{}^4T_{1g}(F)$；$\nu_3$ 对应着 $^4A_{2g}\rightarrow{}^4T_{1g}(P)$。

实验原理

晶体场理论认为，过渡金属离子形成配合物时，在配体场的作用下，中心离子的 d 轨道发生能级分裂。配体场的对称性不同，分裂的形式不同，分裂后轨道间的能量差也不同。在八面体场中，5 个简并的 d 轨道分裂为 2 个能量较高的 eg 轨道和 3 个能量较低的 t_{2g} 轨道。eg 和 t_{2g} 轨道之间的能量差称为分裂能，用 Δ_0（或 10Dq）表示。分裂能的大小取决于配体场的强弱。

配合物的分裂能可通过测定其电子光谱求得。对于中心离子价层电子构型为 $d^1 \sim d^9$ 的配合物，用分光光度计在不同波长下测其溶液的吸光度，以吸光度对波长作图即得到配合物的电子光谱。由电子光谱上相应吸收峰所对应的波长可以计算出分裂能 Δ_0，计算公式：

$$\Delta_0 = 1/\lambda \times 10^7\ (cm^{-1}) \qquad (2-3)$$

式(2－3)中：λ 的单位为 nm，Δ_0 的单位通常为 cm^{-1}。

对于 d 电子数不同的配合物，其电子光谱不同，计算 Δ_0 的方法也不同。例如中心离子价层电子构型为 $3d^1$ 的 $[Ti(H_2O)_6]^{3+}$，只有一种 d－d 跃迁，其电子光谱上 493nm 处有一吸收峰，其分裂能为 20300 cm^{-1}。本实验中，中心离子 Cr(Ⅲ)离子的价层电子构型为 $3d^3$，有三种 d－d 跃迁，相应的电子光谱应有三个吸收峰，但实验中只能测得 2 个明显的吸收峰，第 3 个吸收峰则被强烈的电荷迁移吸收峰所覆盖。配体场理论研究结果表明，对于八面体场中 d^3 电子构型的配合物，在电子光谱中应先确定最大波长的吸收峰所对应的波长 λ_{max}，然后代入上述公式求其分裂能 Δ_o。

仪器试剂

仪器：723 型分光光度计　电子分析天平　烧杯　研钵　蒸发皿　量筒　布氏漏斗及抽滤瓶　表面皿

试剂：$CrCl_3 \cdot 6H_2O$　丙酮　乙醇(95%)　$H_2C_2O_4 \cdot 2H_2O$　$K_2Cr_2O_7$　$K_2Cr(SO_4)_2 \cdot 12H_2O$

$K_2C_2O_4$　乙二胺四乙酸的二钠盐　$CrCl_3 \cdot 3H_2O$　锌片　无水乙二胺　甲醇(10%)　乙醚　KSCN 固体　乙酰丙酮　过氧化氢(10%)　硝酸银　苯　硝酸铬

实验步骤

1. Cr(Ⅲ)配合物的合成

(1) $[Cr(en)_3]Cl_3 \cdot 3H_2O$ 的合成　在 10mL 干燥圆底烧瓶中加入 1.35g $CrCl_3$ 和 2.5mL 甲醇，待溶解后，再加入 0.05g 锌粉，加入小粒沸石后在瓶口装上回流冷凝管，在热水浴中回流。同时，量取 2mL 乙二胺(注意如何取用?)，用胶头滴管将乙二胺缓慢地从冷凝管口滴入烧瓶，此时水浴温度控制在 70～80℃。加完后继续回流 45min。反应完毕后，冰水浴冷至有沉淀析出，抽滤，沉淀用 10% 的乙二胺－甲醇溶液洗涤，最后再用 lmL 95% 的乙醇洗涤，得粉末状黄色产物，在空气中干燥后称量，保存于棕色瓶中，产率大于 70%。

(2) $K_3[Cr(NCS)_6] \cdot 4H_2O$ 的合成　将 6g KSCN 和 5g $KCr(SO_4)_2 \cdot 12H_2O$ 溶于少量水中，煮沸约 30min(为什么?)，加入 5mL 乙醇搅拌后，有硫酸钾晶体析出，过滤，将滤液蒸发浓缩，冷却后有暗红色晶体析出，然后用乙醇重结晶(如何操作？重结晶注意什么?)，得紫色产物。

(3) $K_3[Cr(C_2O_4)_3] \cdot 3H_2O$ 的合成　在 40mL 水中溶解 2.4g 草酸钾、2.2g 草酸，再慢慢加入(为什么?)1.6g 研细的重铬酸钾，并不断搅拌，待反应完毕后，蒸发溶液近干(为什么?)，使晶体析出。冷却后过滤，并用丙酮洗涤晶体，得到暗绿色的 $K_3[Cr(C_2O_4)_3] \cdot 3H_2O$ 晶体，在烘箱内 110℃烘干。

(4) $[Cr(acac)_3]$ 的合成　将盛有 4.7g $CrCl_3 \cdot 6H_2O$ 和 20mL 乙酰丙酮的锥形瓶放入 85℃的水浴中加热，同时缓慢滴加(为什么?)10% 的 H_2O_2 溶液 30mL，此时溶液呈紫红色，反应结束后，置锥形瓶于 －12℃冰盐浴中冷却，滴加硝酸银溶液，析出紫红色沉淀，加苯液，减压过滤，分离得到 $[Cr(acac)_3]$ 的苯溶液，加热蒸发除去溶剂苯(如何保护环境？)，用冷乙醇洗涤得到紫红色晶体，干燥。

(5) $[Cr(EDTA)]^-$ 的合成　将 0.25g 乙二胺四乙酸的二钠盐溶于 25mL 水中，加热使其溶解，调 pH 值约 4 左右(为什么?)，然后加入 0.25g $CrCl_3 \cdot 6H_2O$，稍加热得紫色的 $[Cr(EDTA)]^-$ 配合物溶液。

(6) $[Cr(H_2O)_6]^{3+}$ 的生成　称取 0.2g 硝酸铬溶于 25mL 水中，即得蓝紫色的 $[Cr(H_2O)_6^{3+}]$ 溶液。

2. 系列 Cr(Ⅲ)配合物溶液的配制

(1) $[Cr(en)_3]Cl_3 \cdot 3H_2O$ 溶液　在电子天平上称取干燥好的 $[Cr(en)_3]Cl_3 \cdot 3H_2O$ 晶体，溶于适量溶剂中，配成 $0.0045mol \cdot L^{-1}$ 的测定液。

(2) $K_3[Cr(NCS)_6] \cdot 4H_2O$ 溶液　在电子天平上称取适量 $K_3[Cr(NCS)_6] \cdot 4H_2O$ 晶体，溶于 20mL 蒸馏水中，配成 $0.0025mol \cdot L^{-1}$ 的测定液。

(3) $K_3[Cr(C_2O_4)_3] \cdot 3H_2O$ 溶液　在电子天平上称取适量 $K_3[Cr(C_2O_4)_3] \cdot 3H_2O$ 晶体，溶于 20mL 蒸馏水中，配成 $0.0035mol \cdot L^{-1}$ 的测定液。

(4) $[Cr(acac)_3]$ 溶液　在电子天平上称取 0.04g 干燥好的 $[Cr(acac)_3]$ 产品，溶于 25mL 苯中，得到 $0.0046mol \cdot L^{-1}$ 的苯溶液。

(5) $[Cr(EDTA)]^-$ 溶液　配合物合成中得到的就是 $0.008mol \cdot L^{-1}$ 的溶液，直接使用。

(6) $[Cr(H_2O)_6]^{3+}$溶液　配合物合成中得到的就是0.02mol·L^{-1}的溶液，直接使用。

3. 配合物电子光谱的测定

在波长360~700nm波长范围内，用1cm比色皿分别测定上述配合物溶液的吸光度(A)，计算相应ε值。

注意：每隔10 nm测一组数据，当出现吸收峰(A出现极大值)时可适当缩小波长间隔(为什么?)，增加测定数据。

4. 实验数据记录与处理

(1) 记录不同波长下各配合物的吸光度。将测得的不同波长下各配合物的吸光度填入表2-3中。

表2-3　不同波长下各配合物的吸光度

波长/nm	$[Cr(en)_3]^{3+}$	$[Cr(NCS)_6]^{3-}$	$[Cr(C_2O_4)_3]$	$[Cr(acac)_3]$	$[Cr(EDTA)]^-$	$[Cr(H_2O)_6]^{3+}$
630						
⋮						
700						

(2) 以波长为横坐标，lgε为纵坐标作图得配合物的吸收光谱。

(3) 从电子光谱上确定最大波长吸收峰所对应的波长λ_{max}，并按式(2-3)计算各配合物的晶体场分裂能Δ_0。

(4) 将得到的数值与理论值对比，不同配体电子跃迁能见表2-4。

表2-4　不同配体电子跃迁能

配体	λ_1/nm	ν_1/cm^{-1}		λ_2/nm	ν_2/cm^{-1}	λ_3/nm	ν_3/cm^{-1}
		$\nu_实$	$\nu_理$				
en			22272	—	—	—	—
EDTA						—	—
acac						—	—
NCS^-			17748			—	—
H_2O			17400			—	—
$C_2O_4{}^{2-}$			17226			—	—

实验指导

(1) $[Cr(en)_3]Cl_3$要在非水溶剂(甲醇或乙醚)中制备，因在水溶液中Cr(Ⅲ)离子与H_2O有很大的配位能力。在水溶液中加入碱性配体(如en)，由于Cr—O键强，只能得到胶状的$Cr(OH)_3$沉淀。

(2) $K_3[Cr(C_2O_4)_3]\cdot 3H_2O$的合成中，蒸发溶液时不能太干，否则晶体纯度不够，实验有误差。

(3) $K_3[Cr(C_2O_4)_3]\cdot 3H_2O$的合成中，丙酮洗涤晶体应在布氏漏斗中进行，以全部湿润晶体为宜，不可加太多。

(4) 除溶剂苯时，注意蒸馏装置要有尾气吸收。

(5) 测定吸光度时，所配配合物溶液不需要准确，因为实验是要找最大波长的吸收峰。

（6）测定吸光度时，注意吸光度值应控制在0.2～0.8之间，如果数值太大，应稀释溶液，重新测量。

（7）实验数据处理最好用Excel作图。

（8）注意公式 $\Delta_O = 1/\lambda \times 10^7 (cm^{-1})$ 中的 λ 是指最大波长吸收峰所对应的波长，而不是最大吸收波长。

实验拓展

（1）根据Jorgensen的经验规则，分裂能可由中心体与配体的贡献因子 g 与 f 的乘积来估算：

$$\Delta = 10Dq = f \times g$$

式中：Δ 为分裂能；Dq为能量单位；f 为配体因子；g 为金属因子。

对于 $[Cr(en)_3]^{3+}$、$[Cr(NCS)_6]^{3-}$、$[Cr(C_2O_4)_3]$、$[Cr(acac)_3]$、$[Cr(EDTA)]^-$、$[Cr(H_2O)_6]^{3+}$，上式Cr(Ⅲ)的 $g = 17.4$KK，由实验测得的分裂能值代入上式计算 f 值，试与理论值比较。

几个配体的 f 理论值：en　1.28；$C_2O_4^{2-}$　0.98；H_2O　1.00；NCS^-　1.02。

（2）从理论上推导得到光谱序列顺序为：

$$en > EDTA > acac > NCS^- > H_2O > C_2O_4^{2-}$$

从结构上也可进行分析：六种配体中，异硫氰根离子和水是单齿配体，而且配体与中心离子之间仅仅存在 σ 配键，而氧原子的电负性大于氮，供给 σ 电子对能力 $N > O$，所以，异硫氰根离子的分裂能大于水。其余四种配体都是多齿配体，由于螯合效应，生成的配合物较稳定，即分裂能相对较大。由于草酸根离子配位原子氧的邻位结合着体积较大的羧基，使配合物稳定性受到影响，以至于草酸根配体的分裂能小于水。由EDTA、acac、en与Cr(Ⅲ)形成的配合物中，都有稳定的五元、六元环，但他们的配位原子不一样，en的配位原子两个都为N原子，EDTA的配位原子两个为N原子两个为O原子，而acac的6个配位原子都为O原子，所以配位体场强度的顺序为：en > EDTA > acac。

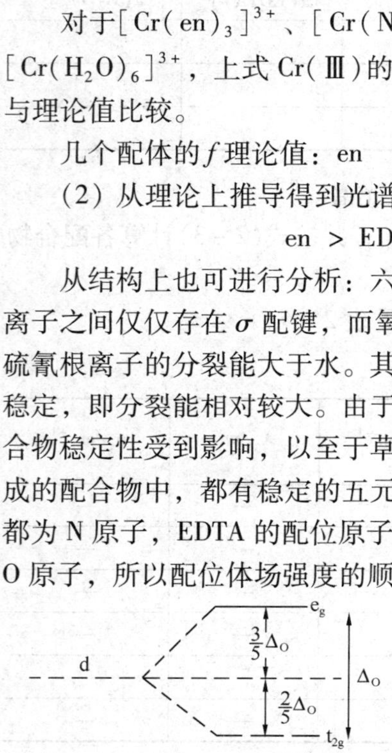

图2-4　d轨道在八面体场的分裂能

（3）铬元素位于周期表第四周期VIB族，属于过渡金属，过渡金属离子易形成配合物。过渡金属离子形成配合物后，在配体场的作用下，金属离子的d轨道分裂为能量不同的简并轨道。在八面体场的影响下，d轨道分裂为两组：t_{2g}（三个简并轨道）和 e_g（二个简并轨道），后者能量较高（见图2-4）。

e_g 和 t_{2g} 轨道之间的能量差为分裂能，以 Δ_O 表示。分裂能的大小与下列因素有关：

① 配体相同，Δo 按下列次序递减：

平面平方形场 > 八面体场 > 四面体场

② 对于含有高自旋的金属离子的八面体配合物，第一过渡系配合物其 Δ_O 值为：二价离子是7500～12500 cm^{-1}，三价离子是14000～25000 cm^{-1}。

③ 对于同族同价态的金属离子的相同配体八面体配合物，其 Δo 值从第一过渡系到第二过渡系增加40%～50%，由第二过渡系到第三过渡系大约增加25%～30%。如：

$$[Co(NH_3)_6]^{3+}: \Delta_O = 23000cm^{-1}$$

$$[Rh(NH_3)_6]^{3+}: \Delta_O = 34000cm^{-1}$$

$$[Ir(NH_3)_6]^{3+}: \Delta_O = 41000cm^{-1}$$

(4) Δ_O 值由实验所得的 Δ_O 值可知，同一过渡金属离子与不同配体所生成的配合物，其 Δ_O 值依次增大的顺序为：

$I^- < Br^- < Cl^- < F^- < OH^- < C_2O_4{}^{2-} \sim H_2O < NCS^- < Py \sim NH_3 < en < biPy < o-Phen < NO_2^- < CN^-$

上述次序又称为光谱化学序列。

实验思考

1. 在测定吸收光谱时，所配的配合物溶液的浓度是否要十分准确？为什么？
2. 影响过渡元素离子分裂能的主要因素有哪些？
3. 实验得出的光谱化学序列与理论是否一致？如不一致，分析产生误差的原因。
4. 为什么 Cr(Ⅲ)离子易形成配合物？
5. 如何理解大多数配合物具有颜色？
6. 测定分裂能实验的关键是什么？

实验四　双水杨醛缩乙二胺合钴(Ⅱ)的制备及载氧性能测定

实验目的

(1) 通过双水杨醛缩乙二胺合钴(Ⅱ)配合物的制备掌握无机合成的一些基本技术；

(2) 通过双水杨醛缩乙二胺合钴(Ⅱ)配合物的吸氧量和放氧量的测定，了解某些金属配合物的载氧作用机制。

实验背景

在自然界的生物体中，有许多含有过渡金属离子的蛋白，其中有些金属蛋白在一定条件下能够吸收和放出氧气，以供有机体生命活动的需要。例如：含铁的肌红蛋白、血红蛋白、含铜的血清蛋白和含钒的血钒蛋白等。这些天然的载氧体结构复杂，很早就被发现，但不便实验研究。后来人们发现，某些不含蛋白质的金属配合物，例如双水杨醛缩乙二胺合钴(Ⅱ)[Co(Salen)]也同生物体的含金属蛋白质相似，在一定条件下具有与氧可逆结合的能力。

[Co(Salen)]由于载氧体载氧分离、氧化还原特别是在血液中氧的输送等研究课题中具有重要的理论和实践意义，所以这类不含蛋白质的金属配合物已引起研究者的广泛兴趣，并在载氧作用研究中被用作模型化合物。

实验原理

在一些比较简单的载氧体的模拟化合物中，研究最多的是钴配合物。如双水杨醛缩乙二胺合钴(Ⅱ)[Co(Ⅱ)Salen]，其结构见图2-5。

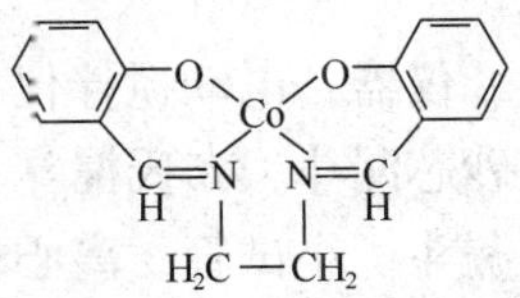

图2-5　[Co(Ⅱ)Salen] 配合物结构

由水杨醛与乙二胺反应所生成的配体与乙酸钴作用得到[Co(Ⅱ)Salen]配合物，其反应式如下：

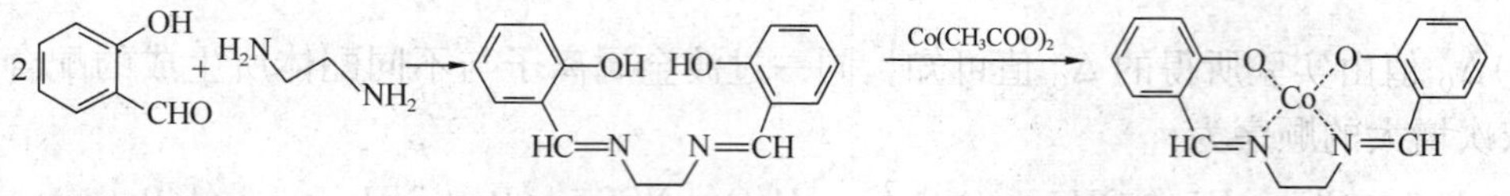

在合成[Co(Ⅱ)Salen]配合物时，首先制得的是一种棕色黏状物，为活性型[Co(Ⅱ)Salen]。将活性型[Co(Ⅱ)Salen]在无氧及70~80℃下搅拌1h，则得另一种暗红色晶体，为非活性型[Co(Ⅱ)Salen]。他们都是双聚体配合物，其结构如图2-6所示。

活性型[Co(Ⅱ)Salen]是由一个[Co(Ⅱ)Salen]分子中的Co原子与另一个[Co(Ⅱ)Salen]分子中的Co原子相连接形成的双聚体，在室温下能迅速吸收氧气。另一种是暗红色晶体非活性型[Co(Ⅱ)Salen]配合物也是一个双聚体，他是由一个[Co(Ⅱ)Salen]分子中的Co原子与另一个分子中的O原子相结合。活性型[Co(Ⅱ)Salen]配合物在室温能吸收氧气，在较高温度下放出氧气，这种循环作用可以进行多次，但载氧能力随着循环的进行而不断降低。

非活性的[Co(Ⅱ)Salen]配合物在某些溶剂(L)中，例如二甲基亚砜(DMSO)、二甲基甲酰胺(DMF)、吡啶(Py)等，能与溶剂配位而成活性型，后者能迅速吸收氧气而形成一种2∶1的加合物[Co(II)Salen]，其结构如图2-7所示。

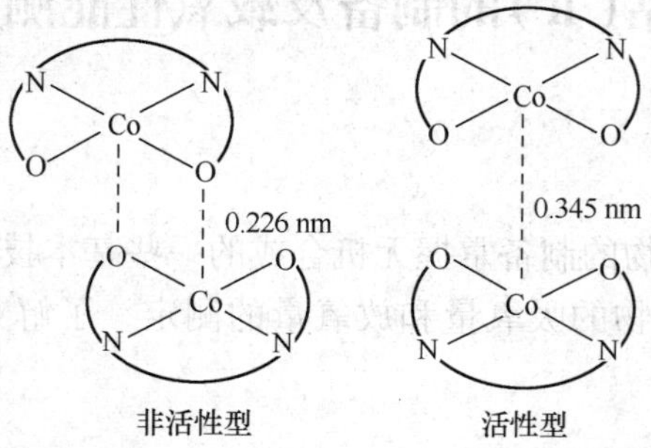

图2-6 [Co(Ⅱ)Salen]结构

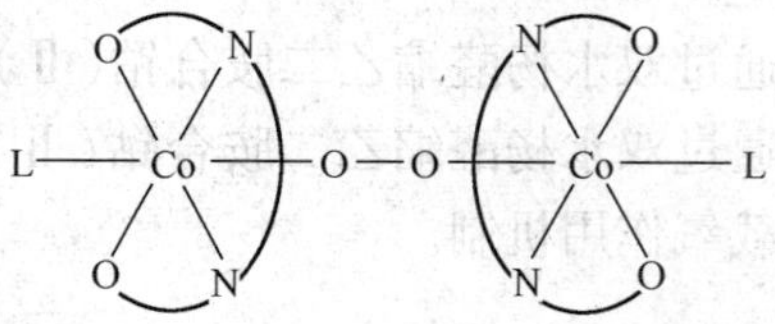

图2-7 [Co(Ⅱ)Salen]溶剂配位结构

在DMF溶剂中所形成的氧加合物$[Co(Ⅱ)Salen]_2(DMF)_2O_2$是细颗粒状的暗褐色沉淀，不易过滤，可用离心分离法得到暗褐色沉淀，加合物中Co和O的物质的量比可用气体容积测量法测定。

当给$[Co(Ⅱ)Salen]_2(DMF)_2O_2$加合物中加进弱电子给予体氯仿或苯后，加合物将慢慢溶解，不断放出细小的氧气流，并产生暗红色的[Co(Ⅱ)Salen]溶液。

$$[Co(Ⅱ)Salen]_2 \cdot (DMF)_2O_2 \xrightarrow{CHCl_3} 2[Co(Ⅱ)Salen]_2 + O_2 + 2DMF$$

仪器试剂

仪器：电动搅拌仪　三颈烧瓶　冷凝管　恒压滴液漏斗　移液管　烧杯　量筒　红外灯　砂芯漏斗　布氏漏斗　抽滤瓶　量器管　气压计　离心管　刻度移液管　带活塞三通　普通漏斗　小试管　离心机　真空干燥器　氧气钢瓶　氮气钢瓶　硬质大试管　酒精灯　铁夹　铁架台　导气管　水槽　橡皮塞

试剂：水杨醛　乙二胺(99%)　$Co(CH_3COO)_2 \cdot 4H_2O$　乙醇(95%)　氯仿　高锰酸钾

固体粉末　二甲基甲酰胺(DMF)或二甲基亚砜(DMSO)

实验步骤

1. 非活性型[Co(Ⅱ)Salen]的制备

在制备装置图2-8的250mL三颈瓶中注入80mL 95%乙醇，再注入1.65mL水杨醛。在搅拌(能用磁力搅拌器搅拌吗?)情况下，注入0.7mL 70%(或0.55mL 99%)乙二胺(用什么仪器转移?)，使其反应4~5min。此时生成亮黄色的双水杨醛缩乙二胺片状晶体，溶液呈黄色。然后向三颈瓶中通入氮气(为什么?)赶尽装置中的空气，再调节氮气流使速度稳定在每秒1~2个气泡。这时让冷水进入冷凝管，并开始加热水浴使温度保持70~80℃，亮黄色晶体逐渐溶解。另取一烧瓶溶解1.93g乙酸钴于15mL热水中，得到葡萄红色溶液。在亮黄色片状晶体全部溶解后，把乙酸钴溶液迅速倒入三颈瓶中，立即生成大量棕色的胶状沉淀，在70~80℃时搅动40~60min(为什么?)，在这段时间内棕色沉淀慢慢转为暗红色晶体，溶液呈红黑色。移去水浴用冷水冷却反应瓶，再中止氮气流。减压过滤，得暗红色粉末状晶体。用5mL水洗涤三次，然后用5mL 95%乙醇洗涤(为什么?)。在真空干燥器中干燥(或红外灯烘干)，最后称重并计算产率。

2. [Co(Ⅱ)Salen]配合物的吸氧测定

首先检查吸氧装置(图2-9)(安装仪器顺序?)是否漏气。关闭6，旋转三通活塞4使2、3与U形管5相通，向U形管敞口的一边加入少量水，使其左右有一液面差。如果U形管中的液面仅在开始时稍有下移，以后即维持恒定，这表明装置不漏气；如果液面继续下降则表明装置漏气。这时应检查各接口处是否密闭，经检查和调整后，再重复试验，直到不漏气为止。

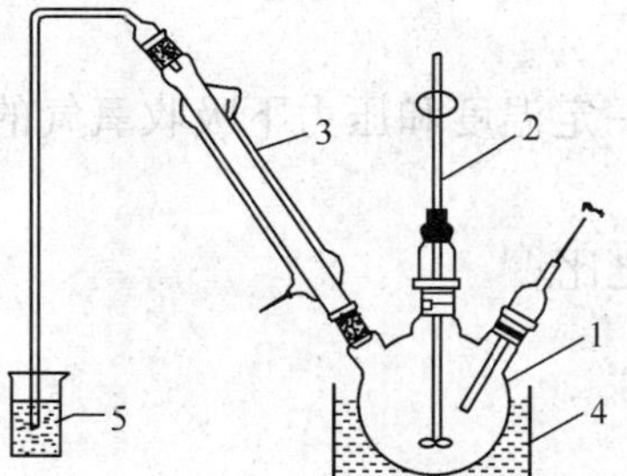

图2-8　制备装置

1—三颈瓶；2—搅拌器；3—冷凝管；4—水浴；5—水封液

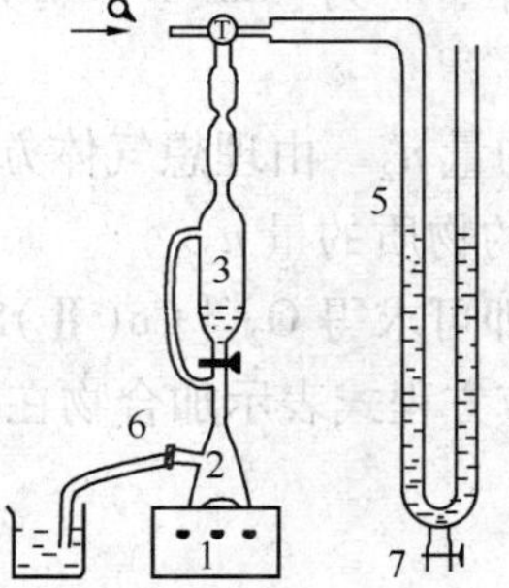

图2-9　吸氧装置

1—磁力搅拌器；2—带支管三角烧瓶；3—常压分液漏斗；4—三通活塞；5—带刻度U形管；6，7—活塞

准确称取0.05~0.1g的[Co(Ⅱ)Salen]配合物，放入带支管三角烧瓶2中，并放入磁力搅拌子。然后量取5~8mL DMF(或DMSO)放入常压分液漏斗3中，注意此时不能让DMF进入带支管三角烧瓶2中(如何操作?)。旋转三通活塞4使O_2进入常压分液漏斗3、带支管三角烧瓶2中，赶去装置中的空气并使整个装置中充满氧气(为什么?)，气体从活塞6处放出，约几分钟后，关闭O_2，并夹紧活塞6。这时旋转三通活塞4使带支管三角烧瓶2、常压分液漏斗3与U形管5相通，调节活塞7使两液面在同一水平，这时装置内的压力与大气压力相等，读出和体系相连一端U形管中液面的刻度。打开活塞带支管三角烧瓶2使DMF流入带支管三角烧瓶2中，并同时开启磁力搅拌器1，一直到U形管中液面不再明显变

化为止(约20~30min)，这时给U形管中加水，使两液面相平，读取读数，此读数与第一次读数之差即为吸氧体积。平行测量3次(为什么?)，每次带支管三角烧瓶2必须干燥(为什么?)。读取此时的温度和大气压。

3. 加合物在氯仿中的反应

把步骤2中气体测量的氧加合物$[Co(II)Salen]_2(DMF)_2O_2$转移到两个离心管中，使这两个离心管保持重量平衡，然后在离心机上离心分离使沉淀沉积在离心管底部，小心除去上层溶液(如何操作?)，得到暗褐色的加合物固体保留在离心管底部，沿管壁慢慢注入(为什么?)3mL氯仿，不要摇动或搅动(为什么?)，细心观察离心管内所发生的现象。

4. 实验结果和处理

(1) 记录数据　将测得的数据填入表2-5中。

表2-5　数据记录和结果处理

室温：____℃　　大气压：____mmHg　　室温时饱和水蒸气压：____mmHg

编　号	1	2	3	4	5	6	7
样品质量/g							
时间/min							
量气管液面读数/mL							
吸收氧体积/mL							

(2) O_2:[Co(II)Salen]物质的量之比的计算

[Co(II)Salen]的物质的量n_1：$n_1 = \frac{W}{M}$　　(2-4)

式(2-4)中：W为[Co(II)Salen]配合物的质量；M为[Co(II)Salen]的摩尔质量，$325g \cdot mol^{-1}$。

O_2的物质的量n_2：由理想气体方程$pV = nRT$，测得一定温度和压力下吸收氧气的体积，就可以求出O_2的物质的量n_2。

由n_1和n_2即可求得O_2:[Co(II)Salen]的物质的量之比。

(3) 用反应方程式表示加合物在氯仿中的现象。

实验指导

(1) 非活性型[Co(II)Salen]的制备中，氮气必须充分，否则产物会被氧化。

(2) 离心管中氧加合物$[Co(II)Salen]_2(DMF)_2O_2$离心分离后，轻轻用吸管把上层清液吸出，留下固体，用滴管吸取适量氯仿，逐滴加入，观察现象。千万不能倒入和振荡，否则观察不到氧气的放出。

(3) 使用氧气钢瓶充气时，注意缓缓注入氧气，不能开的太大，否则，接口6会被冲出。

(4) 钢瓶氧气不多时，最好自己用加热高锰酸钾的方法制氧气，然后再导入。

(5) 水杨醛及乙二胺有气味和腐蚀性，取用时应在通风橱中进行，切记勿滴到皮肤上。

(6) 离心试管、支口试管、小试管使用前预先干燥。

(7) 吸氧装置中，U形管直径尽量小些，实验效果比较明显。

(8) 安装吸氧装置之前，先了解三通阀门的使用，避免操作错误导致实验失败。

(9) 水杨醛试剂易失效，最好使用前重蒸。

实验拓展

(1) [Co(Ⅱ)Salen]配合物的吸氧测定也可用装置2-10完成。

三通活塞转至(├)位置，然后用手捏住液封处的橡皮管(二通活塞打开)，在量气管中将产生压差。如果两液面保持高度差不变，即体系密封性良好。

将所称量的固体样品(0.3~0.35g)放入锥形瓶中，同时放入磁力搅拌子。在恒压滴液漏斗中加入所需溶剂(15~20mL)。用注射器(100mL)吸满水，并调节水位至两液面到达最低刻度处。两个25mL的碱式滴定管安装时必须紧贴，高度一致，以便观察液面高度。如图2-10安装好装置。将二通活塞打开，三通活塞转至(⊥)位置，向系统通入氧气约半分钟左右，用余烬火柴梗在排气口处试验氧气是否充满。当氧气充满后，将三通活塞转至(├)位置，关闭二通活塞。观察量气管中的两液面是否相平，如有微小差距可通过注射器手柄推拉来调节，使两液面相平。读出量气管初始值；打开恒压分液漏斗活塞让溶剂流入锥形瓶中；打开搅拌器，此时配合物[Co(Salen)]受极性溶剂作用而形成具有活性的衍生物而吸氧，由于配合物吸氧，体系压力减小，量气管左管液面上升，而右管液面下降，为了使两液面相平，可用注射器从量气管下端通过三通管向其中注入水，使两液面调平。直至载氧完毕读出量气管最终读数。即可利用 $pV = nRT$ 公式求出所吸氧的物质的量 n。

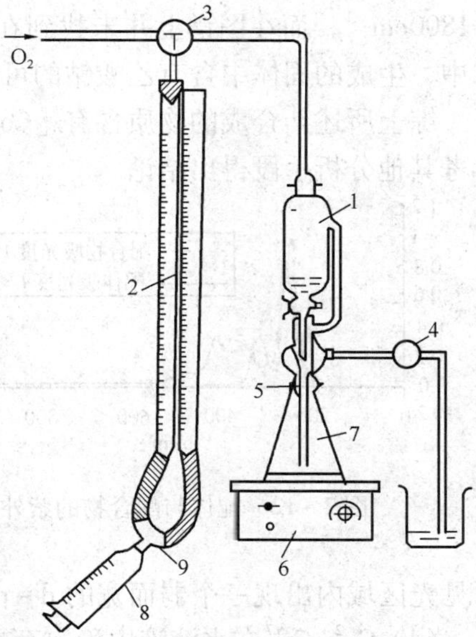

图2-10　吸氧装置

1—恒压滴液漏斗；2—量气管；3—三通活塞；4—二通活塞；5—抽气接管；6—磁力搅拌器；7—锥形瓶；8—注射器；9—三通管

(2) 红外光谱表征产物的结构。把产物充分干燥，测定红外光谱，分析光谱。

对水杨醛的否定：水杨醛的红外光谱主要吸收峰为1670~1645cm^{-1}，而从所得样品的图谱看，在此范围内并没有强烈的吸收峰，而在1606~1627cm^{-1}有强烈的吸收峰，说明产物中并没有水杨醛。

关于亚胺的特征峰的分析："═N—H"键的伸缩振动峰在3400~3200cm^{-1}区，非共轭的亚胺在稀溶液中以游离态存在时 $v_{C=N}$ 为1680~1660cm^{-1}，固相中移至1640~1633cm^{-1}。共轭的亚胺 $v_{C=N}$ 向低波数区移动，芳香环连在C═N键上的影响可以作为例子。

从所得图谱中可以看出在1529~1627cm^{-1}均有强吸收峰，根据亚胺的波数在固相中和有共轭时均降低的特点，在此范围内的特征基团为亚胺基的C═N伸缩振动峰可能性很大。同时，在样品图谱中，在3440cm^{-1}处有吸收说明也可能存在═N—H键的伸缩振动峰。而在反应物中均未有亚胺化合物，说明的确是合成了一种含亚胺基的化合物，其结构式如图2-11。

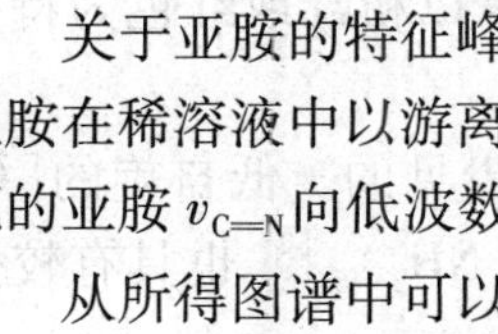

$\nu_{C=N}$: 1654 cm^{-1}

图2-11　含亚胺基的化合物的结构式

关于苯环的分析：四个相邻氢的苯环在770~735cm^{-1}出现强烈的吸收峰，同时在710~690cm^{-1}无吸收峰才能肯定是邻位取代苯环的特征峰。图谱显示在 $733cm^{-1}$ 和 $750cm^{-1}$ 处均有强吸收，而在 $720 \sim 500cm^{-1}$ 间吸收峰很弱，基本能肯定有邻位取代的苯环存在。因为前面已否定了水杨醛的存在，有邻位取代的只能是产物。

关于是否有未反应的乙酸钴的分析：乙酸钴中的羰基资料显示 $v_{C=O}$ 的波数大概在 $1740 \sim 1800cm^{-1}$，而在图谱上并未找到在此范围内有吸收峰，同时，由于乙酸钴完全溶解于热水中，生成的固体中含有乙酸钴的可能性不大。

综上所述，合成的物质含有［Co(Ⅱ)Salen］中的特征基团，但就其准确性而言，还应参考其他分析手段得出结论。

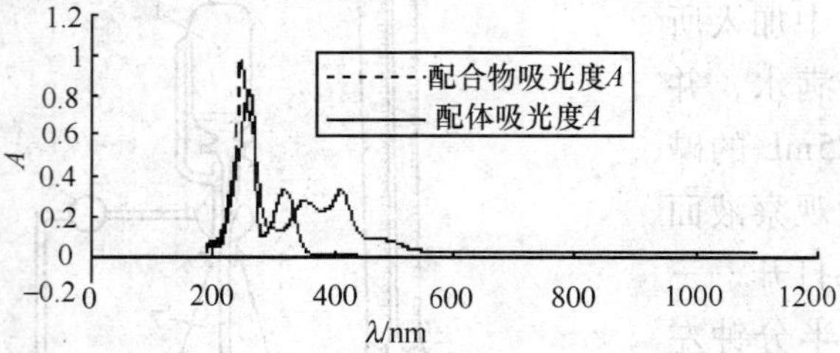

图 2－12　配体与配合物的紫外图谱

(3) 紫外光谱也可用于配合物的结构表征，图 2－12 是配体与配合物在氯仿溶液中的紫外吸收光谱图。

配合物的紫外吸收光谱在 246nm 处有最大吸收峰，配体在 259nm 处有最大吸收峰，配体中属于 $\pi - \pi^*$ 跃迁的吸收峰，在形成配合物时发生蓝移，另外游离的配体可见光区域内无吸收，而配合物在可见光区域内出现一个弱而宽的 d－d 的跃迁峰，应为金属与配体间的电荷迁移跃迁。

(4) Co^{2+} $3d^7$ 在水溶液中稳定存在；Co^{3+} $3d^6$ 由于具有强氧化性，因此，在水溶液中不能稳定存在。

而对于 Co(Ⅱ) 和 Co(Ⅲ) 配合物而言，按照晶体场理论 Co(Ⅲ) 能形成稳定的六配位配合物，如 $[Co(NH_3)_6]^{3+}$、$[Co(CN)_6]^{3-}$ 等，他们在水溶液中或固态时，都是十分稳定的，不易发生变化。如 $[Co(NH_3)_6]^{3+}$ 在水溶液中几乎不解离，NH_3 不被 H_2O 所取代，浓硫酸也不能把他破坏。固态的 $[Co(NH_3)_6]Cl_3$ 加热到 180℃左右时，才分解出 1 个 NH_3。$[Co(CN)_6]^{3-}$ 也是非常稳定的，氯气、盐酸和碱都对它无作用。

把 $Na_3[Co(No_2)_6]$ 溶液加到含有 K^+ 的溶液，析出难溶于水的黄色晶体 $K_2Na[Co(No_2)_6]$：

$$2K^+ + Na^+ + [Co(No_2)_6]^{3-} \xlongequal{} K_2Na[Co(No_2)_6](s)$$

这一反应常用来鉴定 K^+ 的存在。

Co(Ⅱ) 的配合物（特别是螯合物）也很多，可分为两大类：一类是以粉红或红色为特征的八面体配合物，另一类是以深蓝色为特征的四面体配合物。

Co(Ⅱ) 的八面体配合物大都是高自旋转的，低自旋的配合物是少见的。低自旋的 $[Co(CN)_5H_2O]^{3-}$ 在溶液中有较强的还原性，能从水中还原出氢气。$[Co(NH_3)_6]^{2+}$ 也具有较强的还原性，易被空气中的氧气氧化为 $[Co(NH_3)_6]^{3+}$：

$$4[Co(NH_3)_6]^{2+} + O_2 + 2H_2O \xlongequal{} 4[Co(NH_3)_6]^{3+} + 4OH^-$$

Co(Ⅱ) 的配合物在水溶液中的稳定性较差。例如，$[Co(NCS)_4]^{2-}$ 在丙酮或乙醚中则较稳定。在含 Co^{2+} 的溶液中加入 KSCN(s) 及丙酮，生成蓝色的 $[Co(NCS)_4]^{2-}$：

$$Co^{2+} + 4NCS^- \xlongequal{} [Co(NCS)_4]^{2-}$$

利用这一反应可以鉴定 Co^{2+} 的存在。正是因为 Co(Ⅱ) 的配合物在水溶液中的稳定性较差，所以本实验用氮气保护。

(5) 具有可逆载氧性能的模型化合物。它们一般是 Fe(Ⅱ)、Co(Ⅱ)、Mn(Ⅱ)、Ir(Ⅱ)、Rb(Ⅱ)等金属离子与氨、胺、氨基酸、肽、席夫碱、卟啉等配本所形成的金属配合物。

(6) 相关物理常数，见表2-6。

表2-6 相关物理常数

物质	相对分子质量	熔点/℃	沸点/℃	相对密度	折射率	溶解性
水杨醛	118	196.5	-7		1.1669	微溶于水，易溶于乙醚、苯
四水合乙酸钴	249.08		140 脱水	1.705		溶于酸、乙醇
乙二胺	32	117	8.5			
产物	325					

实验思考

1. 在制备[Co(II)Salen] 配合物过程中通氮气起何作用?

2. [Co(II)Salen]配合物在溶剂 DMF 和 $CHCl_3$ 有两种性质截然不同的吸氧和放氧作用，试从溶剂的性质来解释其所起的作用?

3. 还有哪些配合物常用作载氧模拟物?

4. 做吸氧测定试验时，具支试管和量气管中的气体是否只能是氧气? 不能有空气存在? 为什么?

实验五 硫酸四氨合铜(Ⅱ)的制备及组成测定

实验目的

(1) 熟悉硫酸四氨合铜(Ⅱ)的制备方法;

(2) 了解蒸馏法测定氨的技术;

(3) 了解 Cu(Ⅱ)的其他分析方法，会确定产物的组成。

实验背景

硫酸四氨合铜(Ⅱ)$[Cu(NH_3)_4]SO_4 \cdot H_2O$ 为蓝色正交晶体，相对密度 1.81，熔点 150℃(分解)，溶于水，不溶于乙醇、乙醚、丙酮、三氯甲烷、四氯化碳等有机溶剂。他的用途非常广泛，在农业上是高效、安全的广谱杀菌剂，对真菌、细菌性病害均有较好的预防效果；同时又是植物生长激素，能促进作物生长，明显提高作物产量。14% 水剂稀释 250 ~ 300 倍可防治水稻稻曲病；稀释 200 ~ 250 倍可防治黄瓜角斑病；稀释 10 ~ 20 倍可防治苹果腐烂。在工业上用途广泛，主要用于印染、电镀、纤维和制备某些含铜的化合物。

实验原理

1. 硫酸四氨合铜(Ⅱ)的制备

硫酸四氨合铜(Ⅱ)属中度稳定($K_{稳} = 2.09 \times 10^{13}$)的绛蓝色晶体，常温下在空气中易与水和二氧化碳反应，生成铜的碱式盐，晶体变成绿色的粉末。该实验通过将过量氨水加入硫酸铜溶液中反应得到硫酸四氨合铜(Ⅱ)。

离子反应式为:

$$[Cu(H_2O)_6]^{2+} + 4NH_3 \cdot H_2O + SO_4^{2-} = [Cu(NH_3)_4]SO_4 \cdot H_2O + 9H_2O$$

晶体析出主要有两种方法:一种是向硫酸铜溶液中通入过量氨气,并加入一定量硫酸钠晶体,使硫酸四氨合铜(Ⅱ)晶体析出;另一种方法是根据硫酸四氨合铜(Ⅱ)在乙醇中的溶解度远小于在水中的溶解度的性质,向硫酸铜溶液中加入浓氨水之后,再加入浓乙醇溶液使晶体析出。

相比而言,第一种方法直接使用氨气,操作较为困难,且对环境污染比较严重,有损健康,因此采用第二种方法。

2. 组成测定

配合物中铜离子的含量可通过比色分析测定。在配合物溶液中加入强碱,并加热使配合物破坏,氨就能挥发出来。

(1) NH_3含量的测定

$$[Cu(NH_3)_4]SO_4 + 2NaOH = CuO\downarrow + 4NH_3\uparrow + Na_2SO_4 + H_2O$$

用标准酸吸收

$$NH_3 + HCl(\text{过量}) = NH_4Cl$$

再用标准碱滴定剩余的酸

$$HCl(\text{剩余量}) + NaOH = NaCl + H_2O$$

(2) 硫酸根含量的确定用重量法

$$SO_4^{2-} + Ba^{2+} = BaSO_4\downarrow$$

(3) Cu^{2+}含量的测定

根据 Lambert - Beer 定律: $A = \varepsilon lc$ (2-5)

式(2-5)中: A 为吸光度; l 为溶液层厚度, cm; c 为溶液的浓度, $mol \cdot L^{-1}$; ε 为吸光系数。

其中吸光系数与溶液的本性、温度以及波长等因素有关。溶液中其他组分(如溶剂等)对光的吸收可用空白液扣除。当固定溶液层厚度 l 和吸光系数时,吸光度 A 与溶液的浓度成线性关系。首先测定溶液对不同波长光的吸收情况(吸收光谱),从中确定最大吸收波长,然后以此波长的光为光源,测定一系列已知浓度 c 溶液的吸光度 A,作出 $A-c$ 工作曲线。查工作曲线即可确定出相应的浓度。

仪器试剂

仪器: 723 型分光光度计　电子天平　石棉网　调温电炉　水浴锅　布氏漏斗　抽滤瓶　真空泵　锥形瓶　烧杯　蒸发皿　滤纸　胶头滴管　表面皿　磁力搅拌器　搅拌子　玻璃棒　温度计　提勒管　干燥器　酸式滴定管　托盘天平　坩埚　玻璃漏斗　马弗炉

试剂: 浓氨水(A. R.)　五水硫酸铜(A. R.)　乙醇(95%)　稀硫酸　甘油　盐酸羟胺(A. R)　NaOH(10%)　乙醚　$BaCl_2$ 溶液　$BaSO_4$ 溶液　HCl 标准溶液($0.5mol \cdot L^{-1}$)　甲基橙溶液(0.1%)　$AgNO_3$ 溶液($0.1mol \cdot L^{-1}$)　$CuSO_4$($0.5mol \cdot L^{-1}$)　NaOH 标准溶液

(0.5mol·L^{-1})　六亚甲基四胺缓冲溶液　二甲酚橙

实验步骤

1. 硫酸四铵合铜的制备

(1) 方法一　取10g $CuSO_4 \cdot 5H_2O$ 溶于14mL水中，加入20mL浓氨水，沿烧杯壁慢慢滴加35mL 95% 的乙醇(为什么?)，然后盖上表面皿。静置析出晶体后，减压过滤，晶体用1∶2的乙醇与浓氨水的混合液洗涤(为什么?)，再用乙醇与乙醚的混合液淋洗，然后将其在60℃左右烘干，称重，保存待用。

(2) 方法二　向烧杯中加入10mL 0.5mol·L^{-1} $CuSO_4$ 溶液，逐滴加入6mol·L^{-1}氨水至生成的沉淀消失，向溶液中加入少量95%的乙醇，摇匀静置，至有硫酸四铵合铜晶体产生，抽滤、洗涤晶体，然后将其在60℃左右水浴烘干(为什么?)，称重，保存待用。

2. 硫酸四铵合铜(Ⅱ)的组成测定

(1) NH_3 的测定　称取0.25～0.30g(称准至0.0002g)样品，放入250mL锥形瓶中，加80mL蒸馏水溶解，再加入10mL10% 的NaOH溶液。在另一锥形瓶中，准确加入30～35mL 0.5mol·L^{-1}标准HCl溶液，放入冰浴中冷却(为什么?)。按图2－13装配好仪器，从漏斗中加入3～5mL 10% NaOH溶液于小试管中，漏斗下端插入液面下2～3cm。加热样品，先用大火加热，当溶液接近沸腾时改用小火，保持微沸状态(为什么?)，蒸馏1h左右，即可将氨全部蒸出。蒸馏完毕后，取出插入HCl溶液中的导管，用蒸馏水冲洗导管内外，洗涤液收集在氨吸收瓶中。从冰浴中取出吸收瓶，加2滴0.1% 的甲基橙溶液，用0.5mol·L^{-1}标准NaOH溶液滴定剩余的盐酸溶液。计算 NH_3 质量分数：

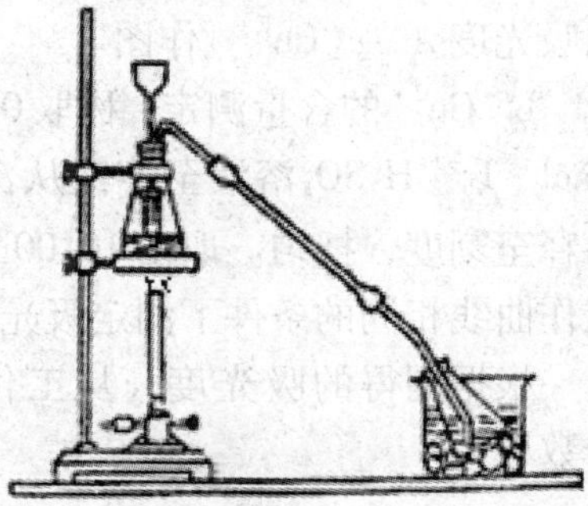

图2－13　氨的测定装置图

$$w(NH_3) = \frac{(c_1V_1 - c_2V_2) \times 17.04}{m \times 100} \times 100\% \qquad (2-6)$$

式(2－6)中：c_1 为标准HCl溶液的浓度；V_1 为标准HCl溶液的体积；c_2 为标准NaOH溶液的浓度；V_2 为标准NaOH溶液的体积；m 为样品质量；17.04为 NH_3 的摩尔质量。

(2) SO_4^{2-} 的测定　称取试样约0.65g(含硫量约90mg)，置于400mL烧杯中，加25mL蒸馏水使其溶解，稀释至200mL。

①沉淀的制备。在上述溶液中加6mol·L^{-1}稀HCl 2mL，盖上表面皿，置于石棉网上，加热至近沸。取0.1mol·$L^{-1}$$BaCl_2$ 溶液30～35mL于小烧杯中，加热至近沸，然后用滴管将热 $BaCl_2$ 溶液逐滴加入样品溶液中，同时不断搅拌溶液。当 $BaCl_2$ 溶液即将加完时，静置，于 $BaSO_4$ 上清液中加入1～2滴 $BaCl_2$ 溶液，观察是否有白色浑浊出现，用以检验沉淀是否已完全。盖上表面皿，在搅拌下继续加热，陈化(为什么?)约半小时，然后冷却至室温。

②沉淀的过滤和洗涤。将上层清液用倾析法倒入漏斗中的滤纸上．用一洁净烧杯收集滤液(检查有无沉淀穿滤现象。若有，应重新换滤纸)。用少量热蒸馏水洗涤沉淀3～4次(每次加入热水10～15mL)，然后将沉淀小心地转移至滤纸上。用洗瓶吹洗烧杯内壁，洗涤液并入漏斗中，并用撕下的滤纸角擦拭玻璃棒和烧杯内壁，将滤纸角放入漏斗中，再用少量蒸馏水洗涤滤纸上的沉淀(约10次)，至滤液不显 Cl^- 反应为止(用0.1mol·L^{-1}的 $AgNO_3$ 溶液

检查）。

③沉淀的干燥和灼烧。取下滤纸，将沉淀包好，置于已恒重的坩埚中，先用小火烘干炭化，再用大火灼烧至滤纸灰化。然后将坩埚转入马弗炉中，在800～850℃灼烧约30min。取出坩埚，待红热退去，置于干燥器中，冷却30min后称量。再重复灼烧20min，冷却，取出，称量，直至恒重。根据 $BaSO_4$ 质量计算试样中硫酸的含量。

（3）Cu^{2+} 的测定

①标准工作线法。

a. 绘制工作曲线。取 0.20mol · L^{-1} 标准 $CuSO_4$ 溶液 5.00mL、4.00mL、2.50mL、1.00mL 配制 50mL 浓度分别为 0.0200、0.0160、0.0100、0.0040mol · L^{-1} 的 $CuSO_4$ 溶液。取上面配制的四种浓度的 $CuSO_4$ 溶液各 10.00mL，分别加入 2mol · L^{-1} 10.00mL 氨水溶液，混合后，用1cm 比色皿在波长 λ 为 610nm 的条件下，用723型分光光度计测定溶液吸光度，以吸光度 $A-c(Cu^{2+})$ 作图。

b. Cu^{2+} 的含量测定。称取 0.34～0.37g（称准至 0.0002g）样品，用5mL水溶解后，滴加 6mol · L^{-1} H_2SO_4 溶液至溶液从深蓝色变至蓝色（为什么?），定量转移到250mL容量瓶中，稀释至刻度，摇匀。取出10.00mL，加入10.00mL 1mol · L^{-1} 氨水，混合均匀后，在与测定工作曲线相同的条件下测定吸光度。

根据测得的吸光度，从工作曲线上找出相应的 Cu^{2+} 浓度，并按下式计算 Cu^{2+} 质量分数：

$$\widetilde{w}(Cu^{2+}) = \frac{c \times 63.54}{4 \times m} \times 100\% \tag{2-7}$$

式（2-7）中：c 为工作曲线上查出的 Cu^{2+} 浓度；m 为样品质量；63.54 为 Cu^{2+} 的摩尔质量。

②EDTA 滴定法。称取试样 0.16～0.18g，将其溶解后，在 pH 值为 5.5（以六亚甲基四胺溶液为缓冲溶液）的条件下，以二甲酚橙为指示剂，用 EDTA 标准溶液直接滴定，当溶液由紫红色变为黄绿色即为终点。

$$w(Cu^{2+}) = \frac{cV \times 63.54}{m \times 1000} \times 100\% \tag{2-8}$$

式（2-8）中：c 为标准 EDTA 溶液的浓度；V 为标准 EDTA 溶液的体积；m 为样品质量；63.54 为 Cu^{2+} 的摩尔质量。

（4）确定配离子中 Cu^{2+} 与 NH_3 的比值

实验指导

（1）由于硫酸四氨合铜（Ⅱ）在加热时易失氨，所以其晶体的制备不宜选用蒸发浓缩等常规的方法。

（2）0.02mol · L^{-1} EDTA 标准溶液的配制及标定　称取 2.0g 乙二胺四乙酸二钠（$Na_2H_2Y \cdot 2H_2O$）于 100mL 温热水中，溶解后移入250mL容量瓶中，加水稀释至刻度，摇匀后转入密封的聚乙烯塑料瓶中（为了防止发霉，应加入约0.005%的百里酚）。

（3）NH_3 的测定中溶液加热近沸，但不应煮沸，防止溶液溅失。

（4）$[Cu(NH_3)_4]SO_4 \cdot H_2O$ 在热水溶液中会分解。易吸收空气中的二氧化碳与水造成变质，注意密封保存。

（5）重量分析法所用滤纸为慢速（或中速）定量滤纸（无灰滤纸，灰 <0.08mg）。

（6）烘干用小火，炭化用中火（防滤纸燃烧），灰化用大火（空气要充足，防还原；<900℃，防分解）。

（7）$BaCl_2$ 溶液作为沉淀剂需过量（过量 20%～30%，因 $BaCl_2$ 不易除去）使沉淀完全。

（8）检查滤液中的 Cl^- 时，用小表面皿收集 10～15 滴滤液，加 2 滴 $AgNO_3$ 溶液，观察是否出现浑浊，若有浑浊则需继续洗涤。

（9）在一些教材中铜配合物表示成 $[Cu(H_2O)_6]^{2+}$、$[Cu(NH_3)_6]^{2-}$ 等，它的配位数是 6，但在另一些教材上则写成 $[Cu(NH_3)_4]^{2+}$，配合物是 4。较为确切的解释是：当 Cu^{2+} 溶解在过量的水中时，形成蓝色的水合离子 $[Cu(H_2O)_6]^{2+}$。在 $[Cu(H_2O)_6]^{2+}$ 中加入氨水时，形成深蓝色的 $[Cu(NH_3)_4(H_2O)_2]^{2+}$，第 5、6 二个水分子的取代较困难，只有在液氨中才能制得 $[Cu(H_2O)_6]^{2+}$。在固体水合盐中一般配位数为 4。

（10）K－B 指示剂：称取 0.2g 酸性铬蓝 K 和 0.34g 萘酚绿 B 于小烧杯中，加水溶解后，稀释至 100mL。配制后需调节 K－B 的比例，使终点变化明显。

实验拓展

（1）硫酸四氨合铜（Ⅱ）各组分含量的理论值为：

Cu^{2+}%：25.85；NH_3%：27.73；SO_4^{2-}%：39.08；H_2O%：7.33。

（2）硫酸四氨合铜中 NH_3、SO_4^{2-}、Cu^{2+} 还可以用下列方法测定：

①用硫酸滴定铜氨配合物测得 NH_3 含量。反应式为：

$$Cu(NH_3)_4^{2+} + (n-2)H^+ + 2H_2O = Cu(OH)_2 + nNH_4^+$$

$$Cu(OH)_2 + 2H^+ = Cu^{2+} + 2H_2O$$

在实验中，通过 pH 滴定测得滴定曲线，可得到以上二步反应完全时所用的酸的体积，从而计算 NH_3 的个数或 NH_3 的含量。

②将铜氨配合物溶于过量的盐酸中，再用氢氧化钠滴定此溶液。通过 pH 滴定也能测得 NH_3 的含量。

③用氨气敏电极，直接电位法测定 NH_3 含量。

④用配合滴定，以铬黑 T 作指示剂，用 EDTA 滴定，测得 Cu^{2+} 含量。

⑤用碘量法测 Cu^{2+} 含量，在酸性溶液中（pH＝3～4），$Cu(NH_3)_4^{2+}$ 被破坏，Cu^{2+} 与 I^- 作用产生 I_2，再用标准 $Na_2S_2O_3$ 溶液滴定 I_2，即可得 Cu^{2+} 含量。

$$2Cu^{2+} + 4I^- = 2CuI + I_2$$

$$I_2 + 2S_2O_3^{2-} = 2I^- + S_4O_6^{2-}$$

由于 CuI 表面吸附 I_2 使结果偏低，为了减少 I_2 的吸附，可在大部分 I_2 与 $Na_2S_2O_3$ 反应后（溶液呈浅蓝色），再加入 KSCN 使 CuI 转化为更难溶的 CuSCN（溶液转化为深蓝色）。CuSCN 对 I_2 的吸附倾向小，可提高分析的准确度。滴定终点蓝色消失，此溶液为 CuSCN 的悬浮液。

（3）Cu^{2+} 的含量测定也可用离子液体双水相萃取分光光度法测定。离子液体双水相是继高聚物双水相之后，近年来才发现的一种可用于萃取分离物质的新体系。与传统有机溶剂萃取法比较，具有无毒、安全、快速等优点；与高聚物双水相相比较，溶液酸度范围较宽、不易乳化、界面更清晰、离子液体经简单处理可再利用。

(4) 根据X衍射图确定该配合物的晶形。根据测得的磁化率计算磁矩，可确定Cu^{2+}的外层电子结构。在过渡金属配合物中，由于受配体的影响，中心离子的d轨道会分裂成能量不同的两组或两组以上的轨道，其能量最高和最低的d轨道之间的能量差称为分裂能，用△表示。可通过测定配合物的电子光谱，由一定的吸收峰所对应的波长来计算。当d电子数目不同、配合物的构型不同时，计算△值的方法也不同。d^1、d^4、d^6、d^9电子构型为八面体和四面体，其电子光谱只有一个简单的吸收峰，可直接由吸收峰位置的波长来计算△值。

根据测得的吸光度，作吸光度-波长曲线。在图上找出最大吸收处的波长，可用$\Delta = 1/\lambda \times 10^7(cm^{-1})$(注：$\lambda$为最大吸收的波长，nm)来计算$[Cu(NH_3)_4]^{2+}$的分裂能。

实验思考

1. 如果产物的分析结果Cu^{2+}与NH_3的物质的量之比不是1∶4，分析误差原因?

2. Cu^{2+}的氨合离子和水合离子比较，哪个更稳定些？为什么?

3. 为什么沉淀硫酸钡要在热溶液中进行而在冷却后进行过滤？沉淀后为什么要陈化?

4. 重量法测定SO_4^{2-}含量时，为了得到较大结晶颗粒的$BaSO_4$，沉淀条件是什么？在转移、洗涤、灼烧$BaSO_4$时，应注意些什么?

5. 用2∶1浓氨水-乙醇混合液淋洗晶体的目的是什么?

6. 制备$[Cu(NH_3)_4]SO_4 \cdot H_2O$能否用加热浓缩的方法来制得晶体？为什么?

实验六　三氯化六氨合钴(Ⅲ)的制备及组成测定

实验目的

(1) 掌握三氯化六氨合钴(Ⅲ)的制备方法；

(2) 巩固沉淀滴定法和碘量法的运用；

(3) 理解多氧化态金属离子电对、电极电势的变化本质。

实验背景

三氯化六氨合钴(Ⅲ)为橙黄色单斜晶体，20℃在水中的溶解度为0.26mol·L^{-1}。$[Co(NH_3)_6]^{3+}$中，Co为正三价，采取d^2sp^3杂化，属于内轨型，是很稳定的配离子，其$K_{稳} = 1.6 \times 10^{35}$，因此在强碱的作用下(冷时)或强酸作用下基本不被分解，只有加入强碱并在沸热的条件下才分解。

$$2[Co(NH_3)_6]Cl_3 + 6NaOH \xlongequal{\triangle} 2Co(OH)_3 + 12NH_3 + 6NaCl$$

挥发出的氨用过量盐酸标准溶液吸收，再用标准碱滴定过量的盐酸，可测定配体氨的个数(配位数)。

将配合物溶于水，用电导率仪测定离子个数，可确定外界Cl^-的个数，从而确定配合物的组成。

配离子$Co(NH_3)_6^{3+}$中心离子有6个d电子，通过配离子的分裂能Δ的测定并与其成对能$P(21000cm^{-1})$相比较，可以确定6个d电子在八面体场中属于低自旋排布还是高自旋排布。在可见光区由配离子的$A-\lambda$(吸光度-波长)曲线上能量最低的吸收峰所对应的波长λ

可求得分裂能 Δ。

实验原理

在水溶液中，电极反应：

$$Co^{3+} + e \rightleftharpoons Co^{2+} \quad \varphi^{\ominus}_{Co^{3+}/Co^{2+}} = 1.84V(\text{酸性条件})$$

$$[Co(NH_3)_6]^{3+} + e \rightleftharpoons [Co(NH_3)_6]^{2+} \quad \varphi^{\ominus}_{Co(NH_3)_6^{3+}/Co(NH_3)_6^{2+}} = 0.1V(\text{酸性条件})$$

$\varphi^{\ominus}_{Co^{3+}/Co^{2+}} = 1.84V$，所以在一般情况下，Co(Ⅱ)在水溶液中是稳定的，不易被氧化为 Co(Ⅲ)；相反，Co(Ⅲ)很不稳定，容易氧化水放出氧气($\varphi^{\ominus}_{Co^{3+}/Co^{2+}} = 1.84V > \varphi^{\ominus}_{O_2/H_2O} = 1.229V$)。但在有配合剂氨水存在时，由于形成相应的配合物$[Co(NH_3)_6]^{2+}$，电极电势 $\varphi^{\ominus}_{Co(NH_3)_6^{3+}/Co(NH_3)_6^{2+}} = 0.1V$，因此 Co(Ⅱ)很容易被氧化为 Co(Ⅲ)，得到较稳定的 Co(Ⅲ)配合物。

根据电对的标准电极电势可以知道，在通常情况下，二价钴盐较三价钴盐稳定的多，而在它们的配合物状态下却正相反，三价钴反而比二价钴稳定。因此，通常采用空气或过氧化氢氧化二价钴的方法，来制备三价钴盐的配合物。

氯化钴(Ⅲ)的氨合物有许多种，其制备方法各不相同。三氯化六氨合钴(Ⅲ)的制备条件是以活性炭为催化剂，用过氧化氢氧化有氨及氯化铵存在的氯化钴(Ⅱ)溶液。反应方程式为：

$$2[Co(H_2O)_6]Cl_2 + 10NH_3 + 2NH_4Cl + H_2O_2 \rightleftharpoons 2[Co(NH_3)_6]Cl_3 + 14H_2O$$

得到的固体粗产品中混有大量活性炭，可以将其溶解在酸性溶液中，过滤掉活性炭，在高的盐酸浓度下将其结晶出来。

钴(Ⅱ)与氯化铵和氨水作用，经氧化后一般可生成三种产物：紫红色的二氯化一氯五氨合钴$[Co(NH_3)_5Cl]Cl_2$ 晶体、砖红色的三氯化五氨一水合钴$[Co(NH_3)_5H_2O]Cl_3$ 晶体、橙黄色的三氯化六氨合钴$[Co(NH_3)_6]Cl_3$ 晶体，控制不同的条件可得到不同的产物。本实验若温度控制不好，很可能有紫红色或砖红色产物出现。

$[Co(NH_3)_6]^{3+}$是很稳定的，因此在强碱的作用下(冷时)或强酸作用下基本不被分解，只有加入强碱并在沸热的条件下才分解。

$$2[Co(NH_3)_6]Cl_3 + 6NaOH \xrightarrow{\triangle} 2Co(OH)_3 + 12NH_3 + 6NaCl$$

在酸性溶液中，Co^{3+}具有很强的氧化性($\varphi^{\ominus}_{Co^{3+}/Co^{2+}} = 1.95V$)，易于许多还原剂发生氧化还原反应而转变成稳定的 Co^{2+}。本实验通过化学分析的方法对配合物的组成进行测定。

仪器试剂

仪器：分析天平　烘箱　恒温水浴　抽滤装置　漏斗和漏斗架　温度计　酸式滴定管　碱式滴定管

试剂：HCl 标准溶液($0.5mol \cdot L^{-1}$)　HCl($6mol \cdot L^{-1}$，$12mol \cdot L^{-1}$)　HNO_3($6mol \cdot L^{-1}$)　NaOH 标准溶液($0.5mol \cdot L^{-1}$)　NaOH($2mol \cdot L^{-1}$)　NaOH(10%)　$NH_3 \cdot H_2O$(浓)　$Na_2S_2O_3$ 标准溶液($0.05mol \cdot L^{-1}$)　$AgNO_3$ 标准溶液($0.1mol \cdot L^{-1}$)　K_2CrO_4(5%)

$CoCl_2 \cdot 6H_2O$(固)　NH_4Cl(固)　KI(固)　活性炭　NaCl(基准)　H_2O_2(6%)　乙醇(无水)　淀粉溶液(1%)　冰块　定量滤纸(中速)　pH 试纸　酚酞

实验步骤

1. $[Co(NH_3)_6]Cl_3$ 的制备

在 100mL 锥形瓶内加入 4.5g 研细的二氯化钴 $CoCl_2 \cdot 6H_2O$、3g 氯化铵和 5mL 水。加热溶解后加入 0.5g 活性炭(已称好)冷却后，加入 10mL 浓氨水，进一步用冰水冷却到 10℃以下，缓慢加入 10mL 6% 的 H_2O_2，在水浴上加热至 60℃左右，恒温 20min(适当摇动锥形瓶，为什么?)，直至溶液粉色消失。以流水冷却后再以冰水冷却即有晶体析出(粗产品)。用布氏漏斗抽滤，将滤饼(用勺刮下)溶于含有 1.5mL 浓盐酸的 40mL 沸水中，趁热过滤，弃去固体(活性炭)。缓慢加入 5mL 浓盐酸于滤液中(为什么要缓慢地加入?)。以冰水冷却，即有晶体析出。抽滤，用 10mL 无水乙醇洗涤，抽干，将滤饼连同滤纸一并取出放在一张纸上，置于干燥箱中，在 105℃以下烘干 30min，称重(精确至 0.1g)，计算产率。

2. $[Co(NH_3)_6]Cl_3$ 中的钴(Ⅲ)含量测定

用减量法精确称取 0.2g 左右(精确至 0.0001g)的产品于 250mL 锥形瓶中，加 50mL 水溶解。加 $2mol \cdot L^{-1}$ NaOH 溶液 10mL。将锥形瓶放在水浴上(夹住锥形瓶放入盛水的大烧杯中)加热至沸，维持沸腾状态。待氨全部赶走后(如何检查? 约 1h 左右可将氨全部蒸出)冷却，加入 1g 碘化钾固体及 10mL $6mol \cdot L^{-1}$ HCl 溶液，于暗处(柜橱中)放置 5min 左右，

$$2Co(OH)_3 + 6H^+ + 2I^- \longrightarrow 2Co^{2+} + I_2 + 6H_2O$$

用 $0.05mol \cdot L^{-1}$ 标准 $Na_2S_2O_3$ 溶液(准确浓度临时告知)滴定至浅色，加入 2mL1% 淀粉溶液后，再滴定至蓝色消失，呈稳定的粉红色。根据消耗的标准硫代硫酸钠的体积和浓度，即可计算出样品中钴的含量。

3. 氯含量的测定

准确称取 0.2g 试样，放入烧杯中，加 50mL 水溶解，加入 3mL 10% NaOH 溶液，加热至沸 15~20min，冷却后加入 50mL 水，小心抽滤(注意用水洗涤沉淀，少量多次)，将得到的滤液移入 250mL 容量瓶中稀释定容。准确移取 25.00mL 溶液，加入 20mL 蒸馏水稀释，加入 1 滴酚酞指示剂，用 $2mol \cdot L^{-1}$ HNO_3 调至无色。加入 1mL 5% K_2CrO_4 溶液作指示剂，用 $AgNO_3$ 标准溶液滴定至溶液出现橙红色，即为终点。记下 $AgNO_3$ 标准溶液的体积，计算出样品中氯的百分含量。

根据上述分析结果，求出产品的实验式。

实验指导

(1) 严格控制每一步的反应温度，因为温度不同，会生成不同的产物。

(2) 活性炭对钴氮间的配位有催化作用，如在 $CoCl_2$、NH_3、NH_4Cl 的水溶液中通入空气氧化，需约 12h 才能完全氧化，且产物中含有难分离的$[Co(NH_3)_5Cl]Cl_2$。但用过氧化氢做氧化剂，在有活性炭存在下，只需 30min 即能完全反应，得到纯净的产品，达到理论产量。因此本实验用过氧化氢作氧化剂，不用空气。

(3) 制备过程中，不加催化剂活性炭的情况下，在空气中放置，得到的只能是$[Co(NH_3)_5Cl]Cl_2$，而不是$[Co(NH_3)_6]Cl_3$。因为当没有催化剂活性炭时，常常发生取代反应，亦即六配位氨合物中的氨分子易被其他基团取代而得到$[Co(NH_3)_5Cl]Cl_2$。若用过氧化氢作

氧化剂，活性炭起催化作用。活性炭吸附过氧化氢，以确保过氧化氢在溶液中的浓度不降低，以便过氧化氢顺利地将二价钴氧化为三价钴。

（4）制备三氯化六氨合钴中，若没有铵盐的情况下，氨水遇钴盐后，即生成蓝色氢氧化钴(Ⅱ)沉淀：$Co^{2+} + 2OH^- \rightarrow Co(OH)_2 \downarrow$

此沉淀易溶于过量的沉淀剂和铵盐溶液中。当有铵盐存在时，将抑制 $NH_3 \cdot H_2O$ 的解离，即抑制 OH^- 的产生，使 $[Co^{2+}][OH^-]^2$ 达不到氢氧化钴(Ⅱ)的溶度积而形成 $[Co(NH_3)_6]^{2+}$，它随后被过氧化氢氧化，生成Co(Ⅲ)配合物。

（5）趁热过滤前，应检查产物是否全部溶解；一旦溶解，立即趁热、全部转移，若加热时间过长，因水蒸发会导致产物析出；若沸后再加热，产物仍未全溶，则加少许水，加热至全溶后过滤。

（6）制备过程中，5mL浓盐酸慢慢加到滤液中，加入浓盐酸后会有大量橙黄色晶体析出。慢慢加入的目的是为了得到大的晶体，便于过滤与烘干。由此也提示我们，加完浓盐酸后应稍放置一会儿，不能立即放到冰水浴中，否则仍会有小晶体产生。缓慢加入浓盐酸是利用盐酸中的氢离子与络合物中的氯离子或水分子结合，从而使氯离子或水分子离开络合物，让氨取代它们，使络合物纯化为 $[Co(NH_3)_6]Cl_3$。

（7）溶液的配制

①K_2CrO_4(5%)溶液配制。溶解5gK_2CrO_4 于100mL水中，在搅拌下滴加 $AgNO_3$ 标准溶液至砖红色沉淀生成，过滤溶液。

②NaCl标准溶液(0.1000mol·L^{-1})配制。称取预先在400 ℃干燥的5.8443g基准NaCl，溶解于水中，移入1000mL容量瓶中，用水稀释至刻度，摇匀。

③$AgNO_3$ 标准溶液(0.1mol·L^{-1})配制。称取16.9g $AgNO_3$ 溶解于水中，稀释至1L，摇匀，储存于棕色试剂瓶中。

④标定 $AgNO_3$ 标准溶液。吸取25mL 0.1000mol·L^{-1}NaCl标准溶液于250mL锥形瓶中，用水稀释至50mL，加1mL 5% K_2CrO_4溶液，在不断摇动下用 $AgNO_3$ 标准溶液滴定，直至溶液由黄色变为稳定的桔红色，即为终点。同时做空白实验。

$AgNO_3$ 标准溶液的浓度可按下式计算：

$$c_{AgNO_3} = \frac{c_{NaCl} \cdot V_{1(NaCl)}}{V - V_0} \qquad (2-9)$$

式(2-9)中：c_{AgNO_3} 为 $AgNO_3$ 标准溶液的浓度；V 为滴定用去 $AgNO_3$ 标准溶液的总体积；c_{NaCl} 为NaCl标准溶液的浓度；V_1 为NaCl标准溶液的体积；V_0 为空白滴定用去的 $AgNO_3$ 标准溶液的总体积。

实验拓展

钴含量的测定可以采用配位滴定法；由于 $[Co(NH_3)_6]Cl_3$ 本身带有颜色，用一般的化学分析方法很难判断终点，也可采用电位滴定法测定。

本实验还可通过物理方法进一步验证所得到的实验结果是否正确。物理方法有很多种，其中以摩尔电导法最常用。

由于配合物在溶液中的电离行为服从一般电解质的所有规律，因此，其电离类型和摩尔电导之间的数值上存在着比较简单的关系。如配制一种在1000L溶液中含有1mol盐的溶液，在25℃时，若每一个分子离解出2个离子，其电导值在100S左右；若每一个分子离解出3

个离子，其电导值在250S左右；若离解出4个离子，其电导值在400S左右；若离解出5个离子，其电导值在500S左右。可由配合物的摩尔电导数值迅速地解决此配合物所离解出离子数目的问题，从而确定其电离类型和验证化学方法所得结论是否正确。

根据欧姆定律，在两极间溶液的电导 $S = \frac{1}{R} = K\frac{A}{L}$ (2-10)

式(2-10)中：K 为电导率，它是与温度、浓度有关的量。

摩尔电导率是指将含有1mol的电解质溶液放在相距为1cm的两极板中间，这时所测定的电导称为摩尔电导，用 Λ 表示，其单位是$(S \cdot cm^{-2} \cdot mol^{-1})$。

$$\Lambda = K\frac{1000}{c}(S \cdot cm^{-2} \cdot mol^{-1}) \quad (2-11)$$

表2-7列出了不同离子数的电解质溶液在不同稀度下的摩尔电导值。

表2-7　不同离子数的电解质溶液在不同稀度下的摩尔电导值

电解质	类型(离子数)	摩尔电导/$(S \cdot cm^{-2} \cdot mol^{-1})$			
		稀度(128)	稀度(256)	稀度(512)	稀度(1024)
NaCl	1-1型(2)	113	115	117	118
$BaCl_2$	1-2型(3)	224	237	248	260
$AlCl_3$	1-3型(4)	342	371	393	413
$[Co(NH_3)_6]Cl_3$	1-3型(4)	346	383	412	432

稀度表示溶液的稀释程度，为物质的量浓度的倒数，如稀度为256，表示256L溶剂中含有1mol溶质。

实验思考

1. 在制备过程中水浴加热20min的目的是什么？能否加热至沸？
2. 制备过程中需要用5mL浓盐酸慢慢加到滤液中，为什么？
3. 测定 Cl^- 余量时，HNO_3 酸化试液得到酸度为何不能过大？
4. 要使本实验制备的产品产率高，哪些步骤是比较关键的？为什么？
5. 在钴含量测定中，如果氨没有赶净，对分析结果有何影响？写出分析过程中涉及的反应式。

实验七　配合物几何异构体的制备及异构化速率常数与活化能测定

实验目的

（1）通过制备二水二草酸根合铬酸钾异构体，了解配合物的几何异构现象；
（2）掌握几何异构体常用的鉴别方法；
（3）掌握光度法测定配合物顺反异构化速率常数和活化能的方法。

实验背景

几何异构体研究是配位立体化学的重要组成部分，对了解配合物的结构以及结构与性质之间的规律有重要意义。几何异构现象主要发生在配位数为 4 的平面正方形结构和配位数为 6 的八面体结构的配合物。在平面正方形结构配合物中，配体围绕中心体可以占据不同形式的位置，通常分顺式和反式两种异构体。顺式是指相同配体彼此处于邻位，反式是指相同配体彼此处于对位。在八面体配合物中可以有三种类型的几何构体，即 MA_4B_2、MA_3B_3 和 ML_2B_2，其中 M 是中心体，常为金属离子，A 和 B 是单齿配体，L 是双齿配体，它们都有顺式和反式异构体存在（见图 2 – 14）。

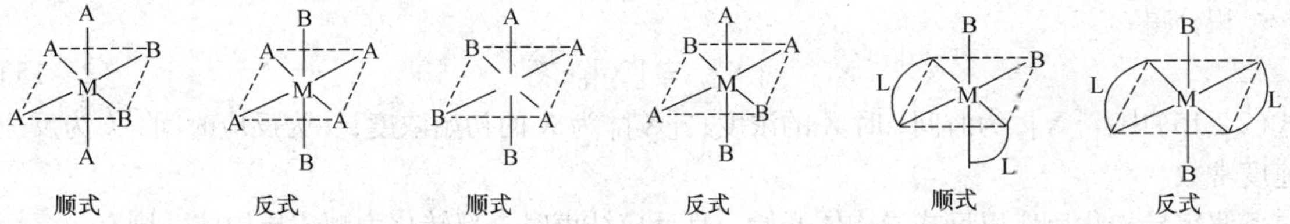

图 2 – 14　八面体配合物的几何异构体

对于顺、反式异构体的制备，多数情况下需先对欲得到的、具有某一特定构型的异构体进行结构和性质分析，然后利用其结构或性质方面的特殊性，通过现有相同构型的配合物进行取代，或先合成异构体混合物，然后利用溶解度、极性等性质上的差异进行分离，进而得到所需的异构体。对于某些能发生特性反应的异构体，也可采用特定方法合成。

配位化合物异构体之间存在相互转化的平衡现象，在异构体相互转化中伴随某种特征的线性变化，若可以对其浓度进行实时测量，就可得到异构化的速率常数和活化能，从而可以推测其异构化的反应机理。

实验原理

本实验制备的二水二草酸根合铬酸钾是一个八面体配合物，有顺式或反式两种异构体形式存在。

本实验反式异构体采取先合成异构体混合物，然后利用二水二草酸根合铬酸钾的顺、反异构体在溶解度上的差别来制得所需的异构体。根据实验研究：反式异构体先从水溶液中结晶出来，而顺式异构体在乙醇溶液中先结晶出来，这样可以分别得到反式和顺式的异构体。

配合物顺反异构体的鉴定方法很多，常见的有偶极矩、X 射线晶体衍射、可见紫外吸收光谱、化学法以及拆分方法等。

化学法鉴定所制备的二水二草酸根合铬酸钾的顺反异构体是根据：顺式和反式异构体均可与稀氨水反应生成相应构型的碱式盐（二草酸羟基水合铬离子），而且生成的碱式盐中顺式的是可溶性的深绿色物质，反式的为不溶性的棕色固体。

二水二草酸根合铬酸钾的顺反异构体具有不同的颜色，二者的最大吸收波长也不同，并且反式异构体不稳定，容易转化为顺式异构体。当该配合物的反式异构体在水溶液中发生反 – 顺异构化反应时，其吸光度将随反应的进行发生规律性变化，因此，可以利用分光光度法对其异构化速率常数进行测定。

根据 Lambert – Beer 定律，溶液浓度与吸光度的关系为

$$A = \lg\left(\frac{I_0}{I_t}\right) = \varepsilon lc \tag{2-12}$$

式（2 – 12）中：A 为吸光度；ε 为摩尔吸光系数，$L \cdot (mol \cdot cm)^{-1}$；$l$ 为液池厚度，cm；c 为溶液浓度，$mol \cdot L^{-1}$。

如果溶液中同时存在两种吸收物质 X 和 Y，根据吸光度加和性原则，在时间 t 时的吸光度为：

$$A_t = l\{\varepsilon_x[X]_t + \varepsilon_y[Y]_t\} \tag{2-13}$$

设异构化反应为一级反应(异构化反应通常为一级反应)，且 X 和 Y 分别为一级反应的反应物和产物，根据一级反应的特征可得：

$$dx/dt = -k[X] \tag{2-14}$$

积分得：

$$[X]_t = [X]_0 e^{-kt} \tag{2-15}$$

式(2-15)中：$[X]_t$ 为时间 t 时 X 的浓度；$[X]_0$ 为 X 的初始浓度；t 为反应时间；k 为反应速度常数。

假定异构化反应以反式异构体开始，且反应结束时全部转化为顺式异构体，则有：

当 $t=0$ 时：

$$A_0 = \varepsilon_x l[X]_0 \tag{2-16}$$

当 $t=\infty$ 时：

$$A_\infty = \varepsilon_y l[Y]_0 = \varepsilon_y l[X]_0 \tag{2-17}$$

在 t 时刻：

$$A_t = \varepsilon_x l[X]_t + \varepsilon_y l[Y]_t = \varepsilon_y l[X]_t + \varepsilon_y l\{[X]0 - [X]_t\} \tag{2-18}$$

式(2-18)中：ε_x 为反式异构体的摩尔吸光系数；ε_y 为顺式异构体的摩尔吸光系数；$[Y]_t$ 为 t 时刻顺式异构体的浓度。

分别联立式(2-15)和式(2-16)、式(2-17)和式(2-18)，得：

$$[X]_0 = (A_\infty - A_0)/[(\varepsilon_y - \varepsilon_x)\cdot l] \tag{2-19}$$

$$[X]_t = (A_\infty - A_t)/[(\varepsilon_y - \varepsilon_x)\cdot l] \tag{2-20}$$

将式(2-19)和式(2-20)代入式(2-16)，得：

$$A_\infty - A_t = (A_\infty - A_0)e^{-kt} \tag{2-21}$$

将式(2-21)两边取对数，得：

$$\lg(A_\infty - A_t) = -kt/2.303 + \lg(A_\infty - A_0) \tag{2-22}$$

以 $\lg(A_\infty - A_t)$ 对 t 作图，若所得图形为一直线，则证明反应是一级的。根据所得直线的斜率可求出反应速率常数 k。

若测得在不同温度下的异构化速率常数 k，可由下式计算异构化的活化能：

$$\lg\frac{k_2}{k_1} = \frac{E}{2.303R}\left(\frac{1}{T_1} - \frac{1}{T_2}\right) \tag{2-23}$$

式(2-23)中：T 为热力学温度；R 为气体常数，其值为 $8.31\ J\cdot K^{-1}$；E 为异构化的活化能。

仪器试剂

仪器：UV-9100 紫外可见分光光度计　双孔恒温水浴　烧杯　研钵　容量瓶　移液管　布氏漏斗　吸滤瓶　表面皿　秒表

试剂：草酸(A. R.)　重铬酸钾(A. R.)　无水乙醇(A. R.)　高氯酸(A. R.)　稀氨水(A. R.)

实验步骤

1. 反式异构体的制备

（1）在 100mL 烧杯中加入 6g 二水合草酸，缓慢加入沸水（为什么？）至固体恰好溶解。

（2）在溶解有草酸的烧杯中分数次少量缓慢（为什么？）加入 2g 研细的重铬酸钾，用表面皿盖好。

（3）待反应完毕并冷却至溶液呈酱油色，在室温下，将此溶液放置，自然蒸发浓缩，有紫红色的晶体析出。

（4）过滤晶体，用冷水和 60% 乙醇各洗涤 2 次，60℃烘干即得反式异构体。

2. 顺式异构体的制备

（1）分别将 6g 充分研细的二水合草酸与 1g 重铬酸钾混合均匀后，转入 100mL 烧杯中，盖上表面皿。

（2）用小火在烧杯底部微热，立即发生剧烈的反应，并有二氧化碳气体放出，反应物呈深紫色的黏状液体。

（3）反应结束立即加入 15mL 无水乙醇，充分搅拌（必要时可倾析掉乙醇液再加新的无水乙醇搅拌）至产物呈松散的暗紫色粉末，60℃干燥即可。

3. 顺式和反式异构体的鉴别

分别将两种异构体的晶体置于滤纸的中央，并将滤纸置于表面皿上，然后用稀氨水润湿。顺式异构体转为深绿色的碱式盐，溶解并向滤纸的周围扩散；反式异构体转为棕色的碱式盐，由于溶解度很小，仍以固体状态留在滤纸上。

4. 反－顺异构化速度常数的测定

（1）工作波长的选择

①准确称取 0.100g 反式异构体，溶于少量冰冷的 1×10^{-4}mol·L^{-1}高氯酸水溶液中并定容至 100mL 容量瓶中，迅速在 380～650nm 波长范围内以 1×10^{-4}mol·L^{-1}的高氯酸溶液为参比测定其吸收光谱。

②准确称取 0.100g 顺式异构体，按上法操作，测定吸收光谱。

③从这两种异构体的吸收光谱图上选择吸收差别最大时的波长作为测定波长（为什么？）。

（2）速度常数的测定

①精确称取 0.100g 反式异构体试样，迅速用在 25℃已恒温好的 1×10^{-4}mol·L^{-1}的高氯酸溶液溶解于 100mL 容量瓶中。

②在 25℃条件下定容，同时开始计时迅速倒入 1cm 比色皿中（恒温条件下），在选定的工作波长处以 1×10^{-4}mol·L^{-1}高氯酸水溶液为参比进行测定。开始阶段 2min 测一次。

③当反应减慢时，可延长测定时间间隔。一般 2h 可转化完全，但应得到完全转化的数据后才能取其值为 A_∞（为什么？）。

④将恒温槽温度调节为 40℃，重复上述实验，测定 40℃时不同时间的吸光度值。

5. 数据处理

（1）作 $\lg(A_\infty - A_t) - t$ 图，验证是否是一级反应。分别计算实验温度下的异构化速率常数 k。

（2）利用不同温度下的速率常数 k，求异构化反应的活化能 E。

实验指导

(1) 二水二草酸根合铬酸钾的反式异构体制备中：

①加入的水太多不利于反式异构体的析出，所以用沸水溶解反应物；

②由于反应剧烈且有二氧化碳气体放出，因此加入重铬酸钾时应控制每次加入量以免溶液溢出；

③自然蒸发时剩余体积不能太少，否则顺式异构体也一起析出，得不到纯净的反式晶体；④自然蒸发析出反式异构体需要较长的时间，可能要过夜，实验者应提前做好安排。

(2) 二水二草酸根合铬酸钾顺式异构体制备中，所用反应为一特殊的短周期诱导反应，反应经诱导开始后剧烈进行，放出水蒸气和 CO_2。

(3) 选择工作波长时，由于二水二草酸根合铬酸钾的顺式异构体和反式异构体在此波长范围内均有吸收，因此应以吸收差别最大时的波长作为测定波长。

(4) 顺式异构体制备时，由于反应开始后进行进行得比较剧烈，因此需盖上表面皿。

实验拓展

(1) 反应的速率常数是重要的动力学参数，一般需测定浓度随时间的变化再进行确定。原则上来说，所有能用于检测反应体系中浓度随时间的变化方法均可用于速率常数的测定，常见的有旋光法、电导法、光度法等，但对于特殊的反应体系(如快速反应、自由基反应等)，需采用闪光光解等特殊的测定方法。

(2) A_∞是计算速率常数的关键数据之一，测定不准确可能会引入较大误差。本实验亦可先列出时间为 t 时的浓度 c_1 和时间为 $t+\Delta t$ 时的浓度 c_2 的数据，Δt 可为任意的时间间隔，以 $\lg(c_1-c_2)$对 t 作图，通过其斜率(即 $-k/2.303$)求得速率常数。具体推导过程如下：

将公式 $dc/dt=-kc$ 积分，并取初始浓度为 c_0，得：

$$c = c_0 e^{-kt} \tag{2-24}$$

因此：

$$c_1 = c_0 e^{-kt} \tag{2-25}$$

$$c_2 = c_0 e^{-k(t+\Delta t)} \tag{2-26}$$

$$c_1 - c_2 = c_0 e^{-kt}(1-e^{-k\Delta t}) \tag{2-27}$$

取对数：

$$\lg(c_1-c_2) = -\frac{k}{2.303}t + \lg[c_0(1-e^{-k\Delta t})] \tag{2-28}$$

作 $\lg(c_1-c_2)-t$ 图，由斜率可得 k。

一定条件下，由于吸光度 A 与浓度 c 成正比，所以可直接用吸光度 A 代替浓度 c。

假设：

$$A = k_{反} c + P \quad (P\text{为常数}) \tag{2-29}$$

$$c_1 - c_2 = (A_1 - A_2)/k_{反} \tag{2-30}$$

代入式(2-28)，得：

$$\lg(A_1-A_2) = -\frac{k}{2.303}t + \lg[k_{反} c_0(1-e^{-k\Delta t})] \tag{2-31}$$

以 $\lg(A_1-A_2)$ 对 t 作图，由斜率即可求得 k。

实验思考

1. 制备反式异构体的反应中，草酸根所起的作用有哪些？
2. 影响反应速率常数的因素是什么？
3. 测定反应的速率常数时常用的方法有哪些？本实验还可用什么方法进行测定？
4. 鉴定异构体常用什么方法？本实验还可用什么方法鉴定？

单元3　有机物合成与表征

实验一　安息香的合成及结构表征

实验目的

（1）学习辅酶催化合成安息香的反应原理及其合成方法；
（2）利用红外光谱表征其分子结构。

实验背景

安息香(Benzoin)又称苯偶姻、二苯乙醇酮、2－羟基－2－苯基苯乙酮或2－羟基－1，2－二苯基乙酮，是一种无色或白色或淡黄色晶体，主要用于荧光反应检验锌；也可作为药物，主治突然心痛、小儿肚痛、关节风痛等；还可用作生产聚酯的催化剂。

经典的安息香合成由两分子苯甲醛在热的氰化钾或氰化钠的乙醇溶液中缩合而成，虽然产率高，但毒性很大，既破坏环境又影响健康。20世纪70年代后，开始采用具有生物活性的辅酶维生素 B_1 代替氰化物作催化剂进行缩合反应。以维生素 B_1 作催化剂具有操作简单、节省原料、耗时短、污染轻等特点，具有良好的发展前景。酶的参与可以使反应更巧妙，更有效及在更温和的条件下进行。

近年来，化学工作者对安息香缩合反应的研究始终围绕绿色化学概念，积极探索简便高效的合成手段，及寻找新型替代催化剂。VB_1 法、相转移催化－VB_1 法、超声波－VB_1 法、微波－VB_1 法、金属催化法、生物催化法、手性三唑啉盐作催化剂前体合成法等研究都取得了可喜的成果。特别是生物催化法、手性三唑啉盐作催化剂前体合成法的不对称合成更值得关注，一个反应瓶内的多组分、多步骤反应是有机合成方法学发展的一个热点，为安息香缩合产物的应用开辟了新的途径。

除 VB_1、CN^- 外，噻唑啉离子、三乙氧基膦和氯化三甲基硅，在LDA（Lithium diisopropylamide)存在下、烷基或芳基取代的咪唑啉啶也可催化安息香缩合。噻唑啉离子和咪唑啉啶的分子式分别如下：

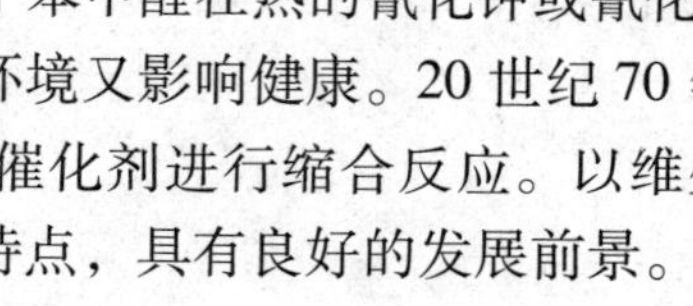

实验原理

芳香醛在氰化钠(钾)作用下，分子间发生缩合生成二芳基羟乙基酮，称为安息香缩合反应：

$$2C_6H_5CHO \xrightarrow[C_2H_5OH,\ H_2O]{CN^-} C_6H_5-\overset{\overset{\displaystyle O}{\|}}{C}-\overset{\overset{\displaystyle OH}{|}}{CH}-C_6H_5$$

这是一个负碳离子对羰基的亲核加成反应，氰化钠(钾)是催化剂，其机理如下：

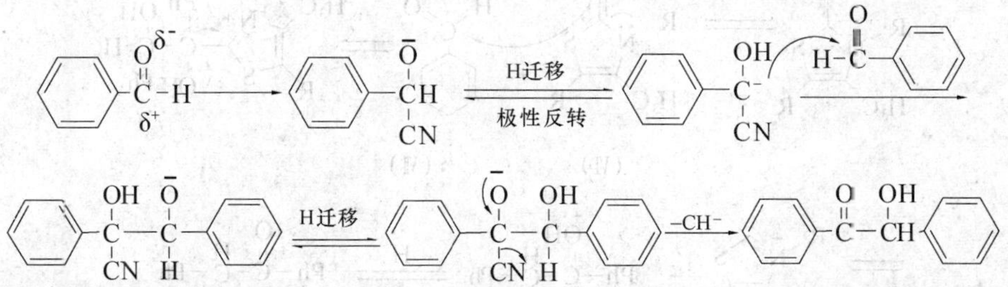

取代的芳醛如对甲基苯甲醛、对甲氧基苯甲醛和呋喃甲醛等也发生类似的缩合，生成相应的对称性二芳基羟乙酮。

从反应机理可知，当苯环上带有强的供电子基如对二甲氨苯甲醛或强的吸电子基如对硝基苯甲醛等均很难发生安息香缩合反应。因为供电子基降低了羰基的正电性，不利于亲核加成；而吸电子基则降低了碳负离子的亲核性，同样不利于亲核加成。但分别带有供电子基和吸电子基两种不同的芳香醛之间则可以顺利地发生混合的安息香缩合反应，并得到一种主要产物，即羟基连在含有活泼羰基芳香醛一端。例如：

$$C_6H_5CHO + p\text{—}(CH_3)_2N\text{—}C_6H_4CHO \xrightarrow{CN^-} C_6H_5-\overset{\overset{\displaystyle OH}{|}}{CH}-\overset{\overset{\displaystyle O}{\|}}{C}-C_6H_4N(CH_3)_2$$

安息香(二苯羟乙酮)作为双官能团化合物，可以发生许多化学反应，在有机合成中常常被用作中间体。

本实验采用了有生物活性的辅酶维生素 B_1(Thiamine)来代替剧毒的氰化物完成安息香缩合反应，反应时，维生素 B_1 分子(Ⅲ)中的噻唑环上的氮原子和硫原子邻位的氢，在碱的作用下可生成负碳离子(Ⅳ)。

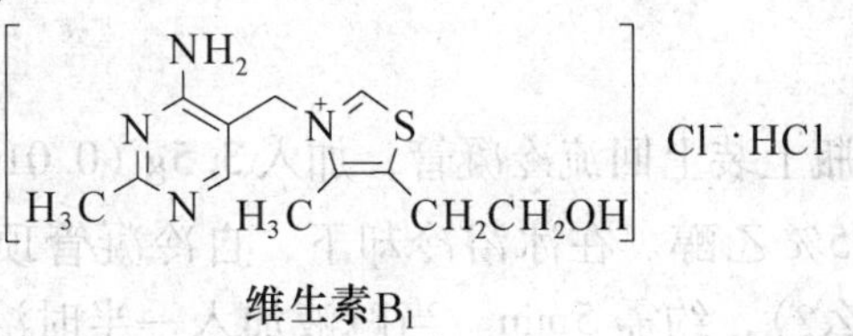

维生素B_1

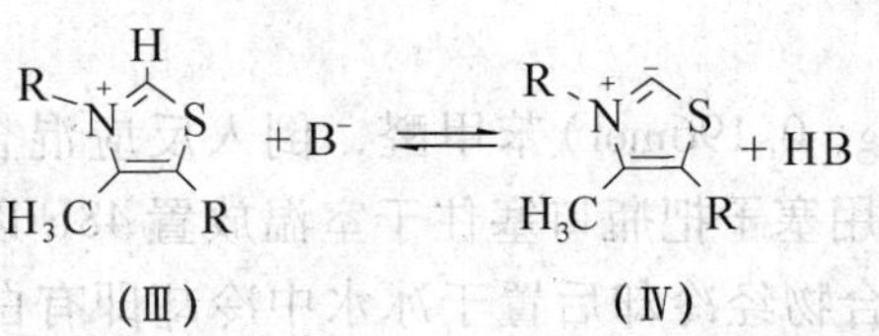

(Ⅲ)　　　　(Ⅳ)

然后(Ⅳ)与苯甲醛作用生成中间体(Ⅴ)，(Ⅴ)可以被分离得到。

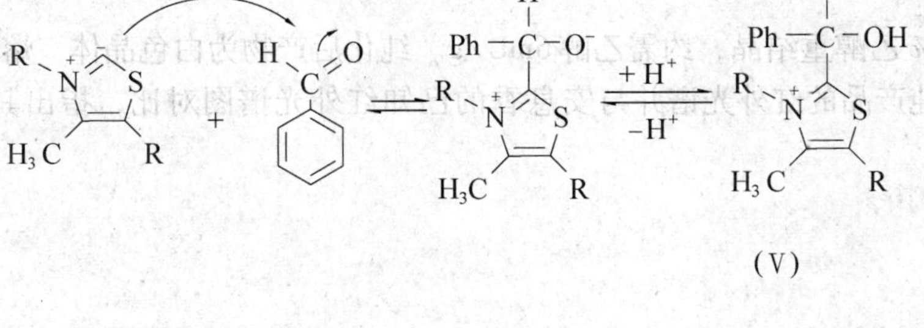

(Ⅴ)

（Ⅴ）经异构化脱去质子得到了中间体烯胺（Ⅵ），（Ⅵ）与另一分子苯甲醛作用时就得到了缩合中间物（Ⅶ），再进一步得到产物（Ⅷ）。

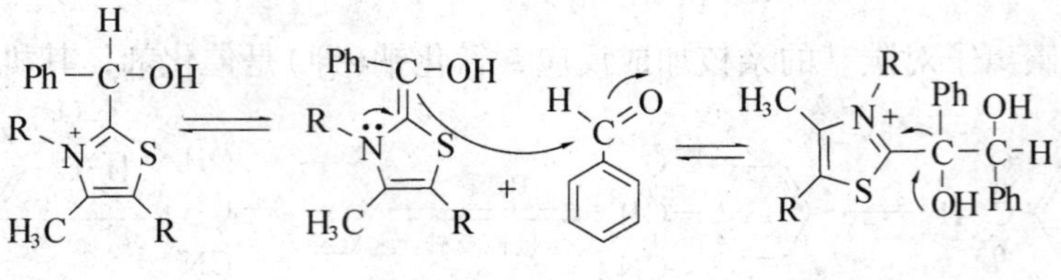

（Ⅵ）　　（Ⅶ）

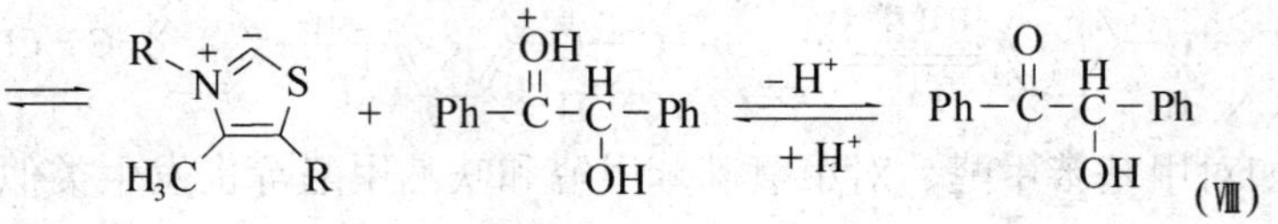

（Ⅷ）

主要的副反应：

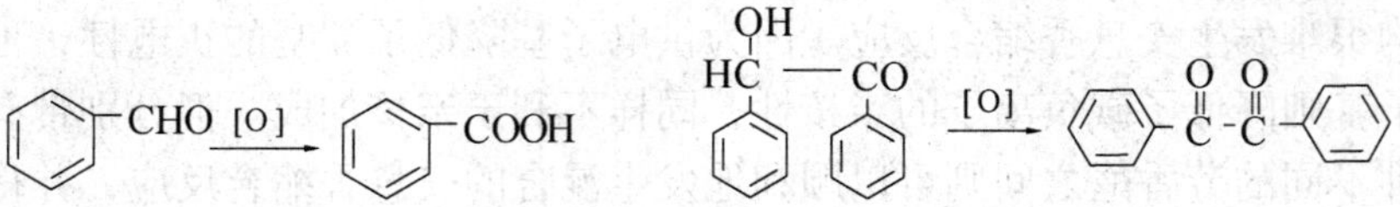

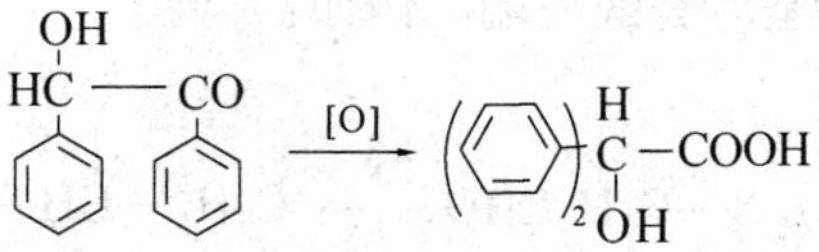

仪器试剂

仪器：三颈烧瓶　回流冷凝管　圆底烧瓶　红外光谱仪　熔点仪

试剂：维生素 B_1　苯甲醛　95%乙醇　$3mol \cdot L^{-1}$氢氧化钠

实验步骤

（1）在 100mL 三颈烧瓶上装上回流冷凝管，加入 3.5g（0.010mol）维生素 B_1 和 7mL 水，使其溶解，再加入 30mL 95%乙醇。在冰浴冷却下，自冷凝管顶端边摇动边逐滴加入 3mL $3mol \cdot L^{-1}$氢氧化钠（为什么?），约需 5min。当碱液加入一半时溶液呈淡黄色，随着碱液的加入，溶液的颜色也变深。

（2）量取 20mL（20.8g，0.196mol）苯甲醛，倒入反应混合物中，加入沸石，于 60～76℃水浴上加热 90min（或用塞子把瓶口塞住于室温放置 48h 以上），此时溶液的酸度应在 pH＝8～9 之间。等反应混合物经冷却后置于冰水中冷却即有白色晶体析出（为什么?）。抽滤，用 100mL 冷水分几次洗涤，干燥后粗产品重 14～15g，熔点 132～134℃（产率 60%～70%）。

（3）用95%乙醇重结晶，约需乙醇6mL/g。纯化后产物为白色晶体，熔点134～136℃。

（4）测定纯产品的红外光谱并与安息香的已知红外光谱图对比，指出其主要吸收带的归属。

实验指导

(1) VB_1在反应中作为催化剂使用，它的质量对反应产生直接的影响，VB_1通常在酸性条件下稳定，易吸水，在水溶液中易被氧化失效。同时光、金属离子(如铜、铁、锰等)均可加速 VB_1的氧化，在氢氧化钠溶液中噻唑环易开环失效：

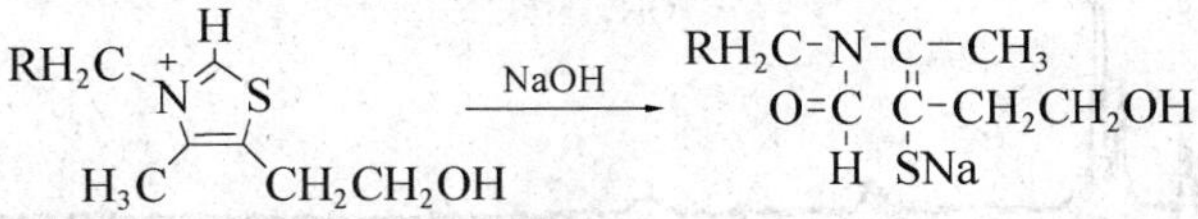

所以，反应的第一步是加入冰冷的氢氧化钠，其目的是防止噻唑环发生开环反应，而反应中第一步在 VB_1中加入氢氧化钠的目的是促使 VB_1形成碳负离子；向维生素 B_1醇水溶液加碱时必须在冰浴冷却和搅拌下慢慢加入，加热时也不要过于剧烈。

(2) 苯甲醛中不能含有苯甲酸，用前最好经5%的碳酸氢钠溶液洗涤，而后减压蒸馏，并避光保存，量取速度要快。

(3) 投完原料后，反应体系必须保持溶液的 pH 值偏碱性，调节 pH =9~10(精密 pH 试纸)。由于负碳离子的条件必须是在碱性条件下方可成立，如果溶液的 pH 值保持在中性或偏酸性，都不利于负碳离子的生成。

(4) 安息香重结晶溶剂：安息香在沸腾的95%乙醇中的溶解度为12~14g/100mL。

(5) 若产物呈油状物析出，可重新加热使成均相，再缓慢冷却析出晶体。

(6) 切记有机溶剂重结晶的注意事项。

实验拓展

1. 安息香乙醚的合成

在250mL 的三颈瓶中装入5.00g 安息香和140mL 无水乙醇(过量的无水乙醇用作溶剂)，在搅拌下通入干燥的氯化氢气体，反应温度维持在50~60℃，反应时间约12h，直到观察三颈瓶中反应物不吸收氯化氢为止。产品析出可选用方法一或方法二。

(1) 方法一　向静置24h 后的反应液中加入冰，使产品析出。

(2) 方法二　在反应液中加入15%氢氧化钠水溶液，中和其中的酸，使反应液呈中性，并用冰冷却反应产物使其析出，过滤，得到粗品。用石油醚重结晶，活性炭脱色，得到白色针状结晶，熔点59~61℃。产品保存在棕色瓶中。

2. 安息香分子的红外谱图和氢谱谱图

安息香分子的红外谱图和氢谱谱图见图3-1、图3-2。

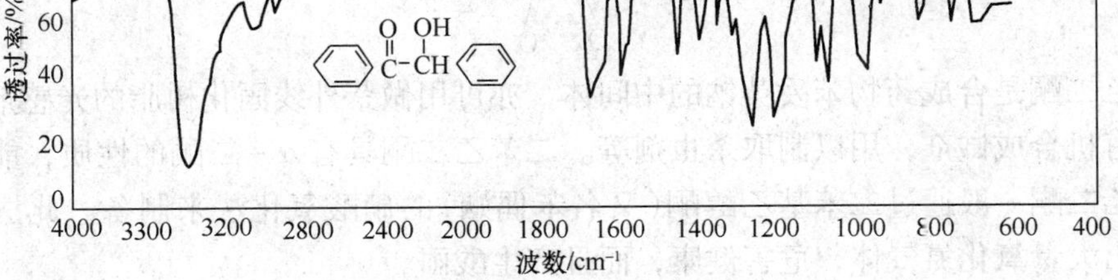

图3-1　安息香的IR谱图

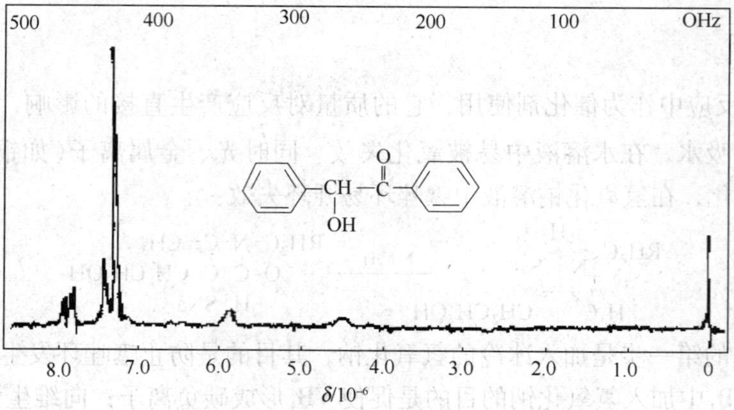

图 3－2　安息香的^{1}H NMR 谱图

实验思考

1. 为什么要向维生素 B_1的溶液中加入氢氧化钠？试用化学反应式说明。

2. 试将你测定的红外光谱图与标准谱图比较，并对主要吸收带进行解释，指出其归属。

3. 合成安息香可选择的催化剂有哪些？

4. 为什么加入苯甲醛后，反应混合物的 pH 值要保持在 9～10？溶液 pH 值过低有什么不好？

实验二　二苯乙二酮的合成及结构表征

实验目的

（1）学习由安息香氧化合成二苯乙二酮的方法；

（2）掌握用薄层层析监测反应进程的方法；

（3）巩固用红外光谱和紫外光谱图表征化合物分子结构的方法。

实验背景

二苯乙二酮，又名为联苯酰、联苯甲酰，是黄色棱状晶体，熔点 95～96℃，沸点 346～348℃（分解）、188℃（1.6 kPa），相对密度 1.084，溶于乙醇、乙醚、丙酮、苯、氯仿等有机溶剂，不溶于水。结构式如下：

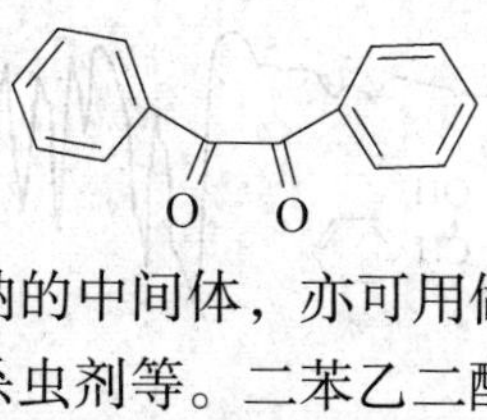

二苯乙二酮是合成药物苯妥英钠的中间体，亦可用做紫外线固化树脂的光感剂、印刷油墨组分、有机合成试剂，用以制取杀虫剂等。二苯乙二酮具有 α－二酮的性质，能吸收紫外光。二苯乙二酮一般通过二苯基乙醇酮（又名苯偶姻）的硝酸氧化法来制备。此法不但反应激烈，放出大量氧化氮气体，危害健康，而且产生酸雨。

目前常用的氧化法由安息香经硝酸氧化或在硫酸铜、吡啶水溶液中制得。

实验原理

二苯乙二酮是重要的有机合成试剂，通常由安息香氧化而得。能使安息香氧化的试剂很多，常用的氧化剂有硝酸、乙酸铜、三氯化铁等。本实验以安息香为原料，利用氧化剂将二苯羟乙酮氧化为二苯基乙二酮，根据所用氧化剂的不同，合成可有多种方法。

方法一：硝酸氧化法。用硝酸氧化法较为简便，但反应中释放出的二氧化氮会对环境产生污染。

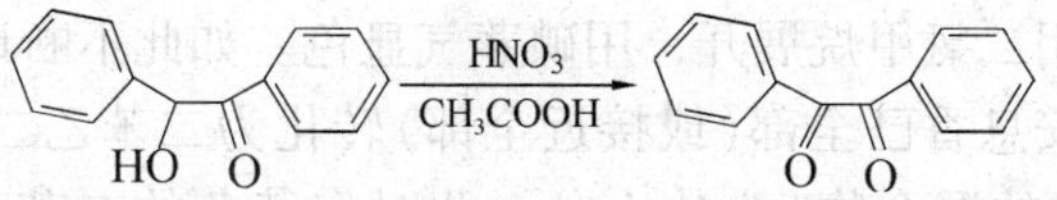

方法二：乙酸铜氧化法。安息香可以被温和的氧化剂乙酸铜氧化生成 α－二酮，铜盐本身被还原成亚铜态。实验经改进后使用催化量的乙酸铜，反应中产生的亚铜盐可不断被硝酸铵重新氧化生成铜盐，硝酸本身被还原为亚硝酸铵，后者在反应条件下分解为氮气和水。改进后的方法在不延长反应时间的情况下可明显节约试剂，且不影响产率及产物纯度。

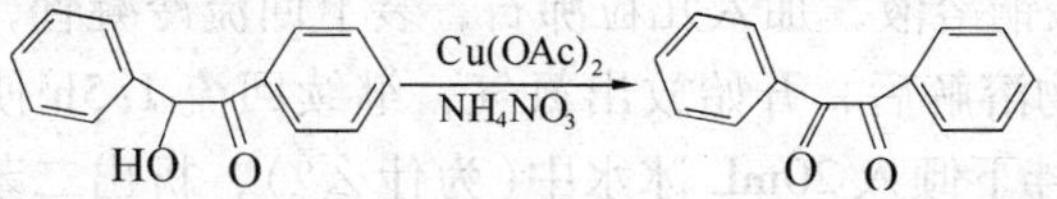

方法三：三氯化铁氧化法。$FeCl_3 \cdot 6H_2O$ 也是安息香氧化的良好氧化剂，不仅避免了常用的硝酸氧化法中产生有毒的氮的氧化物，而且收率高、质量好、操作方便、安全。

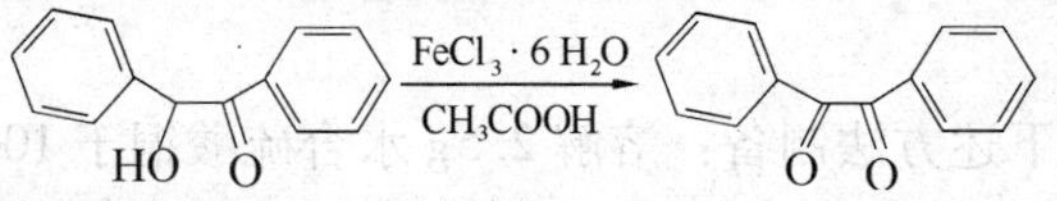

简单的薄层层析法虽然不能准确地说明反应混合物中各组分的含量，但是它却可以方便而又清楚地告诉我们氧化反应的进程。在反应过程中，通过不断取样进行分析来监测反应的进程有着实际应用的意义。如果在反应进行时不加以监测，为了保证反应完全，往往采取延长反应时间等方法，不仅浪费了时间和能源，而且已经得到的产物往往还会进一步发生变化，使收率和产品纯度都较低。

仪器试剂

仪器：三颈烧瓶　回流冷凝管　圆底烧瓶　显微熔点仪　红外光谱仪　紫外分光光度仪

试剂：安息香（自制）　70% 硝酸（相对密度 1.42）　冰乙酸　硅胶 GF　2% 乙酸铜　1% 羧甲基纤维素钠　硝酸铵　95% 乙醇　三氯化铁　二氯甲烷　安息香和二苯乙二酮的标准样品　碘　甲醇　硝酸钠　硫酸铜

实验步骤

1. 制备薄层板

用硅胶 GF 作吸附剂，其中掺 1% 羧甲基纤维素钠作为粘合剂，在 7.5cm × 2.0cm 的洁净玻片上均匀地制成薄层硬板。于室温晾干后，置于烘箱中逐步升温至 110℃，活化 1h，为了跟踪氧化反应的进行，每人准备上述薄层板 6 块和 20cm × 10cm 薄层板 1 块（硅胶 GF 和 1% 羧甲基纤维素钠）。实验中使用的展开剂是二氯甲烷。

2. 标准样品 R_f 值的测定

首先使用安息香和二苯基乙二酮的标准样品的混合物溶液在 20cm × 10cm 薄层板上进行

点样，展开，测出二点的 R_f 值。再用 CS－910 双波长薄层层析扫描仪分别测出此两个点的紫外最大吸收值（λ_{max}），从而确定出哪一个点是安息香，哪一个点是二苯乙二酮。

3. 合成

方法一：在 100mL 三颈瓶上装上回流冷凝器和温度计，另一颈上用标准磨口塞塞紧。将 6.0g 粗品安息香和 30mL 冰乙酸及 15mL 浓硝酸(70%，相对密度 1.42)混合均匀。将此反应混合物在水浴上加热至液体温度为 85～95℃，此后每隔 15～20min 用细毛细管取出少量的反应液，在 7.5cm×2.0cm 薄层板上点样 2～3 次，每次约数微升，并将薄层板放置使乙酸和硝酸挥发，然后用二氯甲烷展开，用碘蒸气显色。如此不断地观察安息香是否已全部转化为二苯乙二酮。当安息香已全部(或接近全部)转化为二苯乙二酮后，将反应液冷却并加入 120mL 水和 120g 冰的混合物(为什么?)，此时有黄色的二苯乙二酮结晶出现。抽滤，并用少量冰水洗涤结晶固体，干燥后，用甲醇进行重结晶，计算产率。纯二苯乙二酮为黄色晶体，熔点为 94～96℃。

方法二：在 50mL 圆底烧瓶中加入 4.3g (0.02mol) 安息香、12.5mL 冰乙酸、2g 粉状的硝酸钠和 2.5mL 2% 硫酸铜溶液，加入几粒沸石，装上回流冷凝管，在石棉网上缓缓加热并不时加以摇荡。当反应物溶解后，开始放出氮气，继续回流 1.5h 使反应完全。将反应混合物冷至 50～60℃，在搅拌下倾入 20mL 冰水中(为什么?)，析出二苯乙二酮结晶。抽滤，用冷水充分洗涤，尽量压干，粗产物干燥后为 3～3.5g。产物已足够纯净可直接用于下一步合成。如要制备纯品，可用 95% 的乙醇水溶液重结晶，计算产率。纯二苯乙二酮为黄色晶体，熔点为 94～96℃。

注：2% 硫酸铜可用下述方法制备：溶解 2.5g 水合硫酸铜于 100mL 10% 乙酸水溶液中，充分搅拌后滤去碱性铜盐的沉淀。

方法三：在 100mL 圆底烧瓶中加入 10mL 冰乙酸、5mL 水、9.0g $FeCl_3 \cdot 6H_2O$，装上回流冷凝管，加热至沸，加入 2.1g 安息香，继续加热回流 45～60min。加水 30～50mL 煮沸后冷却则析出黄色固体，抽滤，粗产品用 95% 乙醇重结晶，得 1.9～2.0g，收率 90%～95%，纯二苯乙二酮为黄色晶体，熔点为 94～96℃。

4. 含量测定

测定纯品的熔点和红外光谱，并与二苯基乙二酮的已知谱图对比，指出其主要吸收带的归属。

实验指导

（1）本实验采用硝酸氧化法虽较为简便，但反应中释放的二氧化氮对环境产生污染。实验进程监控采用薄层层析法，虽不能准确反映混合物中各组分的含量，但是可以方便地在线检测反应进程，在实际生产中，有效地控制反应进程对于节约能源等有重要的意义。

（2）先活化薄层板(从低温升起，到 105℃时开始计时 0.5h)。

（3）注意需安装气体吸收装置。

（4）$FeCl_3 \cdot 6H_2O$ 的固体硬度很大，称量时要压成小颗粒，才能放入三颈瓶中。

（5）沸腾的判断方法：关掉加热，静置时有冒泡现象。

（6）反应开始后(到所需温度后)，每隔一定时间，用薄层板检测反应进程，直到反应完成(注意：一块板可点两个样，第一次点一个标准样；取样浓度要控制，否则展不开；薄层板用紫外灯显色，画下斑点实际形状；最终将所有薄层板画在报告纸上，见图 3－3)。

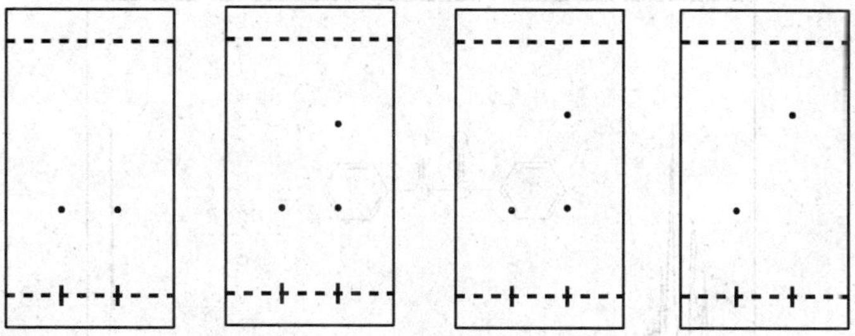

图 3－3　薄层层析监测反应进程示意图

（7）二苯乙二酮重结晶溶剂用 95% 乙醇 3～4mL/g(粗)。

实验拓展

1. 二苯乙二酮衍生物抗痉挛药物——苯妥英的合成

苯妥英(其钠盐称为地伦丁)，是一种常用的抗癫痫药，可用于抗癫痫、治疗三叉神经和坐骨神经痛，也用于抗心律失常及降低血压。苯妥英是通过二苯乙二酮与尿素缩合得到。

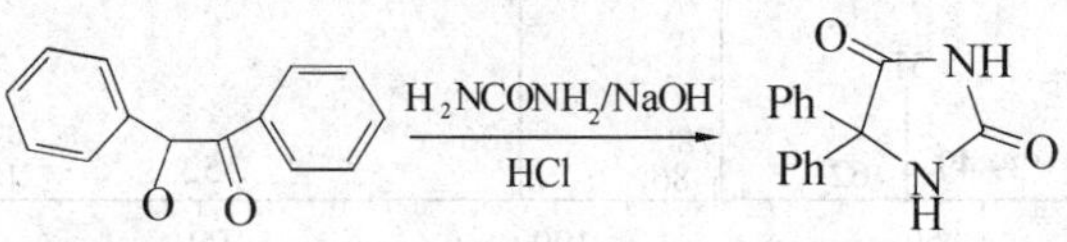

向装有 45mL 乙醇的 100mL 三颈瓶中加入 3g 二苯乙二酮、1.5g 尿素和 9mL 30% NaOH 溶液，混合均匀，用电加热套加热使反应混合物温和地回流 2h。用冰浴冷却后，将反应混合物倒入 75mL 水中，抽滤除去不溶性杂质。向滤液中滴加 10% HCl，直到用蓝色石蕊试纸检验溶液呈酸性。抽滤收集二苯基乙内酰脲固体，用 50mL 冷水洗涤。粗产品用丙酮重结晶。

2. 二苯乙二酮分子的红外谱图、氢谱谱图和质谱图

二苯乙二酮分子的红外谱图、氢谱谱图和质谱图分别见图 3－4～图 3－6。

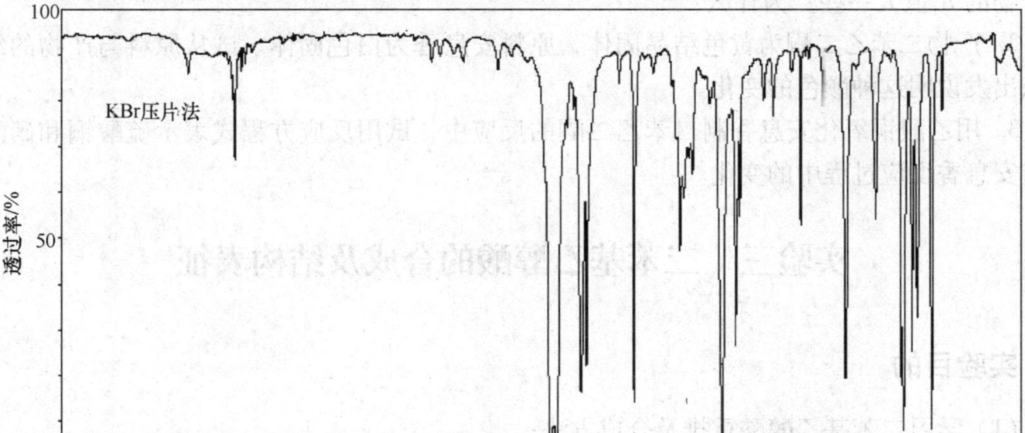

图 3－4　二苯乙二酮的 IR 谱图

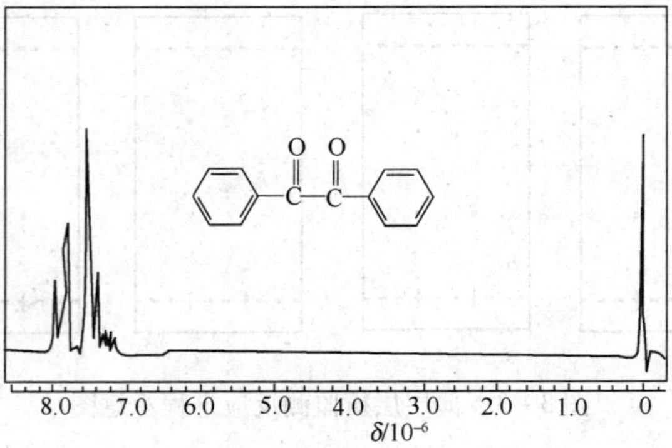

图 3-5　二苯乙二酮的[1]H NMR 谱图

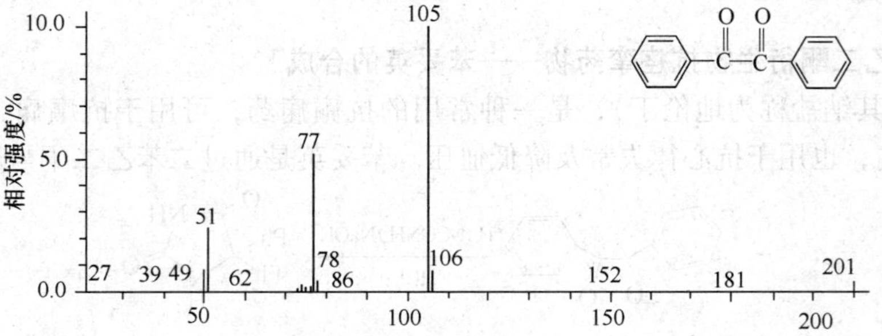

图 3-6　二苯乙二酮的 MS 谱图

实验思考

1. 已知安息香：λ_{max} = 248nm（EtOH）；二苯基乙二酮：λ_{max} = 260nm（EtOH），试用这两个数据确定用薄层板分离得到的两个点各是哪一个化合物，并算出各自的 R_f 值。哪一个化合物的 R_f 值大一些？为什么？

2. 产物二苯乙二酮为黄色结晶固体，原料安息香为白色固体。试从原料与产物的结构特点出发说明这种颜色的变化。

3. 用乙酸铜氧化安息香制二苯乙二酮的反应中，试用反应方程式表示硫酸铜和硝酸铵在与安息香反应过程中的变化。

实验三　二苯基乙醇酸的合成及结构表征

实验目的

（1）学习二苯基乙醇酸重排及合成方法；

（2）熟练掌握回流、重结晶等实验操作。

实验背景

二苯基乙醇酸又叫 α-羟基-α-苯基苯乙酸、2-羟基-2,2-二苯基乙酸，针状结晶，苦味，高温下变为深红色，溶于热水、乙醇、乙醚，微溶于冷水和丙酮，熔点 151～152℃。

用作医药原料和生产泌尿系统及消化系统的止痛、解痉药，是药物胃复康的中间体，也是有机合成的中间体，也可用来测定锆。目前的生产方法：一种方法是由苯偶姻经氧化而得，另一种方法是使苯偶姻与溴酸钾反应而得。

实验原理

二苯乙二酮是一个不能烯醇化的 α－二酮，当用碱处理时发生了碳骨架的重排，得到二苯基乙醇酸。由于二苯基乙醇酸是这种类型重排中最早的一个实例产物，故此种类型的重排亦称为二苯基乙醇酸重排。

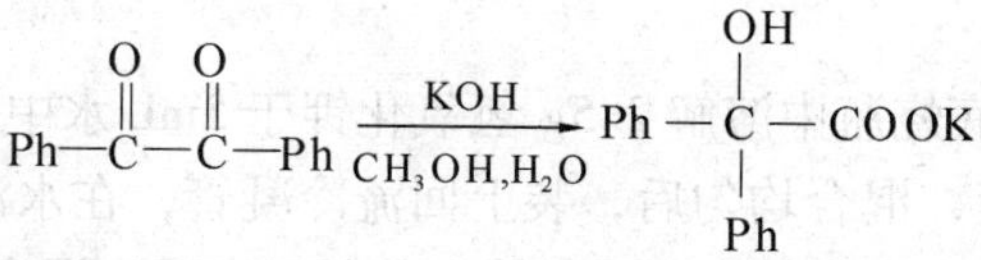

此反应是由羟基负离子向二苯乙二酮分子中的一个羰基加成，形成活性中间体而开始的。此时另一个羰基则是亲电中心，苯基带着一对电子进行转移重排，而反应的动力是生成的羧基负离子的稳定性。

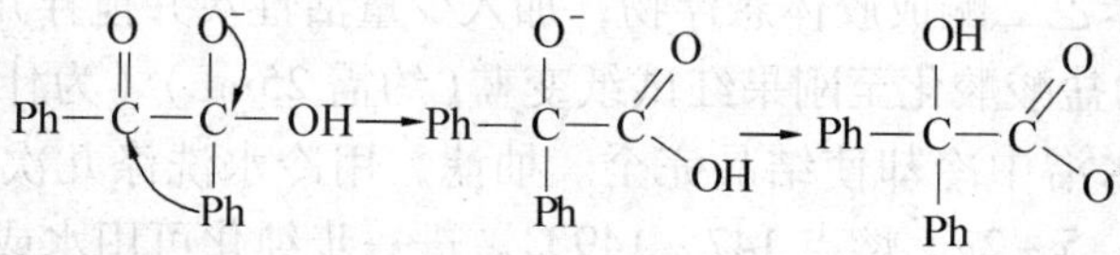

二苯乙二酮与氢氧化钾溶液回流，生成二苯基乙醇酸盐，一旦生成羧酸盐，经酸化后即产生二苯基乙醇酸。这一重排反应可普遍用于将芳香族 α－二酮转化为芳香族 α－羟基酸，某些脂肪族 α－二酮也可发生类似的反应。总反应式为：

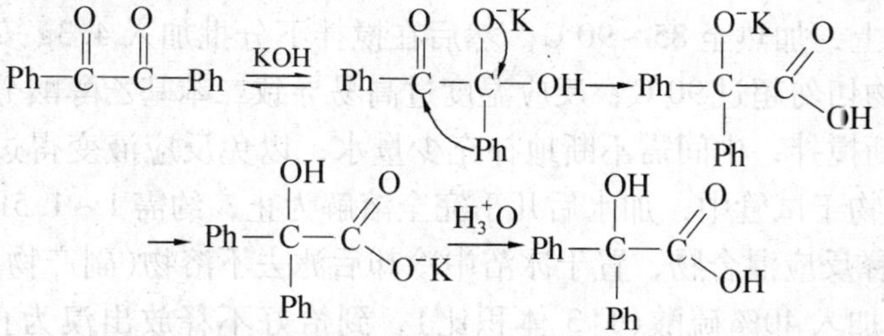

二苯基乙醇酸也可直接由安息香与碱性溴酸钠溶液一步反应来制备，得到高纯度产物。

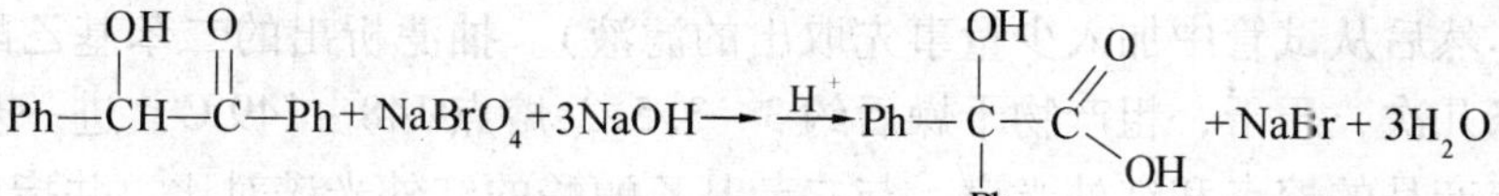

仪器试剂

仪器：圆底烧瓶　回流冷凝管　显微熔点仪　表面皿　红外光谱仪

试剂：二苯乙二酮（自制）　氢氧化钾　15% 乙醇　浓盐酸　溴酸钠　氢氧化钠　浓硫酸　活性炭　95% 乙醇　苯　15% 盐酸

实验步骤

方法一：在 100mL 圆底烧瓶中加入 17mL 95% 乙醇和 5.5g（0.026mol）二苯乙二酮，不断摇动使固体物完全溶解。同时在另一锥形瓶中将 5.5g 氢氧化钾溶于 12mL 水中，在振摇下将此氢氧化钾水溶液加入圆底烧瓶中，装上回流冷凝管，在水浴上回流15min，在此期间反应液由最初的黑色转化为棕色，最后将反应液转移到烧杯中，盖上表面皿放置过夜，析出二苯基乙醇酸钾盐结晶，抽滤，并用2mL 95%乙醇洗涤所得固体。将所得到的二苯基乙醇酸钾盐溶于尽量少的热水中，加活性炭脱色并趁热过滤，滤液用浓盐酸酸化至 pH = 2(为什么?)。当此反应混合物冷至室温后，用冰水浴冷却。抽滤所得结晶固体，并用冷水充分洗涤，通过抽滤将大部分水分除尽。然后在空气中干燥，得产物。称重，计算产率。纯品二苯基乙醇酸的熔点为147～149℃。如欲进一步纯化，可用15%的乙醇做溶剂（30～35mL/g）进行重结晶。测定纯产品的熔点和红外光谱，与二苯基乙醇酸的红外光谱对比，并指出各主要吸收带的归属。

方法二：在50mL圆底烧瓶中溶解2.5g氢氧化钾于5mL水中，加入2.5g二苯乙二酮溶于7.5mL 95%乙醇的溶液，混合均匀后，装上回流冷凝管，在水浴上回流15min。然后将反应混合物转移到小烧杯中，在冰水浴中放置约1h(也可将反应混合物用表面皿盖住，放至下一次实验，二苯基乙醇酸钾盐将在此段时间内结晶)，直至析出二苯基乙醇酸钾盐的晶体。抽滤，并用少量冷乙醇洗涤晶体，将过滤出的钾盐溶于70mL水中，用滴管加入2滴浓盐酸，少量未反应的二苯乙二酮成胶体悬浮物，加入少量活性炭并搅拌几分钟，然后用折叠滤纸过滤。滤液用5%的盐酸酸化至刚果红试纸变蓝(约需25mL)（为什么?），即有二苯基乙醇酸晶体析出，在冰水浴中冷却使结晶完全。抽滤，用冷水洗涤几次以除去晶体中的无机盐。粗产物干燥后约1.5～2g，熔点147～149℃。进一步纯化可用水或苯重结晶，并加少量活性炭脱色。纯二苯基乙醇酸为无色晶体，熔点148～149℃。测定纯产品的熔点和红外光谱，与二苯基乙醇酸的红外光谱对比，并指出各主要吸收带的归属。

方法三：在一小蒸发皿中放置5.5g氢氧化钠和1.2g溴酸钠，溶于12mL水的溶液。将蒸发皿置于热水浴上，加热至85～90℃。然后在搅拌下分批加入4.3g安息香，加完后保持此温度(反应混合物切勿超过90℃，反应温度过高易导致二苯基乙醇酸分解脱羧增加副产物二苯甲醇)，并不断搅拌，中间需不断地补充少量水，以免反应液变得过于黏稠，直至反应到取少量反应混合物于试管中，加水后几乎完全溶解为止，约需1～1.5h。

用50mL水稀释反应混合物，置于冰浴中冷却后滤去不溶物(副产物二苯甲醇)。滤液在充分搅拌下，慢慢加入40%硫酸(1:3体积比)，到恰好不释放出溴为止(约需13～14mL)(为了减小通过终点的危险性，酸化前可取出5mL滤液于试管中，剩余物用硫酸酸化至释放出微量的溴，然后从试管中加入少量事先取出的滤液)。抽滤析出的二苯基乙醇酸晶体，用少量冷水洗涤几次，压干，粗产物干燥后约3～3.5g，熔点148～149℃。进一步提纯可用水重结晶。测定产品的熔点和红外光谱，与二苯基乙醇酸的红外光谱对比，并指出各主要吸收带的归属。

实验指导

(1) 只能用氢氧化钾，不能用氢氧化钠。

(2) 粗品纯化用水重结晶，损失较大；也可以用苯重结晶，每克粗产物约需6mL苯。

(3) 滤液应充分冷却再慢慢加酸，酸化太快会出现油状物，冷却后析出固体颜色较深。

(4) 二苯基乙醇酸重结晶——混合溶剂(乙醇和水)重结晶操作有两种：

①已知溶剂比例，按单一溶剂的操作，15%乙醇用量25～30mL/g(粗)。

②先用良性溶剂(95%乙醇，4mL/g)加热溶解，趁热过滤，滤液在加热下用不良性溶剂

(水)调至成热饱和溶液，然后静置冷却析出结晶。

实验拓展

1. 乙醇酸(Benzil)重排介绍

二苯乙二酮在强碱作用下发生重排反应，生成二苯基羟基乙酸的反应。

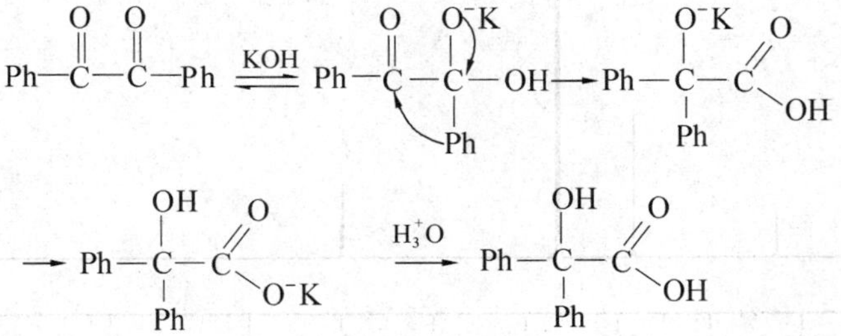

脂肪族二酮也发生 Benzil 重排反应，转变成 α－羟基酸。

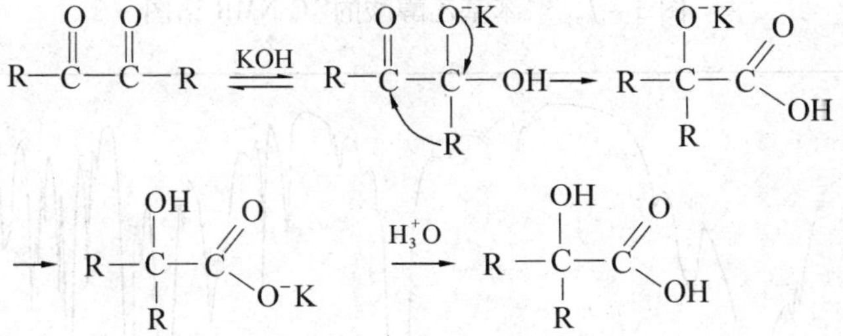

所用的碱是羟基，若用 MeO^- 或 t－BuO^- 则为二苯基乙醇酯重排反应，得到 α－羟基酸酯 $Ar_2C(OH)-COOR$ 产物。但不能用 EtO^- 和 i－PrO^-，因为这些负离子会很快将二酮还原为醇酮，也不能用 ArO^-，因为它是一个弱碱，不符合反应的要求。

这种重排反应不仅局限于芳香族化合物，对于其他如 O－醌类、脂肪族、脂环族及杂环族的 α－二酮类，都可以发生重排反应。

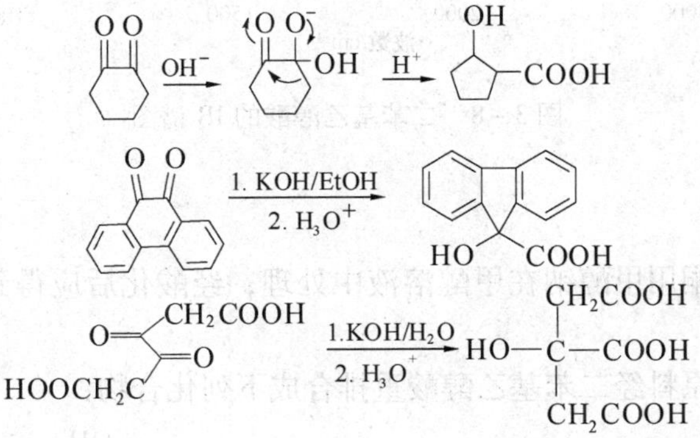

在这类重排反应中，迁移基团上具有吸电子基时，使重排反应受到阻碍。反之，迁移基团上具有给电子基时，有利于重排反应。因为迁移基团是迁移到缺电子的羰基碳原子上。

2. 二苯基乙醇酸分子的碳谱谱图、红外谱图和质谱图

二苯基乙醇酸分子的碳谱谱图、红外谱图和质谱图分别见图 3－7～图 3－9。

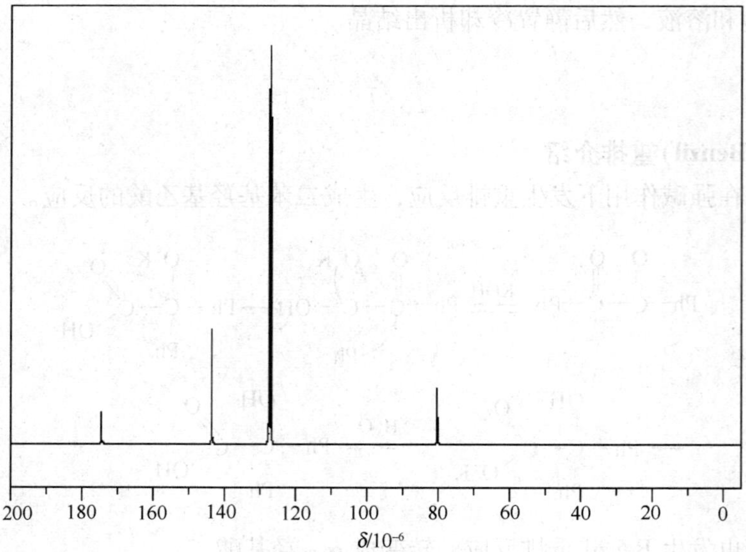

图 3－7　二苯基乙醇酸的^{13}C NMR 谱图

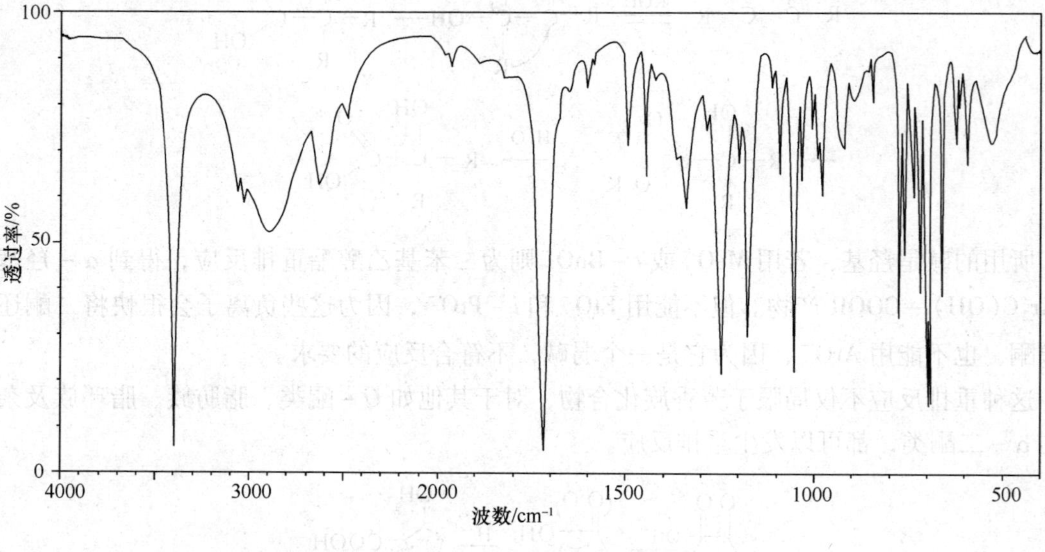

图 3－8　二苯基乙醇酸的 IR 谱图

实验思考

1. 如果二苯乙二酮用甲醇钠在甲醇溶液中处理，经酸化后应得到什么产物？写出产物的结构式和反应机理。

2. 如何由相应的原料经二苯基乙醇酸重排合成下列化合物：

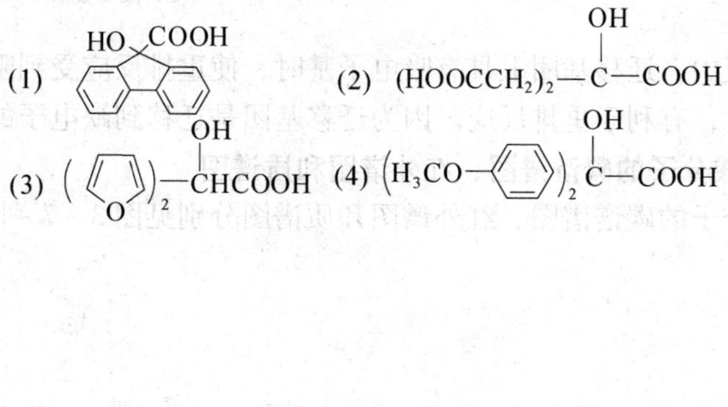

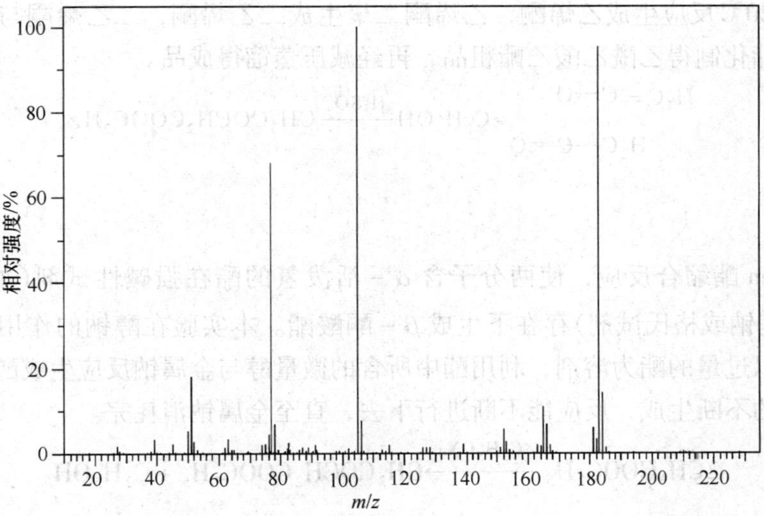

图 3-9　二苯基乙醇酸的 MS 谱图

3. 乙醇酸重排中迁移基团上带有给电子基和吸电子基对重排有什么影响?

实验四　乙酰乙酸乙酯的合成及结构表征

实验目的

(1) 了解乙酰乙酸乙酯的制备原理和方法;
(2) 掌握无水操作及减压蒸馏等操作;
(3) 巩固装有干燥管的回流装置及操作;
(4) 熟悉酯缩合反应中金属钠的应用和操作。

实验背景

乙酰乙酸乙酯结构的特殊性，决定了它既有酮的性质，又有烯醇的反应特征，化学性质非常活泼，其活泼亚甲基上的氢原子在金属钠或醇钠的存在下可被其他许多基团取代。取代的乙酰乙酸乙酯再进行酮式分解和酸式分解，就可制备出具有各种结构的酮、羧酸或酮酸。所以乙酰乙酸乙酯是有机合成工业的重要试剂。广泛用于香料、药物、塑料、染料等的合成：涂料工业中用于制备清漆；分析化学中用于检定铊、测定水泥中氢化钙、氢氧化钙、电解法测定铜的试剂和测定高铁的络合指示剂；食用香精中，主要用以调配苹果、杏、桃等食用香精；制药工业中用于制造氨基比林、维生素 B 等，可用于合成抗过敏药、止咳药物、抗凝血药、血管扩张药等多种医药中间体；此外，乙酰乙酸乙酯还用来生产农药如甲基嘧啶磷、嘧啶磷等。染料工业中用作合成染料的原料和用于电影基片染色；化工生产中还可用作溶剂和制造各种添加剂；在有机合成中的应用极广。例如，可用于合成吡啶、吡咯、吡唑酮、嘧啶、嘌呤和环内酯等杂环化合物。

我国乙酰乙酸乙酯最大的用途是用来合成医药及其中间体，主要是合成 γ - 乙酰丁内酯(维生素 B 的重要中间体)；4 - 甲基 - 7 - 羟基香豆素(一种抗敏药的中间体)等。

工业上乙酰乙酸乙酯主要是用二乙烯酮与乙醇作用制得。乙酸在磷酸三乙酯触媒存在下，于700～720℃反应生成乙烯酮，乙烯酮二聚生成二乙烯酮，二乙烯酮与无水乙醇在浓硫酸的催化下酯化制得乙酰乙酸乙酯粗品，再经减压蒸馏得成品。

$$\begin{array}{l}H_2C{=}C{-}O\\ \quad\;\;\; | \quad\;\; | \\ H_2C{-}C{=}O\end{array} + C_2H_5OH \xrightarrow{H_2SO_4} CH_3COCH_2COOC_2H_5$$

实验原理

利用Claisen酯缩合反应，使两分子含α－活泼氢的酯在强碱性试剂（如Na、$NaNH_2$、NaH、三苯甲基钠或格氏试剂）存在下生成β－酮酸酯。本实验在醇钠的作用下，以酯和金属钠为原料，以过量的酯为溶剂，利用酯中所含的微量醇与金属钠反应生成醇钠。随着反应进行，由于醇的不断生成，反应能不断进行下去，直至金属钠消耗完。

$$2CH_3COOC_2H_5 \xrightarrow{C_2H_5ONa} CH_3COCH_2COOC_2H_5 + C_2H_5OH$$

仪器试剂

仪器：圆底烧瓶　冷凝管　分液漏斗　表面皿　减压蒸馏装置　红外光谱仪　熔点仪

试剂：乙酸乙酯　钠　二甲苯　苯　50% HOAc　饱和NaCl　无水Na_2SO_4　氯化钙　三氯化铁　2,4－二硝基苯肼

实验步骤

1. 熔钠

称取0.9g（约0.04mol）金属钠（清除表面氧化膜），在表面皿上迅速（为什么?）将Na切成薄片，立即放入带回流冷凝管的50mL干燥的圆底烧瓶中（内装5mL二甲苯），加热熔化。拆去冷凝管，塞住瓶口，用布包住烧瓶用力振摇使之成为均匀的尽可能小的钠珠。随着二甲苯逐渐冷却，钠珠迅速固化，倾倒回收二甲苯。装置图见图3－10、图3－11。

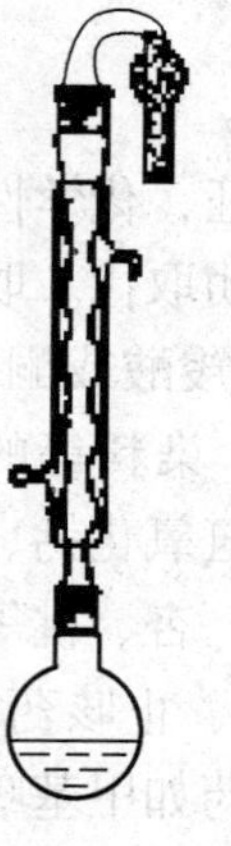

图3－10　乙酰乙酸乙酯的制备装置

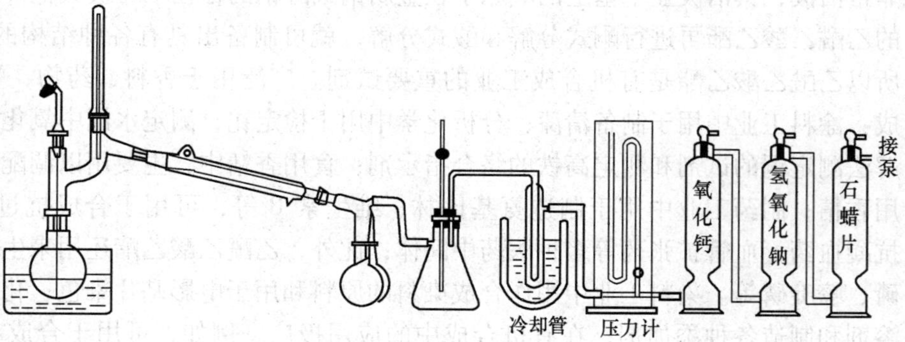

图3－11　减压蒸馏装置

2. 加酯回流缩合

迅速放入10mL（约0.1mol）乙酸乙酯，装上带氯化钙干燥管的冷凝管（为什么?），反应

即刻发生并有氢气逸出。若慢，可小火加热，使反应处于微沸状态，回流约2h至钠基本消失，此时生成的乙酰乙酸乙酯钠盐为桔红色透明溶液，有时析出黄白色沉淀(均为烯醇盐)。

3. 酸化

将反应物冷却，振摇下加50%乙酸，至反应液呈弱酸性(固体溶完)，pH=5~6。

4. 分液

将反应液转入分液漏斗，加入等体积饱和氯化钠溶液，振摇，静置至乙酰乙酸乙酯全部析出。分出乙酰乙酸乙酯层(哪一层?)，水层用8mL苯萃取，合并萃取液和酯层。

5. 干燥

用无水硫酸钠干燥。

6. 精馏

先在水浴上蒸去未作用的苯和乙酸乙酯，至温度为95℃停止，剩余物减压蒸馏，减压蒸馏时须缓慢加热，待残留的低沸点物质蒸出后，再升高温度，收集54~55℃/931Pa(7mmHg)的馏分，约1.8g(35%)。用三氯化铁(淡黄→红)和2,4-二硝基苯肼(橙黄色沉淀析出)检验，测定沸点和红外光谱与标准谱图对照。纯乙酰乙酸乙酯为具果香味的无色透明液体，沸点为180.4℃(分解)，$d_4^{20}=1.0282$，折射率$n=1.4199$。乙酰乙酸乙酯沸点与压力的关系见表3-1。

表3-1　乙酰乙酸乙酯沸点与压力的关系

压力/mmHg	760	80	60	40	30	20	18	14	12	10	5	1.0	0.1
沸点/℃	181	100	97	92	88	82	78	74	71	67.3	54	28.5	5

注：1mmHg=133.3224Pa。

实验指导

(1) 金属钠遇水即燃烧、爆炸，故使用时严格防止与水接触，称量或切片过程中应当迅速，以免空气中水气浸蚀或被氧化。

(2) 由于乙酰乙酸乙酯中亚甲基上的氢活性较大，其相应的酸性比醇大，故在醇钠存在时，即反应结束时，乙酰乙酸乙酯也是以钠盐的形式存在，加入乙酸可以使其钠盐转化为乙酰乙酸乙酯。

(3) 本实验要求无水操作，二甲苯必须经金属钠干燥过。乙酸乙酯亦必须绝对干燥，但其中应含有1%~2%的乙醇。

提纯方法：将普通乙酸乙酯用饱和氯化钙溶液洗涤数次，再用焙烧过的无水碳酸钾干燥，在水浴上蒸馏，收集76~78℃的馏分。

(4) 金属钠的前处理为本实验关键步骤，因为钠珠的大小决定着反应的快慢，钠珠越细越好，应呈小米状细粒，否则，应重新熔融再摇。摇动时应用干抹布包住瓶颈，快速而有力地来回振摇，往往最初的数下有力振摇即可达到要求。切勿对着人摇，也勿靠近实验桌摇，以防意外。

(5) 用乙酸中和时，开始有固体析出，继续加酸并不断振摇，固本会逐渐消失，最后得到澄清的液体，如尚有少量的固体未溶解，可加少许的水使其溶解，但应避免加入过量的乙酸，否则会增加酯在水中的溶解度而降低产率。

(6) 乙酰乙酸乙酯在常压蒸馏时很易分解而降低产量。其分解产物为“去水乙酸”，故采用减压蒸馏。“去水乙酸”通常溶解于酯内，随着过量的乙酸乙酯的蒸出，特别是最后减压蒸馏时随着部分乙酰乙酸乙酯的蒸出，“去水乙酸”就呈棕黄色固体析出。

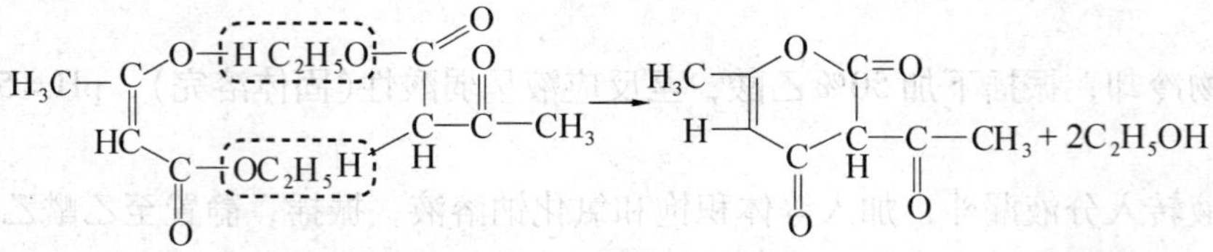

（7）产率按金属钠计算。该实验最好连续进行，如间隔时间过长，会因去水乙酸的生成而降低产量。

（8）实验时室温不宜过高，应控制在 15～20℃，温度过高会引起溶剂挥发严重，影响实验结果。

实验拓展

1. 乙酰乙酸乙酯的互变异构体的紫外光谱的研究

乙酰乙酸乙酯是互变异构现象的一个典型例子，它是酮式和烯醇式平衡的混合物，在室温时含 92% 的酮式和 8% 的烯醇式。

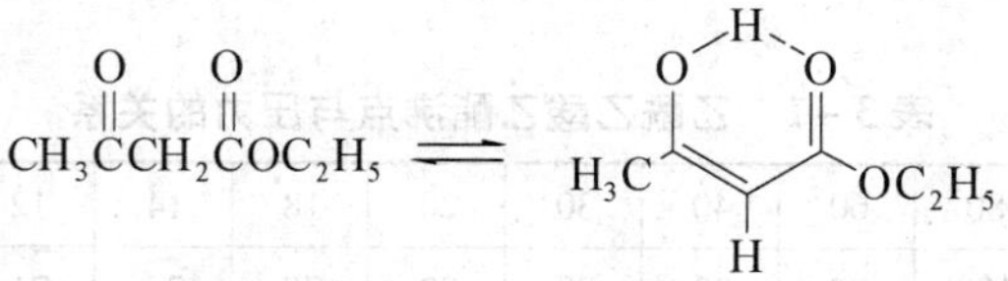

两种异构体表现出各自的性质，在一定的条件下能够分离为纯的形式。但在微量酸碱的催化下，两种异构体迅速转化成平衡混合物，溶剂对平衡位置有明显的影响。

在乙酰乙酸乙酯的酮式异构体中，只有孤立的羰基，其中 $\pi\to\pi^*$ 跃迁的 λ 在 204nm 左右，R 吸收带 $n\to\pi^*$ 跃迁的 λ 在 280nm 左右，这两种吸收的 ε 都很小；在乙酰乙酸乙酯的烯醇式中，存在共轭的双键，在紫外光谱中有 K 吸收带，其 λ 在 245nm 左右，这种吸收的 ε 很大。故可作为烯醇式的特征吸收带，用于含量测定。

（1）乙酰乙酸乙酯溶液的配制(逐级稀释法)

① 乙酰乙酸乙酯的乙醇溶液。

A. 用移液管准确移取 12.74mL 乙酰乙酸乙酯于一干燥的 25mL 容量瓶中，用无水乙醇稀释、定容、混匀。

B. 准确移取 1mL 上述溶液于一干燥的 100mL 容量瓶中，以无水乙醇稀释、定容、混匀。

C. 准确移取 1mL 上述溶液于一干燥的 10mL 容量瓶中，以无水乙醇稀释、定容、混匀。

D. 再准确移取 1mL 上述溶液于一干燥的 10mL 容量瓶中，以无水乙醇稀释、定容、混匀。

E. 按上述步骤平行做 3 次。

所配乙酰乙酸乙酯的乙醇溶液浓度为：

$$c_{乙醇}=4\times10^{-4}\mathrm{mol\cdot L^{-1}}$$

② 乙酰乙酸乙酯的乙醚溶液(配制方法同上)。

所配乙酰乙酸乙酯的乙醚溶液浓度为：

$$c_{乙醚}=1.02\times10^{-4}\mathrm{mol\cdot L^{-1}}$$

③ 乙酰乙酸乙酯的正己烷溶液（配制方法同上）。

所配乙酰乙酸乙酯的正己烷溶液浓度为：

$$c_{正己烷} = 5 \times 10^{-5} \mathrm{mol \cdot L^{-1}}$$

（2）乙酰乙酸乙酯的紫外光谱的测定　以相应的溶剂作为参比，分别测定乙酰乙酸乙酯的乙醇溶液、乙醚溶液和正己烷溶液在 200～300nm 范围内的紫外光谱，确定最大吸收波长（λ_{max}）。理论上来讲，乙酰乙酸乙酯在不同的的溶剂中 λ_{max} 变化不大，应在 245nm 左右处。测定值分别填入表 3－2 和表 3－3。

表 3－2　乙酰乙酸乙酯在不同溶剂中 λ_{max}　　nm

溶剂名称 / 项目	乙醇	乙醚	正己烷
λ_{max}			

表 3－3　乙酰乙酸乙酯在 245nm 处的吸光度

溶剂名称 / 项目	乙醇	乙醚	正己烷
A_1			
A_2			
A_3			
$\overline{A}$			

（3）乙酰乙酸乙酯烯醇式的含量计算

$$A = \varepsilon \cdot l \cdot c$$

$$w(\%) = c/c_0 \times 100\% = A/\varepsilon \cdot c_0$$

其中，A 为吸光度；c_0 为乙酰乙酸乙酯溶液的总浓度；w 为烯醇式的含量；c 为平衡溶液中烯醇式的浓度；ε 为纯烯醇式的摩尔吸光系数（可采用文献值 $\varepsilon = 18000$）。计算值填入表 3－4。

表 3－4　平衡溶液中烯醇式含量　　$\mathrm{mol \cdot L^{-1}}$

溶剂名称 / 项目	乙醇	乙醚	正己烷
c_0			
c_1			
c_2			
c_3			
$\overline{c}$			
$\overline{w}$			

（4）乙酰乙酸乙酯互变异构平衡常数计算（计算值填入表 3－5）。

乙酰乙酸乙酯互变异构平衡常数可采用下列公式计算：

$$K = c/c_0 - C$$

表 3-5　乙酰乙酸乙酯在不同溶剂中 λ_{max}　　nm

项目 \ 溶剂名称	乙醇	乙醚	正己烷
K_1			
K_2			
K_3			
$\overline{K}$			

2. 乙酰乙酸乙酯分子的质谱图、碳谱谱图和红外谱图

乙酰乙酸乙酯分子的质谱图、碳谱谱图和红外谱图分别见图 3-12 ~ 图 3-14。

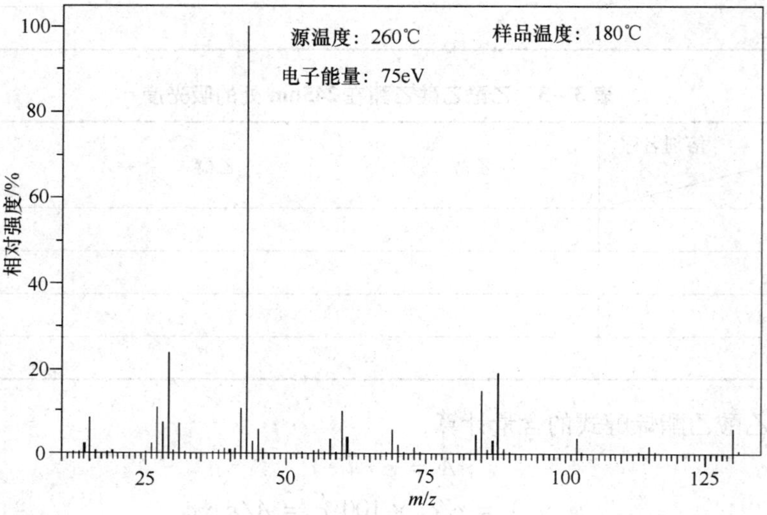

图 3-12　乙酰乙酸乙酯的 MS 谱图

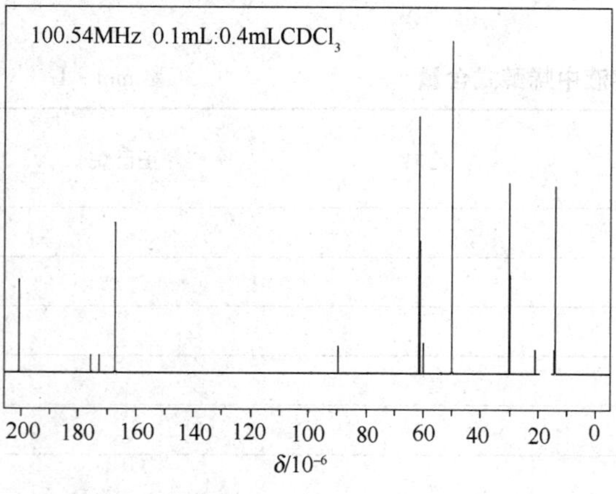

图 3-13　乙酰乙酸乙酯的 ^{13}C NMR 谱图

实验思考

1. 本实验所用的缩合剂是什么？它与反应物物质的量之比如何？应以哪种原料为基础计算产率？

2. 实验中加 50% 乙酸与饱和氯化钠溶液的目的是什么？

3. 为什么使用二甲苯做溶剂，而不用苯、甲苯？

4. 如何用实验证明常温下得到的乙酰乙酸乙酯是两种互变异构体的平衡混合物？

5. 为什么用乙酸酸化，而不用稀盐酸或稀硫酸酸化？为什么要调到弱酸性，而不是中性？

6. 乙酰乙酸乙酯的沸点并不高，为什么要用减压蒸馏的方式进行提纯？

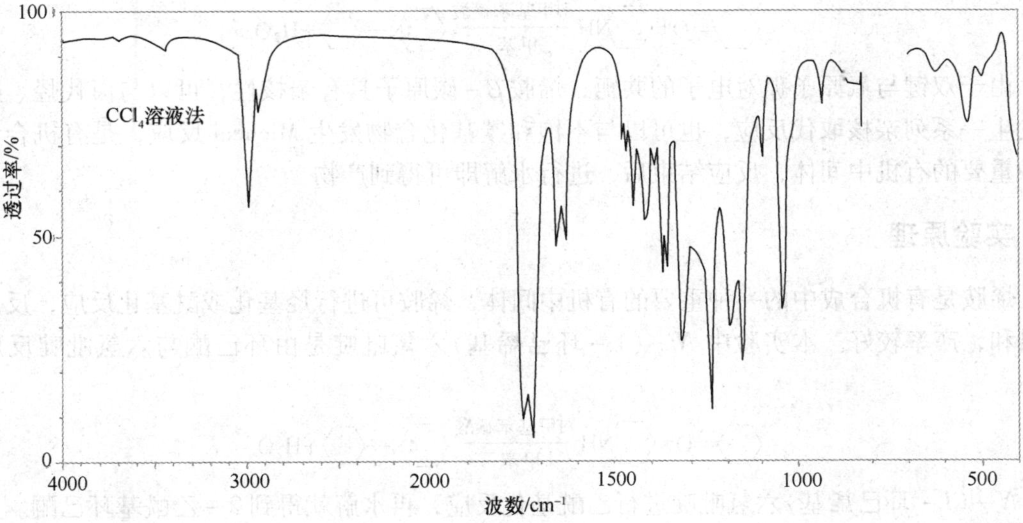

图 3－14　乙酰乙酸乙酯的 IR 谱图

实验五　2－乙酰基环己酮的合成及结构表征

实验目的

（1）掌握通过制备烯胺及烯胺的酰基化反应了解烯胺在有机合成中的应用；

（2）进一步掌握回流、分水、常压蒸馏及减压蒸馏等操作。

实验背景

2－乙酰基环己酮是合成内皮素转化酶抑制剂的一种重要中间体，还可作为昆虫激素的中间体，有非常重要的研究意义。内皮素转化酶抑制剂在临床上的应用，为大量心血管疾病患者的治愈提供了可能。由国内外研究现状可知，研究合成内皮素转化酶抑制剂中间体有重大意义。

2－乙酰基环己酮目前主要有 3 种合成方法：①环己酮直接酰基化；②先生成烯胺，再利用乙酸酐酰基化；③利用直链 β－二酮成环。

方法①产率较低，副产物较多；方法②产率也较低，不适合工业化生产；方法③原料不易获得，价格比较昂贵，反应中用到金属有机催化剂。

烯胺是具有 $\mathrm{-\overset{|}{C}=\overset{|}{C}-N\lt}$ 结构的一类化合物的总称，通常通过醛酮与仲胺反应制得。1954 年，G. Stork 首次将烯胺用于醛酮的烷基化和酰基化，避免了醛酮在强碱存在下自身的缩合反应和不希望发生的多元取代，从而为非活化羰基化合物的烷基化和酰基化找到了一条新的途径。

烯胺可通过醛酮与仲胺在酸性催化剂存在下来进行制备，通常用带分水器的蒸馏装置使可逆反应趋于完全。常用的仲胺有吗啉、六氢吡啶和四氢吡咯等环状的仲胺。催化剂可以是对甲苯磺酸，也可以是强脱水性的四氯化钛等。

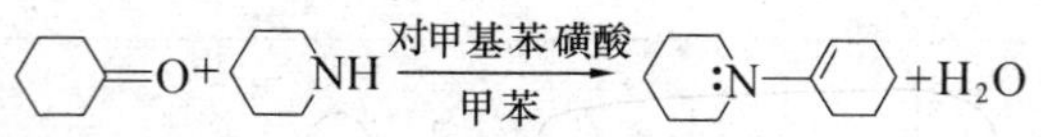

由于双键与氮原子孤对电子的共轭，烯胺β-碳原子具有亲核性，可以与卤代烃、酰氯等发生一系列亲核取代反应，也可以与不饱和羰基化合物发生 Micheal 反应，是有机合成中一种重要的有机中间体，反应结束后，进行水解即可得到产物。

实验原理

烯胺是有机合成中的一种重要的有机中间体，烯胺可进行烃基化或酰基化反应，反应条件温和，产率较好。本实验中 *N*-(1-环己烯基)六氢吡啶是由环己酮与六氢吡啶反应生成的。

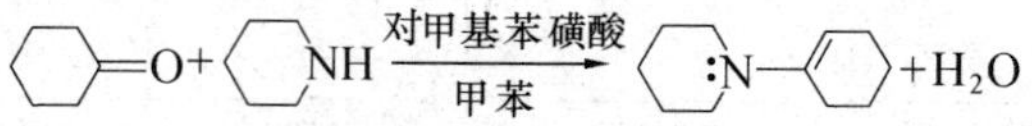

N-(1-环己烯基)六氢吡啶进行乙酰基化反应，再水解就得到2-乙酰基环己酮。

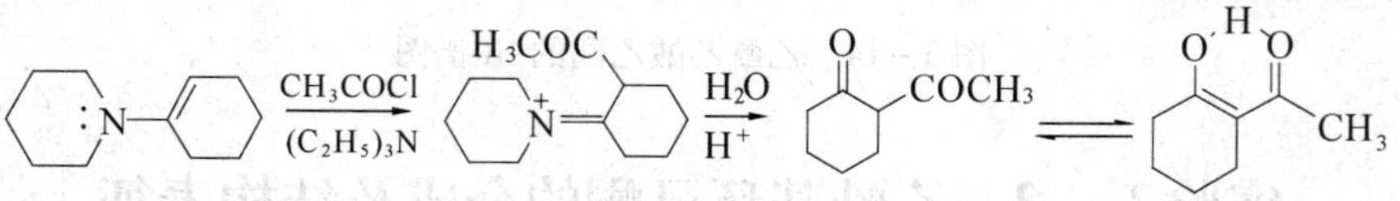

仪器试剂

仪器：圆底烧瓶　水泵　分液漏斗　分水器　熔点仪　红外光谱仪

试剂：环己酮　六氢吡啶　乙酰氯　对甲苯磺酸　甲苯　三乙胺　氯仿　浓盐酸　硫酸钠

实验步骤

1. *N*-(1-环己烯基)六氢吡啶的制备

在100mL的圆底烧瓶中，放入10mL环己酮、17.4mL六氢吡啶、0.15g对甲苯磺酸和50mL甲苯，放入两粒沸石，在分水器中加理论计算量的水(为什么?)，回流分水3h。反应过程中生成的水与甲苯共沸混合物经冷凝后在分水器中分层，上层甲苯不断流回反应瓶。等反应物冷却至室温，将反应物转入蒸馏瓶，常压蒸出甲苯和未反应的六氢吡啶，再将剩余物减压蒸馏，收集118~120℃/1.33 kPa(10mmHg)或96~96℃/1.07 kPa(8mmHg)的馏分，产量约15g，产率约70%。此为 *N*-(1-环己烯基)六氢吡啶粗品，可直接用于下一步反应。

2. 2-乙酰基环己酮的制备

在250mL三口烧瓶中装上搅拌器、回流冷凝管和滴液漏斗，加入上述制得的12.5g(0.076mol)的 *N*-(1-环己烯基)六氢吡啶、10mL三乙胺和90mL氯仿。开动搅拌，由滴液漏斗慢慢加入8.1mL乙酰氯溶于40mL氯仿的溶液，刚开始滴加，会有大量白雾出现(为什么?)，滴加时间可控制在45min左右，可使用冰水浴吸收产生的反应热。滴加完毕后，撤掉冰水浴，室温下加热回流1h。待反应物冷却至室温后，在搅拌下加入20mL浓盐酸溶于20mL水的溶液，滴加完毕后，继续回流1h，使乙酰化后烯胺水解。

水解完毕后，将反应混合物冷至室温，转入分液漏斗，分出有机层(哪一层?)，用蒸馏水洗涤两次，每次50mL，用无水硫酸钠干燥过夜，滤去干燥剂，先在常压下蒸出氯仿(倒回指定回收瓶)，将粗产物转入25mL圆底烧瓶中，减压蒸馏收集107~114℃/1.9 kPa(14 mmHg）的馏分，产品约重6g。计算产率并测定熔点，取少量产品测定红外光谱并与标准谱图对照，指出主要吸收峰的归属。

实验指导

（1）对甲苯磺酸作为催化剂，甲苯作为溶剂。

（2）六氢吡啶稍过量，因为分出的水要带走一部分，所以分出的水往往超过理论量。

（3）该产品不稳定，需在冰箱内保存，时间不宜太长。

（4）*N*－(1－环己烯基)六氢吡啶不需提纯，即可用于反应。

（5）三乙胺用前必须处理，其方法是：将适量金属钠放入其中过夜，次日重蒸，再放入适量金属钠，备用。

（6）氯仿用前必须处理，其方法是：加入适量无水氯化钙，放置2～3天，重蒸后使用。

（7）乙酰氯为保证新鲜，用前需重蒸后再使用。

（8）放热反应剧烈，产生大量白雾，若白雾太大可暂停滴加，等白雾基本上消失后再继续滴加。

（9）反应中，加入水解的盐酸不能浓度太低，否则会使酰基化产物水解反应逆向进行，使水解不完全。

实验拓展

1. 2－乙酰基环己酮的合成

（1）烯胺的制备　在50mL的三口烧瓶中加入7.85g环己酮和8.36g吗啡啉，加入催化剂对甲苯磺酸0.1g，倒入量取的25.0mL共沸试剂甲苯，进行加热回流，液体由无色变成淡黄色最后变成黄色。回流3.5h后停止，冷却至室温。为了使反应进行得完全，加入干燥管以隔绝空气中的水蒸气。之后再加热蒸馏除掉共沸剂甲苯，得第一步产物。

（2）烯胺的酰基化反应　将第一步产物转移到100mL的三口烧瓶中，加入8.09g的三乙胺作为缚酸剂，混合45mL氯仿溶剂一起加入烧瓶中。将6.28g乙酰氯与25.0mL氯仿溶剂混合后，在恒压漏斗内进行滴加，刚开始滴加，会有大量白雾出现，滴加时间可控制在45min左右，可使用冰水浴吸收产生的反应热。滴加完毕后，撤掉冰水浴，在室温下继续反应约1.0h。

（3）酰基化产物的酸化水解　量取10.0mL的浓盐酸、10.0mL的水，将二者混合后加入到烧瓶中，进行加热回流约1h，冷却至室温。分液漏斗进行分液，分别用25.0mL的蒸馏水洗涤2次，分液，在所得液体中加入无水硫酸钠进行干燥。将干燥后的液体先进行常压蒸馏，将氯仿溶剂蒸出后，用循环水式真空泵抽真空，再进行减压蒸馏，收集118～136℃的馏分(真空度为－0.0960MPa)。

2. 2－乙酰基环己酮分子的质谱图和红外谱图

2－乙酰基环己酮分子的质谱图和红外谱图分别见图3－15、图3－16。

实验思考

1. 烯胺的酰基化反应要求无水操作，原因何在？
2. 如果在烯胺类反应中不用六氢吡啶，你认为可用其他什么试剂？请写出反应产物。
3. 用金属钠处理三乙胺时应注意什么？

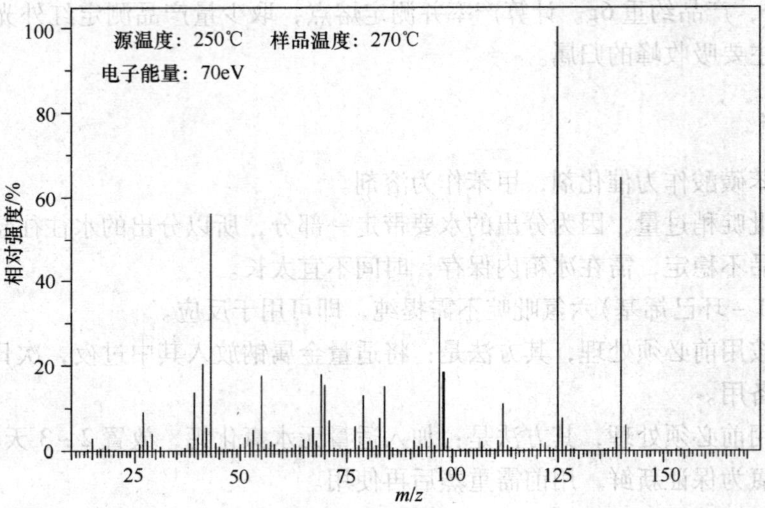

图 3－15　2－乙酰基环己酮的 MS 谱图

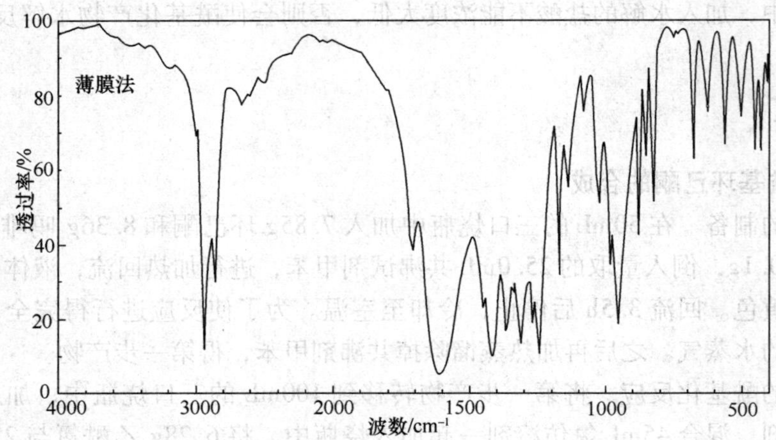

图 3－16　2－乙酰基环己酮的 IR 谱图

4. 反应中加入三乙胺的目的是什么？如何确定 2－乙酰环己酮的烯醇式含量？

5. 为什么制备烯胺时常用环状的仲胺而很少用链状的仲胺。

6. 2－乙酰基环己酮的^{1}HNMR 谱图表明，烯醇质子的积分高度为 6mm（$\delta = 7.7 \times 10^{-6}$），其余所有质子的积分高度为 92mm（$\delta = 1.5 \times 10^{-6} \sim 2.8 \times 10^{-6}$），你能根据这些数据计算出 2－乙酰基环己酮的烯醇式和酮式的含量吗？

实验六　乙酰二茂铁的合成及结构表征

实验目的

（1）通过乙酰二茂铁的制备，了解用 Friendel－Crafts 酰基化反应制备非苯芳酮的原理和方法；

（2）学习柱色谱分离提纯产品和薄层色谱跟踪反应进程的原理和操作方法；

(3) 学习金属有机化合物的制备原理和方法；

(4) 学会用红外光谱、熔点测定等方法对产物进行表征。

实验背景

自 1951 年 Kealy 和 Paulson 合成二茂铁以来，这种金属有机化合物就以其独特的结构和物性引起了人们的注意。这是有机化学史上的一个重要事件，对传统的价键理论提出了挑战，标志着有机金属化合物一个新领域的开始，它实质上是一种有机金属配合物。

由于二茂铁具有芳香性和易取代性，它可以制备不同类型的系列衍生物，这些衍生物可表现出特殊的性质，如：在混合柴油中添加二茂铁，烟度下降 17%；在锅炉燃料油中添加二茂铁，可减少烟的生成和喷嘴积炭；在甲苯氯化反应中，用二茂铁作催化剂，可以增加对氯甲苯的产率；邻羧基苯甲酰二茂铁钠盐可作补血剂、(3,4 - 二甲基)苯甲酰基二茂铁可杀灭黄瓜霉菌；二甲基二茂铁还可作生物电子传感器等。

总之，二茂铁的出现在近代化学发展史上具有划时代的意义，它已经在燃料添加剂、催化剂、医学领域(抗肿瘤、杀菌、杀虫、治贫血、抗炎、调节植物生长、抗溃疡、酶抑制剂)、电化学和光电功能材料(电化学传感器电极修饰材料非线性光学液晶材料感光材料)等领域得到应用。而我国对于二茂铁及其衍生物的开发利用研究起步较晚，随着科学技术的进步，二茂铁的特殊作用将逐渐被认识，对其研究将会有新的突破性的进展。可以预料，二茂铁及其衍生物将会在生物科学、染料、医药、分子电子学等领域存在巨大的应用前景，必将日益受到人们的重视。

实验原理

二茂铁在化学历史上是一个重要的分子，早在 1951 年人们就认识到 $C_{10}H_{10}Fe$ 具有"三明治"夹心结构，并由此合成了大量的过渡金属有机金属化合物。随着有机金属化学领域的不断发展已生产出数量庞大的一类化合物，在这类化合物分子中，有饱和的基团、不饱和的基团或芳香基团与中心金属直接键合。

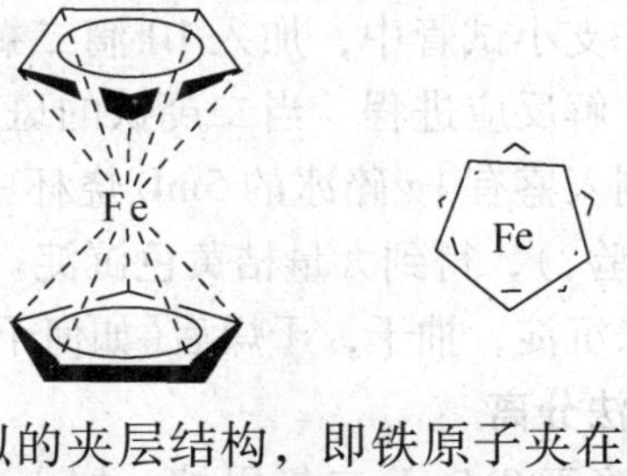

二茂铁具有类似夹心面包似的夹层结构，即铁原子夹在两个环中间，依靠环中电子成键，10 个碳原子等同地与中间的亚铁离子键合，后者的外电子层含有 18 个电子，达到惰性气体氪的电子结构，分子有一个对称中心，两个环是交错的，二茂铁表现出典型的芳香化合物的性质。该化合物在高于 500℃时仍保持稳定，不易与酸或碱反应，但对氧化剂颇敏感，限制了他在合成中的应用。二茂铁的反应通常需在隔绝空气下进行，两个茂环上的所有碳原子均通过 π 电子与中心亚铁离子形成相等的化学键。

二茂铁又名双环戊二烯基铁，是由 2 个环戊二烯负离子和一个二价铁离子键合而成。一般认为，以乙酸酐为酰化剂，三氟化硼、氢氟酸、磷酸为催化剂，主要生成一元取代物；如用无水三氯化铝为催化剂，酰氯或酸酐为酰化剂，当酰化剂与二茂铁的摩尔比为 2∶1 时，反应产物以 1,1′-二元取代物为主。

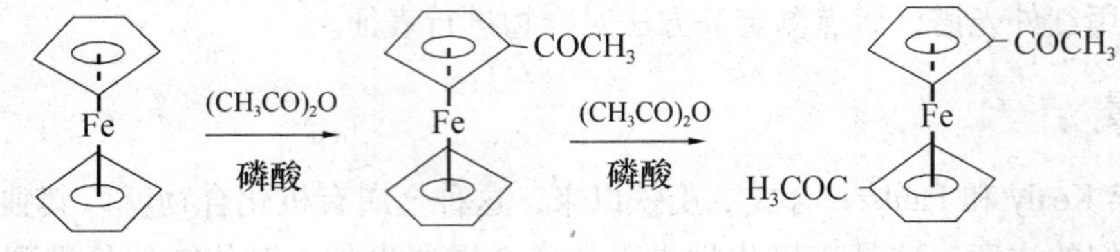

二茂铁　　　　乙酰二茂铁　　　　1,1′-二乙酰基二茂铁

二茂铁及其衍生物的分离通常是用层析法。本实验用柱色谱分离提纯产品，用薄层色谱法跟踪反应进程。柱色谱和薄层色谱均属于吸附色谱，柱色谱分离提纯是根据二茂铁、乙酰二茂铁和 1,1′-二乙酰基二茂铁对活性氧化铝吸附能力的差异而进行分离提纯。用薄层色谱跟踪反应进程，根据二茂铁和乙酰二茂铁的斑点大小可以了解乙酰化反应的进程。

仪器试剂

仪器：圆底烧瓶　克莱森接头　干燥管　电磁加热搅拌器　30cm 色谱柱（自制）　30mm ×100mm 载玻片　离心试管　烧杯　玻璃钉　漏斗　吸滤瓶　锥形瓶　氮气袋　烧杯　熔点仪　红外光谱仪。

试剂：二茂铁　乙酸酐　85% H_3PO_4　25% NaOH　二氯甲烷　棉花　洗净的砂　Ⅲ级活性氧化铝　己烷　甲醇　0.5%邻甲基纤维素　干燥氮气

实验步骤

1. 乙酰二茂铁的制备

称取 100mg（0.54mmol）二茂铁，放入 5mL 干燥的圆底烧瓶中，加入 2.0mL（0.021mol）乙酸酐。装上带有干燥管的克莱森接头（装置图见图 3-17）。在电磁搅拌器上水浴温热并搅拌使二茂铁溶解（为什么?）。移去水浴，打开塞子迅速加入（为什么?）3mL 85% H_3PO_4，使反应液变成深红色，室温下搅拌 1.5h（为什么?），在反应期间定期用毛细管在液面上吸取 2 滴左右反应液放入一支小试管中，加入 10 滴二氯甲烷，所得溶液用薄层色谱法展开，以了解反应进程。当二茂铁的斑点很浅时，表示反应基本完成。将反应液倒入盛有 1g 碎冰的 5mL 烧杯中，滴加 25% NaOH 中和恰至碱性（如何检验?），得到大量桔黄色沉淀。充分冷却后抽滤，用 1mL 冷水分几次洗涤沉淀，抽干，干燥后（如何干燥?）称重（约 0.11～0.12g）。

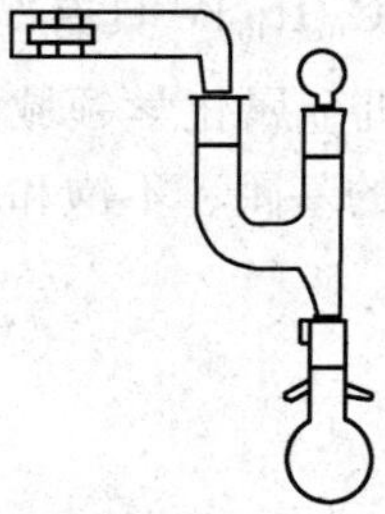

图 3-17　乙酰二茂铁制备装置

2. 乙酰基二茂铁的柱色谱法分离

（1）干法装柱　将粗产品溶于 0.5mL 二氯甲烷，加入 300mg Ⅲ级活性氧化铝，振荡均匀得浆状物。在通风橱中，在干燥氮气下除去溶剂至恒重，得到松散的颗粒状物（装置图见图 3-18）。精确称取 1/2 用作柱色谱分离。将自制的 1.5cm ×30cm 色谱柱洗净，干燥，柱底铺一层玻璃棉或脱脂棉，再铺一层约 5～8mm 厚的砂，填平。称取 5g Ⅲ级活性的中性氧化铝（60～80 目），通过漏斗将氧化铝装入柱管内，轻敲柱管，使之填均匀。将精确称得含有 1/2 产品重的氧化铝装入柱内，顶部盖一层约 5mm 厚的砂子，使氧化铝顶端和砂子上层保持水平（为什么?）。

（2）洗脱　用己烷作洗脱剂从柱顶加入，缓慢滴入己烷逐渐展开得到黄色、橙色分离的色谱带。黄色的二茂铁带首先从柱下流出，用已称重的锥形瓶收集洗脱溶液。当黄色谱带完全洗脱下来时，改用体积比为1∶1的二氯甲烷、己烷混合物洗脱，同时橙色带往下移动，逐渐改变溶剂的比例，至使用体积比为9∶1的二氯甲烷、己烷混合溶剂时，则将橙色色谱带完全洗脱下来，用另一只已称重的锥形瓶收集洗脱液。最后改用体积比为9∶1二氯甲烷、甲醇洗脱时，可以看到很淡的很少量的棕色色带向下移动，将该洗脱液另行收集。

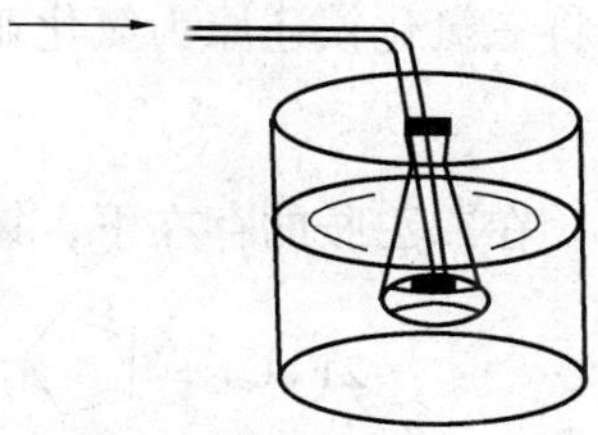

图3-18　少量挥发性溶剂的除去

(3) 收集产品　在通风橱内，各组分洗脱液分别在水浴上蒸馏，回收溶剂。浓缩后的溶液放置冷却析出结晶，将产品放在盛有石蜡片的干燥器内至恒重。可回收到未反应的二茂铁20~22mg；得到乙酰二茂铁80~90mg；1,1′-二乙酰基二茂铁少于2mg；分别测定熔点与文献值比较。测定乙酰二茂铁的红外光谱，与文献的标准图谱进行比较，并指出特征吸收峰的归属。

实验指导

(1) 二茂铁需经升华或用石油醚(30~60℃)重结晶纯化。

(2) 仪器应是充分干燥的。

(3) 乙酸酐是临用前经重新蒸馏的。

(4) 用NaOH中和时pH值一定要恰当，否则析出产物不多。

(5) 吸附剂的活性与其含水量有关，含水量越低，活性越高。氧化铝放入高温炉中(300~400℃)烘3h得无水物即Ⅰ级氧化铝。Ⅲ级氧化铝可用Ⅰ级活性氧化铝加入其质量的6%的水而得到。如所用氧化铝活性过强会使产品不易洗脱，浪费较多的溶剂。

(6) 考虑到柱色谱的容器。一般粗产品重75mg以上都仅取1/2作柱色谱分离。

(7) 二茂铁易升华，故测熔点时要封管。熔点的文献值：二茂铁为173℃，乙酰二茂铁为85℃，1,1′-乙酰基二茂铁为130℃。

(8) 本实验涉及一些可燃溶剂，在使用时一定要注意安全。

实验拓展

1. 二茂铁的合成

二茂铁具有夹心型结构，所以又叫夹心型配合物。他不仅在理论和结构研究上有重要意义，而且有很多的实际应用。在二茂铁分子中，二价铁离子被夹在两个平面环之间，与环戊二烯环形成牢固的配位键。固态时，两个环戊二烯环互为交错构型。在溶液中，两个环可以自由旋转。二茂铁具有芳香性，可以进行和苯类似的反应，比苯芳香性更强，易与亲电试剂作用，在环上能形成多种取代基的衍生物。二茂铁的合成方法很多，基本路线是先生成环戊二烯负离子，然后再与Fe^{2+}反应。为了促进环戊二烯的脱质子反应，常采用的方法有：

① 加碱。常用的无机碱有碱金属及碱土金属的氢氧化物、氨及氨基钠等，常用的有机碱有胺类(例如，二乙胺，三乙胺)和碱金属、碱土金属的烷氧化物。

② 直接与活泼金属(如金属钠)作用。

③ 用电化学方法，在阴极进行还原。

本实验采用无水无氧的合成方法，在无水无氧的惰性气氛下，以四氢呋喃为溶剂，用铁粉将三氯化铁还原为氯化亚铁：

$$2FeCl_3 + Fe \xrightarrow{THF} 3FeCl_2$$

在二乙胺的存在下，氯化亚铁与环戊二烯反应而生成环戊二烯基合铁：

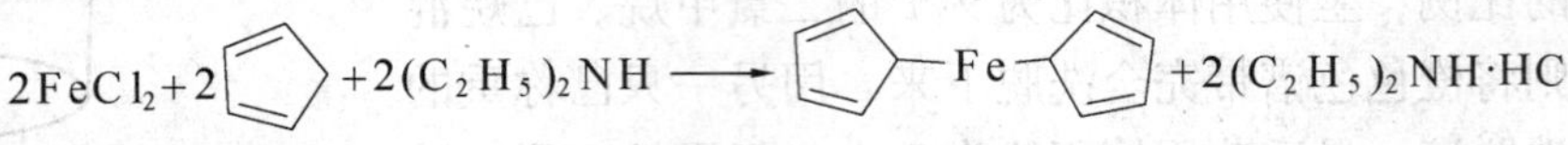

反应物环戊二烯久存后会聚合为二聚体，使用前应解聚为单体。

二茂铁在常温下为橙黄色晶体，有樟脑气味，熔点为173～174℃，沸点为249℃，高于100℃就容易升华。他能溶于苯、乙醚和石油醚等许多有机溶剂，基本上不溶于水，化学性质稳定。他在乙醇和乙烷中的紫外光谱于325nm($\varepsilon=50$)和440nm处有极大的吸收值。二茂铁及其衍生物已广泛用作火箭燃料添加剂，以改善其燃烧性能，还可用作汽油的抗震剂、硅树脂的热化剂、紫外光的吸收剂等。

实验步骤如下：

(1) 无水氯化亚铁的制备　取一只250mL三颈圆底烧瓶，在一个口颈上装一只回流冷凝管，另一个口颈作为通入氮气口，在中间口颈上装电动搅拌器，整个装置如图3－19所示。

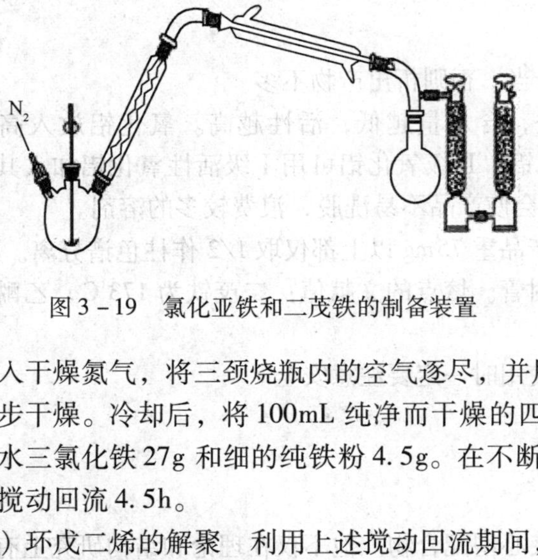

图3－19　氯化亚铁和二茂铁的制备装置

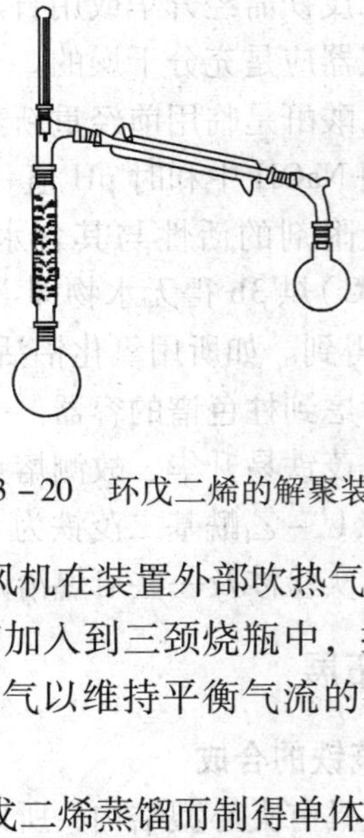

图3－20　环戊二烯的解聚装置

通入干燥氮气，将三颈烧瓶内的空气逐尽，并用电吹风机在装置外部吹热气，使整个系统进一步干燥。冷却后，将100mL纯净而干燥的四氢呋喃加入到三颈烧瓶中，搅拌并分批加入无水三氯化铁27g和细的纯铁粉4.5g。在不断通入氮气以维持平衡气流的条件下，将混合物搅动回流4.5h。

(2) 环戊二烯的解聚　利用上述搅动回流期间，将环戊二烯蒸馏而制得单体。在100mL烧瓶内盛有约70mL环戊二烯，烧瓶口上装一只分馏柱，柱外包石棉绳，在柱顶装上蒸馏头(并附有温度计)和冷凝管，装置如图3－20所示。加热蒸馏，收集44℃的馏分约45mL，馏出液密封后放在液氮中以备待用。

(3) 二茂铁的合成　在制备无水氯化亚铁的回流结束以后，减压蒸馏出四氢呋喃，待残留物近干时停止加热。取下尾部的接收瓶(所收集的四氢呋喃要回收经处理后再用)，接上空接收瓶并继续通入氮气。用冷水冷却反应瓶，在残留物中加入45mL新蒸馏的环戊二烯和100mL二乙胺，在继续通入氮气的情况下，强烈搅动4h。然后用减压蒸馏蒸出过量的胺。再用若干份(每份20mL)新蒸馏过的石油醚来回流提取残留物中的二茂铁。用布氏漏斗趁热过滤，并将滤液蒸发近干，所得产物即为二茂铁。最后用戊烷或环己烷将产物重结晶，产物经真空干燥后，称重并计算其产率。产物可以通过所得的红外光谱图与标准谱图对照来加以鉴定。

2. 乙酰二茂铁和二茂铁分子的红外谱图、氢谱图和质谱图

乙酰二茂铁和二茂铁分子的红外谱图、氢谱图和质谱图分别见图 3－21～图 3－27。

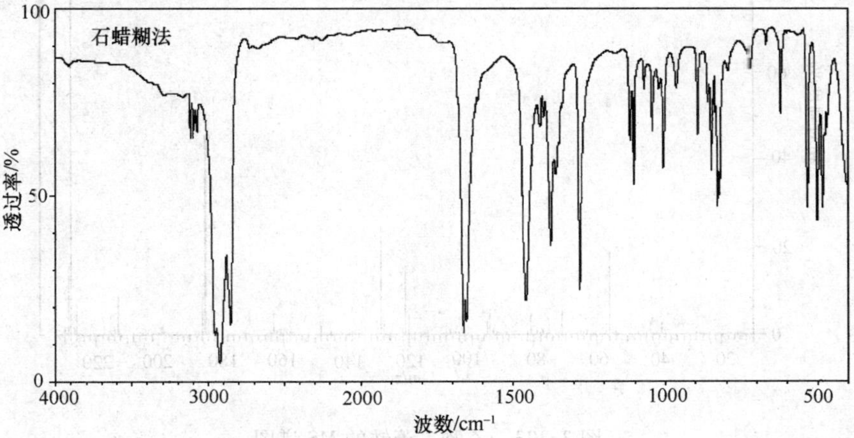

图 3－21　乙酰二茂铁的 IR 谱图

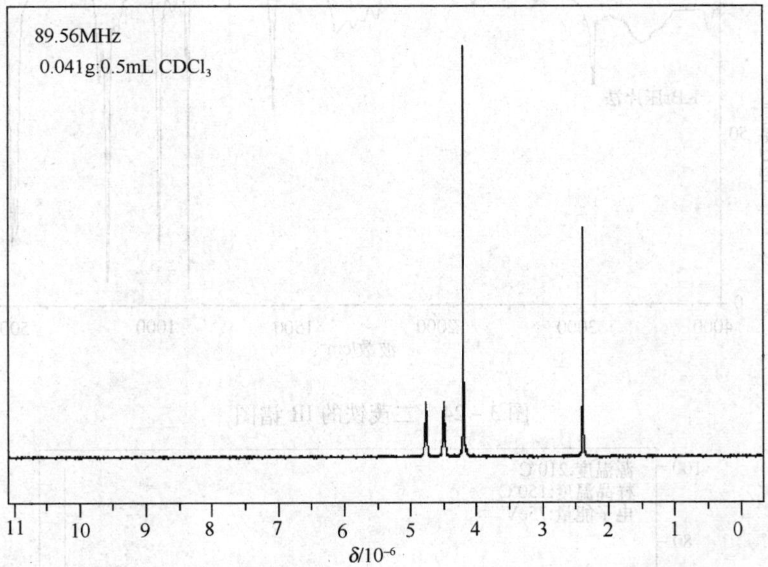

图 3－22　乙酰二茂铁的 ^{1}H NMR 谱图

实验思考

1. 二茂铁乙酰化反应的机理怎样？二茂铁酰化时形成二酰基二茂铁时，第二个酰基为什么不能进入第一个酰基所在的环上？

2. 二茂铁比苯更容易发生亲电取代，为什么不能用混酸进行硝化？

3. 怎样利用薄层层析判断乙酰化反应的进程？二茂铁乙酰化反应属于哪一反应类型？

4. 乙酰二茂铁的纯化为什么要用柱色谱法？可以用重结晶法吗？他们各有什么优缺点。

5. 柱层析分离二茂铁衍生物时，如何选择展开溶剂？

6. 反应中除用 85% H_3PO_4 作催化剂外，还有哪些化合物对此反应有催化作用？

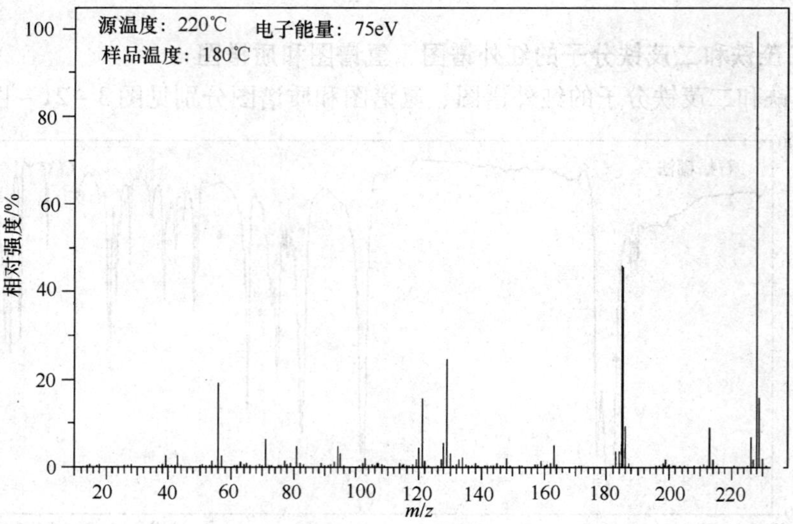

图 3－23　乙酰二茂铁的 MS 谱图

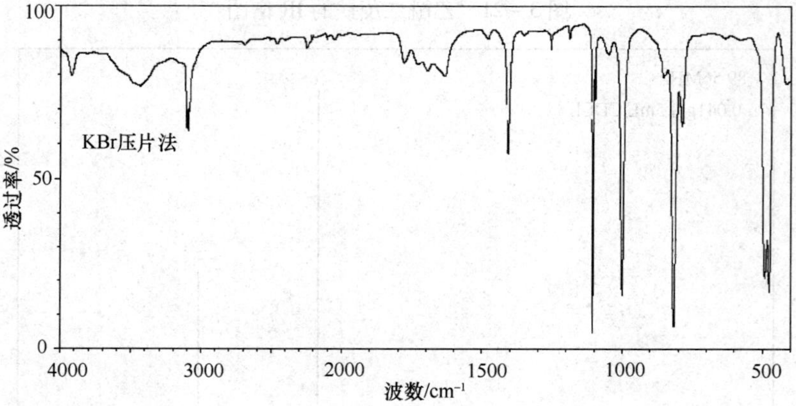

图 3－24　二茂铁的 IR 谱图

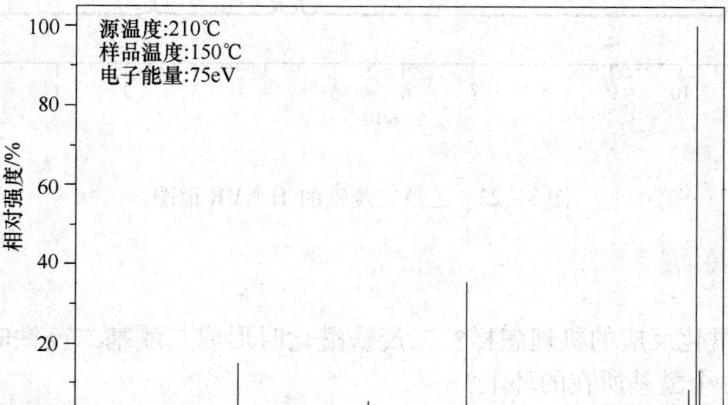

图 3－25　二茂铁的 MS 谱图

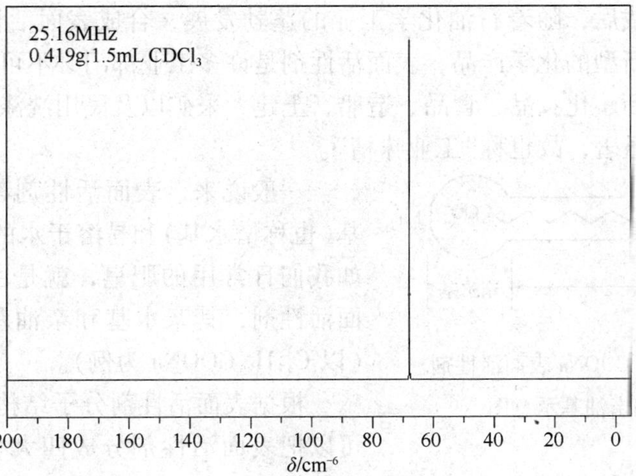

图 3-26　二茂铁的[13]CNMR 谱图

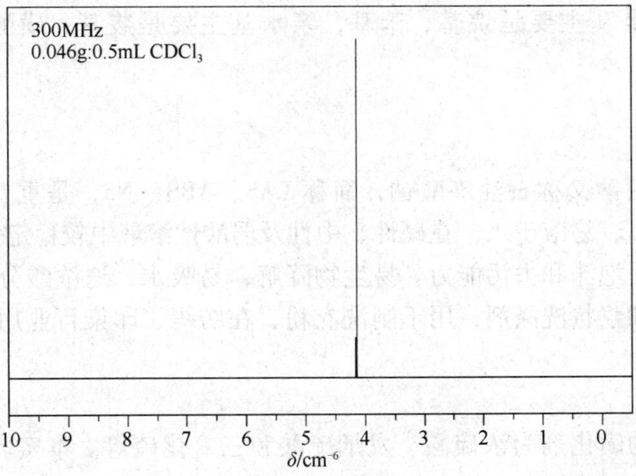

图 3-27　二茂铁的[1]HNMR 谱图

实验七　阴离子表面活性剂的合成及应用

实验目的

(1) 掌握十二烷基苯磺酸钠的合成原理和合成方法;

(2) 了解烷基芳基磺酸盐类阴离子表面活性剂的性质和用途;

(3) 了解洗洁精各组分的性质及配方原理，掌握洗洁精的配制方法。

实验背景

表面活性剂是一大类特殊的化合物，其特殊的性质表现在当把少量表面活性剂加入某溶剂中(通常的溶剂是水)，可以使该溶液的表面张力大幅度降低，显著地改变溶液的表面性质，从而产生一系列特殊的作用，如乳化、破乳、发泡、消泡、凝聚、湿润、防水、抗静电、去污等。

第二次世界大战后，随着石油化学工业的蓬勃发展，合成表面活性剂与合成塑料、橡胶、纤维一起成为新型的化学产品，表面活性剂是许多工业部门必不可少的化学助剂，广泛地应用于纺织、制药、化妆品、食品、造船、土建、采矿以及民用洗涤等领域，表面活性剂的用量少，但作用显著，故也称“工业味精”。

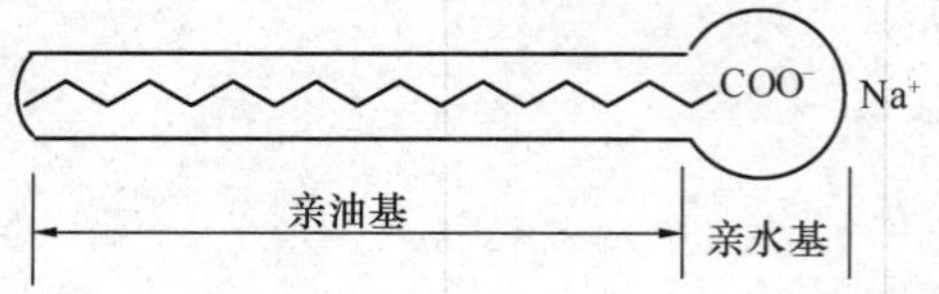

图 3-28　$C_{17}H_{35}COONa$ 表面活性剂的亲水基和亲油基示意图

一般说来，表面活性剂都是易溶于油的亲油基（也称憎水基）和易溶于水的亲水基两部分组成，如我们日常用的肥皂，就是由这两部分组成的表面活性剂，其亲水基和亲油基可用图 3-28 表示（以 $C_{17}H_{35}COONa$ 为例）。

根据表面活性剂分子结构中的官能团的不同，可以把表面活性剂分成四大类：阴离子型、阳离子型、非离子型、两性型。

阴离子表面活性剂是指亲水基团带有负电荷，溶于水中时具有表面活性的部分为阴离子的表面活性剂。疏水基主要是烷基、苯基，亲水基主要是羧基、磺酸基、硫酸基、磷酸基等。

实验原理

十二烷基苯磺酸钠又称石油磺酸钠，简称 LAS、ABS-Na，是重要的阴离子表面活性剂。本品为白色固体、易溶于水，在碱性、中性及弱酸性溶液中较稳定，在硬水中有良好的润湿、乳化、分散、泡沫和去污能力。易生物降解，易吸水，遇浓酸分解，热稳定性较好。本品主要用做液体和浆状洗涤剂，用于制洗衣粉，在纺织、印染行业用作脱脂剂、柔软剂、匀染剂等。

1. 合成原理

磺化反应主要的磺化剂为浓硫酸、发烟硫酸和三氧化硫等。本实验以发烟硫酸做磺化剂，由烷基苯与磺化剂作用，然后用氢氧化钠中和制成，反应方程式为：

① $C_{12}H_{25}—C_6H_5 + H_2SO_4$（或 SO_3）$\longrightarrow C_{12}H_{25}—C_6H_4—SO_3H + H_2O$

② $C_{12}H_{25}—C_6H_4—SO_3H + NaOH \longrightarrow C_{12}H_{25}—C_6H_4—SO_3Na + H_2O$

2. 洗洁精的配制

洗洁精又叫餐具洗涤剂或果蔬菜洗涤剂，是无色或淡黄色透明液体。主要用于洗涤碗碟和水果蔬菜。设计洗洁精的配方结构时，应根据洗涤方式、污垢特点、被洗物特点以及其他功能要求，具体可归纳为以下几条：

（1）基本原则：①对人体安全无害。②能较好地洗净并除去动植物油垢，即使对粘附牢固的油垢也能迅速除去。③清洗剂和清洗方式不损伤餐具、灶具及其他器具。④用于洗涤蔬菜和水果时，应无残留物，也不影响其外观和原有风味。⑤手洗产品发泡性良好。⑥消毒洗涤剂应能有效地杀灭有害菌，而不危害人的安全。⑦产品长期储存稳定性好，不发霉变质。

（2）配方结构特点：①洗洁精应制成透明状液体，要设法调配成适当的浓度和黏度。②设计配方时，一定要充分考虑表面活性剂的配伍效应，以及各种助剂的协同作用。如阴离子表面活性剂烷基聚氧乙烯醚硫酸酯盐与非离子表面活性剂烷基聚氧乙烯醚复配后，产品的泡沫性和去污力均好。配方中加入乙二醇单丁醚，则有助于去除油污。加入月桂酸乙二醇酰胺可以增泡和稳泡，可减轻对皮肤的刺激，并可增加介质的黏度。羊毛酯类衍生物可滋润皮肤。调整产品黏度主要使用无机电解质。③洗洁精一般都是高碱性，主要为提高去污力和节省活性物，并降低成本。但 pH 值不能大于 10.5。④高档的餐具洗涤剂要加入釉面保护剂，如乙酸铝、甲酸铝、磷酸铝酸盐、硼酸酐及其混合物。⑤加入少量香精和防腐剂。

（3）主要原料：洗洁精都是以表面活性剂为主要活性物配制而成的。手工洗涤用的洗洁精主要使用烷基苯磺酸盐和烷基聚氧乙烯醚硫酸盐，其活性物含量大约为 10% ~15%。

仪器试剂

仪器：烧杯　三颈烧瓶　滴液漏斗　分液漏斗　量筒　温度计　锥形瓶　相对密度计　电动搅拌器　红外光谱仪

试剂：NaOH 溶液　发烟硫酸　十二烷基苯　酚酞指示剂　聚氧乙烯醚硫酸钠　椰子油酸二乙醇酰胺　壬基酚聚氧乙烯醚　乙醇　甲醛　乙二胺四乙酸　三乙醇胺　香精　苯甲酸钠　氯化钠　硫酸　脂肪醇　磺酸　pH 试纸

实验步骤

1. 合成十二烷基苯磺酸钠

（1）取料。用相对密度计分别测定十二烷基苯与发烟硫酸的相对密度，用量筒量取 50g（换算为体积）十二烷基苯转移至干燥的预先称重的三颈烧瓶中，用量筒量取 58g（换算为体积）发烟硫酸装入滴液漏斗中。

（2）磺化。装配好实验装置，在搅拌下将发烟硫酸逐滴加入十二烷基苯中，加料时间约 1h。控制反应温度在 25 ~30℃，加料结束后停止搅拌，静止 30min，反应结束后记下混酸的质量。

（3）分酸。在原实验装置中，按混酸: 水 =85: 15（质量比）计算出需加水量，并通过滴液漏斗在搅拌下将水逐滴加到混酸中，温度控制在 45 ~50℃，加料时间为 0.5 ~1h。反应结束后将混酸转移到事先称重的分液漏斗中，静止 30min，分去废酸（待用），称重，记录。

（4）中和值测定。用量筒取 10mL 水加入 150mL 锥形瓶中，并称取 0.5g 磺酸于锥形瓶中，摇匀，使磺酸分散，加 40mL 水于锥形瓶中，轻轻摇动，使磺酸溶解，滴加 2 滴酚酞指示剂，用 0.1mol·L^{-1}NaOH 溶液滴定至出现粉红色。

（5）中和。按中和值计算出中和磺酸所需 NaOH 质量，称取 NaOH，并用 500mL 烧杯配成 15% NaOH 溶液，置于水浴中，在搅拌下，控制温度 35 ~40℃，用滴液漏斗将磺酸缓慢加入，时间 0.5 ~1h。当酸快加完时测定体系的 pH 值，控制反应终点的 pH 值为 7 ~8（可用废酸 15% ~20% NaOH 溶液调节 pH 值）。反应结束后称量所得十二烷基苯磺酸钠的质量。测定产物的红外光谱图并与标准谱图对照。

2. 洗洁精配制

配方见表 3 -6，可自选。

表 3 -6　洗洁精配方　%

名　称	配方Ⅰ	配方Ⅱ	配方Ⅲ	配方Ⅳ
ABS - Na（30%）		16.0	12.0	16.0
AES（70%）	16.0		5.0	14.0
尼诺尔（70%）	3.0	7.0	6.0	

续表

名　称	配方Ⅰ	配方Ⅱ	配方Ⅲ	配方Ⅳ
OP－10(70%)		8.0	8.0	2.0
EDTA	0.1	0.1	0.1	0.1
乙醇		6.0	0.2	
甲醛			0.2	
三乙醇胺				4.0
二甲基月桂基氧化胺	3.0			
二甲苯磺酸钠	5.0			
苯甲酸钠	0.5	0.5		0.5
氯化钠	1			1.5
香精、硫酸	适量	适量	适量	适量
去离子水	加至100	加至100	加至100	加至100

注：ABS－Na—十二烷基苯磺酸钠；AES—脂肪醇聚氧乙烯醚硫酸酯盐；尼诺尔—烷醇酰胺；OP－10—乳化剂烷基酚聚氧乙烯醚。

操作步骤如下：

(1) 向水浴锅中加入水并加热，烧杯中加入去离子水加热至60℃左右。

(2) 加入AES并不断搅拌至全部溶解，此时水温要控制在60～65℃。

(3) 保持温度60～65℃，在连续搅拌下加入其他表面活性剂，搅拌至全部溶解。

(4) 降温至40℃以下加入香精、防腐剂、增溶剂等，搅拌均匀。

(5) 测溶液的pH值，用硫酸调节pH值至9～10.5。

(6) 加入食盐调节到所需黏度。调节之前应把产品冷却到室温或测黏度时的标准温度，调节后即为成品。

实验指导

1. 中和值计算

按下式计算出中和值：

$$H = (cV/m) \times (40/100)$$

式中　c为NaOH溶液浓度，$mol \cdot L^{-1}$；V为消耗NaOH溶液的体积，mL；m为磺酸质量，g。

2. 各段反应的物料及反应物质量、颜色

记录于表3－7、表3－8、表3－9中。

表3－7　磺化数据表

反应温度：________　反应时间：________

反应物	质量/g	相对密度	体积/mL	生成物	颜色
烷基苯				混酸	
发烟硫酸					

表 3－8　分酸数据表

反应温度：________　反应时间：________

反应物	质量/g	生成物	体积/mL	相对密度质量/g	颜色	反应物
混酸		磺酸				
水		废酸				

表 3－9　中和数据表

反应温度：________　反应时间：________

反应物	质量/g	生成物	相对密度	色状
磺酸		产品＋烧杯		
氢氧化钠		（烧杯重）		
水		产品		

实验拓展

1. 表面活性剂简介

表面活性剂是一类即使在很低浓度时也能显著降低表（界）面张力的物质。其分子结构均由两部分构成，分子的一端为极性亲油的疏水基，分子的另一端为极性亲水的亲水基，两类结构与性能截然相反的分子碎片或基团分别处于同一分子的两端并以化学键相连接，形成一种不对称的、极性的结构，赋予该类特殊分子既亲水又亲油，又不是整体亲水或亲油的特性，这种特有结构通常称之为“双亲结构”。表面活性剂按分子结构特性可分为阴离子表面活性剂、非离子表面活性剂、两性离子表面活性剂、阳离子表面活性剂。目前，在我国这几种表面活性剂的生产量分别占 56%、36%、5%、3%。

（1）阴离子表面活性剂

①磺酸盐。此类活性剂常见的有直链烷基苯磺酸钠和 α－烯基磺酸钠。直链烷基苯磺酸钠别名 LAS 或 ABS，为白色或淡黄色粉状或片状固体，在复配表面活性剂体系中溶解性很好，对碱、稀酸和硬水都比较稳定。常用于洗洁精和衣用液体洗涤剂，一般不用于洗发香波，很少用于淋浴液。它的突出的优点是稳定性好、去污力强、环境危害极小，能很好地被生物降解为无害物、价格低廉，缺点是刺激性大。α－烯基磺酸钠别名 AOS，极易溶于水，他在广泛的 pH 值范围内都有较好的稳定性。在磺酸盐品种中，性能最好。突出的优点是稳定性好，水溶性好，配伍性好，刺激性小，微生物降解也非常理想，是洗发香波和淋浴液中常使用的主表面活性剂之一，其缺点是价格较贵。

②硫酸盐。此类活性剂常见的有脂肪醇聚氧乙烯醚硫酸钠和十二烷基硫酸钠。脂肪醇聚氧乙烯醚硫酸钠别名 AES、醇醚硫酸钠，易溶于水，在洗发香波、淋浴液、餐具液体洗涤剂、衣用液体洗涤剂中都可应用。突出的优点是刺激性小、水溶性好、配伍性好、在防皮肤干裂粗糙方面表现好，缺点是在酸性介质中的稳定性稍差，去污力次于直链烷基苯磺酸钠、十二烷基硫酸钠。十二烷基硫酸钠别名 AS、K12、椰油醇硫酸钠、月桂醇硫酸钠发泡剂，对碱和硬水不敏感，在酸性条件下稳定性次于一般磺酸盐，接近于脂肪醇聚氧乙烯醚硫酸钠，易降解，对环境危害极小。

③脂肪酸皂。按脂肪酸的碳链分类，应用于液体洗涤剂以月桂酸皂最好，按成盐不同分类，应用于液体洗涤剂以胺盐、钾盐、铵盐较好。

(2) 阳离子表面活性剂　与各种类型表面活性剂相比，阳离子表面活性剂的调整作用最突出，杀菌作用最强，但有去污力差、起泡性差、配伍性差、刺激性大，价格昂贵等缺点。常见阳离子表面活性剂品种有十六烷基二甲基氯化铵、十八烷基三甲基氯化、阳离子瓜尔胶(C-14S)、阳离子泛醇、阳离子硅油、十二烷基二甲基氧化胺(OB-2)等。

(3) 两性离子表面活性剂　两性表面活性剂指兼有阴离子和阳离子性亲水基的表面活性剂，因此这种表面活性剂在酸性溶液中呈阳离子性，在碱性溶液中呈阴离子性，而在中性溶液中有类似非离子的性质。两性表面活性剂易溶于水，溶于较浓的酸、碱溶液，甚至在无机盐的浓溶液中也能溶解非离子表面活性剂。

(4) 非离子表面活性剂　非离子表面活性剂具有良好的增溶、洗涤、抗静电、刺激性小、钙皂分散等性能；可应用 pH 值范围比一般离子型更宽广；除去污力和起泡性外，其他性能往往优于一般阴离子表面活性剂。主要品种有烷基醇酰胺(FFA)、脂肪醇聚氧乙烯醚(AE)、烷基酚聚氧乙烯醚(APE 或 OP)。

2. 十二烷基苯磺酸分子的红外谱图

十二烷基苯磺酸分子的红外谱图见图 3-29。

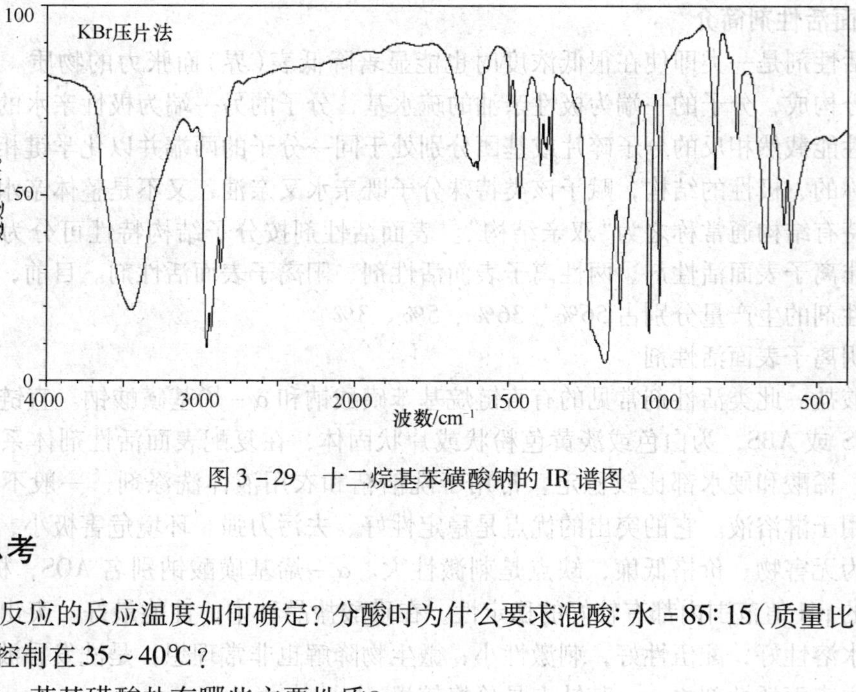

图 3-29　十二烷基苯磺酸钠的 IR 谱图

实验思考

1. 磺化反应的反应温度如何确定？分酸时为什么要求混酸: 水 = 85: 15(质量比)？中和时温度为什么控制在 35~40℃？

2. 烷基、芳基磺酸盐有哪些主要性质？

3. 配制洗洁精有哪些原则？洗洁精的 pH 值应控制在什么范围？为什么？

实验八　甲基叔丁基醚的合成及结构表征

实验目的

(1) 通过甲基叔丁基醚的合成，掌握均相催化反应技术；

(2) 掌握用气相色谱、红外光谱等大型仪器对产品的鉴定；

(3) 掌握用硫酸催化脱水法制备混合醚的原理和方法。

实验背景

20 世纪 70 年代，甲基叔丁基醚（methyl tert－butyl ether，MTBE）作为提高汽油辛烷值的汽油调和组分开始被人们注意。MTBE 可以增加汽油的辛烷值，而且化学性质稳定。添加 MTBE 的汽油还能改善汽车的行车性能，降低尾气中一氧化碳的含量。而且燃烧效率高，可以抑制臭氧的生成。它可以替代四乙基铅作为抗爆剂，生产无铅汽油。现在约有 95% 的 MTBE 用作辛烷值提高剂和汽油中含氧剂。

MTBE 也是制取聚合级异丁烯的重要原料，还用于甲基丙烯醛和甲基丙烯酸的生产。1973 年意大利开发了世界上第一套 MTBE 工业装置。1990 年美国制定的空气清洁法修正案（CAA—1990）要求新配方汽油添加含氧化合物（如 MTBE），以减少汽车污染。

由于发现了 MTBE 对人体的影响，1996 年美国 Santa Monica 市部分地区由于饮用水中 MTBE 含量太高，使得这些地区 50% 的供水系统关闭，这是首次引起公众关注的 MTBE 污染事件。1999 年，美国加利福尼亚州空气资源委员会规定从 2002 年 12 月 31 日起，禁止加州新配方汽油中使用 MTBE，后被推迟一年到 2003 年 12 月 31 日。纽约州也签署法案，规定从 2004 年 1 月起禁止使用 MTBE，2010 年将全面禁用 MTBE。

禁用 MTBE 后，许多厂家开始研究替代产品，如乙醇汽油、烷基化油、改产异辛烷、聚异丁烯添加剂等。但是迄今为止，欧洲和亚洲尚无禁用 MTBE 的意向，在一定时期内，MTBE仍将继续成为清洁汽油的主要组分。

甲基叔丁基醚为低沸点液体（沸点 55.2℃），主要用作汽油添加剂，代替四乙基铅，提高汽油的辛烷值。他的毒性很小，也是一种较理想的溶剂。1985 年 Allen 等首次报道了用甲基叔丁基醚溶解胆结石的实验，在体外溶解胆结石仅需 60～100min，动物试验及临床试验经皮肝穿刺胆囊插管或经内窥镜胆管插管溶解胆囊或胆管结石效果也较满意。

实验原理

城市汽车废气造成的环境污染日益严重，需要治理。传统的有毒含铅汽油将逐渐被停止使用，取而代之的是含甲基叔丁基醚（MTBE）、乙基叔丁基醚（ETBE）等的无铅汽油。由于甲基叔丁基醚价格低廉，所以较后者获得更广泛的应用。

目前生产甲基叔丁基醚的工艺主要是由异丁烯和甲醇在低压下通过离子交换树脂催化反应而得，但也有用改性沸石或固载杂多酸做催化剂，以异丁烯和甲醇为原料气固相催化合成，其反应为：

$$CH_3\underset{\displaystyle CH_3}{\underset{|}{C}}{=}CH_2 + CH_3OH \xrightarrow{\text{酸性催化剂}} CH_3\overset{\displaystyle CH_3}{\overset{|}{\underset{\displaystyle CH_3}{\underset{|}{C}}}}OCH_3$$

由于 MTBE 需求量的急剧膨胀，异丁烯原料远远满足不了需求。因此，需要开发制取 MTBE 的非异丁烯原料路线。从甲醇和叔丁醇制取 MTBE 是一条极有价值的工艺路线，因为叔丁醇很容易通过丁烷氧化而得到。国内外大量报道了甲醇和叔丁醇反应制 MTBE 的醚化催化剂，例如：ZSM－5，负载的 ZSM－5，负载的 Y－沸石和用氟磷改性的 Y－沸石以及杂多酸盐等。

在实验室制备中，甲基叔丁基醚可用 Williamson 制醚法制取：

$$CH_3\underset{CH_3}{\overset{CH_3}{\overset{|}{\underset{|}{C}}}}ONa + CH_3X \longrightarrow CH_3\underset{CH_3}{\overset{CH_3}{\overset{|}{\underset{|}{C}}}}OCH_3 + NaX$$

也可用硫酸脱水法合成：

$$CH_3\underset{CH_3}{\overset{CH_3}{\overset{|}{\underset{|}{C}}}}OH + CH_3OH \xrightarrow{15\%H_2SO_4} CH_3\underset{CH_3}{\overset{CH_3}{\overset{|}{\underset{|}{C}}}}OCH_3 + H_2O$$

$$H_3C-\underset{CH_3}{\overset{CH_3}{\overset{|}{\underset{|}{C}}}}-OH \xrightarrow{H^+} H_3C-\underset{CH_3}{\overset{CH_3}{\overset{|}{\underset{|}{C}}}}-OH_2^+ \xrightarrow{-H_2O} H_3C-\underset{CH_3}{\overset{CH_3}{\overset{|}{\underset{|}{C^+}}}}$$

机理：

$$H_3C-\underset{CH_3}{\overset{CH_3}{\overset{|}{\underset{|}{C^+}}}} + HO-CH_3 \longrightarrow H_3C-\underset{CH_3}{\overset{CH_3}{\overset{|}{\underset{|}{C}}}}-\underset{H}{\overset{+}{\underset{|}{O}}}-CH_3 \xrightarrow{-H^+} H_3C-\underset{CH_3}{\overset{CH_3}{\overset{|}{\underset{|}{C}}}}-O-CH_3$$

本实验以甲醇和叔丁醇为原料，用液体酸(硫酸)为催化剂，进行均相催化合成甲基叔丁基醚。

仪器试剂

仪器：磁力搅拌器　水浴锅　三口烧瓶　恒压滴液漏斗　温度计　刺形分馏柱　冷凝管　蒸馏头　分液漏斗　气相色谱　折光仪　红外光谱仪

试剂：叔丁醇　甲醇　15%硫酸　无水碳酸钠

实验步骤

在带有磁力搅拌、装有恒压滴液漏斗、刺形(维氏)分馏柱(约20cm长)(为什么装分馏柱?)，分馏柱的顶端装上蒸馏头、温度计、直形冷凝管和弯接管的250mL三口烧瓶中(装置图见图3-30)，加入15%稀硫酸100mL、甲醇35mL及叔丁醇10mL。加入沸石搅拌并逐渐加热升温，控制反应温度在80~85℃范围内，使馏出物温度保持在40~60℃(为什么?)之间，产物缓慢地蒸出并收集。约1h后，从恒压滴液漏斗中逐滴滴加另外25mL叔丁醇，1h内滴加完毕。继续收集馏出物，直至无馏出物流出为止(约2h左右)。

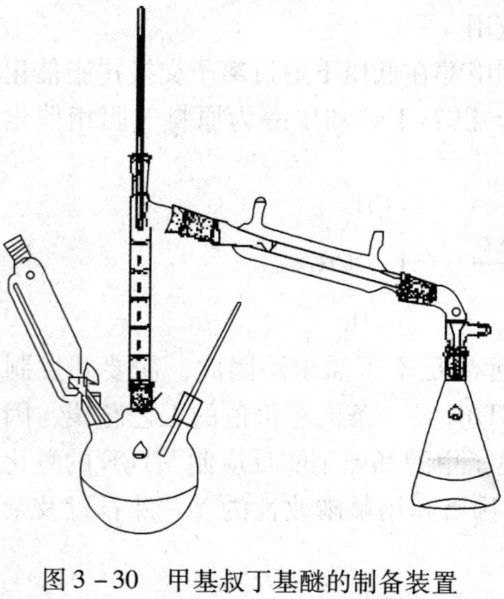

图3-30　甲基叔丁基醚的制备装置

将馏出物移入分液漏斗中用水反复洗涤，每次用水25mL。用水多次洗涤以除去所含的醇，除醇后，醚层清澈透明(在哪层?)。分出醚层，加入少量无水碳酸钠干燥(如何判断干燥剂的量已加足?)。

将回流装置改为蒸馏装置，蒸出甲基叔丁基醚，收集54~56℃馏分。称重，求产率。

所得产品分别用气相色谱、折射率和红外光谱进行鉴定并分别与标准样品的谱图比较。改变催化剂(硫酸)的量进行多次合成，找出最佳催化剂用量。

实验指导

(1) 甲醇的沸点为64.7℃，叔丁醇的沸点为82.6℃，叔丁醇与水的恒沸混合物(含醇88.3%)的沸点为79.9℃，所以分馏的温度应尽量控制在51℃左右(是醚和水的恒沸混合物)，不超过53℃为宜。

(2) 分馏后期，流出速度大大减慢，此时略微调节火焰大小，柱顶温度会随之大幅度的波动。这说明反应瓶中的甲基叔丁基醚已基本蒸出，此时反应瓶中的温度升至95℃左右。

(3) 需要重复洗涤4~5次，至所加水的体积在洗涤后不再增加为止，如果增加制备量时，洗涤的次数还要多。

(4) 醚层也可以用无水氯化钙干燥。

(5) 用水洗涤除醇也可用饱和氯化钙溶液，实验中的硫酸可用稀氢氧化钠溶液除去。

实验拓展

1. 无铅汽油样品中甲基叔丁基醚的定量测定

近几年来，由于含铅汽油给环境带来的不利影响，我国无铅汽油已开始在大范围使用。甲基叔丁基醚是无铅汽油中的一种常用添加剂，可提高辛烷值使汽油燃烧更完全，从而减少环境污染。但MTBE的使用在许多发达国家特别是美国引起了很大争议。因为MTBE在自然条件下很难降解，在水中的溶解度较高(42000mg · L^{-1})，环境中尤其是地下水中MTBE的含量正在迅速增加，同时，研究发现MTBE存在潜在的致癌性，汽油中MTBE的含量国外已有相关法规。

本方法将汽油和其他燃料样品稀释后直接注入色谱柱，在较低初始柱温下使MTBE与其他组分完全分离。方法简便快速，测定结果令人满意。

2. 实验部分

(1) 仪器和试剂　Angilent26890气相色谱仪，火焰离子化检测器，HP21石英毛细管柱(30 × 0.25mmi.d.，液膜厚度为0.25μm)。MTBE标准，异辛烷为分析纯。

(2) 色谱条件　升温程序：初始柱温40℃保持4min，以30℃/min速度升至250℃，保持5min；进样口温度200℃；检测室温度250℃；载气N_2(高纯)流速：113mL · min^{-1}；空气：400mL · min^{-1}；尾吹气：20mL · min^{-1}；分流进样，分流比为10∶1，进样量：110μL。用峰面积经外标法定量。

(3) 溶剂的选择　由于MTBE在毛细管色谱柱中的保留时间较短，仅为21.08min，很难找到能在MTBE之前流出的溶剂。选择异辛烷作为溶剂，其保留时间为31.76min，能与MTBE很好分离。

(4) 氢气和空气流速的影响　在气相色谱火焰离子化检测操作中，氢气和空气的流速对测定灵敏度影响很大。在实验中，固定色谱及检测器其他条件不变，先后改变H_2和空气的流速。发现H_2流速在25~30mL · min^{-1}时，峰面积最大，而空气的流速为400mL · min^{-1}时，色谱峰面积最大。

(5) 检测器温度的影响　检测器的温度对测定也有影响。固定其他条件后，在不同检测室温下进行测定，结果表明，检测器温度控制在250℃时检测最灵敏。

（6）分析方法的线性范围　标准样品的配制：以异辛烷为溶剂配制标准储备液，再适当稀释成含 MTBE 浓度分别为 10、100、400、600、800、1000mg/L 的标准系列。取 110μL 进行气相色谱分析，重复 4 次。用峰面积平均值 Y 与对应的质量浓度 X(mg/ L) 进行线性分析，在 10～1000mg · L^{-1}范围内线性关系良好。

（7）样品测定

对国内市场上销售的汽油（90#、93#）、柴油、煤油和加热油等燃料中 MTBE 的含量分别进行测定。由于样品中含量较高，先用异辛烷稀释 40 倍再进行测定。为使 MTBE 与燃料中低沸点组分完全分离，柱箱初始温度应尽可能低一些，实验在 40℃下保持 4min，MTBE 与其他组分得到较好分离，之后炉温迅速升高，使高沸点物质快速流出。

2. 甲基叔丁基醚分子的红外谱图、质谱图、氢谱和碳谱谱图

甲基叔丁基醚分子的红外谱图、质谱图、氢谱和碳谱谱图分别见图 3－31～图 3－34。

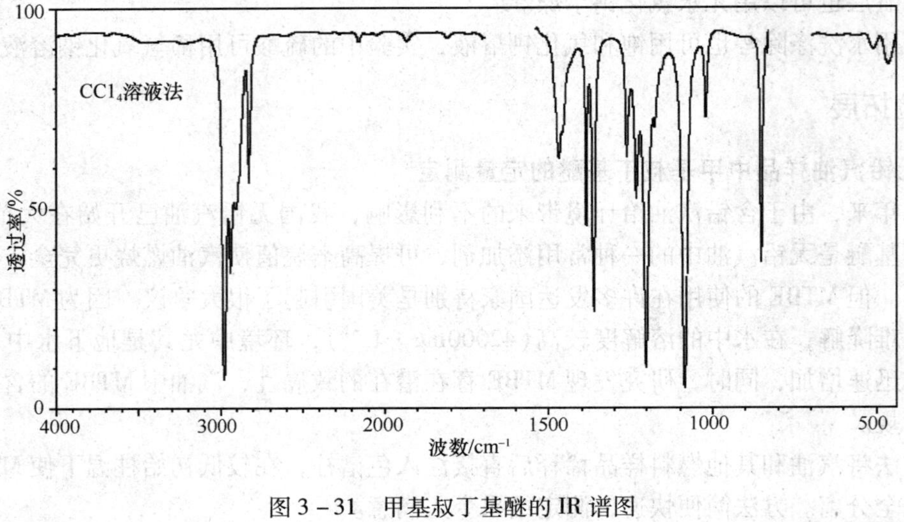

图 3－31　甲基叔丁基醚的 IR 谱图

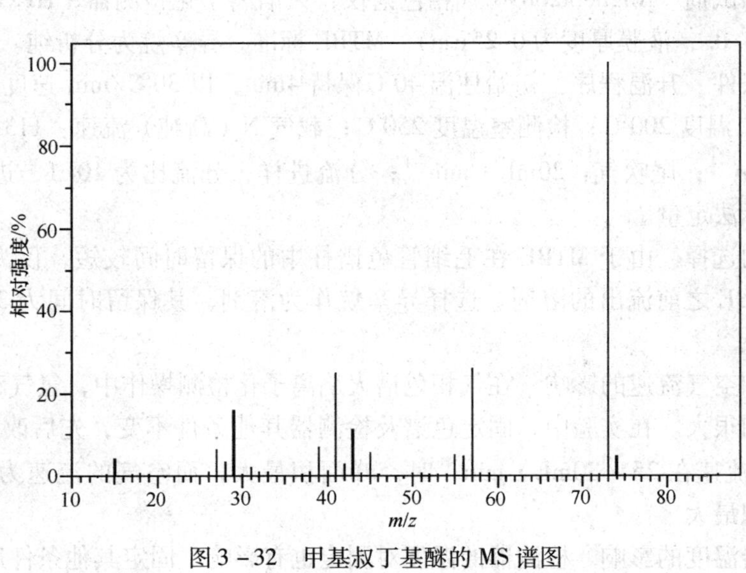

图 3－32　甲基叔丁基醚的 MS 谱图

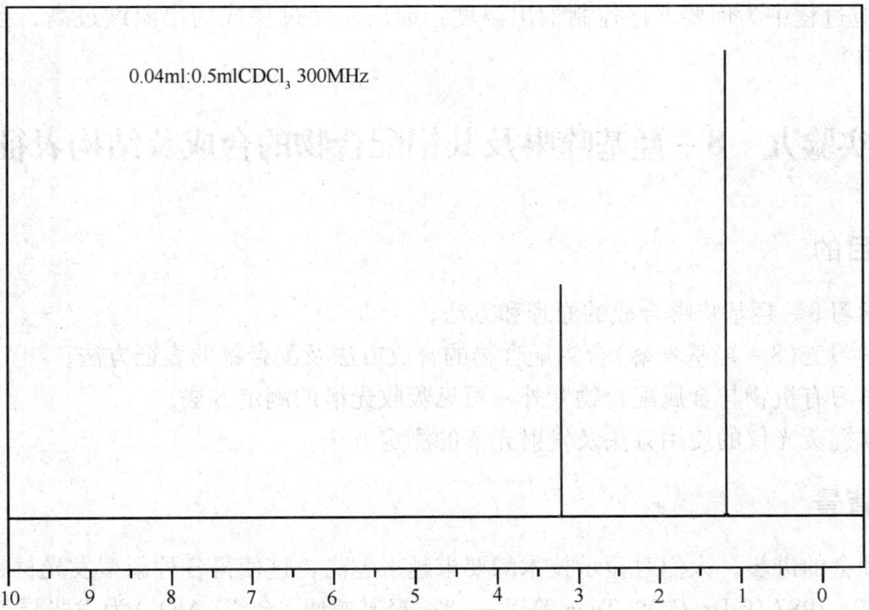

图 3－33　甲基叔丁基醚的¹H NMR 谱图

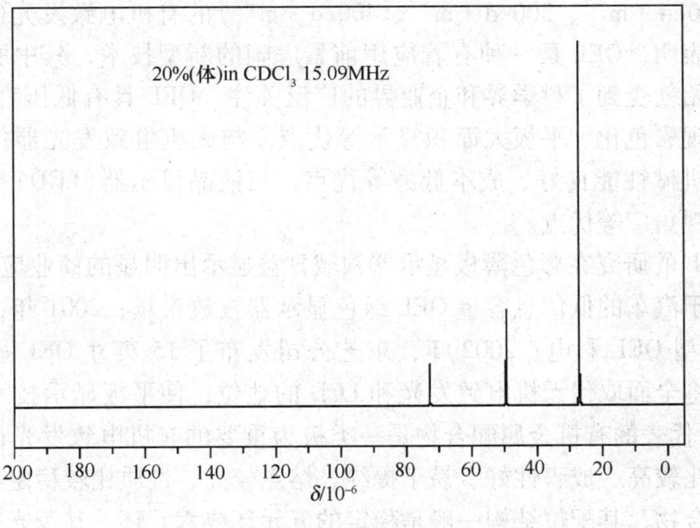

图 3－34　甲基叔丁基醚的¹³C NMR 谱图

实验思考

1. 叔丁醇的熔点为25.5℃，当室温低于该温度时，如何能保证叔丁醇从滴液漏斗中逐滴加入？

2. 分析甲基叔丁基醚的红外光谱，指出与2815cm^{-1}、1200cm^{-1}和1030cm^{-1}等吸收峰相对应的基团？

3. 通过查阅文献，总结国内外合成甲基叔丁基醚的方法，并比较其优缺点。

4. 混合醚的制备通常采用 Williamson 合成法，为什么本实验可用硫酸催化脱水法制备甲基叔丁基醚？

5. 为什么要以稀硫酸作催化剂？如果采用浓硫酸会使反应产生什么结果？

6. 反应过程中为何要严格控制馏出温度，馏出速度过快或馏出温度过高，会对反应产生什么影响？

实验九　8－羟基喹啉及其铝配合物的合成及结构表征

实验目的

（1）学习8－羟基喹啉合成的原理和方法；
（2）学习三(8－羟基喹啉)合铝配合物的合成方法及配合物的表征方法；
（3）学习有机物与金属配合物紫外－可见吸收光谱的测定方法；
（4）掌握荧光仪的使用方法及发射光谱的测定方法。

实验背景

随着社会的进步，人们对显示技术的要求越来越高，这使得各种新型发光材料不断地被开发和研究。1987 年 Dr. C. W. Tang 等以三(8－羟基喹啉)合铝(AlQ_3)为发光层，研制出了驱动电压小于10V、发光亮度达 1000cd·m^{-2}(电视、照明用日光灯、计算机液晶屏等的最高亮度分别为200cd·m^{-2}、300cd·m^{-2}、400cd·m^{-2})的有机电致发光(OEL)器件。这一突破性研究进展表明，OEL是一种有着应用前景广阔的新型技术，其中所蕴涵的科学性和实用性，从一开始就受到了科学界和企业界的广泛关注。OEL具有低压直流驱动、亮度高、光效高以及易实现彩色化、平板大面积显示等优点。与无机电致发光器件相比，OEL器件具有加工简便、机械性能良好、成本低廉等优点；与液晶显示器(LCD)相比，OEL器件具有响应速度快、视角广等优点。

近年来，OEL的研究在彩色薄板显示器领域日益显示出明显的商业应用前景。1997 年，先锋公司已将用于汽车的低信息容量OEL绿色显示器投放市场；2001 年，剑桥大学显示技术公司推出了微型OEL彩电；2002 年，东芝公司发布了15 英寸OEL显示器，其厚度仅3cm。预计OEL将全面取代无机电致发光和LCD的地位，使平板显示技术发生一场全新的革命。以 AlQ_3 为代表的有机金属配合物是一类极为重要的有机电致发光材料，这类材料的固体有荧光效率比较高、成膜性好、易于提纯、熔点较高、性质比较稳定等特点。他们多数是二齿配位的配合物，其配位结构一般是稳定的五元环或六元环，其荧光来自受金属离子微扰的配体发光或受配体微扰的金属离子发光。

喹啉及其衍生物除了在OEL方面的应用之外，还在冶金工业中作为金属元素的化学分析、金属离子的萃取剂等；另外，喹啉衍生物大多具有生物活性，在医药工业中广泛用作药物的中间体。因此，该系列有机物的制备与生物活性研究是化学和医学界目前的热点研究之一。

实验原理

1. 喹啉及其衍生物的合成

喹啉及其衍生物可以按 Skraup 反应由苯胺或其衍生物与无水甘油、浓硫酸及弱氧化剂如邻硝基苯酚一起加热而制得。为了避免氧化反应过于激烈，常加入少量硫酸亚铁或硼酸。本实验以邻氨基苯酚、邻硝基苯酚、无水甘油和浓硫酸为原料合成8－羟基喹啉(HQ)。浓硫酸的作用是使甘油脱水生成丙烯醛，并使邻氨基苯酚与丙烯醛的加成物脱水成环。邻硝基苯酚为弱氧化剂，能将成环产物 8－羟基－1，2－二氢喹啉氧化成 HQ，邻硝基苯酚本身被还原成邻氨基苯酚，也可参与缩合反应。其主要反应为：

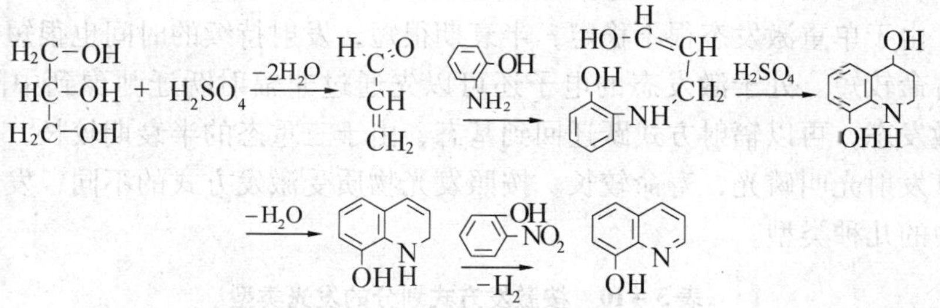

2. 三(8－羟基喹啉)合铝的合成

8－羟基喹啉(HQ)是一种双核配位体，在碱性条件下可脱去质子，以 Q^- 形式与 Al^{3+} 配位，生成 AlQ_3 配合物。

3. 配合物的表征

对配合物进行表征，就是确定配合物的组成、性质与特征等，这需要掌握一定的化学专业基础知识和一定的实验技能。实验中一般可以通过滴定分析方法确定金属离子的含量，利用元素分析仪确定 C、H、N 等元素的含量。仪器表征方法通常包括：X 射线衍射仪(XRD)、热重分析(TGA)、紫外－可见光谱(UV－Vis)、红外光谱(IR)等。本实验只进行紫外－可见光谱测定，这里简单介绍其原理。

有机化合物外层电子可分为 3 类：σ 键上的 σ 电子、π 键上的 π 电子和未成键的孤对电子 n 电子。当可见光或紫外线照射到分子上时，分子吸收一定波长的光，电子就从基态向能量较高的激发态跃迁。它们可能发生的跃迁可以用图 3－35 定性表示。

从图 3－35 可知，σ 电子只能从 σ 键的基态跃迁到 σ 键激发态，即 $\sigma\to\sigma^*$ 跃迁。因其能级差较大，对应的紫外吸收处于远紫外区。π 电子的跃迁为 $\pi\to\pi^*$，其能级差较 $\sigma\to\sigma^*$ 小，反映在紫外吸收上，其吸收波长较 $\sigma\to\sigma^*$ 长。n 电子的跃迁有 2 种：$n\to\sigma^*$ 的吸收波长较短；$n\to\pi^*$ 是各种电子能级跃迁中能级差最小的，其吸收波长最长。

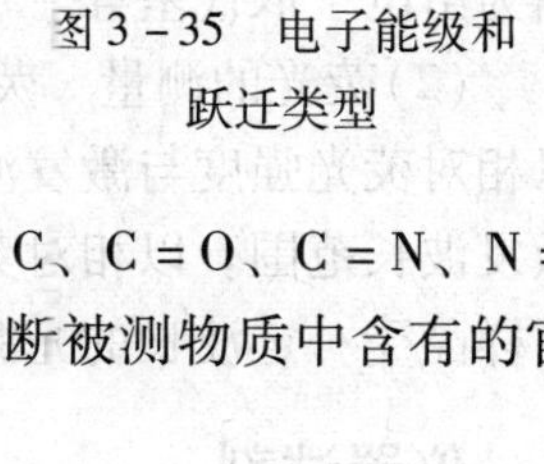

图 3－35　电子能级和跃迁类型

一般所用的分光光度计由于波长在 200nm 以上的区域里，故只能观察跃迁能量小的 $\pi\to\pi^*$、$n\to\sigma^*$、$n\to\pi^*$ 的吸收带。

在 UV－Vis 中，把能吸收紫外光及可见光的不饱和基团(如 C＝C、C＝O、C＝N、N＝O 等)称为发色团。由于不同基团的吸收位置不同，据此可以初步判断被测物质中含有的官能团。

4. 荧光的产生与测量

(1)荧光的产生与类型　分子都含有电子，电子在不停地运动着。根据量子理论，运动着的电子可以处于一系列不连续的能量状态(即能级)中，电子遵守一定的规则，从一个能级向另一个能级跃迁，并伴随着与能级差相对应的特定能量的吸收或释放。一般情况下，电子总是处于能量最低的能级(即基态)，在一定的条件下，电子可以吸收能量(如光能、热能、电能、机械能等)跃迁到较高能级(即激发态)，这个过程叫激发。处于激发态的电子是不稳定的，他总要跃迁回到基态，并将多余的能量释放出去。跃迁方式可以是辐射跃迁，也可以是非辐射跃迁。以非辐射方式跃迁时，能量大多转化成热能；而以辐射方式跃迁时，能量转化成相应波长的光，这个过程叫发射。

跃迁到激发态的电子，大多处于单重激发态，如果电子直接从单重激发态以辐射方式跃迁回到基态，由于单重激发态很不稳定，半衰期很短，发射持续的时间也很短，这种发射光叫荧光，其寿命较短。处于激发态的电子还可以先通过非辐射跃迁弛豫到中间的亚稳定能态——三重激发态，再以辐射方式跃迁回到基态，由于三重态的半衰期较长，发射持续的时间也较长，其发射光叫磷光，寿命较长。按照发光物质受激发方式的不同，发光现象可划分为表 3－10 中的几种类型。

表 3－10　按激发方式划分的发光类型

发光类型	激发方式	X 射线发光	用 X 射线激发
光致发光	用紫外光、可见光或红外光激发	放射线发光	用天然或人造放射线激发
电致发光	用气体放电或外加电场激发	化学发光	用化学反应激发
阴极射线发光	用电子束激发	生物发光	用生物过程激发
热释光	用加热方式激发		

对于金属配合物来说，可以按照跃迁类型来划分发光现象，见表 3－11。

表 3－11　金属配合物按跃迁划分的发光类型

发光类型	举　　例	说　　明
$L^* \to L$ 发光	MQ_3（M = Al、Ga、In 等）	局限于配位体的跃迁， 金属离子只起微扰作用
$m^* \to m$ 发光	$Eu\beta_3Phen$（β = β－二酮）	跃迁局限金属离子内， 配位体起微扰作用
$L^* \to m$ 发光	M－Phen[M = Ru(Ⅱ)、Rh(Ⅲ)、It(Ⅲ)等]	配位体→金属之间
$M^* \to L$ 发光	Tl(Ⅰ)、Sn(Ⅱ)、Pb(Ⅱ)、Sb(Ⅲ)的卤素配合物	金属→配位体之间

荧光强度与物质的分子结构密切相连。一般而言，强荧光物质具备如下特征：具有大的共轭 π 键结构；具有刚性平面结构；具有最低的单线电子激发态 S_1 为 π、π＊ 型；取代基团为给电子取代基等。

(2)荧光的测量　荧光光谱一般利用荧光分光光度计测量，具有激发谱和发射谱之分。以相对荧光强度与激发波长相对应画的曲线称为“激发光谱”(EX 谱)，它适用于激发样品的激发波长范围。以相对荧光强度与发射波长相对应画的曲线称为“发射光谱”(EM 谱)，表明样品受一定波长的光激发后，发射荧光的强度随荧光波长的变化。

仪器试剂

仪器：电子天平　红外干燥箱　荧光分光光度计　紫外分光光度计　马弗炉　恒温磁力搅拌器　水蒸气发生器　刚玉坩埚　荧光比色皿　干燥器　铁架台　烘箱　熔点仪　红外光谱仪　圆底烧瓶　球型冷凝管　抽滤装置(砂心漏斗　过滤套　抽滤瓶)　三颈瓶导气管温度计　蒸馏头　无颈漏斗　锥形瓶　容量瓶　酸碱式滴定管　长颈漏斗　称量瓶　量筒移液管架　培养皿　吸量管　洗瓶　磁搅拌子　pH 试纸

试剂：无水甘油　邻氨基苯酚　浓硫酸　饱和碳酸钠溶液　氢氧化钠溶液(50%)　乙醇/水(1∶1)　$AlCl_3 \cdot 6H_2O$　氨水($5mol \cdot L^{-1}$)　95%乙醇　邻硝基苯酚　HCl($3mol \cdot L^{-1}$，$6mol \cdot L^{-1}$)　20%　六次甲基四胺(pH＝5.8)　氯仿　EDTA二钠盐($0.0200mol \cdot L^{-1}$)　二甲酚橙水溶液(0.2%)　$ZnCl_2$标准溶液($0.0200mol \cdot L^{-1}$)　氨水(1∶4)　纯铝

实验步骤

1. 8－羟基喹啉(HQ)的合成

(1) 在100mL的圆底烧瓶中加入1.5 g邻硝基苯酚、2.2 g邻氨基苯酚，混合均匀后再加入7.8 g无水甘油，剧烈振荡，使之混匀。在不断振摇下缓慢加入3mL浓硫酸(若瓶内温度较高，可用冷水浴降温)、摇匀。装上球形回流冷凝管，垫上石棉网并小火加热使溶液微沸，即移开热源。反应放出大量的热，待反应缓和后，继续用小火加热，保持反应物微沸，回流约1.5h。

(2) 待反应液稍冷却后，往其中加入约10mL的蒸馏水，摇匀后进行水蒸气蒸馏，以除去未反应的邻硝基苯酚。

(3) 待反应瓶中混合液稍冷却后，用吸管将其转移至250mL三颈瓶，然后慢慢加入1∶1氢氧化钠溶液将pH值调至6～7，再小心滴入饱和碳酸钠溶液，使体系的pH＝8(为什么?)。再装上蒸馏头，进行水蒸气蒸馏，蒸出HQ约40～60min(为什么?)。待馏出物充分冷却后，用砂芯漏斗抽滤收集析出物，用冷水洗涤得干燥的粗产品，称重。

(4) 粗产物用1∶1(体积)乙醇－水混合溶剂约10mL进行重结晶，用砂芯漏斗抽滤得HQ产品，红外光下干燥约20min，称重并计算产率，测定熔点、红外光谱并与标准谱图对照。

2. AlQ_3的合成

取20mL 1∶1(体积)乙醇－水混合溶剂溶解8－羟基喹啉约0.3g，另外用1∶1(体积)乙醇－水5mL溶解约0.18g $AlCl_3 \cdot 6H_2O$。然后把二者混合，在电磁搅拌的同时水浴加热至60℃，再滴加$5mol \cdot L^{-1}$氨水至有大量浅黄绿色粉状沉淀生成(注意pH值不要超过10)，继续反应约10min。静置冷却后用布氏漏斗抽滤，用适量1∶1(体积)乙醇－水混合溶剂洗涤沉淀3次。于常压110℃下干燥约20min，即得产物AlQ_3，称重，计算产率。用紫外灯照射样品，观察AlQ_3的发光情况。

3. 产物AlQ_3组成分析

(1) Al^{3+}含量的测定：在坩埚中准确称取AlQ_3约100～120mg，统一放入马弗炉并升温至800℃，保温20min。冷却至室温后，加入10mL $6mol \cdot L^{-1}$ HCl将其溶解完全。然后加热除去过量的HCl，冷却到室温后定量转移至50mL容量瓶中定容。参照文献，利用返滴定法测定铝的含量。

(2) C、H、N含量的测定：利用元素分析仪测定AlQ_3中C、H、N的含量(略)。

4. HQ和AlQ_3的紫外－可见光谱、荧光光谱

准确称取HQ和AlQ_3各适量，溶于无水乙醇并转移至10mL容量瓶，配成浓度为$2 \times 10^{-3} mol \cdot L^{-1}$左右的溶液，再稀释10倍。分别测定稀释后溶液的紫外－可见光谱和荧光发射光谱。

实验指导

（1）本实验所用甘油含水量必须小于0.5%（$d=1.26$）。如果含水量过大，则HQ的产率低。可将普通甘油在通风橱内放置于瓷蒸发皿中加热至180℃，冷却至100℃左右，即可放入盛有硫酸的干燥器中备用。甘油常温下是黏稠状液体，取用时应注意防止玷污。

（2）内容物未加浓硫酸时，十分黏稠，难以摇动。加入浓硫酸后，黏度大为减小。

（3）此反应是放热反应，溶液呈微沸时，表示反应已开始，如继续加热，则反应过于激烈，会使溶液冲出容器。

（4）HQ既能溶于碱又能溶于酸而成盐，且成盐后不被水蒸气蒸馏蒸出，为此必须小心中和，严格控制pH值约为8。当中和恰当时，瓶内析出的HQ沉淀量最多。

（5）由于HQ难溶于冷水，置于滤液中，慢慢滴入去离子水，即有HQ晶体不断析出。

（6）产率以邻氨基苯酚计算，不必考虑邻硝基苯酚部分转化后参与反应的量。

实验拓展

1. 8－羟基喹啉铝的合成新方法

称取8－羟基喹啉2.00g溶于70mL乙醇中，充分搅拌至完全溶解（可适当加热）后，称取0.13 g氢化铝锂，在搅拌的同时分批加入上述溶液中，反应快速进行，有大量的气体产生，同时生成黄色沉淀。化学反应式如下：

$$4HQ + LiAlH_4 \longrightarrow AlQ_3 + LiQ + 4H_2$$

随着反应的进行，沉淀逐渐增加，放出的气体逐渐减少，搅拌0.5h后，反应完成。冷却至室温，抽滤出黄色固体。将黄色固体于真空干燥箱中干燥即可得粗的8－羟基喹啉铝产品。将干燥好的样品放于索氏提取器中，用乙醇进行连续萃取，待溶液冷却后有草绿色晶体析出，产率约91.2%。

2. 8－羟基喹啉分子的红外谱图、质谱、碳谱和氢谱谱图

8－羟基喹啉分子的红外谱图、质谱、碳谱和氢谱谱图分别见图3－36～图3－39。

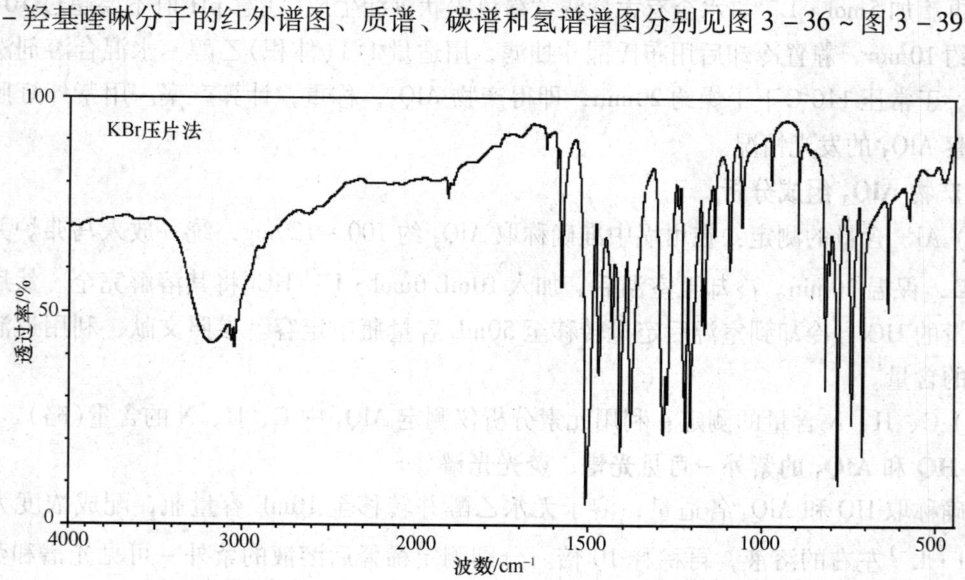

图3－36　8－羟基喹啉的IR谱图

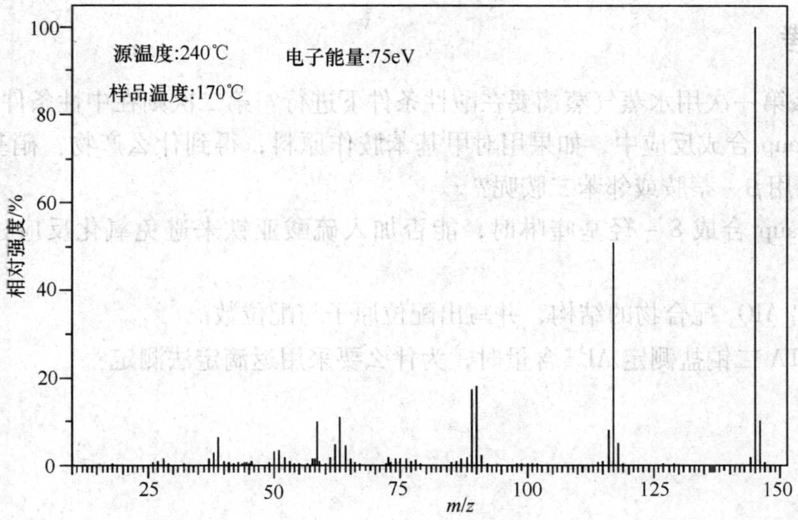

图 3－37　8－羟基喹啉的 MS 谱图

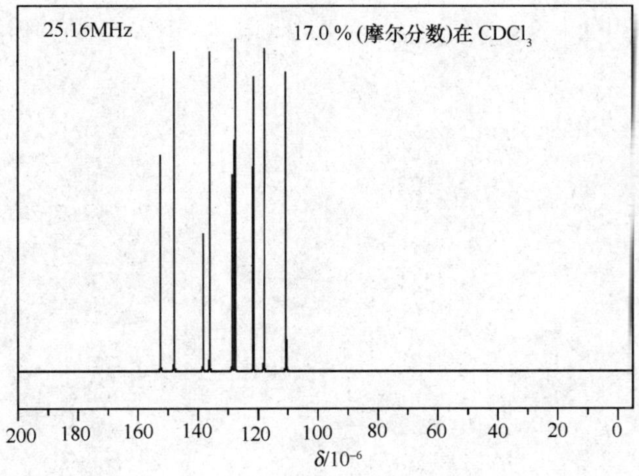

图 3－38　8－羟基喹啉的 ^{13}C NMR 谱图

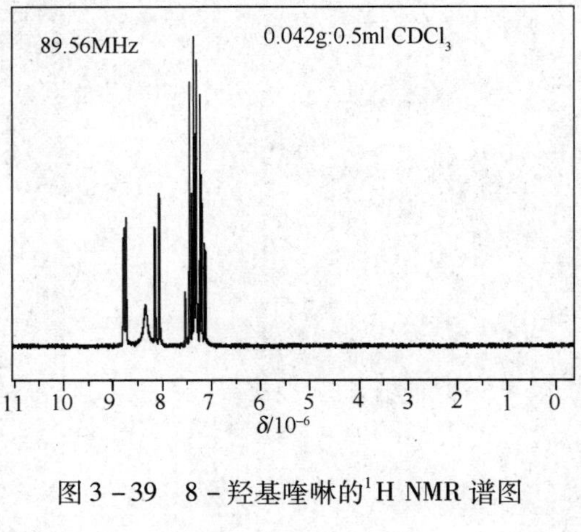

图 3－39　8－羟基喹啉的 ^{1}H NMR 谱图

实验思考

1. 为什么第一次用水蒸气蒸馏要在酸性条件下进行？第二次则在中性条件下进行？

2. 在 Skraup 合成反应中，如果用对甲基苯胺作原料，得到什么产物？硝基化合物应如何选择？如果用β－萘胺或邻苯二胺呢？

3. 在 Skraup 合成 8－羟基喹啉时，能否加入硫酸亚铁来避免氧化反应过于剧烈？为什么？

4. 请画出 AlQ_3 配合物的结构，并写出配位原子与配位数。

5. 以 EDTA 二钠盐测定 Al^{3+} 含量时，为什么要采用返滴定法测定？

单元4　物质分离与检测

实验一　槐米中芦丁的提取和水解及水解产物的分离与鉴定

实验目的

(1) 学习天然产物的简单提取方法，掌握碱溶酸沉法提取黄酮类化合物的原理和操作；

(2) 学习天然产物芦丁的水解，掌握由芦丁水解制取槲皮素的方法。

实验背景

芦丁亦称芸香甙，为黄酮苷，广泛存在于植物界中，其中以槐花米(即槐树的花蕾——槐角，中药药房有出售，以新鲜、干燥的为好)和荞麦叶内含量较高(随生长期不同，含量有所变化)。芦丁的主要药理作用有抗炎作用、维生素P样作用及抗病毒作用，具有维持血管抵抗力、降低其通透性、减少脆性的作用；对脂肪浸润的肝有去脂的作用，与谷胱甘酞合用，去脂作用更明显；对于放射性伤害所引起的出血症也有一定治疗作用；临床上主要作防治高血压的辅助药物，毛细血管性止血药。其衍生物三羟乙芸香苷(即维脑路通)用以治疗脑血管病、视网膜水肿及出血。芦丁水解后可生成槲皮素，槲皮素有一定的平喘作用，此外还有降低血压、增强毛细血管抵抗力、减少毛细血管脆性、降血脂、扩张冠状动脉、增加冠状动脉血流量的作用。

槐米为豆科植物槐的未开放花蕾。味苦性凉，具清热凉血、止血之功。常用于治疗多种出血症：肠风便血、痔血、尿血、衄血、崩漏下血、赤血下痢等。槐米常炒炭应用。槐花米中含芦丁8%~28%、槐花米甲素14%、槐花米乙素1.25%、槐花米丙素0.35%，尚含槲皮素、白桦脂醇、槐二醇等。

实验原理

本实验以常用中药槐花米为原料，对其主要成分芦丁进行分离提取及鉴定。由于芦丁分子中具有酚羟基，显弱酸性，能与碱成盐而增大溶解度，以碱水为溶剂煮沸提取，其提取液加酸酸化后则芦丁游离析出(碱溶酸沉法)，然后通过其在冷水和热水中的溶解度差异进行纯化，或通过快速柱层析法对芦丁粗品进行纯化。

芦丁在酸性介质中水解得到它的甙元槲皮素、鼠李糖和葡萄糖。这些成分可用薄层色谱和纸色谱与标准样对照加以确认。芦丁在沸水中的溶解度相当大(1∶200)，而在冷水中的溶解度很小(1∶10000)，所以可用水煮沸的方法提取。芦丁与其他水溶性化合物可借聚酰胺柱色谱予以分离。

芦丁($C_{27}H_{30}O_{16}\cdot 3H_2O$)为淡黄色针状结晶，含3分子结晶水，其熔点为174~178℃。

不含水的芦丁熔点188℃。难溶于乙醚、三氯甲烷、石油醚、乙酸乙酯、丙酮等，易溶于碱液。槲皮素($C_{15}H_{10}O_7 \cdot 2H_2O$)为黄色结晶，含2分子结晶水的槲皮素熔点313~314℃，不含结晶水的槲皮素熔点316℃，可溶于甲醇、乙酸乙酯、冰乙酸、吡啶、丙酮等，难溶于水、苯、石油醚等溶剂。它们的结构如下：

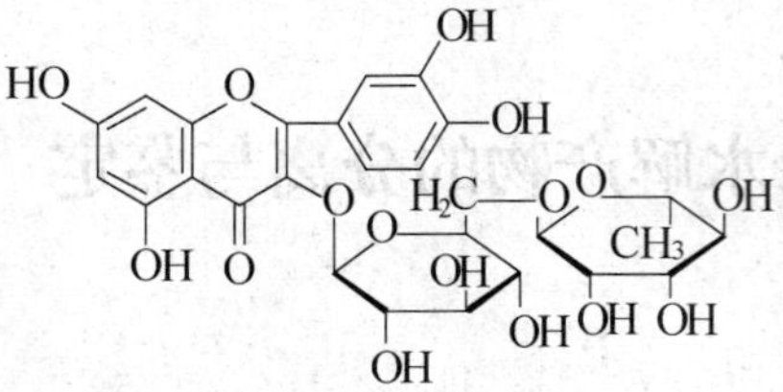

芦丁

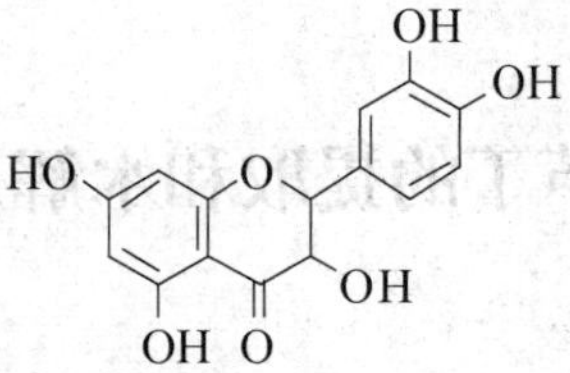

槲皮素

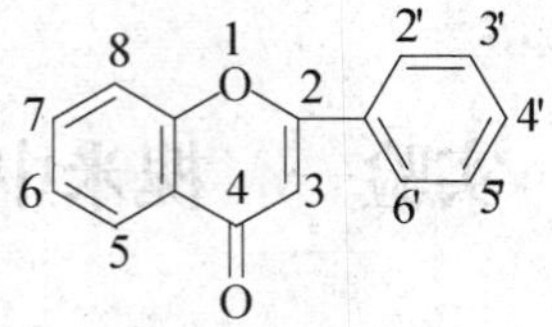

黄酮骨架

仪器试剂

仪器：紫外灯　蒸馏装置　烧杯　三角瓶　纱布　色谱柱：φ1.5×30cm(或用50mL的酸式滴定管代替)　玻璃板(5cm×20cm，2.5cm×7.5cm)硅胶G　50mL圆底烧瓶　回流冷凝管蒸馏装置一套　100mL三角瓶　层析滤纸　熔点仪　红外光谱仪

试剂：三氯化铝-乙醇溶液(2%)　硼砂　盐酸　石灰水　层析用聚酰胺(60~100目)甲醇工业乙醇(70%)　槐米　层析用硅胶　镁粉　α-萘酚乙醇溶液(10%)　硫酸(2%)NaOH　芦丁(槐花米)　槲皮素　鼠李糖　葡萄糖　苯胺-邻苯二甲酸显色剂(配制：将0.93g　苯胺和1.66g　邻苯二甲酸溶于100mL丁醇饱和水溶液中)　展开剂(乙酸乙酯:丁酮:甲酸:水=5:3:1:1或甲苯:氯仿:丙醇:甲酸=8:5:7:1)

实验步骤

1. 芦丁的提取

于250mL烧杯中加入60mL饱和石灰水溶液和0.25g硼砂(为什么?)，置于石棉网上加热至微沸后，加入5g槐花米粗粉，保持微沸30min(不断搅拌)后，趁热用棉花过滤，再趁热抽滤。滤渣再用50mL石灰水溶液同法操作两次。合并滤液，然后用15%盐酸中和(为什么?)，调节pH值为3~4。放置过夜，使沉淀完全，抽滤，沉淀用蒸馏水洗涤2~3次至中性，干燥，得到芦丁的粗产物，称重。

2. 芦丁的提纯

将以上所得到的粗芦丁约1.5g(或湿芦丁3g)，加甲醇5~8mL，使之溶解，再加柱层析用硅胶(60~100目)3~4g，用刮刀轻轻搅拌，在水浴上赶去甲醇(通风橱内进行)，待用。将色谱柱垂直夹在铁架台上，若柱底没有玻璃砂芯，可稍加一点玻璃棉，以防填料漏出。关闭柱塞(不要涂油脂)(为什么?)，加蒸馏水约至色谱柱一半高。将6g层析用聚酰胺(粒度60~100目)倒在烧杯中，加蒸馏水50mL，轻轻转摇均匀(不要用搅棒搅动，防止颗粒太细)，再打开柱塞，使柱内的水不断流出的同时，把烧杯内的聚酰胺缓缓加入，边加边用套有橡皮管的玻璃棒轻轻敲打色谱柱，使填料装填均匀，无气泡。当色谱柱顶部水下降到距聚酰胺层高约1.5cm时，关闭柱塞。将上述拌好硅胶的粗芦丁样品均匀倒入柱内，用刮刀轻轻铺平，勿有气泡，再盖上剪好的圆形滤纸(为什么?)。连接好如图4-1所示装置。

用70%工业乙醇洗脱，当有淡黄液体从柱下流出时开始收集洗脱液每次约25mL，共6瓶，依次编好接收瓶号。

取2.5cm×7.5cm的硅胶G板，每板上点芦丁标准样与接受瓶中的溶液，放入层析缸中，加盖，进行展开(展开剂为乙酸乙酯: 丁酮: 甲酸: 水 =5: 3: 1: 1)，当展开剂前沿距板端约1cm时，取出，晾干。

在紫外灯下观察斑点，将只含芦丁的接受瓶溶液合并入一圆底烧瓶中，蒸馏，蒸去大部分溶剂后(约留25mL溶液)，趁热倾入一只100mL的三角瓶内，冷却即有芦丁析出，抽滤，晾干，计算收率。测定熔点和红外光谱，与标准谱图对照。

也可做以下定性实验：取芦丁乙醇液适量，加2滴浓HCl、再酌加少许镁粉，即产生剧烈的反应，并逐渐出现红色至深红色。或取芦丁乙醇液适量，加等体积的10%α-萘酚乙醇溶液，摇匀，沿管壁缓加浓硫酸，注意观察两液界面的颜色。

图4-1
分馏柱

3. 芦丁的水解

称取0.5~1g芦丁，放入50mL圆底烧瓶中，加入2%硫酸水溶液25mL，装上回流冷凝管，大火回流约2h，即可水解完全，此时有大量黄色沉淀物生成(水解是否完全可用薄层确定)。冷却、抽滤，所得水解产物槲皮素用稀乙醇重结晶一次，注意滤液不要弃去，留做检验水解糖用。

4. 槲皮素的薄板识别

将实验所得的槲皮素的1/2(另1/2槲皮素用做紫外光谱鉴定黄酮类化合物实验)用甲醇溶解，并与标准槲皮素的甲醇溶液及标准芦丁的甲醇溶液分别点在硅胶G板上，用甲苯: 氯仿: 丙酮: 甲酸 =8: 5: 7: 1展开。紫外灯下观察荧光，喷2%三氯化铝乙醇溶液后再观察荧光的变化，计算 R_f 值。测定熔点和红外光谱，与标准谱图对照。

芦丁和槲皮素亦可在聚酰胺薄板上展开，展开剂为氯仿: 甲醇 =5: 4或氯仿: 甲醇: 丁酮: 乙酰丙酮 =16: 10: 5: 1。

5. 水解糖的纸色谱识别

将芦丁水解实验中抽滤的母液倒入烧杯中，用NaOH或氨水中和至中性，将溶液浓缩至约数毫升，与标准葡萄糖、鼠李糖在同一条层析滤纸上点样，展开剂为正丁醇: 乙酸: 水 =4: 2: 5。展开完毕，烘干，喷苯胺-邻苯二甲酸显色剂，在105℃烘5min，显现棕色或红棕色斑点，计算其 R_f 值。

实验指导

(1) 槐花米不宜研磨过细，以防难以过滤。

(2) 加入饱和石灰水溶液既可以达到碱溶解提取芦丁的目的，又可以除去槐花米中大量多糖黏液质，也可直接加入150mL水和1g $Ca(OH)_2$ 粉末，而不必配成饱和溶液，第二次溶解时只需加100mL水。

(3) 硼酸可以与黄酮类化合物络合，防止芦丁分子被破坏，提高收率。

(4) pH值过高，会破坏黄酮的分子结构；pH值过低，会使芦丁形成盐而增加水溶性，降低收率。

(5) 芦丁能被镁粉-盐酸和锌粉-盐酸还原而显红色，产物加碱至碱性将变为绿色。

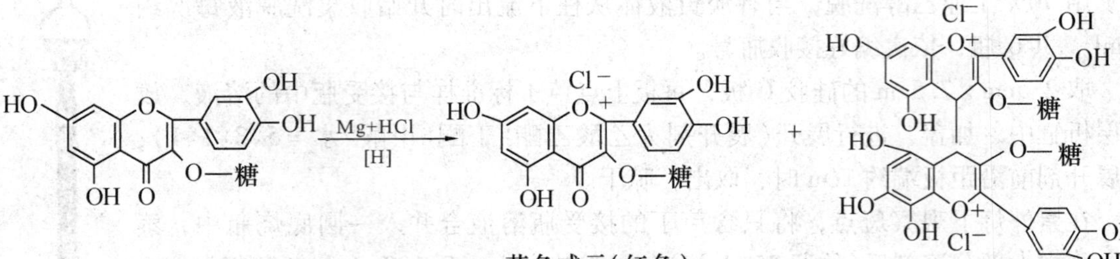

(6) 硅胶G板的制备：硅胶G与0.7%的羧甲基纤维素钠(CMC)水溶液1:3在研钵中研磨混匀，涂于干净的玻璃板上，晾干后，于110℃活化0.5h，放在干燥器内备用。

(7) 聚酰胺薄板的制备：取1g聚酰胺粉，加入6.5mL85%甲酸。待完全溶解后，加入2mL75%乙醇，摇匀后，过滤除去不溶物，将此溶液涂布在干净的玻璃板上，在室温下水平放置，晾干，再放入托盘中清水漂洗，彻底除去甲酸，晾干后即可使用。

聚酰胺板适用于分离能形成氢键的化合物，对多酚羟基化合物分离效果甚佳。

(8) 自制聚酰胺：取锦纶丝100g，室温溶于浓盐酸300mL中，先加5%乙醇170mL，再加400mL稀释并剧烈搅拌，使成粉状，放置抽滤，用5% NaOH或$NaHCO_3$洗至pH=10左右，再用水洗至pH=7左右，滤干，晾干，再在80℃干燥，过80目筛即可。

实验拓展

1. 芦丁的IR谱图、^{13}C NMR谱图

芦丁的IR谱图、^{13}C NMR谱图见图4-2、图4-3。

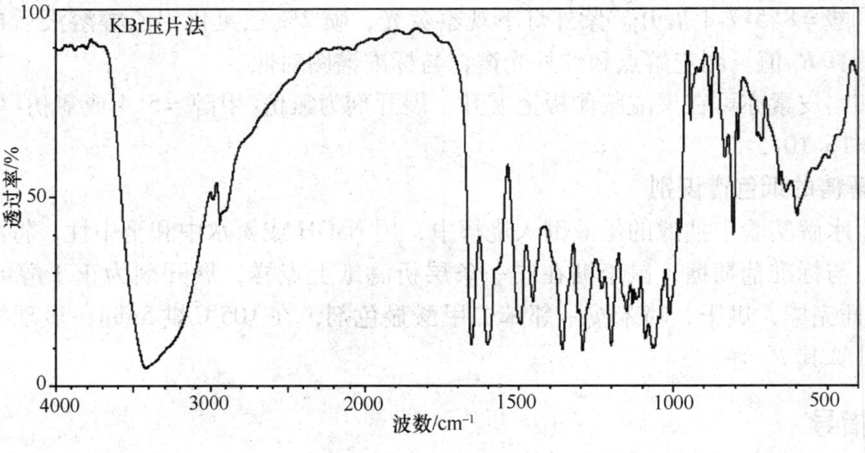

图4-2 芦丁的IR谱图

2. 槲皮素的IR谱图、MS谱图

槲皮素的IR谱图、MS谱图见图4-4、图4-5。

3. 层析分离法介绍

层析分离是通过物质不同组分在两相中的分布不同而使混合物分离的方法。层析过程中的一相是固定相，另一相是流动相。其基本原理是不同物质在固定相和流动相中有着不同的分配系数。如果一个化合物和固定相的作用较弱，那么它在流动相的冲洗下较快地从层析体系中流出来；反之一个化合物和固定相作用较强，它将较慢地从层析体系中流出来。在理想

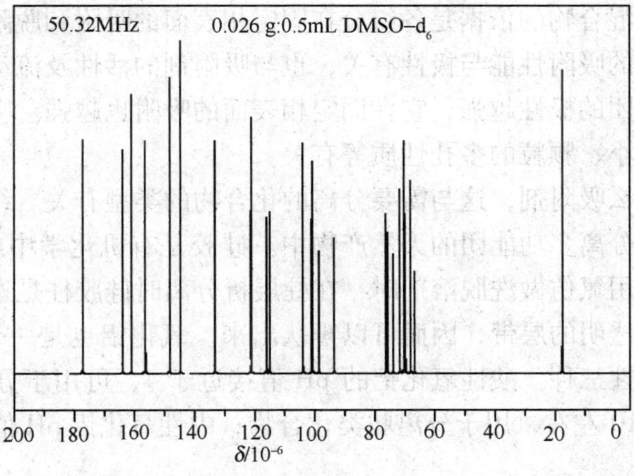

图 4－3　芦丁的 ^{13}C NMR 谱图

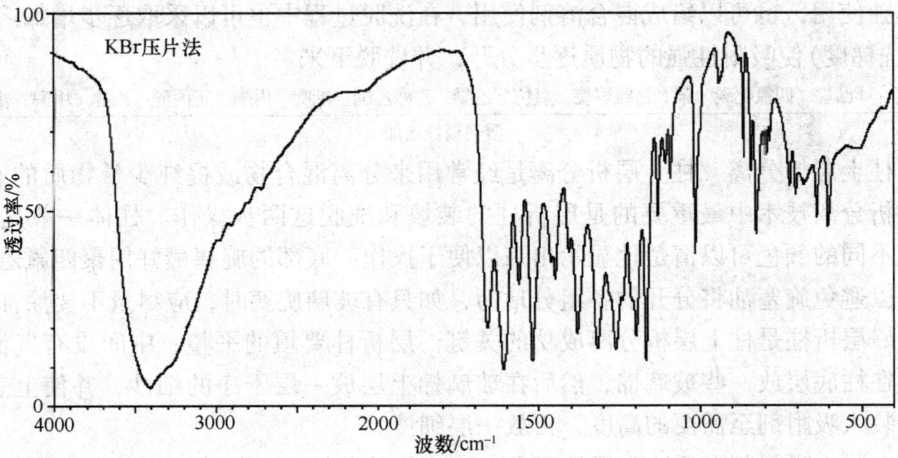

图 4－4　槲皮素的 IR 谱图

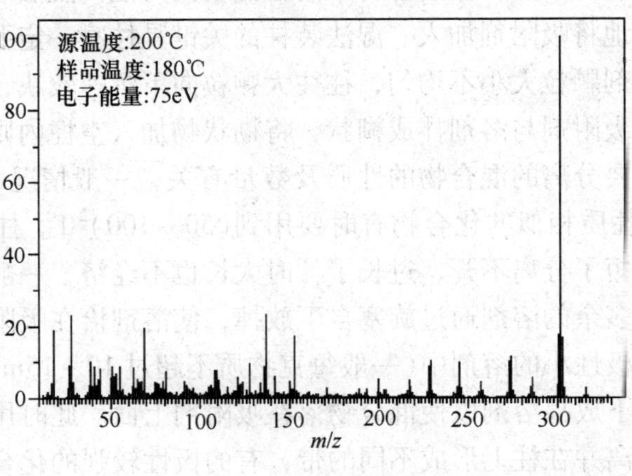

图 4－5　槲皮素的 MS 谱图

的情况下，混合物中每个组分在流动相和固定相之间有着不同的分配系数，因此以不同的流速流经层析体系，从而达到完全分离的目的。层析分离依据流动相物理状态的不同可以分为气相层析（流动相是气体）和液相层析（流动相为液体）两种，其中液相层析分离用途较广，其又根据分配体系的形状不同分为柱层析分离、板层析分离和纸层析分离等。

层析分离法分离混合物的依据是各组分在固定相表面的吸附和脱附的平衡，以及在流动相的溶解。一个分子的吸附性能与极性有关，也与吸附剂的活性及流动相的极性有关。一般来说，化合物中官能团的极性越强，它在固定相表面的吸附也越强。吸附剂的活性则与它的化学组成、颗粒的大小、颗粒的多孔性质等有关。

在层析中使用什么吸附剂，这与需要分离的化合物的类型有关。纤维素和淀粉的吸附活性最小，因而多用于分离多功能团的天然产物中。硅胶是有机化学中应用最广泛的吸附剂，它的一个特点是当使用氯仿做洗脱溶剂时，在柱层析分离时硅胶柱是透明的，而无色物质在透明的柱上则形成不透明的层带，因而可以辨认出来。氧化铝也是一个用途很广的吸附剂，它有酸性、碱性和中性三种。酸性氧化铝的 pH 值接近于 4，可用于分离氨基酸和羧酸；碱性氧化铝的 pH 值在 10 左右，用于分离胺类化合物；中性氧化铝 pH 值在 7 左右，用于分离中性有机物。

用层析分离法分离混合物的另一个要素是洗脱溶剂，下面列举了一些常用溶剂，这些溶剂可以单独使用，也可以组成混合溶剂使用，在洗脱过程中也可以采取逐步增加溶剂极性的办法（淋洗梯度）使吸附性强的物质逐步分开，并洗脱下来。

石油醚　环己烷　四氯化碳　苯　二氯甲烷　氯仿　乙醚　乙酸乙酯　吡啶　丙酮　正丙醇　乙醇　甲醇　水　乙酸

→ 溶剂极性增加

（1）柱上层析分离　柱上层析分离是经常用来分离混合物或提纯少量物质的有效方法。在柱上层析分离技术中最重要的是层析柱的装填和洗脱这两步操作。柱体一般是用玻璃做的，如有不同的颜色可以清楚地显示出来以便于操作。底部的旋塞最好用聚四氟乙烯塑料旋塞，这可以避免旋塞油将分开的各组分玷污，如只有玻璃旋塞时，应尽量不要涂油脂。

填装好层析柱是柱上层析分离成功的关键。层析柱要填的平整，中间没有气泡和空隙，装填时先在柱底层放一些玻璃棉，然后在玻璃棉上层放一层干净的细沙，并使上表面平整，在其上面装入吸附剂至需要的高度，再放一层细沙。

向柱内装入吸附剂有干法和湿法两种方法。干法装填后，加溶剂时易出现气泡，而且有时吸附剂与溶剂作用后要溶涨，甚至有将吸附柱涨裂的可能。湿法装柱是先将柱内充满石油醚，然后依次不间断地将吸附剂加入。湿法装柱的关键是柱身一定要垂直，这样可以形成较平的柱面。但如吸附剂颗粒大小不均匀，往往大颗粒向下沉速较快，小颗粒浮在上面使柱身不均匀，这时可先将吸附剂与溶剂拌成糊状，将糊状物加入空柱内则可以克服上述缺点。

吸附剂的用量与要分离的混合物的性质及数量有关，一般情况下，要分离 1g 物质需要 20～30g 吸附剂，对性质相似的化合物有时要用到（50～100）∶1。柱高与其直径的比值也是很重要的参数，柱太短了分离不开，过长了耗时太长也不经济，一般以 8∶1 到 10∶1 为宜。

装填好柱后，将多余的溶剂通过旋塞自下放掉，使溶剂恰在吸附剂上端。将需要分离的混合物溶于尽量少的极性小的溶剂中（一般每克物质不超过 10～15mL 溶剂），小心地自上加到柱中，通过旋塞自下放掉溶剂以使混合物落在吸附剂上面。此时用洗脱剂自柱上端逐滴加入淋洗，使混合物分离并在柱上形成不同的带，有的极性较强的化合物一时不易洗出，可增加强极性的溶剂以使其展开和洗出。所得淋洗液可用薄层层析分离监测，以决定可否并在一起，当发现淋洗液中所含物质很少时，即可认为一个化合物的层析带已经洗出。如混合物经紫外光照射后呈荧光现象时，也可以用紫外灯照射来监测混合物展开和淋洗的情况，一般说来，经柱上层析分离物质的损耗极小，可有 90%～95%的物质被回收。

（2）薄层层析分离介绍。薄层层析分离（TCL）是柱层析分离的一种特殊形式，即将柱层析分离中的吸附剂均匀地涂在一扁平的表面上形成一薄层吸附剂，而混合物的分离是通过溶剂的毛细管作用完成的。由于薄层层析分离的展开很快，对于显微镜载玻片大小的薄层板只需数分钟即可，故常用来跟踪化学反应的进行，以检验反应完成的程度。在薄层层析分离中常用的吸附剂有硅胶、氧化铝、纤维素等，其中硅胶应用最多。但薄层层析分离用的吸附剂与柱层析分离不同，颗粒要小得多，约在 200 ~ 400 目之间，正是由于薄层层析分离颗粒较小，才能达到较高的分离效果。在试剂商店中有专门用于薄层层析分离的硅胶出售，其中有单一硅胶成分的叫硅胶 – H；掺有粘结剂，叫硅胶 – G；有的硅胶还加有荧光显示剂，以便在紫外灯照射下可显示出有机物斑点的位置，这种硅胶叫做硅胶 – HF 或硅胶 – GF。

在薄层层析分离中每个组分的位置可以使用上述掺有荧光物质的薄层板在紫外灯照射下显示。这是由于在紫外光照射下整块薄板显示荧光，而有机物可以把荧光淬灭因而呈现暗斑，指示化合物的存在。此法的优点是使用方便而又不破坏混合物的各组分。

实验思考

(1) 加入饱和石灰水的目的是什么？为何需控制 pH 值的大小？

(2) 加入硼砂的目的是什么？芦丁的提纯可以用重结晶法吗？如果可行，用什么溶剂？

(3) 黄酮类化合物还有哪些提取方法？本实验中芦丁还可用何种方法提取？

(4) 试列出用聚酰胺柱色谱分离混合物常用溶剂洗脱能力的大小顺序。

(5) 芦丁和其甙元槲皮素在聚酰胺柱色谱上用 70% 乙醇洗脱时，哪个先被洗脱下来？

实验二　铜(II)和钴(II)的连续萃取与测定

实验目的

(1) 进一步掌握基本的萃取分离方法；

(2) 了解萃取分离金属离子最佳 pH 值的选择方法；

(3) 进一步熟悉 pH 酸度计的使用方法。

实验背景

Cu(II) 离子的外层电子构型为 $3s^23p^63d^9$。Cu^{2+} 带两个正电荷，因此比 Cu^+ 更易形成配合物。配合物的配位数可以是2、4、5 和6。配位数为2 的很少，五配位的配合物如 $[Cu(bipy)_2I]^+$ 为三角双锥结构。最常见配位数为 4 和 6，由于姜 – 泰勒效应，通常绝大多数配离子为变形八面体，4 个短键(平面)和 2 个长键(z 轴)。如 $[Cu(NH_3)_4(H_2O)_2]^{2+}$ 配离子，经常又用 $[Cu(NH_3)_4]^{2+}$ 以平面正方形结构(采取 dsp^2 杂化)来描述。

Cu(II) 能与卤素、羟基、焦磷酸根、硫代硫酸根等形成稳定程度不同的配合物。$[CuX_4]^{2-}$ 型配合物在水溶液中的稳定性较差。

Cu(II)除了与 NH_3 形成简单配合物外，还能与 N 给体配体如 en，与大环 N 给体酞菁形成平面正方形螯合物。酞菁铜及其取代衍生物用于生产从蓝色到绿色的颜料，广泛用于生产墨水、涂料和塑料制品。

Cu(II)除形成六水合物以外，还能与含 O 给体配体形成电荷为零的螯合物 – 内配盐

$[Cu(acac)_2]^0$，与乙酸形成一水合乙酸铜。

Co(Ⅱ)能与许多不同类型的配位体形成具有不同立体化学构型的配合物。最普遍的是八面体和四面体构型，但也有相当一些正方形和某些五配位的配合物。

实验原理

Cu(Ⅱ)和Co(Ⅱ)的连续萃取分离测定是基于元素在两个不相混溶的溶剂中具有不同的分配系数，从而达到各元素相互分离的方法。8－羟基喹啉与Cu(Ⅱ)、Co(Ⅱ)能形成非常稳定的有色络合物，它们在水相和有机相中有一定的分配比，利用它们不同的分配比，可以成功地达到分离的目的。

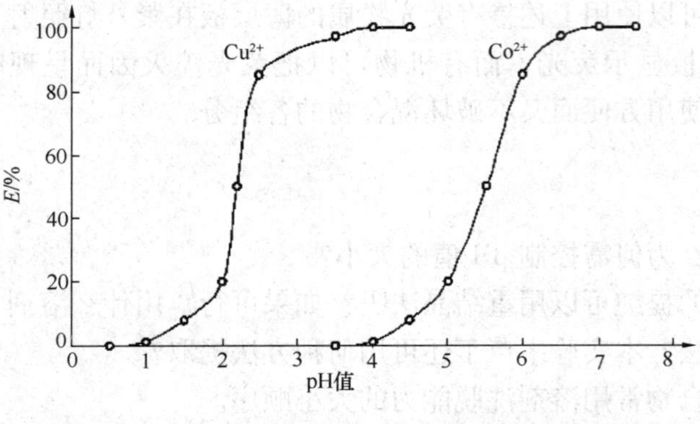

图4－6　Cu(Ⅱ)与Co(Ⅱ)的8－羟基喹啉的萃取曲线

影响分配比的因素很多，其中一个主要因素是水溶液的pH值。在本实验中，8－羟基喹啉与Cu(Ⅱ)、Co(Ⅱ)形成的络合物在不同酸度下的稳定性不同，因此，可以通过选取不同的水相pH值并用氯仿分别进行萃取，以达到分离这两种金属离子的目的。

Cu(Ⅱ)、Co(Ⅱ)的8－羟基喹啉－三氯甲烷的萃取曲线如图4－6所示。

Cu(Ⅱ)的最高萃取率的pH值为2.7～7.0，Co(Ⅱ)的最高萃取率的pH值在6.7以上。因而在Cu(Ⅱ)、Co(Ⅱ)的混合液中，控制pH值为3时可使Cu(Ⅱ)完全萃取，Co(Ⅱ)仍留在溶液中，再调节pH值至7时，可将Co(Ⅱ)萃取。

仪器试剂

仪器：723型分光光度计　pH酸度计　磁力加热搅拌器　容量瓶　分液漏斗 烧杯　移液管　量筒

试剂：8－羟基喹啉的氯仿溶液(0.5%)　酒石酸钾钠溶液(5%)　铜、钴标准溶液(各为10μg·mL^{-1})　盐酸(4mol·L^{-1}、6mol·L^{-1})　氢氧化钠溶液(2mol·L^{-1}、4mol·L^{-1})　无水Na_2SO_4

实验步骤

1. Cu(Ⅱ)的*E*－pH曲线

于6个100mL烧杯中，分别加入5mL标准铜溶液、5mL 5% 酒石酸钾钠和25mL水，在pH计指示下，分别以稀NaOH和HCl溶液调节样品溶液至下列pH值：1.0、1.5、2.0、3.0、3.5、4.0，最后将溶液转移至分液漏斗中，用10.00mL 0.5% 8－羟基喹啉氯仿溶液萃取两次(每次萃取时，须剧烈振摇1min)，分层后，将氯仿层移入干燥的容量瓶中，定容，加入约0.5g无水硫酸钠，充分摇匀后进行光度测定。选取pH＝1.0的Cu(Ⅱ)萃取溶液作空白溶液($\lambda=407$nm)。

2. Co(Ⅱ)的*E*－pH曲线

于6个100mL烧杯中，加入5mL标准钴溶液、5mL 5%酒石酸钾钠和25mL水，在pH

计指示下，分别以稀 NaOH 和 HCl 溶液调节样品溶液至下列 pH 值：3.0、4.0、5.0、6.0、6.5、7.0，最后将溶液转移至分液漏斗中，用 10.00mL 0.5% 8－羟基喹啉氯仿溶液萃取两次，分层后，将氯仿层移入干燥的容量瓶中，定容，加入约 0.5g 无水硫酸钠，充分摇匀后进行光度测定。选取 pH＝3.0 的 Co(Ⅱ) 萃取溶液作空白溶液(λ＝407nm)。

3. Cu(Ⅱ)、Co(Ⅱ)的连续萃取测定

于 100mL 烧杯中，加入 10mL 混合溶液(共做两次)、5mL 5% 酒石酸钾钠和 25mL 水，pH 计指示下以 HCl 溶液调节 pH＝3.0，转移至分液漏斗中，用 10.00mL 0.5% 8－羟基喹啉氯仿溶液萃取两次，分层后，将氯仿层移入干燥的容量瓶中，定容，加入约 0.5g 无水硫酸钠，充分摇匀后进行光度测定铜的含量。

将水层转入原烧杯中，再用 NaOH 调节 pH＝7，溶液加入分液漏斗中，用 10.00mL 0.5% 8－羟基喹啉氯仿溶液萃取两次，分层后，将氯仿层移入干燥的容量瓶中，定容，加入约 0.5g 无水硫酸钠，充分摇匀后进行光度测定钴的含量。

由以上实验结果，绘出 Cu(Ⅱ)、Co(Ⅱ)的 E－pH 曲线，并求出混合溶液中 Cu、Co 的含量(以吸光度最大值作为萃取率 E＝100%)。

实验指导

(1) 实验的关键是水溶液 pH 值，必须用酸度计测定溶液的 pH 值。

(2) pH 酸度计的复合电极必须在有效期内。

(3) 使用后的氯仿要回收。

(4) 用来调节 pH 值的稀 NaOH 和 HCl 溶液的浓度要根据原来混合溶液的 pH 值大小来决定。

(5) 分液漏斗使用前要检查是否漏液，并涂好凡士林。

(6) 使用容量瓶时要注意塞子需配套使用。

(7) 实验中 E－pH 曲线用 Excel 制图，否则误差增大。

(8) 酸度计用缓冲溶液的配制：

① pH＝4.01 标准缓冲液的配制方法：准确称取在(115±5)℃下烘干 2～3h 的 GR 邻苯二甲酸氢钾($KHC_8H_2O_4$)10.12g，溶于蒸馏水，在容量瓶中稀释至 1L。

② pH＝6.86 标准缓冲液的配制方法：即分别称取在(115±5)℃下烘干 2～3h 的磷酸二氢钾 KH_2PO_4 3.39g 和磷酸氢二钠 $Na_2HPO_4$3.53g，溶于蒸馏水，在容量瓶中稀释至 1L。

③ pH＝7.00 标准缓冲液的配制方法：分别准确称取 3.81g 磷酸二氢钠及 3.4g 磷酸二氢钾，一起溶于蒸馏水，定容至 1 L。

④ pH＝9.18 标准缓冲液的配制方法：准确称取 3.80g 优级纯硼砂(注意不能烘!)，溶于无二氧化碳的蒸馏水，定容至 1 L。此溶液的 pH 值容易发生变化，应注意保存。

实验拓展

(1) DSPCF[N, N'－二(2－羟基－5－磺基苯)－C－氰基甲臜]吸光光度法也可连续测定微量的 Cu(Ⅱ)和 Co(Ⅱ)。在 pH 值为 4.0～5.0 的弱酸性条件下 DSPCF 与 Cu(Ⅱ)和 Co(Ⅱ)生成的有色络合物的吸光度具有加和性，而且他们的特征峰吸收曲线彼此不重叠。因此无需分离就可在不同波长下测定吸光度。

(2) 萃取又称溶剂萃取或液液萃取，是一种用液态的萃取剂处理与之不互溶的双组分或多组分溶液，实现组分分离的传质分离过程，是一种广泛应用的单元操作。利用相似相溶原理，萃取有两种方式：

液－液萃取：用选定的溶剂分离液体混合物中某种组分，溶剂必须与被萃取的混合物液体不相溶，具有选择性的溶解能力，而且必须有好的热稳定性和化学稳定性，并有小的毒性和腐蚀性。

固－液萃取：也叫浸取，用溶剂分离固体混合物中的组分，如用水浸取甜菜中的糖类；用酒精浸取黄豆中的豆油以提高油产量；用水从中药中浸取有效成分以制取流浸膏叫“渗沥”或“浸沥”。

虽然萃取经常被用在化学试验中，但它的操作过程并不造成被萃取物质化学成分的改变（或叫化学反应），所以萃取操作是一个物理过程。

实验思考

1. 在调节 pH 值以前，加入酒石酸钾钠的目的是什么？
2. 影响萃取百分率的因素有哪些？为什么说 pH 值的影响最大？
3. 本实验中 Cu(Ⅱ)、Co(Ⅱ)含量测定误差来源主要是什么？
4. 酸度计校正的目的是什么？

实验三　离子配合物的离子交换分离及可见光谱分析

实验目的

（1）学习离子交换树脂分离物质的一般原理和方法；

（2）熟悉离子交换树脂的装柱、淋洗等基本操作；

（3）学习使用可见光谱鉴定物质的方法。

实验背景

利用离子交换色谱技术对离子进行分离，是制备和提纯物质的重要方法。离子交换色谱法是以阳离子交换树脂或阴离子交换树脂为固定相，含有待分离离子的溶液及淋洗液为流动相，离子交换反应发生在树脂和溶液之间，通过树脂上的功能基团与溶液中电荷相同的离子进行异相交换反应。

实验原理

本实验所使用的氢型阳离子交换树脂（$RSO_3^- H^+$）与带正电荷的阳离子间进行如下交换反应：

$$RSO_3^- H^+ + M^+ \longrightarrow RSO_3^- M^+ + H^+$$

吸附在树脂上的离子又可被 H^+ 置换而解吸下来：

$$RSO_3^- M^+ + H^+ \longrightarrow RSO_3^- H^+ + M^+$$

因此，离子交换反应是非均相的、可逆平衡反应。不同的离子对于一种离子交换树脂的亲和性大小是有差别的，它受各种因素制约，其中离子所带电荷多少是重要因素之一。阳离子所带电荷越多，对阳离子交换树脂上的阴离子基团亲和性越大，越容易被吸附。本实验中，三种配阳离子对氢型阳离子交换树脂上的SO_3^-基团亲和性大小的顺序为：

$$[CrCl_2(OH_2)_4]^+ < [CrCl(OH_2)_5]^{2+} < [Cr(OH_2)_6]^{3+}$$

正是由于对树脂亲和性大小的不同，使这些配阳离子得到分离。由于低电荷的阳离子对树脂的亲和性小，以较低浓度的H^+溶液淋洗即可被洗脱下来；而高电荷的阳离子对树脂的亲和性大，从树脂上被洗脱下来则需要更高浓度的酸。

本实验使用的0.1mol·L^{-1} $HClO_4$能从交换柱上洗脱$[CrCl_2(OH_2)_4]^+$，当$HClO_4$浓度增加至1mol·L^{-1}时可洗脱$[CrCl(OH_2)_5]^{2+}$。最后，从树脂上置换出结合非常强的$[Cr(OH_2)_6]^{3+}$，需要3mol·L^{-1} $HClO_4$。

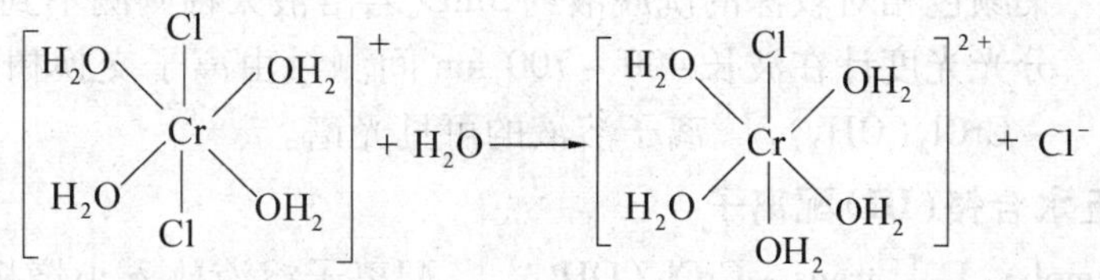

实验配制溶液所使用的$CrCl_3 \cdot 6H_2O$固体，经X射线结构研究表明实际上是$[trans-CrCl_2(OH_2)_4]Cl \cdot 2H_2O$配合物。固态时，它含有独立的$[trans-CrCl_2(OH_2)_4]^+$、$Cl^-$和$H_2O$单元。未配位的水分子相互之间与配离子中水分子之间形成氢键。在水溶液中$[trans-CrCl_2(OH_2)_4]^+$经过水合作用可形成$[CrCl(OH_2)_5]^{2+}$：

$[CrCl(OH_2)_5]^{2+}$进一步发生水合作用，可生成$[Cr(OH_2)_6]^{3+}$：

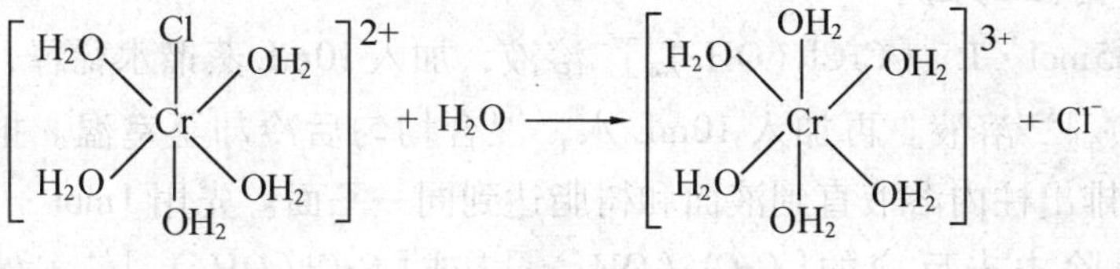

由离子交换色谱法可以得到每一种配合物的纯溶液，并根据可见光谱（测λ_{max}）鉴定这些配合物。

仪器试剂

仪器：离子交换柱　723C分光光度计（或其他型号分光光度计）　温度计

试剂：732型阳离子交换树脂　$CrCl_3 \cdot 6H_2O$(C.P)　$HClO_4$(3mol·L^{-1}、1mol·L^{-1}、0.1mol·L^{-1}、0.002mol·L^{-1})　HCl(2mol·L^{-1})

实验步骤

1. 装柱

取洁净的离子交换柱四根，关闭下端活塞或旋紧螺旋夹，分别装入3/4柱体积的蒸馏水，用一根玻璃棒推一小团棉花或玻璃棉到柱的底部，防止树脂漏下（如柱子有砂芯则不必塞棉花或玻璃棉）。将预先用2mol·L^{-1} HCl溶液处理过已转成氢型的732型阳离子交换树脂和水一起倒入柱中，使它最后的高度接近30cm，让水流过树脂，直到流出的溶液为无色。然后，降低水平面使水略高于树脂的顶端，待用。决不允许树脂干燥，离子交换装置如图4-7所示。

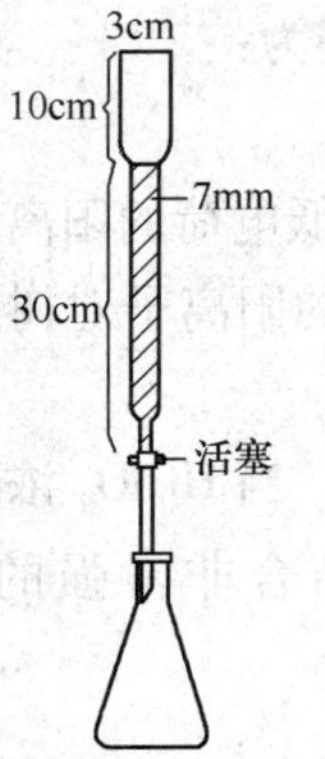

图4-7 离子交换装置

2. 配制溶液

配制100mL 0.35mol·L^{-1}[trans-$CrCl_2(OH_2)_4$]$^+$溶液：称取9.3 g六水合三氯化铬固体溶于100mL 0.002mol·L^{-1} $HClO_4$溶液中。要现用现配。

3. 分离反-二氯四水合铬(Ⅲ)配离子

将5mL 0.35mol·L^{-1}[trans-$CrCl_2(OH_2)_4$]$^+$配离子溶液注入预先准备好的阳离子交换柱中，排出溶液至液面与树脂的水平面相同。将0.1mol·$L^{-1}$$HClO_4$溶液注入柱中，控制流速为每秒1滴，排出溶液，收集颜色相对较深的洗脱液约5mL(若溶液太稀则测不到光谱值)。用可见分光光度计在波长400~700 nm间测量由离子交换树脂交换出的[trans-$CrCl_2(OH_2)_4$]$^+$离子溶液的可见光谱。

4. 分离一氯五水合铬(Ⅲ)配离子

将10mL 0.35mol·L^{-1}[trans-$CrCl_2(OH_2)_4$]$^+$配离子溶液放入小烧杯中，在50~60℃水浴中加热1.5min，立即加入10mL蒸馏水，混合均匀。把全部溶液倒入一个新柱中，放出溶液至其水平面略高于树脂水平面。先用0.1mol·$L^{-1}$$HClO_4$溶液洗涤柱子，直到没有反应的[$CrCl_2(OH_2)_4$]$^+$配离子已经洗脱干净，流出液基本为无色为止。接着用1mol·L^{-1} $HClO_4$溶液洗脱[$CrCl(OH_2)_5$]$^{2+}$，方法同上。收集约5mL洗脱液中颜色相对较深的部分，测量溶液的可见光谱。

5. 分离水合铬(Ⅲ)离子

将10mL 0.35mol·L^{-1}[$CrCl_2(OH_2)_4$]$^+$溶液，加入10mL蒸馏水稀释，煮沸5min，使其转化为[$Cr(OH_2)_6$]$^{3+}$溶液。再加入10mL水，混合均匀后冷却至室温。把全部溶液加入到一个新柱中，并排出柱内溶液直到液面和树脂达到同一平面。先用1mol·L^{-1} $HClO_4$溶液冲洗这个交换柱以除去未反应的[$CrCl_2(OH_2)_4$]$^+$或[$CrCl(OH_2)_5$]$^{2+}$，然后用3mol·L^{-1} $HClO_4$溶液洗脱[$Cr(OH_2)_6$]$^{3+}$，方法同前。收集约5mL洗脱液中颜色相对较深的部分，测量溶液的可见光谱。

6. 从化合物中分离[$CrCl_2(OH_2)_4$]$^+$、[$CrCl(OH_2)_5$]$^{2+}$和[$Cr(OH_2)_6$]$^{3+}$

进行前面实验时，最初配制的溶液已发生部分水合，成为混合配离子溶液。溶液中存在的[$CrCl_2(OH_2)_4$]$^+$、[$CrCl(OH_2)_5$]$^{2+}$和[$Cr(OH_2)_6$]$^{3+}$的量取决于溶液放置时间的长短，放置一夜几乎全部转化为[$Cr(OH_2)_6$]$^{3+}$。

取10mL最初配制的溶液，用10mL蒸馏水稀释混合均匀，倒入一个新柱中，排出柱内溶液直到和树脂达到同一平面。首先用0.1mol·$L^{-1}$$HClO_4$溶液洗脱可能存在的一些[$CrCl_2(OH_2)_4$]$^+$，收集颜色最深的一部分，用光谱鉴别。

接着用1mol·$L^{-1}$$HClO_4$溶液洗脱[$CrCl(OH_2)_5$]$^{2+}$，作光谱鉴别。最后用3mol·$L^{-1}$ $HClO_4$溶液洗脱[$Cr(OH_2)_6$]$^{3+}$，记录它的光谱。

在进行混合溶液分离时，一定要把前一种离子洗脱干净，要看到洗脱液颜色由浅到深再到浅至无色为止。然后再换较浓酸洗脱后一种离子。这样才能保证三种离子分离完全，不至于相互干扰，使分离失败。同时要注意控制流速。

将分离混合溶液得到的光谱与前面作为已知配合物测出的那些光谱进行比较，记录溶液中目前存在的化合物，并粗略估计各种配阳离子在混合溶液中的含量多少。

实验指导

（1）交换树脂在使用前需用 2mol · L^{-1} HCl 溶液浸泡 24h，再用水冲洗至溶液显中性才能使用。

（2）装柱前先检查柱子的活塞是否完好，棉花或玻璃棉是否到位，上下塞与进出液管之间、出液管与收集器之间的连接是否正确、紧密。

（3）实验前一定要检验柱子是否漏液。

（4）装柱质量是确保柱层析分离效果的技术关键之一，因此要求装入柱中的树脂材料松紧适度，分布均匀，无气泡、无断层、无结节，能保持正常的溶胀形态和结构。

（5）如果发现树脂中有气泡存在，可用食指堵住交换柱上口，倒置交换柱，让树脂下沉后，再倒过来。如此反复进行，即可将气泡排出。

（6）为防止树脂中有气泡，也可用长玻璃棒插入交换柱中搅动树脂，以赶走树脂中的气泡。

（7）在整个使用过程中，要注意液面始终要高出树脂，避免空气进入树脂而影响交换结果。

（8）保持柱内树脂层面平整、层序结构始终如一是确保柱层析分离效果的又一技术关键。为此，从装柱到洗脱结束的过程中，尤其是加样、洗涤、洗脱过程中要始终保持柱内液位不低于柱内树脂的顶部平面，尤其要始终保持柱内树脂的层序结构始终如一，不被打乱，特别要防止更换浓度不同的洗涤洗脱液时发生“翻缸”而搅乱树脂层结构，“压缸”而造成柱层断裂和梗塞断流。

（9）要控制流出液的速度，保证全部要交换的物质流出，以免影响下一步分离。

（10）为保证一种离子洗脱干净，必须看到洗脱液颜色由浅到深再到浅至无色为止，才可换下一种淋洗液进行洗脱，这样三种离子才能分离完全。

（11）离子交换法常用于分离酸性、碱性或两性成分。它要求被分离物质在水(或酸水，或碱水)溶液中呈解离状态。亦可用于相同电荷离子的分离，其分离的依据是解离程度的不同，酸性或碱性不同的化合物，在相同条件下，其解离程度也会有差异。解离程度越大，被洗脱下来的速度越慢。

（12）树脂的再生：每次洗脱结束，用清水将树脂洗出柱体再用、再生，或用高浓度的 NaCl 溶液浸泡储存。经过一段时间使用后树脂上的活性基团因被交换而使交换容量大为降低，此时树脂需要再生处理。

（13）本实验三种阳离子均为八面体配合物，晶体场分裂能为：

$$\Delta = 10Dq = \frac{1}{\lambda \times 10^{-7}}$$

不同的配合物具有不同的晶体场分裂能，而分裂能大都是由其吸收光谱求得的。用不同波长的光照射配合物溶液，并用分光光度计测定吸收率。吸收率对波长作图所得曲线即吸收光谱。光的波长不同，吸收率不同，配合物不同，最大吸收波长也不同。如：$[Ti(H_2O)_6]^{3+}$ 的吸收光谱图，见图 4－8。

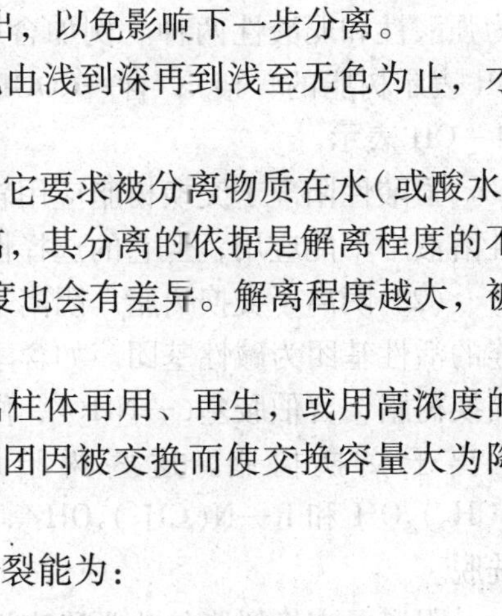

图 4－8　$[Ti(H_2O)_6]^{3+}$ 的吸收光谱图

实验拓展

1. 文献给出的部分铬配离子光谱数据

$[Cr(OH_2)_6]^{3+}$：$\Delta = 17400cm^{-1}$；$[CrCl_6]^{3-}$：$\Delta = 13600cm^{-1}$；$[Cr(EDTA)]^{3+}$：$\Delta = 18400cm^{-1}$；$[Cr(NH_3)_6]^{3+}$：$\Delta = 21600cm^{-1}$；$[Cr(en)_3]^{3+}$：$\Delta = 21900cm^{-1}$；$[Cr(CN)_6]^{3-}$：$\Delta = 26300cm^{-1}$。

2. 离子交换分离法

利用离子交换剂与溶液中的离子发生交换作用而使离子分离的方法，称为离子交换分离法。20 世纪初期，工业上就开始用天然的无机离子交换剂泡沸石来软化硬水。但这类无机离子交换剂的交换能力低，化学稳定性和机械强度差，应用受到很大限制。

近年来合成了有机离子交换剂——离子交换树脂，基本上克服了无机离子交换剂的缺点。因此离子交换分离法在生产和科研各方面得到了广泛的应用。

离子交换树脂是具有网状结构的复杂有机高分子聚合物。网状结构的骨架部分一段很稳定，不溶于酸、碱和一般溶剂。在网状结构的骨架上有许多可被交换的活性基团。根据活性基团的不同，离子交换树脂可分为阳离子交换树脂和阴离子交换树脂两大类。

（1）阳离子交换树脂　阳离子交换树脂具有酸性基团，如应用最广泛的强酸性磺酸型聚苯乙烯树脂，它是以苯乙烯和二乙烯苯聚合，经浓硫酸磺化而制得的聚合物。这种树脂的化学性质很稳定，具有耐强酸、强碱、氧化剂和还原剂的性质，因此应用非常广泛。

各种阳离子交换树脂含有不同的活性基团、常见的有磺酸基（—SO_3H）、羧基（—COOH）和酚羟基（—OH）等。根据活性基团解离出 H^+ 能力的大小不同，阳离子交换树脂分为强酸性和弱酸性两种。例如含—SO_3H 的为强酸性阳离子交换树脂，常用 R—SO_3H 表示（R 表示树脂的骨架）；含—COOH 和—OH 的弱酸性阳离子交换树脂，分别用 R—COOH 和 R—OH 表示。

强酸性阳离子交换树脂应用较广泛，弱酸性阳离子交换树脂的 H^+ 不易电离，所以在酸性溶液中不能应用，但它的选择性较高而且易于洗脱。

（2）阴离子交换树脂　阴离子交换树脂与阳离子交换树脂具有同样的有机骨架，只是所连的活性基团为碱性基团。如含季铵—$N(CH_3)_3$ 的树脂的 H^+ 不易电离，称为强碱性阴离子交换树脂，含伯胺基（—NH_2）、仲胺基（—$NHCH_3$）和叔胺基（—$N(CH_3)_2$）的树脂为弱碱性阴离子交换树脂。这些树脂水化后分别形成 R—NH_3OH、R—NH_2CH_3OH、R—$NH(CH_3)_2OH$ 和 R—$N(CH_3)_3OH$ 等氢氧型阴离子交换树脂，所联的—OH 可被阴离子交换和洗脱。

阴离子交换树脂的化学稳定性及耐热性能都不如阳离子交换树脂稳定。

离子交换反应和其他化学反应一样，完全服从质量作用定律。

树脂对离子亲合力的大小，与离子的水合离子半径大小和带电荷的多少有关。经实验证明，在低浓度、常温下，离子交换树脂对不同离子的亲合力顺序有下列规律。

① 强酸性阳离子交换树脂。不同价态的离子，电荷越高亲合力越大：

$$Th^{4+} > Al^{3+} > Ca^{2+} > Na^+$$

相同价态离子的亲合力顺序：

$$Ag^+ > Cs^+ > Rb^+ > K^+ > NH^{4+} > Na^+ > H^+ > Li^+$$

$$Ba^{2+} > Pb^{2+} > Sr^{2+} > Ca^{2+} > Ni^{2+}$$

$$Cd^{2+} > Cu^{2+} > Co^{2+} > Zn^{2+} > Mg^{2+} > UO_2{}^{2+}$$

$$La^{3+} > Ce^{3+} > Pr^{3+} > Eu^{3+} > Y^{3+} > Se^{3+} > Al^{3+}$$

② 弱酸性阳离子交换树脂。与强酸性阳离子交换树脂相同，只是对于 H^+ 亲合力大于其他阳离子。

③ 强碱性阴离子交换树脂

$$Cr_2O_7{}^{2-} > SO_4{}^{2-} > I^- > NO_3{}^- > CrO_4{}^{2-} > Br^- > CN^- > Cl^- > OH^- > F^- > Ac^-$$

④弱碱性阴离子交换树脂

$$OH^- > SO_4{}^{2-} > CrO_4{}^{2-} > NO_3{}^- > AsO_4{}^{3-} > PO_4{}^{3-} > Ac^- > I^- > Br^- > Cl^- > F^-$$

实验思考

1. 为什么用 $HClO_4$ 溶液洗脱 Cr(III)离子，而不使用 HCl 溶液洗脱？

2. 为什么本实验用可见光谱鉴定化合物，而不用红外光谱？

3. 有 10mL0.5mol · L^{-1} $[CrCl(OH_2)_5]^{2+}$ 溶液，其中一部分水合生成 $[Cr(OH_2)_6]^{3+}$。为测定水合速率，需测定一段时间后溶液中含有 $[CrCl(OH_2)_5]^{2+}$ 和 $[Cr(OH_2)_6]^{3+}$ 的量。将溶液加入氢型阳离子交换柱中，用碱滴定置换出的 H^+。如果中和释出的 H^+，需 80mL0.15mol · L^{-1} 氢氧化钠溶液，问在此溶液中 $[CrCl(OH_2)_5]^{2+}$ 和 $[Cr(OH_2)_6]^{3+}$ 浓度各是多少？

4. 如何从 $K_3[Fe(CN)_6]$ 中分离 $K_4[Fe(CN)_6]$？

5. 交换柱的直径大小、流速快慢对分离有何影响？

实验四　菠菜中色素的提取和分离及含量测定

实验目的

(1) 进一步掌握有机溶剂提取叶绿体色素等天然化合物的原理和实验方法；

(2) 了解导数分光光度法的基本原理和方法；

(3) 掌握利用导数分光光度法同时测定叶绿素 a 和叶绿素 b 的方法。

实验背景

植物光合作用是自然界最重要的现象，它是人类所利用能量的主要来源。在把光能转化为化学能的光合作用过程中，叶绿体色素起着重要的作用。高等植物体内的叶绿体色素有叶绿素和类胡萝卜素两类，主要包括叶绿素 a、叶绿素 b、β－胡萝卜素和叶黄素四种。在叶绿体内，叶绿素和类胡萝卜素相对含量比为3∶1；叶绿素中，叶绿素 a 和叶绿素 b 相对含量比 3∶1；在类胡萝卜素中，β－胡萝卜素和叶黄素相对含量比为 2∶1。

叶绿素(chlorophylls，缩写为 Chl.)是叶绿酸的酯，它在植物进行光合作用中吸收可见光，并将光能转变为化学能。叶绿素是植物进行光合作用所必需的催化剂。在绿色植物中叶绿素主要以叶绿素 a($C_{55}H_{72}O_5N_4Mg$)和叶绿素 b($C_{55}H_{70}O_6N_4Mg$)两种结构相似的形式存在，其差别仅是叶绿素 a 中一个甲基被叶绿素 b 中的甲酰基所取代。叶绿素的基本结构如图 4－9 所示。在叶绿素分子结构中含有四个吡咯环，它们由四个甲烯基联结成卟啉环，在卟啉环中央有一个镁原子，它以两个共价键和两个配位键与四个吡咯环的氮原子结合成内配盐，形成镁卟啉。在叶绿素分子中还有两个羧基，其中一个与甲醇酯化成 $COOCH_3$，另一个与叶绿醇酯化成 $COOC_{20}H_{39}$ 长链。

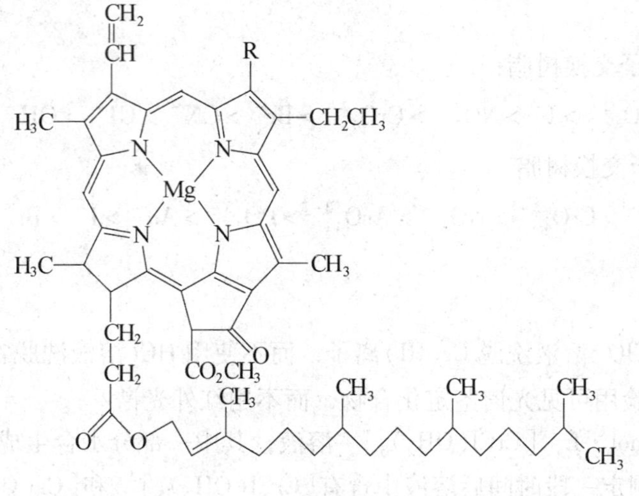

图 4－9　叶绿素 a（$R=CH_3$）和叶绿素 b（R＝CHO）结构

类胡萝卜素是一类不饱和的四萜类碳氢化合物（例如胡萝卜素）或它们的氧化衍生物（例如叶黄素类）。所有的类胡萝卜素均源于非环状的 $C_{40}H_{56}$ 结构。类胡萝卜素在强光下可防止叶绿素的光氧化；在弱光下，可作为辅助色素吸收光能并传递给叶绿素分子。胡萝卜素有三种异构体，即 α－、β－和 γ－胡萝卜素，其中 β－胡萝卜素含量最多，也最为重要。β－胡萝卜素还具有维生素 A 的生理活性，其结构是由两分子维生素 A 在端链失去两分子水结合而成。如图 4－10、图 4－11 所示。在生物体内，β－胡萝卜素受酶催化氧化即形成维生素

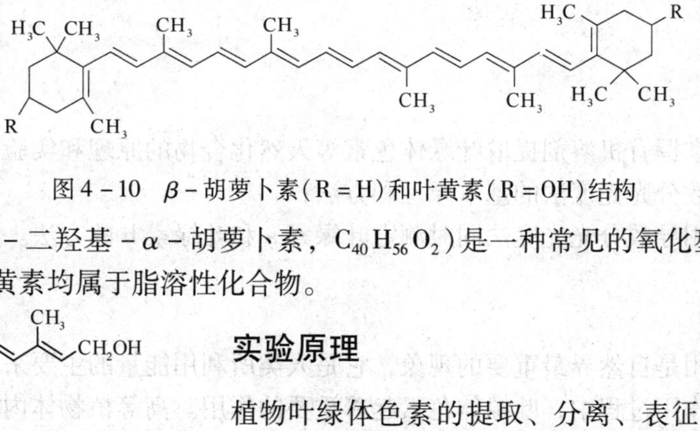

图 4－10　β－胡萝卜素（R＝H）和叶黄素（R＝OH）结构

A。叶黄素（3，3′－二羟基－α－胡萝卜素，$C_{40}H_{56}O_2$）是一种常见的氧化型的类胡萝卜素。β－胡萝卜素和叶黄素均属于脂溶性化合物。

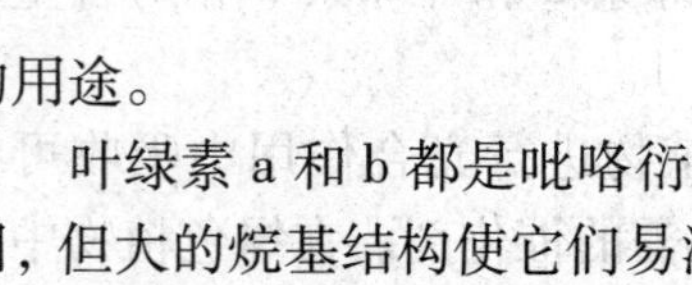

图 4－11　维生素 A 的结构式

实验原理

植物叶绿体色素的提取、分离、表征及含量测定在植物生理学和农业科学研究中具有重 要意义。同时，叶绿素和胡萝卜素等天然色素在食品工业和医药工业中也有广泛的用途。

叶绿素 a 和 b 都是吡咯衍生物与金属镁的配合物，尽管它们的分子中含有一些极性基团，但大的烷基结构使它们易溶于丙酮、乙醇、乙醚、石油醚等有机溶剂。β－胡萝卜素和叶黄素是脂溶性的四萜化合物。与胡萝卜素相比，叶黄素易溶于醇而在石油醚中的溶解度较小。根据它们在有机溶剂中的溶解特性，可将它们从植物叶片中提取出来。植物叶绿体色素通常 可用丙酮、乙醇、乙醚、丙酮－乙醚、甲醇－石油醚等有机溶剂提取。由于粗提取液

中还可能包括残余植物组织和其他可溶性杂质，实验中应对粗提液进一步纯化。

色谱法是与植物天然色素的分离提取同时发展起来的。色谱法(纸色谱、薄层色谱和柱色谱)至今仍然是分离叶绿素等天然色素最有效的方法。色谱法分离叶绿体色素的基本原理是利用不同色素在各种有机溶剂中的分配系数，或在吸附剂上的吸附能力的不同，当它们通过色谱柱/床时，这种分配或吸附过程反复多次地进行，最后将它们一一分离开来。通常认为，纸色谱属于分配色谱，它是以滤纸为惰性支持物，滤纸纤维一般能吸收约 20% 的水分，其中有 6% ~7% 以氢键形式与纤维素上的羟基结合，构成纸色谱的固定相。在展开过程中，被分离组分在展开剂和固定相之间不断进行分配，达到相互分离。薄层色谱和柱色谱的吸附剂(固定相)有硅胶、氧化铝、硅藻土等无机物，也有糖类、纤维素、聚酰胺、C_{18} 和离子交换树脂等有机物。它们的分离机理也各不相同，如吸附、分配，氢键、正相和反相色谱等。

对于纸色谱或薄层色谱，毛细管作用是推动溶剂展开的动力。被分离物质在图谱上的位置，可用比移值 R_f 表示：

$$R_f = \frac{\text{原点到斑点中心的距离}}{\text{原点到溶剂前沿距离}}$$

比移值的大小与被分离物质的分配系数大小有关，它是纸色谱法和薄层色谱法实验中惟一可用数值表示的重要参数。在一定的色谱系统中，在确定的温度下．R_f 是被分离物质的特征常数。R_f 值差别越大，则分离越完全。

对于相同的色谱体系，薄层色谱的 R_f 值与液相色谱的容量因子 k 值之间有一定的关系：

$$k = \frac{1 - R_f}{R_f} \tag{4-1}$$

即在薄层色谱中展开快的组分，在柱色谱中先出峰。通过薄层色谱实验可以探索高效液相色谱合适的流动相组成。

值得一提的是快速柱色谱，它是介于经典柱色谱和高效制备型液相色谱之间的一种实验室分离技术，主要用于天然产物和化学反应产物的快速分离和纯化工作。

取适量叶绿素 a(Chla)和叶绿素 b(Chlb)以及类胡萝卜素(R)的标准储备液稀释到适当浓度，均以 $600\text{nm}\cdot\text{min}^{-1}$ 的扫描速度在自动扫描式分光光度计上绘制其吸收光谱，并均以 $\Delta\lambda = 4\text{nm}$ 转换成一阶导数光谱。三条导数光谱的重叠图见图 4-12。由图可见：在 646nm 波长处叶绿素 b 的一阶导数值为零，而在此波长处叶绿素 a 有一定的负一阶导数值；类似地，在 635nm 波长处叶绿素 a 的一阶导数值为零，而在此波长处叶绿素 b 有一定的负一阶导数值，因而在以上两波长处进行测定，两者互不干扰。由于类胡萝卜素(R)在此波长范围内的一阶导数值均为零，因此也不干扰 Chla 和 Chlb 的测定。

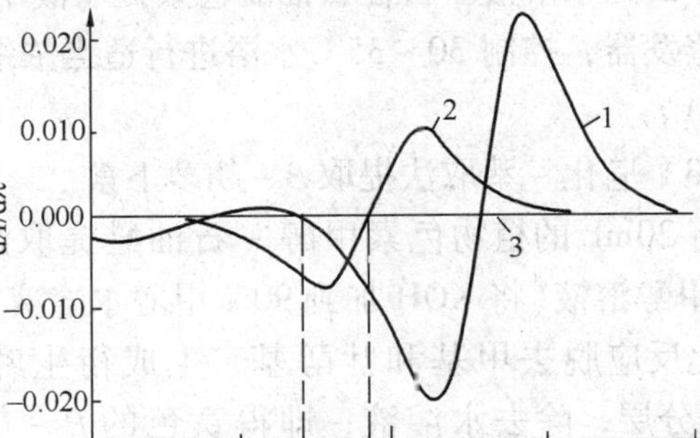

图 4-12　Chla、Chlb 和类胡萝卜素的一阶导数光谱图

1—Chla($2.815\mu g\cdot mL^{-1}$)；2—Chlb($2.787\mu g\cdot mL^{-1}$)；3—类胡罗卜素($5.802\mu g\cdot mL^{-1}$)

分别以 Chla 和 Chlb 的浓度(由分光光度法确定)为横坐标，以相立的导数值为纵坐标绘制各自的工作曲线。由样品溶液相应波长处的导数值，从各自的工作曲线上即可查得样品溶

液中两者的含量，再经换算即可求得蔬菜叶片样品中Chla和Chlb的百分含量。

本实验通过纸色谱、薄层色谱和快速柱色谱方式，对植物色素的提取液进一步分离成叶绿素a、叶绿素b、β－胡萝卜素和叶黄素几个组分，进行光谱表征和纯度鉴定，并测定Chla和Chlb的含量。通过多次纸制备色谱也可以得到少量叶绿素a和叶绿素b纯品。

仪器试剂

仪器：研钵　量筒　分液漏斗等常用玻璃仪器一套　层析缸　大量筒　表面皿　带有加压装置的玻璃层析柱等常规层析装置　自动扫描式分光光度计　离心机

试剂：丙酮　乙醇　甲醇　四氯化碳　乙醚　石油醚　碳酸镁　无水硫酸钠　氢氧化钾　Chla、Chlb和类胡萝卜素的标准溶液　饱和氯化钠水溶液　丙酮溶液(90%)　层析滤纸　硅胶G　中性氧化铝等吸附剂

实验步骤

1. 色素的提取

(1) 叶绿体色素的提取　新鲜绿叶蔬菜，如菠菜、空心菜等，洗净后弃除叶柄和中脉，然后用纱布或吸水纸将菜叶表面的水分吸干。称取处理过的菜叶5g，剪碎后放在干净的研钵内，加入0.1g碳酸镁(为什么要加入?)，先将菜叶粗捣烂，然后加入10mL乙醇－石油醚(2∶3)，迅速研磨5min。用一不锈钢网滤去菜叶残渣，再研磨提取一次。最后再用10mL乙醇－石油醚(2∶3)洗涤研钵等容器，一并过滤。

(2) 粗提取液的纯化　纯化色素时，将合并的滤液转入分液漏斗，加入5mL饱和NaCl溶液(为什么?)和45mL蒸馏水，轻轻振荡，放置分层。小心地把下层的含乙醇的水溶液放掉，用洗瓶沿分液漏斗内壁加入50mL蒸馏水洗涤石油醚层2~3次，以彻底洗去乙醇。每次都要轻轻转动分液漏斗，使叶绿体色素保留在上层的石油醚层中，静置，待分层清晰后，去掉下面的水溶液。再往石油醚色素提取液中加入少量无水Na_2SO_4除去残余水分。最后用旋转蒸发器，控制30~35℃水浴进行适当浓缩(约10mL)，转入棕色瓶中置于暗处保存(为什么?)。

(3) 皂化－萃取法提取β－胡萝卜素

将20mL的植物色素甲醇－石油醚提取溶液移入100mL分液漏斗中，加入5mL 30% KOH甲醇溶液(将KOH加到90%甲醇水溶液中配制)，充分混合后避光放置1h。叶绿素发生皂化反应脱去甲基和叶醇基，生成衍生叶绿素。然后，加水25mL，轻轻振荡后静置10min分层，除去水溶液，即得黄色的β－胡萝卜素石油醚溶液。然后将石油醚溶液用100mL蒸馏水分3~4次洗涤，再经过适当浓缩后移入分液漏斗，用10mL 92%甲醇洗涤，摇动后静置分离，叶黄素萃取进入甲醇中。重复处理三次，合并所得β－胡萝卜素石油醚溶液。

往分离后的甲醇溶液加入等体积的乙醚和等体积的水，振荡后用分液漏斗分出上层乙醚溶液，加入少量无水硫酸钠进行干燥。过滤后蒸去乙醚，即得深红色的叶黄素软膏状物质。

2. 色素的分离

(1)纸色谱分离　纸色谱展开方式有上升法、下降法、辐射法和双向展开等形式。叶绿体色素的分离一般采用层析滤纸，展开剂有CCl_4、甲苯、石油醚－乙醚－乙醇(30∶10∶0.5)等。

①上升法。上升法可在250mL的量筒中进行。采用2cm×30cm的层析滤纸，用毛细管点样，斑点不应超过5mm。晾干后，放入圆型层析缸，以CCl_4(可选择其他溶剂，下同)为展开剂展开，使蓝绿色叶绿素a、黄绿色叶绿素b以及黄色的类胡萝卜素相互分开。当展开结束时，将滤纸取出放在通风橱避光晾干，观察斑点的颜色和形状，计算各色素的R_f值。

②制备层析。取一直径为11cm层析滤纸，利用毛细管将色素提取液在滤纸的中心点样，为提高制备量，吹干后反复点样3~4次，斑点直径约1cm。吹干后，用另一干净毛细管在样斑中心斑点点1~2滴展开剂，让样品形成一均匀的样品环。沿着滤纸斑点中心穿一个约直径为3mm的洞，做一2cm长的滤纸芯穿过。取一对直径为10cm培养皿，其中一个倒入约1/3的石油醚-乙醚-乙醇(30:10:0.5)，放上层析滤纸，盖好另一培养皿展开。为了减少叶绿素的分解，可将培养皿置于棕色干燥器中。本法可以很好地分离天然叶绿素a和叶绿素b，重现性较好。多次制备可以得到少量高纯的天然叶绿素a和叶绿素b纯品。

纸色谱分离后，可将叶绿素a和叶绿素b色带分别剪下，用90%丙酮溶出，低温避光保存，以备配制光谱标准液时使用。

(2)薄层色谱　薄层色谱是一种较新的分离物质的方法，具有快逗、微量、灵敏度高、分离效率好等优点。薄层色谱对天然产物的分离、鉴定更有独到之处，在中草药有效成分的纯化鉴定中广泛应用。

分离叶绿体色素的薄层色谱吸附剂有硅胶、纤维素、聚酰胺、C_{18}等。下面仅介绍常用的硅胶薄层色谱法。

① 薄层板的制备。取若干块洗净的载玻片(5cm×20cm)，采用硅胶G加适量蒸馏水调制后制成薄层板，晾干后在105℃活化0.5h，放在干燥器内备用。

② 点样。取制备好的薄层板一块，在板两侧距底边1.5cm处各做一记号，用玻璃毛细管吸取浓缩的色素石油醚提取液，从距两侧记号1.5cm处，分别用毛细管点样，斑点不应超过5mm，晾干。

③ 展开。分离叶绿体色素的展开剂有：石油醚(沸程为60~90℃)-丙酮-乙醚(3:1:1)；石油醚-丙酮(8:2)；石油醚-乙酸乙酯(6:4)；苯-丙酮(7:3)和石油醚(30~60℃)-丙酮-正丁醇(90:10:4.5)等。

本实验将150mL石油醚(60~90℃)-丙酮-乙醚(3:1:1)展开剂倒入层析缸中，并在层析缸的内壁四周贴一张5cm高的滤纸，滤纸下部浸在展开剂中，盖好盖子平衡10~15min。将点好样的硅胶板放入展开缸里，液面不能超过点样线，盖好盖子进行上行层析。待展开剂前沿上升到距硅胶板上端1.5~2cm时，取出硅胶板置于通风橱里晾干，可看到层析板上出现若干色素带，其排列顺序一般是β-胡萝卜素、去镁叶绿素、叶绿素a、叶绿素b和叶黄素等多条色带(为什么是这样的顺序?)。用铅笔标记出样品斑点，计算各色素的比移值R_f。

④样品收集。将层析板上分开的β-胡萝卜素、叶绿素a、叶绿素b的色带分别用干净的刮刀刮入试管 中，加入5mL丙酮提取，低温避光保存。

(3)柱色谱　氧化铝柱色谱：中性氧化铝应在500℃烘干4h，然后冷却至100℃，迅速装瓶，置于干燥器中待用。玻璃快速层析柱为自行设计加工。

在直径1.0cm的层析柱底部放少量的玻璃丝或脱脂棉，上面铺一层0.5cm高的细沙，然后加入10cm高的层析中性氧化铝(250目)。轻敲柱子将填料弄平，必要时可用吸气机将氧化铝填料吸实。然后再加上一层0.5cm高的细沙。加入25mL石油醚，用打气球加压浸湿氧化铝填料。整个洗脱过程应保持液面高于氧化铝填料。当液面接近氧化铝填料时，将2.0mL植物色素的浓缩提取液小心地加到色谱柱顶部。加完后，打开下端活塞，让液面下降到高于氧化铝填料1mm左右，关闭活塞，加2mL石油醚，打开活塞，使液面下降，经几次反复洗涤，使色素全部进入氧化铝柱体。

待色素全部进入柱体后，在柱顶小心加入25mL石油醚-丙酮(9:1)溶液，适当加压洗脱出第一个有色组分——橙黄色的β-胡萝卜素溶液。然后用约石油醚-丙酮(7:3)溶液洗脱出第二个黄色带——叶黄素溶液，和第三个色带——叶绿素a(蓝绿色)。最后用石油醚-丙酮(1:1)溶液洗脱叶绿素b(黄绿色)组分。收集各色带后，转入棕色瓶低温保存。

(4)样品纯度的鉴定　色谱法分离得到的样品组分，可用吸收光谱(400~700nm)和荧光光谱进行表征和鉴定。其纯度也可通过薄层色谱点板实验和光谱测定技术进行测定。

3. 叶绿素a和叶绿素b的测定

(1) 配制Chla和Chlb的标准溶液系列，应用分光光度法确定其浓度。分别移取用购买来的纯品试剂配制或用菜叶经纸色谱分离提纯稀释而得的Chla标准溶液1.00、2.00、3.00、4.00、5.00mL于5个10mL的容量瓶中，用90%的丙酮溶液定容，用分光光度法分别测定其在644nm和662nm处的吸光度，用$Chla(\mu g \cdot mL^{-1}) = 9.78A_{662} - 0.99A_{644}$计算其浓度。再分别移取用购买来的纯品试剂配制或用菜叶经色谱分离提纯稀释而得的Chlb标准溶液1.00、2.00、3.00、4.00、5.00mL于5个10mL的容量瓶中，用90%的丙酮溶液定容，用分光光度法分别测定其在644nm和662nm处的吸光度，用$Cchlb(\mu g \cdot mL^{-1}) = 21.43A_{644} - 4.65A_{662}$计算其浓度。

(2) 绘制Chla和Chlb的一阶导数谱图，并确定其导数测定波长。按实验原理中所阐述的方法绘制Chla和Chlb的一阶导数谱图，并按实验原理中所述的方法确定其可供测定的导数波长。

(3) 绘制Chla和Chlb的工作曲线。

按上述方法操作，分别测量各份Chla标准溶液一阶导数光谱中644 nm处的导数峰值H_a(单位cm)。以Chla的含量为横坐标，以H_a为纵坐标作图即得Chla的工作曲线。同样按上述方法操作，分别测量各份Chlb标准溶液一阶导数光谱中662nm处的导数峰值H_b(单位cm)。以Chlb的含量为横坐标，以H_b为纵坐标作图即得Chlb的工作曲线。在计算机上分别求出Chla和Chlb的工作曲线的拟合方程和相关系数。将数据和计算结果分别填入表4-1和表4-2中。

表4-1　叶绿素a工作曲线的绘制

序号	644nm(Abs)	662nm(Abs)	$C_{chla}/(\mu g \cdot mL^{-1})$	H_{646}/cm
1				
2				
3				
4				
5				
6				

回归方程：　　　　　　　　　　　　相关系数：

表 4-2　叶绿素 b 工作曲线的绘制

序号	644nm(Abs)	662nm(Abs)	C_{chlb}/(μg·mL^{-1})	H_{435}cm
1				
2				
3				
4				
5				
6				

回归方程：　　　　　　　　　　　　　　　　　相关系数：

(4) 叶片样品中 Chla 和 Chlb 含量的测定。取 0.5g 左右新鲜去脉的菜叶，准确称重。剪碎，置于研钵中，加 0.15g $MgCO_3$ 和 3mL 90% 的丙酮，研磨至浆状。抽滤，多次洗涤。滤液收集在 50mL 容量瓶中，以 90% 丙酮定容。按上述方法以 90% 丙酮溶液作为参比溶液进行测定，即可获得样品溶液的一阶导数谱图。分别量取 H_a 和 H_b，由 Chla 和 Chlb 的标准曲线上即可查出样品溶液中 Chla 和 Chlb 的含量。将数据和计算结果填入表 4-3 中。

表 4-3　样品测定结果(样品：菜叶)　　g

H_{646}/cm	c_{chla}/(μg·mL^{-1})	样品中 Chla 含量/%	H_{635}/cm	c_{chla}/(μg·mL^{-1})	样品中 Chlb 含量/%

由于 Chla 和 Chlb 很容易受光分解，因此上述样品溶液的制备过程应尽可能快些。

实验指导

(1) 叶绿体色素对光、温度、氧气环境、酸碱及其他氧化剂都非常敏感。色素的提取过程和分析过程一般都要在避光(或弱光、暗室)、低温及无酸碱等干扰的情况下进行。乙醚使用前应重蒸除去过氧化物。

(2) 叶绿素的提取也可用丙酮 - 石油醚代替乙醇 - 石油醚。

(3) 使用低沸点易挥发有机溶剂要注意实验安全。实验室要保持良好的通风条件，不得靠近明火操作。

(4) 提取液不宜长期存放，必要时应抽干充氮避光低温保存。

(5) 分离色素时也可用下列的制备层析法：在一个半升大的层析缸里进行，放入 1.5cm 深的 CCl_4，并让溶剂饱和一段时间。取一 20cm × 20cm 层析滤纸，在滤纸的底部大约 2.5cm 的地方画一条铅笔线。利用毛细管将色素提取液沿着铅笔线间断划一条大约 2 ~ 3cm 长的样品线，然后使其晾干。必要时可重复点样直至样品带呈深绿色。晾干后，将纸卷成一个松散的圆筒，上端用回型针固定，将其立在层析缸里展开。当展开至靠近顶端时，取出滤纸晾干。

(6) 在绘制 Chla 和 Chlb 的一阶导数谱图时，各实验小组获得的一阶导数测定波长可能略有不同，应以自己测得的为准。

实验拓展

(1) 用1,4－二氧六环沉淀法提取叶绿素。绿色植物叶片的叶绿素用异丙醇提取。向40mL冷的浓缩粗提液中滴加70mL1，4－二氧六环和200mL0.1mol·L^{-1} Na_2HPO_4－NaH_2PO_4缓冲液(pH＝7.0)混合液，然后放在＋5℃冰箱过夜。由于1，4－二氧六环与叶绿素中心的Mg原子进一步配合，降低了色素溶解度，析出叶绿素沉淀。离心分离后，进一步用水洗去叶绿素沉淀表面吸附的黄色的类胡萝卜素。

(2) 柱色谱除了用中性氧化铝柱色谱，还可用蔗糖柱色谱。

将市售白砂糖在粉碎机中磨碎，掺入3%的优质淀粉，充分混匀，以防止层析过程中糖粉结块。糖粉须过140目分样筛，装柱前放在70℃烘箱中干燥4h。小心将糖粉装入色谱柱中，边装边敲柱外壁，随后进行抽气使糖柱紧实。最后制得糖柱高度约为15cm，并在上面铺一层海沙。用50mL石油醚加压浸湿糖柱。若色谱分离不在暗室中进行，应用黑纸包住色谱柱外面，以免光照破坏叶绿素。

取5mL石油醚色素提取液加在柱上，用石油醚洗脱胡萝卜素。接着用汽油－苯(10∶1)洗脱叶黄素，用汽油－苯(1∶2)洗脱叶绿素a，最后用乙醚洗脱叶绿素b。

实验思考

1. 绿色植物叶片的主要成分是什么？提取液可能含有哪些化合物？

2. 为什么植物色素的色谱分离大多采用含石油醚的提取液，而不直接用丙酮的提取液？

3. 既然可以用分光光度法测定 Chla 和 Chlb，为何还要用导数分光光度法测定蔬菜叶片中 Chla 和 Chlb 的含量？

4. 试比较叶绿素、胡萝卜素和叶黄素三种色素的极性，为什么胡萝卜素在氧化铝色谱柱中移动最快？

5. 有实验表明，叶绿体色素在硅胶薄板、异辛烷－丙酮－乙醚(3∶1∶1)和反相C_{18}薄板、甲醇－丙酮－水(20∶4∶3)的展开顺序正好相反，试解释这一现象。

实验五　超声波辅助法提取苹果渣中的总黄酮

实验目的

(1) 掌握超声波萃取的方法和原理；

(2) 了解超声波辅助提取黄酮单因素的测定方法；

(3) 掌握正交实验的选择方法。

实验背景

苹果渣是苹果加工后的废渣，由果皮、果核和残余果肉组成(大约果皮、果肉占96.2%，果核占3.1%，果梗占0.7%)，含有可溶性糖、氨基酸、维生素、矿物质和纤维素等多种营养物质。我国是世界上苹果和浓缩苹果汁的最大生产基地，随着苹果加工量的增大，每年产生的苹果渣长期以来却未得到有效利用，造成严重的资源浪费和环境污染，成为困扰产业和企业发展的一个重要难题。研究发现，苹果渣内含有多种黄酮类化合物，而黄酮类化合物具有多种生物活性，如免疫激活、抗氧化、降血脂、降胆固醇及雌激素样作用，在抗病毒、逆转肿瘤细胞多药耐药性、诱导肿瘤细胞凋亡等研究中表现出显著活性，被广泛应用于医药、食品等领域。

实验原理

超声波是指频率为 $2\times10^4 \sim 1\times10^9$ Hz 的声波，属机械波的一种，由于超越了人类听觉的上限，故称为超声波。超声波化学是超声波和化学相互交叉渗透的一门新的学科，作为一种边缘性交叉学科，自20世纪80年代以来发展十分迅猛。随着功率超声波理论研究的深入和仪器设备制造技术的日趋完善，超声波化学技术广泛应用于食品检测和加工、化工、医疗、生物工程等许多领域。超声波技术在食品领域中的应用根据能量强度被分为两大类：检测超声波和功率超声波。检测超声波是指能量低于 $1W\cdot cm^{-2}$ 而频率高于100kHz的超声波，主要应用于无损检测和食品材料中物化特性的诊断，获得食品组成、质构、流变学性质等信息；功率超声波通常指能量高于 $1W\cdot cm^{-2}$ 而频率低于100kHz的超声波，强大的能量使得介质发生物理裂解、有效地改变食品的物化特性以及加速某些化学反应的发生，主要应用于食品加工领域。

媒质中引入超声波时，在介质中引起介质粒子的机械振动而与媒质发生相互作用，进而产生热作用、机械作用和空穴作用。当超声波在媒质中进行传播时，其振动能量不断地被媒质吸收，导致媒质温度升高，超声波强度愈大，热作用愈强。超声波振动作用引起介质的质点发生交替压缩伸张运动，从而引起线性或非线性的交变振动，加速质量的传递作用，机械作用有助于破碎、凝聚、切割等，当液体分子间的距离超过保持液体作用的临界分子间距时形成空穴气泡，在超声波连续作用下，空穴气泡会发生持续振荡而形成稳态空化(具有较低的能量)或瞬时空化，即空化泡在瞬间绝热收缩至崩溃时，产生高温、高压、强烈的冲击作用(具有较高的能量)。低频超声波在媒质中传播时气泡崩溃比高频更为剧烈，超声波的空化作用在低温常压下有利于促成化学反应的发生，在清洗、雾化、乳化及加速化学反应等方面有广泛的应用。

为充分开发利用苹果渣中的黄酮类化合物，本试验研究利用超声波强化提取苹果渣中黄酮类化合物的条件，通过单因素试验考察乙醇浓度、超声波功率、提取温度、处理时间、料液比和浸泡时间对总黄酮提取率的影响。在单因素试验的基础上，利用正交试验确定超声波法提取苹果渣中总黄酮类化合物的最佳条件，从而为苹果渣资源的综合利用提供新的途径，并为苹果渣中总黄酮类化合物的提取提供较为可靠的科学依据。

仪器试剂

仪器：数控超声波清洗器　紫外分光光度计　电子天平　固体样品粉碎机　真空干燥箱　标准检验筛60目

试剂：苹果渣[苹果榨汁后的鲜渣(含水量约为80%)冷冻保存]　芦丁　NaOH　$NaNO_2$　$Al(NO_3)_3$　无水乙醇

实验步骤

1. 方法

（1）原料预处理　将苹果渣置于真空干燥箱在60℃烘烤25h，用高速粉碎机粉碎，并用60目筛子过筛备用。

（2）苹果渣中总黄酮类化合物含量的测定

① 芦丁标准曲线的绘制。采用亚硝酸钠－硝酸铝分光光度法。

精密称取芦丁标准品50.0mg，用70%的乙醇溶解并定容于200mL容量瓶中，摇匀，得0.250mg·mL^{-1}的芦丁标准溶液。精密量取0.0、0.5、1.0、1.5、2.0、3.0、4.0、5.0mL芦丁标准液分别置于25mL容量瓶中，各加水至6mL，再加入5%亚硝酸钠溶液1mL，混匀，放置6min，加10%硝酸铝溶液1mL，混匀，放置6min，加4% NaOH溶液10mL，用30%乙醇定容，摇匀，放置15min，以试剂空白作参比，用1cm比色皿在510 nm波长处测定吸光度，绘制标准曲线，所得数据经回归处理，得到的回归方程为：

$$A = 0.011 \times c - 0.002,\ R^2 = 0.9993 \qquad (4-2)$$

式(4－2)中：A为芦丁标准溶液在510 nm处的吸光度；c为芦丁标准溶液浓度，mg·L^{-1}。

②苹果渣中总黄酮的提取和测定。准确称取一定质量的苹果渣粉末于100mL三角烧瓶中，分别加入一定量的提取溶剂，在一定温度、功率下超声波提取两次。合并提取液，加30%乙醇溶液定容于50mL容量瓶中，作为待测液。取适量待测液于25mL容量瓶中，以下操作同①，测定其在510 nm处的吸光度，代入回归方程，计算总黄酮含量。以每克干果渣所提取的总黄酮（以芦丁计）的毫克数表示总黄酮提取率。

2. 单因素试验

按上述1.（2）②中的方法对苹果渣中黄酮类化合物进行提取，分别考察乙醇浓度、超声波功率、温度、提取时间、料液比、浸泡时间等因素对超声波提取效果的影响。

（1）溶剂浓度对总黄酮提取率的影响　准确称取预处理过的苹果渣粉末0.5g，分别放入编号为1、2、3、4、5、6的50mL锥形瓶中，按1∶10的料液比，乙醇浓度分别为40%、50%、60%、70%、80%和90%时，超声波功率为300 W，提取温度为50℃，时间为30min，料液比为1∶10，提取2次，按1.（2）②测定其吸光度并计算黄酮的提取率。作总黄酮的提取率对乙醇浓度图，找出黄酮提取率最高时对应的乙醇浓度。

（2）超声波功率对总黄酮提取率的影响　准确称取预处理过的苹果渣粉末0.5g，分别放入编号为1、2、3、4、5、6的50mL锥形瓶中，按1∶10的料液比，乙醇浓度为80%，提取温度为50℃，时间为30min，提取2次，超声波功率分别为240W、300W、360W、420W、480W和540W时，按1.（2）②测定其吸光度并计算黄酮的提取率。作总黄酮的提取率对超声波功率图，找出最佳的超声波提取功率。

（3）温度对总黄酮提取效果的影响　准确称取预处理过的苹果渣粉末0.5g，分别放入编号为1、2、3、4的50mL锥形瓶中，料液比为1∶10，乙醇浓度为80%，超声波功率为540 W，时间为30min，提取2次，提取温度分别为50℃、60℃、70℃、80℃，按1.（2）②测定其吸光度并计算黄酮的提取率。作总黄酮的提取率对提取温度图，找出最佳提取温度。

（4）超声波处理时间对总黄酮提取效果的影响　准确称取预处理过的苹果渣粉末0.5g，分别放入编号为1、2、3、4的50mL锥形瓶中，乙醇浓度为80%，料液比为1∶10，提取2

次，提取温度为70℃，超声波功率为540 W，提取时间分别为15min、30min、45min和60min时，作图，找出最佳提取时间。

（5）料液比对总黄酮提取效果的影响　准确称取预处理过的苹果渣粉末0.5g，分别放入编号为1、2、3、4、5的50mL锥形瓶中，乙醇浓度为80%，料液比（$g \cdot mL^{-1}$）分别为1∶10、1∶20、1∶30、1∶40、1∶50，超声波功率为540 W，提取温度为70℃，时间为30min，提取2次，作图，找出最佳的料液比。

（6）浸泡时间对总黄酮提取效果的影响　准确称取预处理过的苹果渣粉末0.5g，分别放入编号为1、2、3的50mL锥形瓶中，乙醇浓度为80%，料液比分别为1∶10，超声波功率为540 W，提取温度为70℃，时间为30min，提取2次，浸泡时间分别为0、24h、48h，找出最佳的浸泡时间。

3. 正交实验

在单因素试验的基础上，以乙醇浓度（体积分数）、功率（W）、提取时间（min）和料液比（$g \cdot mL^{-1}$）为考察因素，以总黄酮提取率（$mg \cdot g^{-1}$）为考察指标，选用$L_9(3^4)$正交试验对果渣中黄酮类化合物的提取条件进行研究。正交试验因素水平表见表4－4，选用正交表对苹果渣中黄酮提取条件进行研究。超声波提取条件的正交实验结果及极差分析见表4－5。

表4－4　正交试验因素水平表

序号	A 乙醇浓度（体积分数）/%	B 功率/W	C 提取时间/min	D 料液比/（$g \cdot mL^{-1}$）
1	70	480	20	1∶30
2	80	540	30	1∶40
3	90	600	40	1∶50

表4－5　正交试验及结果

试验号	A 乙醇浓度	B 功率	C 提取时间	D 料液比	总黄酮提取率
1	1	1	1	1	
2	1	2	2	2	
3	1	3	3	3	
4	2	1	2	3	
5	2	2	3	1	
6	2	3	1	2	
7	3	1	3	2	
8	3	2	1	3	
9	3	3	2	1	
k_1					
k_2					
k_3					
$k_{1平均}$					
$k_{2平均}$					
$k_{3平均}$					
R					

4. 结果

由极差分析可以得4个考察因素(乙醇浓度、提取时间、功率、料液比)对黄酮提取率的影响主次顺序及超声波提取苹果渣中总黄酮化合物的最佳条件组合。

实验指导

(1) 总黄酮提取率开始随乙醇浓度的增加而增加，乙醇浓度达到某一浓度时总黄酮提取率最大；再增加乙醇浓度，总黄酮提取率反而降低，原因可能是高浓度的乙醇溶液使得一些醇溶性杂质、色素、强亲脂性成分溶出量增加，杂质与黄酮类化合物竞争与乙醇-水分子溶液体系结合，导致提取率下降。

(2) 在考察超声波功率对总黄酮提取过程中，考虑到超声波仪器使用寿命和节省电能，可以适当降低超声波功率。

(3) 随着温度的升高，总黄酮提取率也随之增大。原因是温度升高，分子运动速度加快，有利于黄酮类化合物的渗透和溶解。但温度太高可能使黄酮发生氧化，杂质溶出量增加，给后续处理带来麻烦，并且造成溶剂损失。应综合考虑确定提取温度。

(4) 随着料液比的增加，苹果渣中总黄酮提取率也逐渐增加。要从提取成本、溶剂用量及减少后处理等方面综合考虑料液比。

(5) 文献提取条件为 $A_2B_1C_2D_3$。

实验拓展

本实验研究利用超声波强化提取苹果渣中黄酮类化合物的条件，为苹果渣中黄酮类化合物的开发利用提供了初步的科学依据。但苹果渣中黄酮类化合物的分离纯化和各种单体结构有待于进一步深入研究。黄酮类化合物提取条件除了超声波法，还有水提法、碱性稀醇提取法、有机溶剂提取法、酶解法、超滤法、大孔树脂吸附法、超临界萃取法等。

正交实验的基本概念如下：

因素：凡是对试验系统有影响，即能够影响试验效果的变量。

水平数：因素的取值数目。不同的因素有不同的取值范围，如仅取范围的下限和上限做实验，称为二水平实验，下限用“-”表示，上限用“+”表示。若每因素取三水平，二因素试验需要做 $3^2=9$ 个实验，三因素试验要做 $3^3=27$ 个实验。可以证明，若因素数为 n，水平数为 L，全面试验的次数为 L^n，如对6因素5水平问题，则需做 $5^6=15626$ 次实验。

正交试验设计是最常用的处理多水平的试验设计方法。用这种方法，用较少的试验次数能达到较好的试验效果。用正交表安排试验的方法称为正交试验设计。正交表是一种数字矩阵，这种数字矩阵简记为：

$$L_n(t_1 \times t_2 \times t_3 \cdots \times t_j)$$

L 表示正交表的代号，n 表示试验的总次数；$t_j(j=1, 2, 3\cdots\cdots s)$ 代表第 j 列由 t_j 个水平组成。如果所用的 t_j 均相等则可记为：

$$L_n(t^s)$$

称为 t 水平正交表，t 为各因素的水平数，s 表示可安排的因素数目，如 $L_9(3^4)$。如有两列水平数不相等，则称混合型正交表。正交表可在一般统计手册中查到。正交表的特点是表中任意两列中各因素每对可能搭配出现的次数均相同，即搭配均衡。可以证明，用正交表安排试验可以从较小的试验次数最大限度地获得有关各因素主效应及交互效应的信息，见表4-6。

表4-6　正 交 表 $L_9(3^4)$

试验号	列号			
	1	2	3	4
1	1	1	1	1
2	1	2	2	2
3	1	3	3	3
4	2	1	2	3
5	2	2	3	1
6	2	3	1	2
7	3	1	3	2
8	3	2	1	3
9	3	3	2	1

实验思考

1. 本实验产生误差的关键是什么？
2. 怎样判断你实验的方法是可行的？
3. 何谓极差分析？

实验六　浊点萃取-可见分光光度法测定水中痕量铜

实验目的

(1) 了解测定金属污染物的意义；
(2) 理解浊点萃取的基本原理；
(3) 掌握浊点萃取与分光光度法联用技术测定铜的方法。

实验背景

铜是生物体必需的微量元素之一。铜在生物体中的作用主要是参与构成体内具有特殊生理机能的物质，是多种酶系统的活化剂、辅助因子或组织成分，参与和调节生物的多种生命活动过程。在机体造血、新陈代谢、生长繁殖、维持生产性能、增强机体抵抗力方面有不可替代的作用。人体内缺少铜，会引起头发变白、动脉硬化、胆固醇升高等疾病。而过量的铜则会增加体内自由基水平，改变脂类代谢，导致动脉粥样硬化并加速组胞的老化和死亡。当铜超过人体需要量的100~150倍时，可引起坏死性肝炎和溶血性贫血。铜在脑中某些部位沉积，可导致脑萎缩、神经元减少，发展为老年性痴呆。

铜离子的污染源主要是电镀、五金加工、矿山开采、石油化工等工业。一般来说铜离子对水生生物的毒性(以鱼类为例)的浓度始于0.002mg·L^{-1}，我国规定铜离子对鱼类的安全毒性为0.01mg·L^{-1}。国标中饮用水中的铜离子浓度不能超过1.0mg·L^{-1}。

生活中水是人体摄取微量元素铜的主要来源之一，人们从水中摄取铜含量对身体的影响，以及水中铜的化合物对环境的污染都已成为人们关注的焦点。因此环境水样中铜离子的检测十分重要。

本实验用一种新的环保型液－液萃取技术——浊点萃取，与分光光度法联用来测定水中痕量的铜。

实验原理

浊点萃取(Cloud Point Extraction，简称 CPE)是近年发展起来的一种新型分离技术，主要利用表面活性剂溶液的增溶和分相实现溶质的富集和分离。与传统的液－液萃取过程相比，浊点萃取无需使用大量的有机溶剂，易于操作，商业表面活性剂对环境的影响较小而且成本低，能够保护被萃物质的原有特性(如生物大分子的活性)，同时能够提供很高的富集率和提取率，是一种新型的环境友好的分离技术，具有很好的工业应用潜力，是有望替代有机溶剂的一种新型分离方法和萃取技术。

表面活性基团是具有亲水端和憎水端的两性分子，当表面活性剂的浓度高于某一极限值(称为临界胶束浓度 CMC)时，表面活性剂单体会自发聚集在一起，形成亲水基团向外、憎水基团向内的聚集体，即所说的胶束。胶束内部实际上是液态的碳氢化合物，可以使亲油性强的有机物(微溶于水或不溶于水的有机物)溶解度大大增加，称作表面活性剂溶液的增溶。

当非离子表面活性剂水溶液加热超过某一温度时，溶液出现浑浊和相的分离，这种现象即为浊点现象，此时的温度称为浊点温度(CP)。静置一段时间(或离心)后，溶液会形成两个透明的液相：一相为表面活性剂富集的相(表面活性剂的浓度约为 $0.5\ kg \cdot L^{-1}$)；一相为水相(表面活性剂浓度接近 CMC)。浊点现象是一种可逆过程，当温度低于浊点温度后，两相消失，重新成为均一溶液。溶解在溶液中的疏水性物质，与表面活性剂的疏水基团结合，被萃取进入表面活性剂相，而亲水性物质则留在水相，这样就实现疏水性物质的分离与富集。这种以表面活性剂胶束水溶液的溶解性和浊点现象为基础，通过改变实验参数如温度、压力、电解质等引发相分离，从而将疏水性物质与亲水性物质分离的方法即为浊点萃取。

在对极性物质(如金属离子)进行浊点萃取时，由于表面活性剂所形成的胶束具有非极性核，只能增溶疏水性较强的物质，所以需要借助于能使极性溶质改性的物质，称这个物质为辅助增溶剂，辅助增溶剂与极性溶质可形成疏水性较强的化合物，从而被增溶到胶束中，达到分相的目的。

分光光度法具有分析精度高、测量范围广、分析速度快、样品用量少等优点，所以一直是与浊点萃取技术联用的主要检测手段之一。

仪器试剂

仪器：紫外可见分光光度计 数显恒温水浴锅 离心机

试剂：Cu^{2+}标准溶液：$1.0mg \cdot mL^{-1}$铜标准液，用时移取 $1.0mg \cdot mL^{-1}$的铜标准液 1.0mL 稀释至 100mL，配成 $10\mu g \cdot mL^{-1}$的工作液。

浊点萃取剂 Triton X－114 溶液的配制：取 5mLTriton X－114 溶液于容量瓶中，用超纯水定容至 250mL，即为 2% 的 Triton X－114 溶液。

络合显色剂2－(5－溴－2－吡啶偶氮)－5－二乙氨基酚(简称为5－Br－PADAP)：5－Br－PADAP乙醇溶液的配制：准确称取0.0176g 5－Br－PADAP，加无水乙醇稀释至100mL，配成$5\times10^{-4}mol\cdot L^{-1}$的标准溶液。

pH＝6.8的磷酸体系缓冲溶液。

以上所用试剂均为分析纯，所用水均为超纯水。

实验步骤

1. 实验方法

取一定量铜的工作溶液于15mL离心管中，依次加1.2mL pH＝6.8的磷酸体系缓冲溶液、0.7mL浓度为$5\times10^{-4}mol\cdot L^{-1}$的5－Br－PADAP乙醇溶液、1.2mL Triton X－114溶液，加超纯水稀释至10mL，摇匀。在65℃水浴中加热15min，以4000 $r\cdot min^{-1}$速度离心5min，使两相分离，分相后，溶液在冰水混合液中速冻20min使表面活性剂相变成黏滞的液体，弃去水相，加无水乙醇至2mL，振荡使表面活性剂相溶解，用0.5cm比色皿在λ_{max}＝556 nm处，以对应的空白试剂为参比，测定吸光度。

(1) 吸收曲线——最大吸收波长的确定　取Cu^{2+}标准液于15mL离心管中，依次加入1.2mL pH＝6.8的磷酸体系缓冲溶液，0.7mL 5－Br－PADAP的乙醇溶液、1.2mLTriton X－114的溶液，依实验方法，用分光光度计在490～600nm波段扫描，得吸收曲线。测定Cu^{2+}与5－Br－PADAP形成配合物最大吸收波长为556nm。

(2) 酸度对浊点萃取的影响　取14支15mL离心管，在每支离心管中加入一定量Cu^{2+}工作溶液，加入1.2mL pH值为3.0～9.0不同的缓冲溶液。再依次加入0.7mL浓度为$5\times10^{-4}mol\cdot L^{-1}$的5－Br－PADAP乙醇溶液、1.2mL Triton X－114溶液，加超纯水稀释至10mL，摇匀。另取14支离心管，依照上述方法配制对应的试剂参比溶液，按上述实验方法在65℃水浴中加热15min，以4000 $r\cdot min^{-1}$速度离心5min使两相分离，分相后的溶液在冰水混合液中速冻20min，使表面活性剂相变成黏滞的液相，弃去水相. 加无水乙醇定容至2mL，振荡使表面活性剂相溶解，用0.5cm比色皿在556 nm处，以对应的空白试剂为参比，测定吸光度。确定吸光度最大时对应的pH值。

(3) 缓冲溶液用量对浊点萃取的影响　同上实验方法改变缓冲溶液用量进行实验，找出缓冲溶液的最佳用量。

(4) 5－Br－PADAP用量对浊点萃取的影响　同上实验方法，仅改变5－BrPADAP用量进行实验，找出5－Br－PADAP的最佳用量。

(5) Triton X－114用量对浊点萃取的影响

按照上述最佳实验条件，仅改变Triton X－114用量进行实验。

(6) 工作曲线　在离心管中分别加入0～0.4mL不同量的Cu^{2+}工作溶液，按照上述实验方法，选择最佳条件，以对应的空白试剂为参比，测定其吸光度，得工作曲线、回归方程和相关系数。

2. 水样中Cu^{2+}的测定

取水样过滤，滤液放置冰箱中保存备用。取9支离心管，分别依次加入10mL水样、1.2mL pH＝6.8的缓冲液、0.7mL $5\times10^{-4}mol\cdot L^{-1}$的5－Br－PADAP乙醇溶液，1.2mLTriton X－114溶液；另取9支离心管，以10mL超纯水作为试剂空白的参比，按照上述实验方法测定其吸光度，并计算其相应浓度，将数据记录在表4－7中。

表 4-7　水样中 Cu^{2+} 的测定

样品	测定值/($\mu g \cdot mL^{-1}$)	平均值/($\mu g \cdot mL^{-1}$)	相对标准偏差 S/%
水样 1			
水样 2			
水样 3			

3. 回收率的测定

见表 4-8。

表 4-8　回收率的测定

样品	加入量/($\mu g \cdot mL^{-1}$)	测定值/($\mu g \cdot mL^{-1}$)	回收率/%
水样 1			
水样 2			
水样 3			

实验指导

(1) 金属络合物的紫外吸收通常由于络合剂的不同而有一定的差异，因此在实验条件优化的过程中，首先要确定最大吸收波长。

(2) pH 值主要影响络合物的形成，当酸度过高时，金属离子与络合剂形成的螯合物不稳定，影响了萃取率。因此应优化萃取体系的酸度，使待测物的螯合反应完全，而使部分共存元素不与螯合剂反应，从而提高萃取效率，同时消除部分基体的干扰。

(3) 当缓冲溶液的用量一致时，吸光度较高且基本稳定。

(4) 试验了常见共存阴、阳离子对铜回收率的影响，实验发现大量的 K^+、Na^+、Ca^{2+}、Mg^{2-}、NO^{3-}、$SO_4{}^{2-}$、$C1^-$ 等离子的存在对铜的测定不会造成干扰。

(5) 非离子表面活性剂 Triton X-114 作为浊点萃取剂具有低的浊点温度、较高的密度(有利于离心分离)和低廉的价格。

(6) 萃取体系中表面活性剂的浓度影响萃取效率和浓缩倍率。若表面活性剂用量过小则引起萃取不完全；但当表面活性剂用量过大反而稀释待测物质，降低浓缩倍率。因此，应选择能定量萃取被测物质的最低浓度。

实验拓展

浊点萃取作为一种新的环保型液-液萃取技术，其富集分离的基本程序是：选择适合于目标金属离子的螯合剂和生成螯合物的条件(pH 值、温度、稳定时间等)形成螯合物，加入表面活性剂后加热至浊点以上的温度(通常平衡温度在浊点以上 15~20℃)，由于浊点现象，引发溶液变成混浊并分相。改变温度是目前浊点萃取中最常用的引发相分离的方法，除此之外，也可通过改变 pH 值或离子强度、加入不同电性的表面活性剂(混合表面活性剂比单一表面活性剂的表面活性高得多，CMC 较低)等方法引发胶束溶液分相。由于胶束增溶作用螯合物进入富胶束相内，使用离心方法加速富胶束相与水相分离，继而将含目标化合物的富胶束相在冰浴中冷却至接近 0℃，使富胶束相变成黏滞的液相，除去留下的痕量水相。用合适的溶剂(如加入适量的含 $0.1mol \cdot L^{-1}$ HNO_3 的乙醇溶液)稀释富胶束相，降低其黏度，作为随后分析仪器测定目标化合物的备用液。

为获得好的萃取效率和高的富集倍数，需对影响浊点萃取的参数进行优化。影响浊点萃取的因素，按其作用大致可分为两类：一类是影响金属离子螯合物的形成，另一类是影响相分离。表面活性剂的类型影响金属螯合物的形成和萃取效率，用于 CPE 表面活性剂应具有高密度、低浊点温度和稳定的疏水性。最常用的有 Triton X－114、Triton X－100 和 PONPE 5.0 或 PONPE7.5 聚氧乙烯型非离子表面活性剂。加入螯合剂的量既要满足螯合目标金属离子的需要，又要满足样品中其他共存金属离子生成螯合物的需要，加入量过少不能完全萃取目标金属离子，因螯合剂亦会被表面活性剂萃取，过多的螯合剂量会降低金属离子的萃取效率。pH 值影响螯合物形成，平衡温度和时间影响螯合反应的完成，从而影响金属离子的萃取效率。表 4－9 列出了常见的浊点萃取体系。

表 4－9　常用的浊点萃取体系

浊点萃取体系	
螯合剂	非离子表面活性剂
O，*O*－二乙基二硫代磷酸盐	Triton X－114
双硫腙	Triton X－100
8－羟基喹啉	Triton X－114 Triton X－100 OP－7
1－(2－吡啶偶氮)－2－萘酚	Triton X－114 Triton X－100 OP－7
2－(5－溴－2－吡啶)偶氮－5－(二乙氨基)－苯酚	Triton X－114 Triton X－100 PONPE 7.5
1－亚硝基－2－萘酚	Triton X－114
1－(2－噻唑基偶氮)－2－萘酚	Triton X－114
二乙基二硫代氨基甲酸钠	Triton X－114
吡咯烷二硫代氨基甲酸铵	Trion X－100

浊点萃取作为一种新的环保型液－液萃取技术不仅限于与紫外可见分光光度法联用测定金属离子，还可与火焰原子吸收法、分子光谱、电感耦合等离子体原子发射光谱、电感耦合等离子体质谱、高效液相色谱的联用技术应用于金属离子检测，且在环境有机分析、食品工业、生物医药中有着广泛的应用。

实验思考

1. 解释浊点萃取与一般的萃取原理的异同。
2. 为什么选用表面活性剂 Triton X－114 作为浊点萃取剂？
3. 表面活性剂的浓度是如何影响萃取效率和浓缩倍率的？

实验七　毛细管电泳法分离测定食品中苯甲酸、山梨酸和糖精

实验目的

(1) 进一步理解毛细管电泳的基本原理；
(2) 了解影响毛细管电泳分离的主要因素；
(3) 熟悉毛细管电泳仪器的构成和基本操作。

实验背景

毛细管电泳(capillary electrophoresis，CE)又叫高效毛细管电泳(HPCE)，是近年来发展最快的分析方法之一。毛细管电泳的历史可追溯到1967年Hjerten发表的论文，现在人们普遍将CE定义为100μm以内的毛细管中进行的电泳分析，它的出发点应归功于1979年Mikkers等在内径0.2mm的聚四氟乙烯管中进行的研究。1981年Jorgenson和Lukaca提出在75μm内径毛细管柱内用高电压对带电的待测物进行电离，创立了现代毛细管电泳。1984年Terabe等提出胶束毛细管电动力学色谱，使许多中性化合物的分离成为可能。1987年Hjerten建立毛细管等电聚焦，Cohen和Karger提出毛细管凝胶电泳。1988~1989年出现了第一批毛细管电泳商品仪器。短短几年内，由于CE符合了以生物工程为代表的生命科学各领域中对多肽、蛋白质(包括酶、抗体)、核苷酸乃至脱氧核糖核酸的分离分析要求，得到了迅速的发展。CE和高效液相色谱法相比，其相同处在于：都是高效分离技术，仪器操作均可自动化，且二者均有多种不同分离模式。二者之间差异：CE在于用迁移时间取代HPLC中的保留时间，CE的分析时间通常不超过30min，比HPLC速度快，对CE而言，从理论上推得其理论塔板高度和溶质的扩散系数成正比，对扩散系数小的生物大分子而言，其柱效就要比HPLC高得多；CE所需样品为nL级，最低可达270 fL，流动相用量也只需几毫升，而HPLC所需样品为μL级，流动相则需几百毫升乃至更多；但CE仅能实现微量制备，而HPLC可作常量制备。CE和普通电泳相比，由于其采用高电场，因此分离速度要快得多；检测器则除了未能和原子吸收及红外光谱连接以外，其他类型检测器均已和CE实现了连接检测；一般电泳定量精度差，而CE和HPLC相近，CE操作自动化程度比普通电泳要高得多。

总之，CE的优点可概括为：三高二少。高灵敏度，常用紫外检测器的检测限可达10^{-13}~10^{-15}mol，激光诱导荧光检测器则达10^{-19}~10^{-21}mol；高分辨率，其每米理论塔板数为几十万，而HPLC一般为几千到几万；高速度，最快可在60 s内完成，有250 s内可分离10种蛋白质；样品用量少，只需nL(10^{-9}L)级的进样量；成本低，只需少量的流动相和价格低廉的毛细管。这些优点使CE成为近年来发展最迅速的分离分析方法之一。

实验原理

电泳是指溶液中带电粒子在电场作用下发生迁移的电动现象。毛细管电泳是利用被分析离子在电场作用下移动的速率不同而达到分离的目的。在电泳的过程中还存在另一种电动现象即电渗，当高电压通过溶液的毛细管柱时，管内的溶质向阴极或阳极移动，产生电渗流(electro-osmotic flow，EOF)。在柱内层氧化硅与溶质的界面上形成双电层是电渗流产生的原因。

1. 电泳淌度

毛细管电泳(CE)是以电渗流(EOF)为驱动力，以毛细管为分离通道，依据样品中组分之间淌度和分配行为上的差异而实现分离的一种液相微分离技术。离子在自由溶液中的迁移速率可以表示为：

$$\nu = \mu E \tag{4-3}$$

式(4-3)中：ν为离子迁移速率；μ为电泳淌度；E为电场强度。

对于给定的荷电量为q的离子，淌度是其特征常数，它由离子所受到的电场力(F_E)和通过介质所受到的摩擦力(F_F) 的平衡所决定：

$$F_E = qE \tag{4-4}$$

对于球形离子：

$$F_F = -6\pi\eta r\nu \tag{4-5}$$

式(4-5)中：η 为介质黏度；r 为离子的流体动力学半径。

在电泳过程达到平衡时，上述两种力方向相反，大小相等：

$$qE = 6\pi\eta r\nu \tag{4-6}$$

将式(4-6)代入式(4-3)，得：

$$\mu = \frac{q}{6\pi\eta r} \tag{4-7}$$

因此，离子的电泳淌度与其荷电量呈正比，与其半径及介质黏度呈反比。带相反电荷的离子其电泳淌度的方向也相反。需要指出，我们在物理化学手册中可以查到的离子淌度常数是绝对淌度，即离子带最大电量时测定并外推至无限稀释条件下所得到的数值。在电泳实验中测定的值往往与此不同，故我们将实验值称为有效淌度(μ_e)。有些物质因为绝对淌度相同而难以分离，但我们可以通过改变介质的 pH 值，使离子的荷电量发生改变，这样就可以使不同离子具有不同的有效淌度，从而实现分离。

2. 电渗流和电渗淌度

电渗流(EOF)是 CE 中最重要的概念，指毛细管内壁表面电荷所引起的管内液体的整体流动，来源于外加电场对管壁溶液双电层的作用。在水溶液中多数固体表面根据材料性质的不同带有过剩的负电荷或正电荷。就石英毛细管而言，表面的硅羟基在 pH 值大于 3 以后就发生明显的解离，使表面带有负电荷。为了达到电荷平衡，溶液中的正离子就会聚集在表面附近，从而形成所谓双电层，如图 4-13 所示。这样，双电层与管壁之间就会产生一个电位差，叫做 Zeta 电势。但毛细管两端施加一个电压时，组成扩散层的阳离子被吸引而向负极移动。由于这些离子是溶剂化的，故将拖动毛细管中的体相溶液一起向负极运动，这便形成了电渗流。需要指出，很多非离子型材料如聚四氟乙烯和聚丙烯等材料表面也可以产生电渗流，原因可能是其表面对阴离子的吸附。电渗流的大小可用速率和淌度来表示：

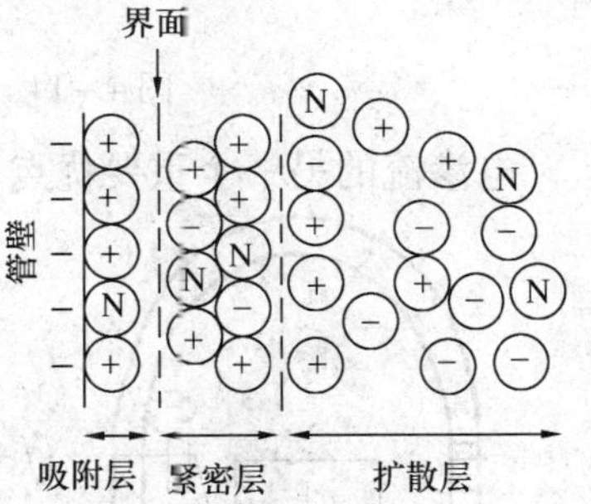

图 4-13　毛细管内壁的双电层

$$\nu_{EOF} = \frac{\varepsilon\xi}{\eta}E \tag{4-8}$$

或者

$$\mu_{EOF} = \frac{\varepsilon\xi}{\eta} \tag{4-9}$$

式(4-8)和式(4-9)中：ν_{EOF} 为电渗流速率；μ_{EOF} 为电渗淌度；ξ 为 Zeta 电势；ε 为介电常数。

Zeta 电势主要取决于毛细管表面电荷的多少。一般来说，pH 值越高，表面硅羟基的解离程度越大，电荷密度越大，电渗流速率就越大。

除了受 pH 值的影响外，电渗流还与表面性质(硅羟基的数量、是否有涂层等)、溶液离子强度有关，双电层理论认为，增加离子强度可以使双电层压缩，从而降低 Zeta 电势，减小电渗流。此外，温度升高可以降低介质黏度，增大电渗流。电场强度虽然不影响电渗淌度，但却可改变电渗流速率。显然，电场强度越大，电渗流速率越大。

由上可知，电渗流的方向一般是从正极到负极，然而，在溶液中加入阳离子表面活性剂后，由于毛细管表面强力吸附阳离子表面活性剂的亲水端，而阳离子表面活性剂的疏水端又会紧密结合一层表面活性剂分子，结果就形成了带负电的表面，双电层 Zeta 电势的极性发生了反转，最后使电渗流的方向发生了变化，在分析小分子有机酸时，这是常用的电渗流控制技术。

电渗流的一个重要特性是具有平面流型。由于引起流动的推动力在毛细管的径向上均匀分布，所以管内各处流速接近相等。其优点是径向扩散对谱带扩展的影响非常小，如图 4－14 所示。与此形成鲜明对照的是高压泵驱动的抛物线流型（如在 HPLC 中），由于管内径向上各处的流速不同，使得谱带峰形变宽。这也是与 HPLC 相比，CE 具有更高分离效率的一个重要原因。

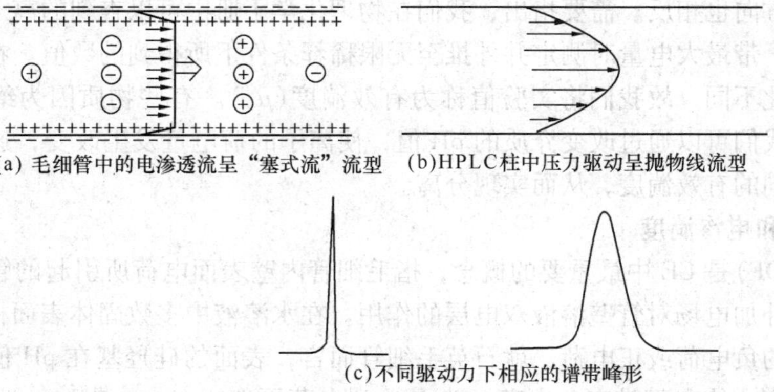
(a) 毛细管中的电渗透流呈“塞式流”流型　(b)HPLC柱中压力驱动呈抛物线流型

(c)不同驱动力下相应的谱带峰形

图 4－14　电渗流流型和压力驱动流型及相应的谱带峰形

电渗流的另一个重要优点是可以使几乎所有被分析物向同一方向运动，而不管其电荷性质如何。这是因为电渗淌度一般比离子的电泳淌度大一个数量级，故当离子的电泳淌度方向与电渗流方向相反时，仍然可以使其沿电渗流方向迁移。这样，就可在一次进样分析中，同时分离阳离子和阴离子。中性分子由于不带电荷，故随电渗流一起运动。如果对毛细管内壁进行修饰可以降低电渗流，而被分析物的淌度则不受影响，在此情况下，阴阳离子有可能向不同的方向迁移。

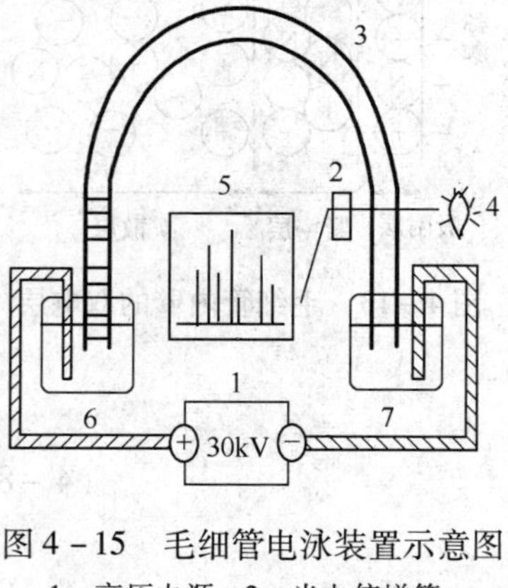

图 4－15　毛细管电泳装置示意图

1—高压电源；2—光电倍增管；3—液冷温控毛细管；4—光源；5—数据采集；6—缓冲液/样品；7—缓冲液

3. 毛细管电泳的仪器及操作

图 4－15 所示为 CE 仪器示意图。其组成部分主要是高压电源、缓冲液瓶（包括样品瓶）、毛细管和检测器。下面分别简要讨论之。

高压电源是为分离提供动力的，商品化仪器的输出直流电压 0～30kV，也有文献报道采用 60kV 以至 90kV 电压的。大部分直流电源都配有输出极性转换装置，可以根据分离需要选择正电压或负电压。缓冲液瓶多采用塑料（如聚丙烯）或玻璃等绝缘材料研制成，容积为 1～3mL。考虑到分析过程中正负电极上发生的电解反应，体积大一些的缓冲液瓶有利于 pH 值的稳定。进样时毛细管的一端伸入样品瓶，采用压力或电动方式将样品加载到毛细管入口，然后将样品瓶换为缓冲液瓶，接通高压电源开始分析。

4. 毛细管电泳的分离模式

CE 有 6 种常用的分离模式，其分离依据及应用范围如表 4－10 所示。其中毛细管区带电泳(CZE)、胶束电动毛细管色谱(MEKC)和毛细管电色谱(CEC)最为常用。本实验的内容为 CZE。

表 4－10　6 种 CE 分离模式的分离依据及应用范围

分离模式	分离依据	应用范围
毛细管区带电泳(CZE)	溶质在自由溶液中的淌度差异	可解离的或离子化合物、手性化合物及蛋白质、多肽等
毛细管胶束电动色谱(MECC)	溶质在胶束与水相间分配系数的差异	中性或强疏水性化合物、核酸、多环芳烃、结构相似的肽段
毛细管凝胶电泳(CGE)	溶质分子大小与电荷/质量比差异	蛋白质和核酸等生物大分子
毛细管等电聚焦(CIEF)	等电点差异	蛋白质、多肽
毛细管等速电泳(CITP)	溶质在电场梯度下的分布差异(移动界面)	同 CZE，电泳分离的预浓缩
毛细管电色谱(CEC)	电渗流驱动的色谱分离机制	同 HPLC

毛细管区带电泳(CZE)是最简单的 CE 模式，因为毛细管中的分离介质只是缓冲液。在电场的作用下，样品组分以不同的速率在分立的区带内进行迁移而被分离。由于电渗流的作用，正负离子均可以实现分离。在正极进样的情况下，正离子首先流出毛细管，负离子最后流出。中性物质在电场中不迁移，只是随电渗流一起流出毛细管，故得不到分离。

在 CZE 中，影响分离的因素主要有缓冲液的种类、浓度和 pH 值、添加剂、分析电压、温度、毛细管的尺寸和内壁改性等。缓冲液种类的选择主要考虑其 pK_a 值要与分析所用 pH 值匹配，另外，有的缓冲液与样品组分之间有特殊的相互作用，可提高分析选择性。比如，分析多羟基化合物时，多用硼酸缓冲液，因为硼酸根可与羟基形成络合物，有利于提高分离效率。增大缓冲液的浓度一般可以改善分离，但电渗流会降低，因而延长了分析时间，过高的盐浓度还会增加焦耳热。缓冲液的 pH 值主要影响电渗流的大小和被分析物的解离情况，进而影响被分析物的淌度。缓冲液添加剂多为有机试剂，如甲醇、乙腈、尿素、三乙胺等，其作用主要是增加样品在缓冲液中的溶解度，抑制样品组分在毛细管壁的吸附，改善峰形。提高分析电压有利于提高分离效率和缩短分析时间，但可能造成过大的焦耳热。温度的变化可以改变缓冲液的黏度，从而影响电渗流。毛细管内径越小，分离效率越高，但样品容量越低；增加毛细管长度可提高分离效率，但延长了分析时间。有时为了改善分离，要对毛细管内壁进行改性，比如采用涂层技术。

5. 毛细管电泳的基本参数

CE 中的分析参数可以用色谱中类似的参数来描述，比如与色谱保留时间相对应的有迁移时间，定义为一种物质从进样口迁移到检测点所用的时间，迁移速率(v)则是迁移距离(l，即被分析物质从进样口迁移到检测点所经过的距离，又称毛细管的有效长度)与迁移时间(t)之比：

$$v = \frac{l}{t} \qquad (4-10)$$

因为电场强度等于施加电压(U)与毛细管长度(L)之比：

$$E = \frac{U}{L} \tag{4-11}$$

就 CE 的最简单的模式——毛细管区带电泳(CZE)而言，结合式(4-3)，可得：

$$\mu = \frac{l}{tE} = \frac{lL}{tU} \tag{4-12}$$

在毛细管区带电泳(CZE)条件下测得的淌度是电泳淌度与电渗流淌度的矢量和，我们称之为表观淌度μ_a，即：

$$\mu_a = \mu + \mu_{EOF} \tag{4-13}$$

物质粒子在电场中的迁移速率取决于粒子淌度和电场强度的乘积，所以淌度不同是电泳分离的内因。物质所处的环境不同，其形状、大小及所带的电荷多少都可能有差异，则淌度也可能有不同。电泳分离的基础是各分离组分有效淌度的差异。

仪器试剂

仪器：高效毛细管电泳仪　紫外检测器　毛细管(总长度：60cm，有效长度：54cm，直径：50μm)　超声波清洗器　UV-Vis 分光光度计　酸度计　过滤器　滤膜(0.22μm)　注射器(5mL)

试剂：硼砂　磷酸二氢钠　磷酸氢二钠　三(羟甲基)氨基甲烷　山梨酸　苯甲酸　糖精　NaOH($0.1mol \cdot L^{-1}$)

实验步骤

1. 配制溶液

配制山梨酸、苯甲酸、糖精标准溶液：准确称取一定量的山梨酸、苯甲酸、糖精，分别溶解、定容，使其质量浓度均为$1.2mg \cdot mL^{-1}$。以 0.22μm 滤膜过滤备用。

配制电泳缓冲液：配制$0.1mol \cdot L^{-1}$硼砂储备溶液；将 NaH_2PO_4、Na_2HPO_4 分别配制成$0.1mol \cdot L^{-1}$储备液，配制$0.1mol \cdot L^{-1}$三(羟甲基)氨基甲烷储备溶液以备用。

2. 样品的制备

汽水：经超声波超声，除去二氧化碳，0.22μm 滤膜过滤，待用。

番茄沙司、蜜饯：准确称取 2g 左右样品置于具塞小量筒中，加 H_3PO_4 数滴，准确加入乙醚 10mL，连同量筒称其总量，猛烈振摇 2min，再次称重，如重量减少，加入乙醚补充至原有重量，混匀，取乙醚 5mL，置于烧杯中，经 40℃ 水浴加热，将乙醚挥发后，用硼砂缓冲液定容至 10mL，经 0.22μm 滤膜过滤，待用。

3. 测定波长的选择

苯甲酸的最大吸收波长为 227 nm，山梨酸为 250 nm，糖精为 207 nm，综合考虑以 230 nm 为测定波长。选择标准为：在选定波长处都有很强吸收。

4. 毛细管电泳分离

(1) 毛细管预清洗　毛细管使用前需按如下步骤清洗：$0.1mol \cdot L^{-1}$ NaOH 30min；H_2O 30min；电泳缓冲溶液 30min。

(2) 毛细管预平衡　完成毛细管清洗后，在不进样的条件下加高电压预电泳 10min。

(3) 不同的缓冲溶液对分离的影响　分别配制浓度均为$30mmol \cdot L^{-1}$的硼砂、磷酸体系

（磷酸二氢钠和磷酸氢二钠混合液）、三（羟甲基）氨基甲烷的缓冲体系，调节到 pH =7.5，进行试验。用山梨酸、苯甲酸、糖精浓度均为 $10mg \cdot L^{-1}$的混合标准溶液试验。电泳条件：波长为 230nm，进样时间为 10s，电压 20kV。选择山梨酸、苯甲酸、糖精在哪一种缓冲溶液体系中分离情况最好。

（4）缓冲液浓度的选择　以硼砂为缓冲溶液，分别配制 20、30、$40mmol \cdot L^{-1}$硼砂溶液，pH 值调节为 7.5，按上述电泳条件进行，找出较好的分离，以峰面积、峰高、峰形较好的硼砂溶液浓度作为运行的缓冲溶液。

（5）缓冲液 pH 值的选择　以 $20mmol \cdot L^{-1}$硼砂溶液为缓冲介质，分别调节溶液的 pH 值为 7.5、8.0、8.5、9.0。在上述试验确定的条件下，观察上述 3 种组分的迁移行为，选择山梨酸、苯甲酸、糖精迁移时间差别最大的缓冲液的 pH 值。

（6）分离电压的选择　分别配制山梨酸、苯甲酸、糖精浓度均为的 $10mg \cdot L^{-1}$混合标准溶液，在波长为 230 nm、进样时间为 10s、缓冲液为硼砂 $30mmol \cdot L^{-1}$（pH =7.5）的电泳条件下，改变电压（10 ~ 25 kV），并观察分离情况，确定最佳的分离电压。

（7）优化条件下的分离　在最优分离条件下，分别对每个标准样品、$20mg \cdot L^{-1}$的山梨酸、$30mg \cdot L^{-1}$的苯甲酸、$90mg \cdot L^{-1}$的糖精进样，确定它们在分离谱图上的位置（即迁移时间 t）和峰面积。

5. 工作曲线及检测限

在上述优化条件下，对一系列山梨酸、苯甲酸、糖精的标准混合样品进行分析测定，测定其峰面积与浓度的关系，所得山梨酸、苯甲酸、糖精的线性范围、相关系数及检测限（检测限按 3 倍噪声计算）结果见表 4 – 11。

表 4 – 11　山梨酸、苯甲酸、糖精的线性范围及检测限

被测物	线性范围/（$mg \cdot L^{-1}$）	相关系数	检测限/（$mg \cdot L^{-1}$）
山梨酸			
苯甲酸			
糖精			

6. 精密度试验

配制浓度分别为 $30mg \cdot L^{-1}$的山梨酸、$30mg \cdot L^{-1}$苯甲酸和 $90mg \cdot L^{-1}$糖精的标准混合液平行进样 5 次，测得迁移时间和峰面积的相对标准偏差（RSD）列于表 4 – 12 中。

表 4 – 12　被测物的迁移时间和峰面积的 RSD

被测物	迁移时间的 RSD/ %	峰面积的 RSD/%
山梨酸		
苯甲酸		
糖精		

7. 实际样品的测定

取汽水、番茄沙司、蜜饯，经预处理后，按上述确定的电泳条件进行分离测定，见表 4 – 13。

表 4-13 实际样品的测定结果（$n=3$）

样品名称	组分	实际含量/（$mg \cdot L^{-1}$）	添加量/（$mg \cdot L^{-1}$）	测得量/（$mg \cdot L^{-1}$）	回收率/%
汽水	苯甲酸				
番茄沙司	苯甲酸				
	山梨酸				
蜜饯	苯甲酸				
	糖精				

实验指导

（1）冲洗毛细管时禁止在毛细管上加电压；毛细管使用前用 $0.10mol \cdot L^{-1}$ 的 NaOH 溶液、水和电泳缓冲液分别冲洗 30min。每次电泳后，用上述溶液各冲洗 5min。冲洗毛细管对于实验结果的可靠性和重现性至关重要，务必认真完成每一次冲洗，不允许缩短冲洗时间或者不冲洗。

（2）样品、缓冲液均用 0.22μm 滤膜过滤后方可使用。

（3）样品和缓冲溶液之间的切换是手动的，在实验过程中要随时注意是不是放在正确位置；如果在分析时将样品或者洗涤液当作缓冲溶液，请停止分析并重新用对应缓冲溶液冲洗管路 10min。

（4）做完实验以后一定要用水冲洗毛细管，且要用空气吹干，否则可能会导致毛细管堵塞。

（5）塑料样品管的里面容易产生气泡，轻敲管壁排出气泡以后方可放入托管架。

（6）在选择分离电压时，电压在 10～20kV 范围内各组分的迁移时间随着分离电压增高，迁移时间减小，峰高增大但分离度有所降低，电压增高，电流增大，产生焦耳热，使谱线变宽。综合考虑，实验应选用 20 kV 作为分离电压。

（7）文献分离条件为：pH = 7.5、$20mmol \cdot L^{-1}$ 硼砂缓冲溶液、20kV、进样时间 10s、检测波长 230nm。

实验拓展

实验中也可以采用一种化合物作为内标物，如没食子酸等，来单独测定电渗流淌度，然后求得被分析物的有效淌度。例如，有一混合物的分离结果，其中四个峰分别为内标物（$t=342.2s$）、未知物 1（$t=372.4s$）、未知物 2（$t=405.3s$）和未知物 3（$t=426.3s$）。实验用毛细管总长度为 50cm，有效长度（从进样口到检测点的距离）为 40cm，如果施加电压为 20 kV。根据公式，便可以计算出电渗淌度以及不同离子的表观淌度和有效淌度。注意如未知物为阴离子，阴离子的有效淌度为负值，因为其电泳淌度与电渗淌度的方向相反。

毛细管电泳作为一种新型的分离技术，不仅在食品检验方面，且在生命科学、生物工程、医学药物、环境保护等领域显示出极其重要的应用前景。比如在蛋白质中的应用，毛细管电泳在蛋白质中的应用主要有两大方面：一是研究蛋白质结构的表征，包括纯度、含量、等电点、相对分子质量、肽谱、氨基酸序列和 N－端序列的测定等。二是研究蛋白质间相互作用。利用毛细管电泳分离技术，检测多肽链上单个氨基酸的差异，尤其是肽谱用毛细管电泳和质谱联用进行分析，可推断蛋白质的分子结构。但蛋白质结构的完全表征尚需采用多种毛细管电泳模式，结合多种仪器联用，特别是和 MS、TOF/MS 的联用，才能得到正确的结果。

近年来，毛细管电泳研究有了很大的进展，主要包括分离方法和理论研究、高灵敏度检测器和检测方法研究、电渗流的控制和毛细管柱技术的研究、迁移时间和峰面积的重现性以及定量分析方法的改进、在柱样品浓缩方法等。目前，毛细管电泳分离模式主要如下：①毛细管区带电泳；②毛细管凝胶电泳；③毛细管胶束电动色谱；④毛细管等电聚焦；⑤毛细管等速电泳；⑥亲和毛细管电泳；⑦毛细管电色谱。上述七种分离模式相互渗透，各有利弊，用途不一，目前较为常用的主要为毛细管区带电泳和亲和毛细管电泳，此外，还有毛细管电动色谱、非水毛细管电泳等。毛细管电泳分离蛋白质的方法主要有：①涂层去活分离蛋白质，如采用甲基纤维素、硅烷、环氧二醇、麦芽糖、聚乙二醇、聚醚、聚丙酸胺等涂层物质；②动态分离蛋白质，如采用添加非离子表面活性剂或阳离子表面活性剂，采用高离子强度和两性离子，添加聚乙二醇、二氨基丁烷等其他添加剂；③其他分离方法，如毛细管串联法、毛细管等电聚焦法、流动注射－毛细管电泳串联法、毛细管凝胶电泳法等。目前对蛋白质进行鉴定和表征的最重要最有效的手段之一是肽图（指蛋白被酶解或化学裂解成肽片段，用毛细管电泳高分辨后所得的电泳图），通过肽图分析可鉴别蛋白质结构的类似性。大多数电泳法难以分辨出前白蛋白，此种转运甲状腺素和三碘甲状腺原氨酸的蛋白质在血清中的浓度可表明营养状态，且是确定恶性肿瘤、炎症、肝硬化的重要指标。正常血清中前白蛋白浓度范围相当窄（200～360mg·L^{-1}），而这一浓度范围正处在毛细管电泳的灵敏测定波长（214～200 nm）范围内，因此，毛细管电泳能够清楚地分辨且能定量前白蛋白。

毛细管电泳仪系统（Beckman Coulter）操作规程：

（1）操作过程

①开启稳压电源和继电器，启动仪器，让仪器预热及归位到起始位置。

②启动电脑，进入“32kara”仪器操作软件的主界面。选择检测器（“UV”，“PDA”，或“LIF”）。

③进入“direct control”界面，用二次蒸水冲洗毛细管 10～15min。

④冲洗完毕之后，点击“load”使仪器内托盘推出，将配制好的缓冲溶液，样品及二次蒸水放入固定的托盘位置，关上仪器盖。

⑤ 在软件操作界面上编制所需的“method”（方法），按一定路径存盘，并设置好数据存储路径，开始实验。

⑥实验完毕，再按步骤 4 用水冲洗毛细管，空气吹干。

⑦冲洗完毕，在“direct control”（直接控制）界面上点击灯的图标，关掉灯。

⑧点击“load”，让托盘推出，打开仪器盖，让冷冻液回流，完全回收，大约 1min 之后，关闭仪器开关。

⑨关闭“32kara”软件、电脑、继电器和稳压电源，填写实验记录。

⑩在记录本上记录使用情况。

（2）注意事项

① 仪器需在湿度为 75% 以内工作，如湿度超过 75%，需要预热仪器半小时以上，并同时开启空调抽湿，使湿度降到 75% 以内。

②保持仪器工作环境的干燥与干净，减少湿度和灰尘对仪器的影响。

A. 毛细管安装时，要特别注意窗口的地方易断，柱子两端要保持垂直；

B. 主机关机时，一定要使冷冻剂全部回收；

C. 适时检查瓶中液体，避免液体过多溢出；

D. 长时间不使用，应使用重蒸水冲洗毛细管并用空气吹干。

③样品、缓冲液均用 0. 22μm 滤膜过滤后方可使用。

实验思考

1. 说明缓冲溶液 pH 值对被分析物迁移时间的影响及原因。

2. 为什么不采用浓度一样的混合溶液作为混合标样？

3. 根据电泳的原理，判断在磷酸体系、三(羟甲基)氨基甲烷两种缓冲溶液下各个峰的归属，并对各个组分迁移时间的变化做出合理的分析和讨论。

单元 5 化学过程控制与分析

实验一 蔗糖酶的制备及米氏常数的测定

实验目的

（1）掌握蔗糖酶的制备方法；

（2）学会用分光光度法测定蔗糖酶的米氏常数 K_M 和最大反应速率 v_{max}；

（3）了解酶反应速率与底物浓度之间的关系。

实验背景

酶能够催化特定化学反应的蛋白质、RNA 或其复合体，属生物催化剂。绝大多数酶的化学本质是蛋白质，它和一般催化剂一样，能通过降低反应的活化能的方式加快反应速度。在相对浓度较低的情况下，酶的存在仅能影响化学反应速度，而不改变反应平衡点，并在反应前后本身不发生变化，但其催化效率比一般催化剂要高 $10^7 \sim 10^{13}$ 倍，且具有高度的选择性，一种酶只能作用某一种或某一类特定的物质。又由于酶是一类蛋白质，所以其催化作用一般在常温、常压和近中性的溶液条件下进行。

1913 年前后，Michaelis 和 Menten 从酶被底物饱和的现象出发，根据中间产物学说对酶催化反应的动力学进行研究，推导出了表示整个反应中底物浓度和反应速度关系的著名公式，称为米氏方程。根据米氏方程，当酶催化反应速率达到最大反应速率一半时的底物浓度的值即为米氏常数 K_M。K_M 是一种酶的特征常数，只与酶的种类有关而与酶和底物的浓度无关，因此，我们可以通过 K_M 值来鉴别酶的种类。但是它会随反应条件（温度、pH 值等）的改变而改变。因此，测定 K_M 值不仅对研究酶的特性具有重要意义，而且可以了解酶催化动力学反应的有关性质。

实验原理

在酶催化反应中，酶(E)和底物(S)首先反应生成中间产物(ES)，然后分解成产物(P)和游离酶(E)，反应方程式可用下式表示：

$$E + S \underset{k_{-1}}{\overset{k_1}{\rightleftharpoons}} ES \xrightarrow{k_2} P + E$$

式中　k_1、k_{-1}、k_2 分别代表各步反应的速率常数。当上述反应体系处于恒态时，ES 的生成速率等于分解速率，根据动力学理论可得：

$$k_1 \cdot c_E \cdot c_S = (k_{-1} + k_2) \cdot c_{ES} \tag{5-1}$$

或

$$\frac{c_E \cdot c_S}{c_{ES}} = \frac{k_{-1} + k_2}{k_1} \tag{5-2}$$

式中　c_E、c_S 和 c_{ES} 分别代表酶、底物和中间产物的浓度。

令
$$K_M = \frac{k_{-1} + k_2}{k_1} \tag{5-3}$$

或：
$$K_M = \frac{c_E \cdot c_S}{c_{ES}} \tag{5-4}$$

设反应前酶的初始浓度为 $c_{0,E}$，则：

$$c_E = c_{0,E} - c_{ES} \tag{5-5}$$

整理式(5－4)和式(5－5)得：

$$\frac{c_{0,E}}{c_{ES}} = \frac{K_M}{c_S} + 1 \tag{5-6}$$

通常情况下，酶催化反应的速率不仅与底物浓度有关，同时也受酶的浓度、反应温度以及 pH 值等因素的影响，因此实验中必须严格控制这些反应条件。在指定实验条件下，当酶的浓度一定时，测定的则是底物反应的速率，设反应速率为 v，由于中间产物(ES)的分解速率很慢，是总反应的决速步骤，所以：

$$v = k_2 c_{ES} \tag{5-7}$$

若酶的浓度为定值，当底物的起始浓度较低时，酶催化反应的速率与底物浓度成正比，即反应速率随底物浓度的增加而增加；但当所有的酶与底物结合生成中间产物后，再增加底物浓度，由于高浓度底物降低了水的有效浓度，抑制了分子扩散性，从而降低了酶催化反应速率，而且过量的底物聚集在酶分子上，生成无活性的中间产物，不能释放出酶分子，也会降低反应速率，此时底物浓度的进一步增加就不再影响反应速率了，反应速率将不再受底物浓度变化的影响，即达到 v_{max}，此时绝大部分酶与底物结合了，可近似地看作 $c_{0,E} \approx c_{ES}$，则有：

$$v_{max} = k_2 c_{0,E} \tag{5-8}$$

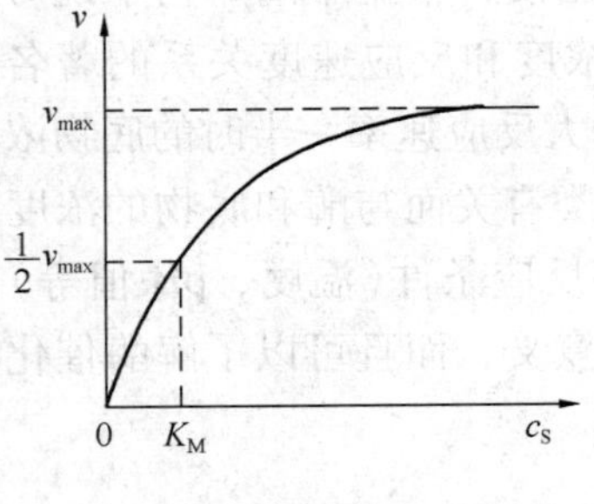

图5－1　酶反应速率与底物浓度的关系图

底物浓度与反应速率的关系如图 5－1 所示。图中 v 为反应速率，c_S 为底物浓度。在反应达到最大速率 v_{max} 之前的速率，一般称为反应初始速率。由式(5－7)和式(5－8)可得：

$$\frac{c_{0,E}}{c_{ES}} = \frac{v_{max}}{v} \tag{5-9}$$

将(5－9)代入式(5－6)，整理后即为米氏方程：

$$v = \frac{v_{max} c_S}{K_M + c_S} \tag{5-10}$$

式中 K_M 为米氏常数，在指定条件下，对每一种酶的反应都有特定的 K_M 值，与酶的浓度无关，因此它对研究酶反应动力学有很大的实际意义。

由以上米氏方程的推导过程可以看出，米氏常数 K_M 是酶催化反应中某一给定底物的动力学常数，由反应中每一步反应的速度常数合成(由 k_1、k_{-1}、k_2 三个反应速率常数决定)，其值为反应速率达到最大值一半时的底物浓度。实际上，也可以认为 K_M 是酶和底物形成的活化络合物的不稳定常数，是酶催化反应的一项很好的定量标志。K_M 越小，表示酶和底物反应愈完全，所以 K_M 值可以表示酶与底物的亲和力的大小。

由式(5－10)可以看出，米氏常数 K_M 是反应速率达到最大值的一半时的底物浓度，即当 $v = \frac{1}{2}v_{max}$ 时，$K_M = c_S$(K_M 的单位与底物浓度的单位一致)。基于这一点，测定不同底物浓度时的酶反应速率，利用作图法，求出 v_{max}，在 $\frac{1}{2}v_{max}$ 处的相应位置上就可以求出 K_M 的近似值。但用这种方法并不理想，因为曲线接近 v_{max} 时是个渐进过程，即使是用很大的底物浓度，也只能求得 K_M 的近似值。

为了准确求得 K_M 值，目前主要采用 Lineweaver – Burk 双倒数作图法、Eadie – Hofstee 作图法、Hanes – Woolf 作图法等方法。每种方法都有其优点和缺陷，应用较多的是 Lineweaver – Burk 双倒数作图法，即将式(5 – 10)改写成直线形式：

$$\frac{1}{v} = \frac{K_M}{v_{max}} \cdot \frac{1}{c_S} + \frac{1}{v_{max}} \qquad (5-11)$$

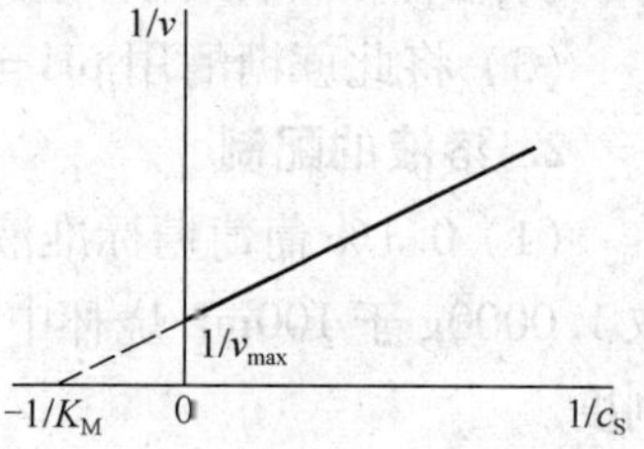

图 5 – 2　$1/v$ 与 $1/c_S$ 关系图

以 $1/v$ 为纵坐标，$1/c_S$ 为横坐标作图可得图 5 – 2 所示的直线（双倒数作图法），直线截距是 $\frac{1}{v_{max}}$，斜率为 $\frac{K_M}{v_{max}}$，直线与横坐标的交点为 $-\frac{1}{K_M}$。

蔗糖酶是一种水解酶，它能使蔗糖水解成葡萄糖和果糖，反应式如下：

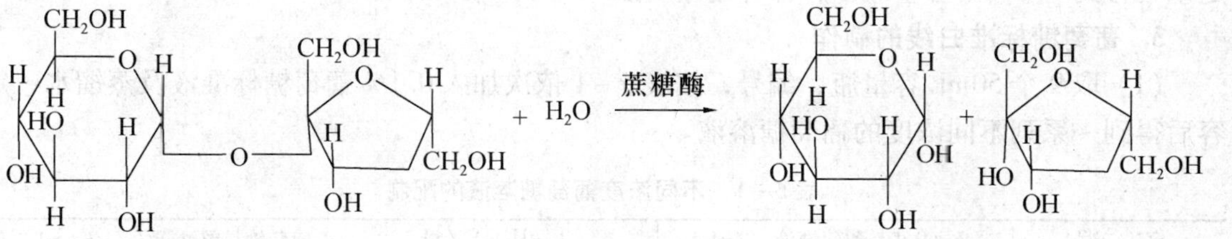

（蔗糖）　　　　（葡萄糖）　　（果糖）

该反应的速率可以用单位时间内葡萄糖(产物)浓度的增加来表示。葡萄糖是一种还原糖，当它与 3，5 – 二硝基水杨酸共热(100℃)反应后被还原成棕红色的氨基化合物，由于反应是按照一定的比例进行且生成的氨基化合物的量与体系颜色的深浅相关，因此在一定浓度范围内，体系颜色的深浅程度与发生反应的还原糖——葡萄糖的量成一定比例关系，据此可以用分光光度法来测定反应在单位时间内生成葡萄糖的量，从而计算出反应速率。

因此，测量不同底物(蔗糖)浓度 c_S 的相应反应速率 v，就可以利用式(5 – 11)，将 $1/v$ 对 $1/c_S$ 作图，从而计算出米氏常数 K_M 值。

仪器试剂

仪器：高速离心机　72 型分光光度计或紫外可见分光光度计　恒温水浴锅　移液管　烧杯　三角瓶　比色管　恒温箱　试管　容量瓶　棕色瓶　秒表　分析天平　量筒

试剂：3，5 – 二硝基水杨酸(DNS，A. R.)　0.1mol · L^{-1} 乙酸缓冲液　酒石酸钾钠(A. R.)　蔗糖(A. R.)　亚硫酸钠(A. R.)　葡萄糖(A. R.)　氢氧化钠(A. R.)　乙酸钠(A. R.)　鲜酵母　甲苯(A. R.)　重蒸酚(A. R.)

实验步骤

1. 蔗糖酶的制取

(1) 取鲜酵母 20g 于 100mL 三角瓶中，加入 1.6g 乙酸钠，搅拌 15 ~ 20min 后使团块液化，再加 3mL 甲苯，混合后摇动 10min，放在恒温箱中 37℃保温 60h 左右(为什么?)。

（2）从恒温箱中取出三角瓶后加入3.2mL 4mol·L^{-1}乙酸和10mL水使体系pH值在4.5左右。将混合物以3000r·min^{-1}的速度离心30min，离心后混合物形成三层，取中层黄色液体(为什么?)，再以同样速度离心30min，所得澄清的黄色液体即为蔗糖酶粗品。

（3）将此蔗糖酶用pH=4.6(为什么?)的缓冲溶液稀释10倍，过滤后冷冻保存。

2. 溶液的配制

（1）0.1%葡萄糖标准液(1mg·mL^{-1})：预先在90℃温度下将葡萄糖烘1h，然后准确称取1.0000g于100mL烧杯中，用少量蒸馏水溶解后，定量转移至1000mL容量瓶中，稀释至刻度。

（2）3,5－二硝基水杨酸（DNS）试剂：6.3g 3，5－二硝基水杨酸和262mL的2mol·L^{-1}氢氧化钠溶液加入酒石酸钾钠的热溶液中（182g酒石酸钾钠溶于500mL水中），再依次加入5g重蒸酚和5g亚硫酸钠，微热搅拌溶解，冷却后加蒸馏水定容到1000mL，储于棕色瓶中备用。

（3）0.1mol·L^{-1}蔗糖液：准确称取34.2g蔗糖于100mL烧杯中，加少量蒸馏水溶解后，定量转移到1000mL容量瓶中，稀释至刻度。

3. 葡萄糖标准曲线的制作

（1）取9个50mL容量瓶，编号，按表5－1依次加入0.1%葡萄糖标准液及蒸馏水，定容后得到一系列不同浓度的葡萄糖溶液。

表5－1　不同浓度葡萄糖溶液的配制

序　号	V（0.1%葡萄糖液）/mL	V（H_2O）/mL	葡萄糖最终浓度/（μg·mL^{-1}）
1	5.0	45.0	100
2	10.0	40.0	200
3	15.0	35.0	300
4	20.0	30.0	400
5	25.0	25.0	500
6	30.0	20.0	600
7	35.0	15.0	700
8	40.0	10.0	800
9	45.0	5.0	900

（2）分别吸取上述不同浓度的葡萄糖液1.0mL注入9支试管内，另取一支试管加入1.0mL蒸馏水（为什么?），然后在每支试管中加入1.5mL DNS试剂，混合均匀，在沸水浴中加热5min（为什么?），取出以冷水冷却，每个管内再注入蒸馏水2.5mL，摇匀。

（3）在分光光度计上测定540nm处的吸光值A，根据测量结果作出标准曲线。

4. 蔗糖酶米氏常数K_M的测定

（1）按表5－2数据依次在9支试管中加入0.1mol·L^{-1}蔗糖液和0.1mol·L^{-1}乙酸缓冲液（pH=4.6），总体积达2.00mL，置于35℃水浴中预热。

表5－2　反应物溶液的配制数据表

序　号	1	2	3	4	5	6	7	8	9
V（蔗糖标准溶液①）/mL	0	0.2	0.25	0.30	0.35	0.40	0.50	0.60	0.80
V（缓冲液②）/mL	2.00	1.80	1.75	1.70	1.65	1.60	1.50	1.40	1.20

① 蔗糖标准溶液浓度为0.1mol·L^{-1}。

② 乙酸缓冲液pH值为4.6。

（2）另取预先制备的酶液在35℃水浴中保温10min，依次向试管中加入稀释过的酶液各2.0mL，准确作用5min（用秒表记时）后，再按次序加入0.5mL $2mol \cdot L^{-1}$ NaOH溶液，摇匀，令酶反应中止。

（3）测定时，从每支试管中各吸取0.5mL酶反应液加入盛有1.5mL DNS试剂的25mL比色管中，并加入1.5mL蒸馏水，在沸水浴中加热5min后用冷水冷却，再用蒸馏水稀释至刻度，摇匀。然后用分光光度计逐一测定540nm处的吸光值。

5. 数据处理

（1）根据上述各反应液测得的吸光值，在葡萄糖标准曲线上查出对应的葡萄糖浓度，结合反应时间计算其反应速率 v，并结合对应的底物（蔗糖）浓度 c_S，以 $1/v$ 为纵坐标，$1/c_S$ 为横坐标作图。

（2）由直线斜率和截距求出 K_M 和 v_{max} 值。

实验指导

（1）本实验采用定量测定方法，为获得准确的实验结果，应尽量减少实验操作中带来的误差。因此配制各种底物溶液时应用同一母液进行稀释，以保证底物浓度的准确性。各种试剂的加入量也须准确，并严格控制准确的酶催化反应时间。

（2）实验表明，反应速率只在最初一段时间内保持恒定，随着反应时间的延长，酶催化反应速率逐渐下降。导致反应速率下降的原因有多种，如底物浓度降低、产物浓度增加对酶产生抑制作用并加速逆反应的进行，酶在一定pH值及温度下部分失活等。因此，研究酶的活力应以酶催化反应的初速率为准。

（3）从反应速率与底物浓度的关系来看，当底物浓度接近于零或很小时，该体系为一级反应，即反应速率与底物浓度一次方成正比；但当底物浓度增加到一定极限时，此后的反应速率与底物浓度无关（$c_S \gg K_M$），即该体系接近于零级反应。本实验的底物浓度应选择适当，使反应在初始阶段进行。

（4）某些酶的 K_M 值（见表5-3）。

表5-3　某些酶的 K_M 值

酶	底　物	K_M/（$mol \cdot L^{-1}$）
麦芽糖酶	麦芽糖	2.1×10^{-1}
蔗糖酶	蔗糖	2.8×10^{-2}
磷酸酯酶	磷酸甘油	$<3.0 \times 10^{-3}$
乳酸脱氢酶	丙酮酸	3.5×10^{-5}
琥珀酸脱氢酶	琥珀酸	5.0×10^{-7}

（5）本实验的操作全过程需时较长，大约需要两天半的时间，实验教师在安排学生实验时可根据实验室实际情况合理选择。如果事先预备好标准曲线和制备好酶液也可安排一天完成。

实验拓展

（1）本实验是通过测定蔗糖水解产生的还原糖——葡萄糖的浓度，进而计算蔗糖酶的米氏常数。利用还原糖的各种性质进行米氏常数测定的方法有多种，例如旋光度法、斐林

(Fehling) 试剂法、电化学法、3,5 - 二硝基水杨酸、Nelson 比色法等。本实验利用 3,5 - 二硝基水杨酸（DNS）溶液与还原糖共热后被还原成棕红色的氨基化合物，在一定浓度范围内，还原糖的量与棕色物质颜色深浅程度成一定比例关系，可用分光光度计进行测定。其优点是操作简便、快速、杂质干扰较小。

（2）米氏常数是酶的特征常数，只与酶的种类有关而与酶及底物的浓度无关，因此，我们可以通过 K_M 值来鉴别酶的种类。但是它会随着反应条件（T、pH 值）的改变而改变（不同的酶有不同的米氏常数，同一种酶的米氏常数随条件的不同也会发生改变）。研究米氏常数的主要意义如下：

① 数值等于酶催化反应最大速度的一半时所需的底物浓度。它表示酶和底物之间的亲和能力，K_M 值越大，说明需要更多的底物才能达到最大反应速度的一半，即酶的亲和能力越弱；反之亦然。

② 它可以确定一条代谢途径中的限速步骤：代谢途径是指由一系列彼此密切相关的生化反应组成的代谢过程，前面一步反应的产物正好是后面一步反应的底物，限速步骤就是一条代谢途径中反应最慢的那一步，即 K_M 值最大的那一步反应，该酶也叫这条途径的关键酶。

③ 它可以用来判断酶的最适底物，某些酶可以催化几种不同的生化反应，叫多功能酶，其中 K_M 值最小的那个反应的底物就是酶的最适底物。

④ 计算一定速率下的底物浓度，如某一反应要求反应速率达到最大速率的 99%，则 $c_S = 99K_M$。

实验思考

1. 测定酶的米氏常数有何意义？为什么要采用初始速率法进行测定？
2. 试讨论本实验测定米氏常数时，有哪些因素影响其测定结果？
3. 酶催化剂与普通的化学催化剂有何区别？
4. 米氏常数还可用哪些方法测定？

实验二　循环伏安法研究银在氢氧化钾溶液中的电化学行为

实验目的

（1）巩固循环伏安法的实验技术；

（2）应用循环伏安法研究银电极在氢氧化钾溶液中的电化学行为，观察扫描速率、氯离子对电极反应的影响。

实验背景

电极过程动力学研究是电化学研究的主要发展方向之一。所谓电极过程是指在电子导体和离子导体二者之间的界面上进行的过程。由于该过程既包括化学电池、工业电槽、实验电化学装置中的过程，也包括金属在电解液中的腐蚀等过程，因此在化学工业、能源研究、材料科学和环境保护等许多重要领域都有广泛的应用。

一个电极过程（电极反应）通常是一个复杂的多步骤过程，有液相传质、反应前（后）

转化以及电化学反应等许多基元步骤。这些基元步骤的进行受体系中溶液组成、电极材料以及电极表面状态和施加于电极上的电场特征与大小等因素的影响，不同条件下产生不同的电化学历程，也会表现出不同的电化学反应特征。

电极过程动力学测量中，通常利用电极过程分区进行的特征，施加不同形式的电场于研究电极，通过测量研究电极上电位、电流、电阻、电容等各种电参数的变化，再结合电化学理论进行分析和判断，进而推理出电极、电极界面及其周围液层中可能发生的化学、物理和电化学变化的历程和规律。

电化学研究方法笼统地讲可以分为稳态法和暂态法两类。稳态法是电流、电极电势、电极表面状态以及电极表面物种的浓度等基本上不随时间而改变时测量电流与电极电位关系曲线的方法。使用的电极有平面电极、球面电极、旋转圆盘电极和旋转环－盘电极。常见的稳态电化学研究方法有：稳态极化曲线法、滴汞电极极谱法、旋转圆盘电极法、微电极法等。暂态法是测量电极由平衡态到稳定态过渡时间内电极过程中电流与电极电位曲线的方法。在过渡阶段，电极及其周围液层双电层充电、溶液的扩散传质、浓度分布、电化学反应及其电极界面的吸附覆盖程度都可能与时间有关，处于变化中。常用的暂态法有控制电位法和控制电流法。控制信号的方式有阶跃法、方波法、交流阻抗法和快速线性扫描法等。

电化学实验中常采用由研究电极、参比电极和对（辅助）电极组成的三电极体系进行实验研究。三电极法的电路如图 5－3 所示，其中电极上发生的电极过程是研究的对象，施加于研究电极的电场由极化电源（恒电位仪和信号发生器）调制给出，参比电极用来测量研究电极的电势，对（辅助）电极的作用只用来通过电流。电流－电位或电流（电位）－时间曲线由 X－Y 函数记录仪（示波仪或计算机）进行记录或显示。

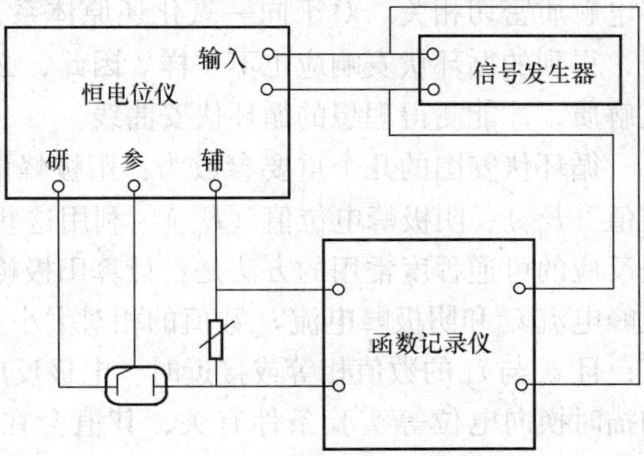

图 5－3　电化学三电极系统常用实验基本装置

实验原理

循环伏安法（CV）是指在工作电极上施加的电势从原始电位 E_0 开始，以一定的速度扫描到电势 E_1 后，再将扫描方向反向进行扫描到原始电势 E_0（或再进一步扫描到另一电势 E_2），然后在 E_0 和 E_1 或 E_2 和 E_1 之间进行循环扫描，所得的电流－电位曲线即为循环伏安曲线。其施加电势和时间的关系为：

$$E = E_0 - vt（或 E = E_0 + vt） \tag{5-12}$$

式（5－12）中：v 为扫描速度；t 为扫描时间。

电势和时间关系曲线如图 5－4 所示。由于施加的电压为三角波，这种方法也称为三角波线性扫描极谱法。

在扫描电位范围内，若在某一电位值时出现电流峰，说明在此电位时发生了电极反应。若在正向扫描时电极反应的产物足够稳定，且能在电极表面发生电极反应，则在返回扫描时将出现与正向电流峰相对应的逆向电流峰。典型的循环伏安曲线如图 5－5 所示，i_{pc} 和 i_{pa} 分别表示阴极峰值电流和阳极峰值电流，对应的阴极峰值电位与阳极峰值电位分别为 E_{pc} 和 E_{pa}。

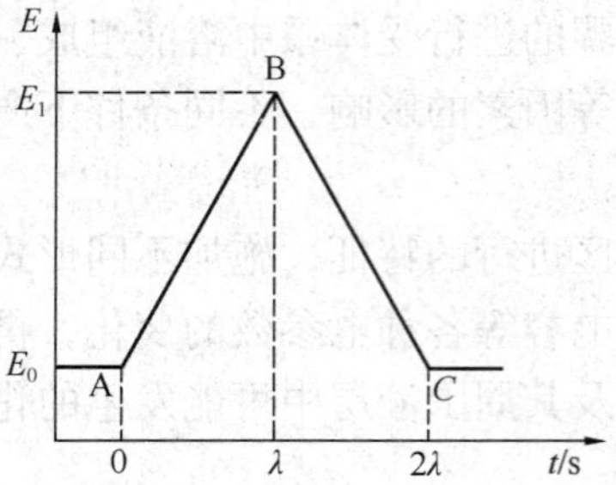

图5-4　三角波电压

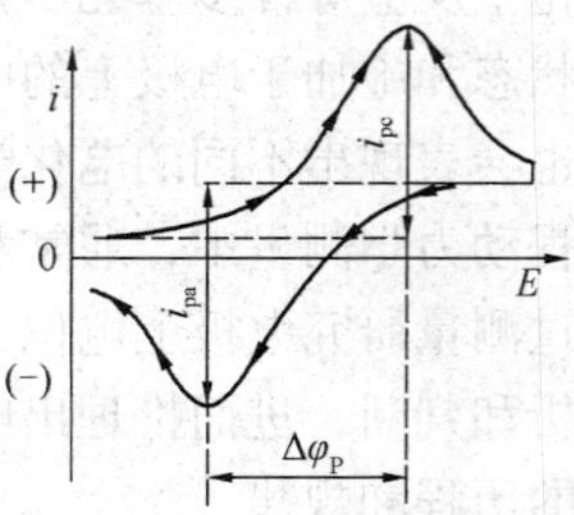

图5-5　循环伏安图

正向扫描对应于阴极过程，发生还原反应：$O + ne^- \rightarrow R$，得到上半部分的还原波；反向扫描对应于阳极过程，发生氧化反应：$R - ne^- \rightarrow O$，得到下半部分的氧化波。

循环伏安曲线图不仅与测量的氧化还原体系有关，还与工作电极、电解液中的溶剂及支持电解质密切相关。对于同一氧化还原体系，不同的电极、不同的溶剂或不同的支持电解质，得到的循环伏安响应也不一样。因此，必须通过实验选择合适的工作电极、溶剂及支持电解质，才能测得理想的循环伏安曲线。

循环伏安图的几个重要参数为：阳极峰电流值（i_{pa}）、阴极峰电流值（i_{pc}）、阳极峰电位值（E_{pa}）、阴极峰电位值（E_{pc}）。利用这些参数，可判断电化学反应的特征。其中判断电极反应的可逆程度常用的方法是：计算阳极峰电位 E_{pa} 与阴极峰电位 E_{pc} 的差值 ΔE_p，比较阳极峰电流 i_{pa} 和阴极峰电流 i_{pc} 数值的相对大小。根据 Nernst 方程，当 ΔE_p 的数值接近 $2.3RT/zF$，且 i_{pa} 与 i_{pc} 的数值相等或接近时，电极反应是可逆过程。但是，ΔE_p 值与电位扫描范围、扫描时换向电位等实验条件有关，其值会在一定范围波动。当实验测定温度为 298K，由 Nernst 方程计算得出的 $\Delta E_p/mV = 59/z$，如果从循环伏安图得出的 $\Delta E_p/mV$ 的值在 $55/z \sim 65/z$ 范围内，即可认为电极反应是可逆过程。对于不同扫描速率时测定的循环伏安曲线，可逆电流峰值电位 E_p 与扫描速率 v 无关，阴、阳极峰电流的值正比于扫描速率的平方根，电流函数（$i_p \propto v^{1/2}$）与扫描速率 v 呈线性关系。对于部分可逆（半可逆或准可逆）电极过程来说，$\Delta E_p/mV > 59/z$，且数值越大，不可逆程度越高；ΔE_p 随扫描速率的加快而增大；阴、阳极峰电流的值仍正比于扫描速率的平方根，但有可能产生差异，即 i_{pc}/i_{pa} 值可能等于1、大于1或小于1；电流函数（$i_p/v^{1/2}$）与扫描速率 v 呈线性关系。

本实验采用循环伏安法研究银电极在氢氧化钾溶液中的电化学反应行为（图5-6）。由图可见，从低电位向高电位扫描过程中，在开始扫描阶段，研究电极表面是金属银，相对于 $7mol \cdot L^{-1}$ KOH - HgO 参比电极而言，此时银的电极电位 $\varphi_{vs,HgO} = 0V$，故电流为零；随着电位增加，电流开始上升并出现电流峰 A，这表明金属银氧化成 Ag_2O，电极反应为：

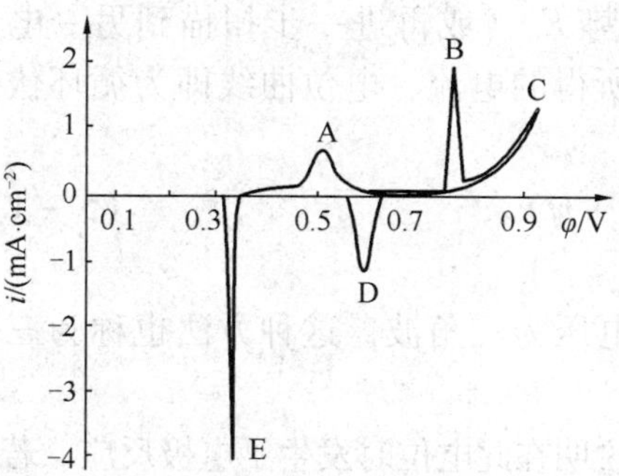

图5-6　氮气氛中 Ag 在 KOH 溶液中的循环伏安图

（扫描速率：$20mV \cdot min^{-1}$）

$$2Ag + 2OH^- \Longrightarrow Ag_2O + H_2O + 2e^- \qquad (1)$$

然而由于银电极表面生成的产物 Ag_2O 的覆盖抑止作用，使反应不能继续进行，故电流逐渐减小到近于零。当电位继续增加时，又开始出现新的电流峰。一般认为此时的电极反应按下式进行：

$$Ag_2O + 2OH^- \longrightarrow 2AgO + H_2O + 2e^- \quad (2)$$

而此反应的平衡电位为 0.47V。显然，出现电流峰的电位较大，偏离了反应的平衡电位。这是由于 Ag_2O 的电阻率极高，使（2）式的反应很难进行，而造成较大极化。当电位进一步增加时，电流又开始上升，并可见电极表面有气泡逸出，显然此电流用于产生氧气。随着电位的增大，电流不断上升，到 + 1.0V 时，控制的阳极过程结束，开始回扫，即进行阴极过程。当电位回扫到起始点时，$\varphi_{vs,HgO}=0V$，研究电极表面又还原成金属银。

当从低电位向高电位扫描时，在低电位区，电流为零，说明银电极表面为金属 Ag。随着电位的正移，银电极失去电子被氧化，曲线上出现了三个电流峰，其中前两个对应于银氧化时失去两个电子的过程，第三个峰是氧的析出峰。

电位回扫时也出现两个峰，对应 AgO 还原为金属 Ag 的还原峰。

仪器试剂

仪器：DS－2005 伏安极谱仪 Ag 电极（$\Phi = 0.8mm$，1cm） Hg－HgO 参比电极 铂丝电极 电解池 容量瓶 烧杯

试剂：氢氧化钾（A. R.） 氯化钾（A. R.） 硝酸（A. R.）

实验步骤

（1）电极抛光：用金相砂纸打磨 Ag 电极至镜面程度，在 $6mol \cdot L^{-1} HNO_3$ 中浸蚀 10s（为什么?），用蒸馏水冲洗干净，备用。

（2）打开仪器预热 20min，打开电脑，打开 DS－2005 伏安极谱仪操作界面。

（3）取适量 $7mol \cdot L^{-1}$ KOH 溶液转移至 10mL 电解池中，严格按仪器使用说明接好电极，各电极不可接错（为什么?），然后插入电解池中（电极表面不可引入气泡）。

（4）在伏安极谱仪操作界面的“实验”菜单中选择“实验方法’，选择“循环伏安法”，点击“确定”，并设置实验参数为：起始电位（0.0V）；终止电位（+1.0V）；静止时间（2s）；扫描时间（任意扫速）；扫描速率（$0.1V \cdot s^{-1}$）；灵敏度（$1.0 \times e^{-4}$）；循环次数（1）；是否敲击（不敲击）；通氮时间（0s）；氮气（不保持），点‘确定”。从“实验”菜单中选择“开始实验”，观察循环伏安图，记录峰电流和峰电位。

（5）使用上述溶液，分别以不同的扫描速率：0.05、0.03、$0.01V \cdot s^{-1}$（其他实验条件同上），记录从 0～+1.0V 扫描的循环伏安图。

（6）按上述实验操作方法，选择扫描速率为 $0.1V \cdot s^{-1}$，分别记录含 $7mol \cdot L^{-1}$ KOH 和 $0.005mol \cdot L^{-1}$ KCl 以及含 $7mol \cdot L^{-1}$ KOH 和 $0.5mol \cdot L^{-1}$ KCl 溶液的循环伏安图。

（7）数据处理

① 从测得的循环伏安图上求出峰电位 E_p 和峰电流 i_p，并列表进行比较。

② 写出阴极过程所出现的各个峰对应的电极反应方程式。

③ 分析实验数据，说明扫描速率对循环伏安图及 Cl^- 对电化学过程的影响。

实验指导

（1）固体电极表面的第一步处理是进行机械研磨、抛光至镜面程度，通常用于抛光电极的材料有金刚砂、MgO、$\alpha-Al_2O_3$ 粉等，抛光时总是按照抛光剂粒度降低的顺序依次进行，每次抛光后先洗去电极表面的污染物，直至清洗干净。最后用乙醇、稀酸和水彻底清洗，再

进行后续处理。本实验所用银电极抛光后可用稀硝酸清洗，表面的污染物生成可溶性硝酸盐。也有人认为硝酸对银电极有损伤，提出用稀氨水溶解电极表面银的氧化物和硫化物。

（2）循环伏安实验电位扫描范围的确定需综合考虑溶剂和电活性物质两方面的因素。首先应考虑支持电解质的背景极限，即工作电极浸入到仅含有支持电解质溶液中时，在工作电极上阴极和阳极电流开始流动的电势范围内，将电势移动超出背景极限，支持电解质会发生电化学反应产生干扰；其次，电活性物质的电极反应应尽量得到较好的体现。

（3）本实验中，在 $7mol \cdot L^{-1}$ KOH 溶液中添加不同量的 KCl，再对 Ag 电极作电位扫描，可以观察到 Cl^- 对 AgO 还原成 Ag_2O 的波峰的影响。这是由于 Cl^- 的加入可抑制 AgO 还原的高电压平段，因此该反应体系可用来研究和评价锌－氧化银电池中添加剂（如 Cl^-）对其电化学过程的影响，进而选择 Cl^- 的最佳含量，消除银锌电池的高波电压，使电池放电有稳定的电压值。

（4）实验过程中应严格按仪器使用说明接好各电极，切不可随意乱接，以免损坏仪器。

实验拓展

（1）电化学实验装置可根据实际研究体系、实验目的和所选研究方法进行选择和设计，除了常用的三电极体系外，还有两电极体系和四电极体系；此外，随着电子技术和计算机技术的发展，目前的电化学仪器大多采用计算机控制，而且软件系统往往具有开放的功能，用户可以按照需要设计程序，开发新的实验方法。

（2）应用循环伏安法可以进行以下几方面的研究：

①对新体系的反应机理进行探索；

②判断电极反应是否可逆；

③测定动力学参量；

④判断电化学－化学偶联反应；

⑤判断催化反应；

⑥判断电极表面强、弱吸附。

实验思考

1. 三电极体系中，参比电极和对（辅助）电极的作用是什么？
2. 结合本实验，请说明对一新研究体系，其循环伏安电位扫描范围应如何确定？
3. 打磨好的银电极为何还要在硝酸溶液中浸泡10s？如果浸泡较长时间，会有什么结果出现？

实验三　黏度法测定聚乙烯醇的相对分子质量及分子构型

实验目的

（1）了解黏度法测定高聚物平均相对分子质量的基本原理和公式；

（2）掌握用 Ubbelohde 黏度计测定高聚物溶液黏度的原理与方法；

（3）利用黏度法测定聚乙烯醇被高碘酸盐处理前后两种物质的摩尔质量，从而求出

"头碰头"键合的几率。

实验背景

高聚物的相对分子质量（以下简称分子量）是研究聚合物及高分子材料性能的最基本数据之一。它涉及到高分子材料及其后续产品的力学性能、高聚物的流变性能、聚合物加工性能和加工条件的选择，也是在高分子化学、高分子物理领域对具体聚合反应、具体聚合物的结构研究所需的基本数据之一。高聚物的分子量往往没有一个确定的值，用实验的方法测定的是其分子量的平均值，即平均分子量。

若某一高聚物含 i 个组分，各组分的摩尔质量分别为 M_1，M_2，…，M_i；各组分的分子数分别为 N_1，N_2，…，N_i；各组分的质量分别为 W_1，W_2，…，W_i（$W_i = N_i M_i$），根据测定原理和平均值计算方法的不同，常用的统计平均分子量（相对摩尔质量）主要有：

数均分子量：按分子数的统计平均　$\overline{M}_n = \sum_i N_i M_i / \sum_i N_i$

重均分子量：按质量的统计平均　$\overline{M}_W = \sum_i W_i M_i / \sum_i W_i$

z 均分子量：按 z 量的统计平均　$\overline{M}_Z = \sum_i Z_i M_i / \sum_i Z_i (Z_i = W_i M_i)$

黏均分子量：按溶液黏度测得的平均分子量 $\overline{M}_\eta = [\sum_i W_i M_i^\alpha]^{\frac{1}{\alpha}}$（$\alpha$ 指 $[\eta] = k\overline{M}^\alpha$ 公式中的指数）。

同一高聚物的平均分子量在数值上往往因表示方法（数均、重均、z 均及黏均）不同而不同。

目前，高聚物分子量的测定方法较多，常见的有：黏度法、端基分析法、沸点升高法、冰点降低法、渗透压法、光散射法、超速离心沉降法以及凝胶渗透色谱法和质谱法等。其中黏度法由于具有设备简单、测定技术易于掌握且实验结果精确度高等优点，目前应用较为广泛。

实验原理

黏度是指液体对流动所表现的阻力，这种力反抗液体中邻接部分的相对移动，因此可以看成是一种内摩擦力。图 5－7 是液体流动示意图。

当相距为 ds 的两个液层以不同的速度（v 和 $v + \mathrm{d}v$）移动时，产生的流速梯度为 dv/ds。当两液层建立平衡流动时，维持一定流速所需要的力（即液体对流动的阻力）f' 与液层的接触面积 A 以及流速梯度 dv/ds 之间成正比关系，即：

$$f' = \eta \cdot A \cdot \frac{\mathrm{d}v}{\mathrm{d}s} \qquad (5-13)$$

式（5－13）中，η 为黏度系数（简称黏度）Pa・s。

若以 f 表示单位面积液体的粘滞阻力，$f = f'/A$，则：

$$f = \eta\left(\frac{\mathrm{d}v}{\mathrm{d}s}\right) \qquad (5-14)$$

式（5－14）为牛顿黏度定律表示式。

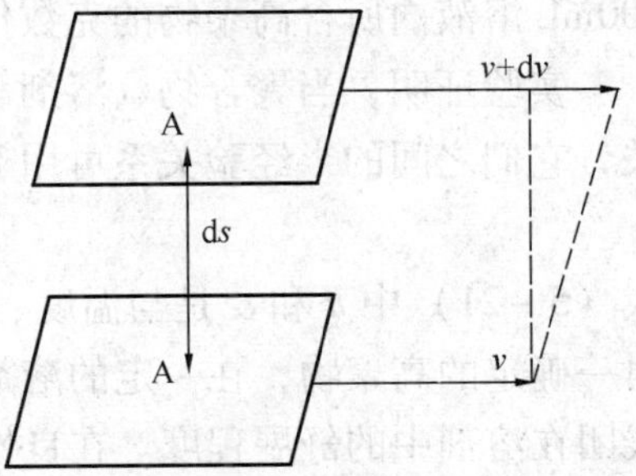

图 5－7　液体流动示意图

液体的黏度主要反映了液体在流动时内摩擦力的大小。纯溶剂黏度 η_0 反映的是溶剂分子之间的内摩擦力效应，高聚物溶液的黏度 η 则反映了体系中高聚物分子相互之间、溶剂分子之间以及高聚物分子与溶剂分子之间内摩擦效应的总和。在同一温度下，通常高聚物溶液的黏度比纯溶剂的黏度大得多，黏度增加的分数被定义为增比黏度 η_{sp}，即：

$$\eta_{sp} = (\eta - \eta_0)/\eta_0 \tag{5-15}$$

而溶液黏度与纯溶剂黏度的比值称为相对黏度，记作 η_r，由定义可知：

$$\eta_r = \eta/\eta_0 \tag{5-16}$$

式（5-15）中，η_{sp}意味着已扣除了溶剂分子相互之间的内摩擦效应；而式（5-16）中，η_r 则是整个溶液的黏度行为。η_{sp}和 η_r 均为无因次的量，两者关系为：

$$\eta_{sp} = (\eta - \eta_0)/\eta_0 = \eta_r - 1 \tag{5-17}$$

对于高分子溶液，增比黏度 η_{sp}往往随溶液的浓度 c 的增加而增加。为了便于不同高分子溶液间黏度大小的比较，通常将单位浓度下所显示出的增比黏度（即比浓黏度）作为高聚物相对分子质量的量度，其值为 η_{sp}/c；而将 $\ln\eta_r/c$ 称为比浓对数黏度。

Huggins（1941 年）和 Kraemer（1938 年）分别发现了比浓黏度 η_{sp}/c 以及比浓对数黏度 $\ln\eta_r/c$ 与溶液浓度 c 的关系：

$$\frac{\eta_{sp}}{c} = [\eta] + k_1[\eta]^2 c \tag{5-18}$$

$$\frac{\ln \eta_r}{c} = [\eta] - k_2[\eta]^2 c \tag{5-19}$$

对比以上两式可以发现，分别以比浓黏度 η_{sp}/c 以及比浓对数黏度 $\ln\eta_r/c$ 对溶液浓度 c 作图，可得两条直线，而且对同一高聚物，两直线向浓度趋于零外推将交于一点，由式（5-18）和式（5-19）可知，交点对应值为截距［η］（如图 5-8 所示）。

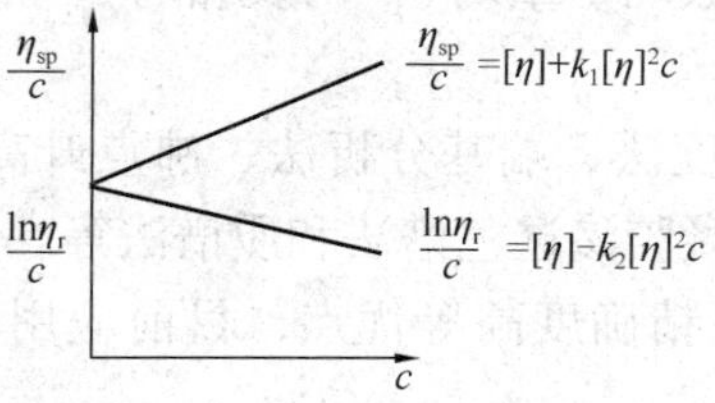

图 5-8　外推法求［η］示意图

由以上推导还可发现，［η］是高聚物浓度趋于零时溶液黏度的极限值，此时相当于将溶液浓度无限稀释，使得每个高聚物分子彼此相隔极远，分子之间的内摩擦效应进一步消除，高聚物分子间的相互干扰可以忽略不记，溶液所呈现出的黏度行为基本上反映了高分子与溶剂分子之间的内摩擦效应。这一黏度的极限值记为：

$$\lim_{c\to 0}\frac{\eta_{sp}}{c} = \lim_{c\to 0}\frac{\ln \eta_r}{c} = [\eta] \tag{5-20}$$

［η］称为特性黏度，其值与浓度无关，是一个与溶剂的性质、高聚物分子的形态和大小有关的量。［η］的单位是浓度单位的倒数，随浓度的表示方法不同而异，文献中常以 100mL 溶液内所含高聚物的克数作为浓度单位，即 $g\cdot(100mL)^{-1}$。

实验证明，当聚合物、溶剂和温度确定以后，［η］的数值只与高聚物平均分子量 M 有关，它们之间的半经验关系可用 Mark Houwink 方程式表示：

$$[\eta] = k\overline{M}^{\alpha} \tag{5-21}$$

式（5-21）中 k 和 α 是与温度、聚合物、溶剂性质有关的参数，k 值受温度影响较为明显。对一确定的高聚物，在一定的溶剂和温度下，k 和 α 是常数，其中指数 α 主要取决于高分子线团在溶剂中的舒展程度。在良性溶剂中，高聚物分子舒展松懈，与溶剂分子摩擦机会大，α 值较大；反之，在不良溶剂中，高聚物分子团聚紧密，则 α 较小。

k 和 α 的数值，只能通过其他绝对方法（例如渗透压法、光散射法等等）确定，而黏度法只能测定［η］而求算平均分子量。

上述提到的溶液黏度的名称、符号和定义见表 5－4。

表 5－4　溶液黏度的命名

符　　号	名称与物理意义
η_0	纯溶剂的黏度，溶剂分子与溶剂分子间的内摩擦表现出来的黏度
η	溶液的黏度，溶剂分子与溶剂分子之间、高分子与高分子之间和高分子与溶剂分子之间三者内摩擦的综合表现
η_r	相对黏度，$\eta_r = \eta/\eta_0$，溶液黏度对溶剂黏度的相对值
η_{sp}	增比黏度，$\eta_{sp} = (\eta - \eta_0)/\eta_0 = \eta/\eta_0 - 1 = \eta_r - 1$，反映了高分子与高分子之间、纯溶剂与高分子之间的内摩擦效应
η_{sp}/c	比浓黏度，单位浓度下所显示出的黏度
$\ln \eta_r/c$	比浓对数黏度
［η］	特性黏度，$\lim\limits_{c\to 0}\dfrac{\eta_{sp}}{c} = \lim\limits_{c\to 0}\dfrac{\ln \eta_r}{c} = [\eta]$，反映了高分子与溶剂分子之间的内摩擦

测定液体黏度的方法主要有三类：①用毛细管黏度计测定液体在毛细管里的流出时间；②用落球式黏度计测定圆球在液体里的下落速度；③用旋转式黏度计测定液体与同心轴圆柱体相对转动的情况。

以上三种方法中，后两种适用于高、中黏度溶液的测定；毛细管法则适用于较低黏度溶液的测定。高聚物溶液的黏度通常较低，适合于毛细管黏度计法进行测定。当液体在毛细管黏度计内因重力作用而流出时遵守 Poiseuille 公式：

$$\frac{\eta}{\rho} = \frac{\pi hgr^4 t}{8lV} - m\frac{V}{8\pi lt} \tag{5-22}$$

式中　ρ—— 液体的密度，$g \cdot m^{-3}$；

l—— 毛细管长度，m；

r—— 毛细管半径，m；

t—— 流出时间，s；

h——流经毛细管液体的平均液柱高度，m；

g——重力加速度，$m \cdot s^{-2}$；

V——流经毛细管的液体体积，m^3；

m——动能校正常数，与仪器的几何形状有关（当 $r/l \ll 1$ 时，$m=1$）。

对某一支指定的黏度计而言，令 $A = \frac{\pi hgr^4}{8lV}, B = \frac{mV}{8\pi l}$，则上式可改写为：

$$\frac{\eta}{\rho} = At - \frac{B}{t} \tag{5-23}$$

当式中 $B < 1$，$t > 100s$ 时，等式右边第二项（动能校正项）可以忽略。又因测定是在稀溶液中进行，溶液的密度 ρ 与溶剂密度 ρ_0 近似相等。这样，通过测定溶液和溶剂的流出时间 t 和 t_0，就可求算 η_r：

$$\eta_r = \eta/\eta_0 = t/t_0 \tag{5-24}$$

进而可计算得到 η_{sp}、η_{sp}/c 和 $\ln\eta_{sp}/c$ 值。配制一系列不同浓度的溶液分别进行测定，以 η_{sp}/c 和 $\ln\eta_{sp}/c$ 为纵坐标，c 为横坐标作图，得两条直线，分别外推到 $c=0$ 处，其截距即为 $[\eta]$，如图5 - 8 所示。在已知 k、α 值的条件下，代入 $[\eta]=k\overline{M}^{\alpha}$，即可得到$\overline{M}$。

对于某些特殊单体构成的高聚物，可利用测定高聚物平均分子量的方法研究其分子构型。具有相同摩尔质量的单体的聚合物叫做单分散聚合物，而具有不同摩尔质量的聚合物叫做多分散聚合物，本实验所研究的聚乙烯醇是一种多分散聚合物，它的单体 $CH_2=CHOH$ 有两种键合形式，其中以“头尾相接”为主。但根据 Flory 和 Leatner 的发现，随着温度的升高，$CH_2=CHOH$ 以“头碰头”聚合形式的几率逐渐增大。在聚乙烯醇中，一个“头碰头”聚合可得到一个1，2－乙二醇结构，而乙二醇能被高碘酸或高碘酸盐定量地分解，用高碘酸盐处理聚乙烯醇会把其中以“头碰头”聚合形式的键断开，使其摩尔质量有相当程度的降低，所以测定用高碘酸盐处理样品前后的摩尔质量，就能测出聚乙烯醇中“头碰头”的键合的几率。

结合相关理论和文献可知，“头碰头”键合的几率：

$$\Delta=\text{分子数的增加数目/体系中总的单体数目}$$

又因为分子数的增加数目与体系中总的单体数目与摩尔质量成反比，所以：

$$\Delta=(1/M'_n-1/M_n)/(1/M_0) \tag{5-25}$$

式（5－25）中：M'_n 为降解前高聚物的平均分子摩尔质量，$g\cdot mol^{-1}$；M_n 为降解前高聚物的平均分子摩尔质量，$g\cdot mol^{-1}$；M_o 为单体的摩尔质量，$g\cdot mol$。

本实验中单体为 $CH_2=CHOH$，所以 $M_o=44g\cdot mol^{-1}$，代入式（5－25）即可得聚乙烯醇中“头碰头”键合几率的计算公式：

$$\Delta=44(1/M'_n-1/M_n) \tag{5-26}$$

将实验测得的降解前后的平均分子摩尔质量 M'_n 和 M_n 代入上式，即可计算出聚乙烯醇中“头碰头”键合几率。

仪器试剂

仪器：乌氏黏度计　移液管　恒温水浴　秒表　烧杯洗耳球　锥形瓶　砂芯漏斗　容量瓶　吸滤瓶　水抽气泵

试剂：聚乙烯醇（分子量60000～80000）　正丁醇（A. R.）　高碘酸钾（A. R.）　丙酮（A. R.）　铬酸洗液

实验步骤

1. 溶液配制

（1）称取5g 聚乙烯醇（可根据相对平均分子量的大小确定，一般使最浓和最稀溶液与溶剂的相对黏度在2～1.1之间）放入烧杯中，加入约600mL 蒸馏水，加热至85℃使其溶解，冷却至室温，滴入10 滴正丁醇（去泡剂），转移至1000mL 容量瓶中，并用蒸馏水稀释至刻度，放置一段时间后，用3 号砂芯漏斗过滤（为什么?）。

（2）从配好的聚乙烯醇溶液中抽取50mL 的溶液两份（溶液Ⅰ、溶液Ⅱ），其中溶液Ⅱ中加入0.025g 的高碘酸钾，搅拌使其溶解后，分别将两份溶液稀释为原浓度的1/4，25℃恒温，并记录溶液Ⅱ开始降解的时间。

2. 黏度计的选择与洗涤

本实验所用 Ubbelohde 黏度计，如图 5－9 所示，洗涤时应先将黏度计表面用蒸馏水清洗干净（如有条件，可先在超声清洗器中进行清洗），然后将黏度计 B 管接于水泵抽洗，使蒸馏水反复流过毛细管部分。容量瓶、移液管也都应仔细洗净。由于黏度计是由玻璃吹制而成，易于破碎，清洗和使用时应特别小心。

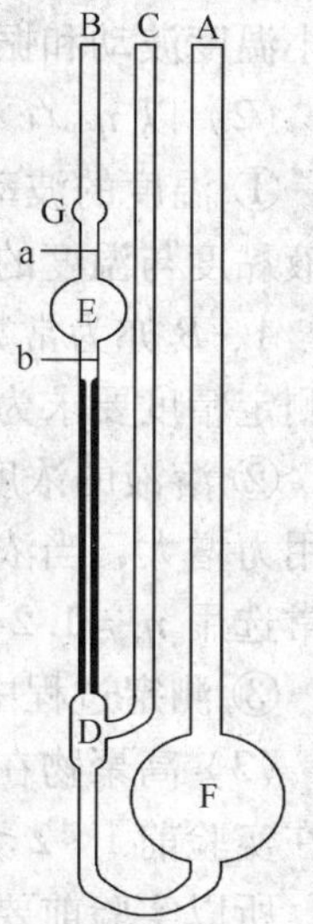

图 5－9　Ubbelohde 黏度计

3. 溶剂流出时间 t_0 的测定

（1）开启恒温水浴，调节温度为 25℃。并将黏度计垂直安装（为什么?）在恒温水浴中（G 球及以下部位均浸在水中）。

（2）用移液管移取 10mL 蒸馏水，从 A 管注入黏度计 F 球内，在 C 管和 B 管的上端均套上干燥清洁橡皮管，并用夹子夹住 C 管上的橡皮管下端，使其不通大气。

（3）在 B 管的橡皮管口用针筒将水从 F 球经 D 球、毛细管、E 球抽至 G 球中部，取下针筒，同时松开 C 管上夹子，使其通大气。

（4）此时溶液顺毛细管而流下，当液面流经刻度 a 线处时，立刻按下秒表开始记时，至 b 处则停止记时。记下液体流经 a、b 之间所需的时间。重复测定 3 次，偏差小于 0.2s 后，取其平均值，即为 t_0 值。

4. 溶液流出时间的测定

（1）降解前黏度的测定

恒温条件下，在原 10mL 水中分别依次加入 3、5、5、5、10mL 的溶液 I，按上述方法分别测定不同浓度时溶液的流出时间。每次加入溶液后，要多次将溶液用洗耳球吸至 G 球，以充分混合溶液并洗涤 B 管。

（2）降解后黏度的测定

按上述黏度计洗涤方法和溶液 I 的测定方法，测定降解 1.5h（为什么?）后不同浓度的溶液 II 的流出时间（若时间允许，还可分别测定降解 3、5、7、10h 后不同浓度的溶液 II 的流出时间，并从测定的结果探索高碘酸钾降解聚乙烯醇的规律）。

5. 数据处理

（1）根据实验对不同浓度的溶液测得相应的流出时间计算 η_{sp}、η_r、η_{sp}/c 和 $\ln\eta_r/c$。

（2）用 η_{sp}/c 和 $\ln\eta_r/c$ 对 c 作图，得两直线，外推至 $c=0$ 处，求出 $[\eta]$。

（3）由 $[\eta]=k\overline{M}^{\alpha}$，计算聚乙烯醇的平均分子量（25℃时聚乙烯醇水溶液：$K=2.0\times10^{-4}$，$\alpha=0.76$；30℃时：$K=6.66\times10^{-4}$，$\alpha=0.74$）。

（4）根据降解不同时间的平均分子量，探讨高碘酸钾对聚乙烯醇的降解规律。

（5）根据降解前后的平均分子量，由 $\Delta=44\ (1/M'_n-1/M_n)$ 计算键合比率。

实验指导

（1）毛细管黏度计的选择和使用。常用的毛细管黏度计有三管式黏度计（乌氏黏度计）和两管式黏度计（奥氏黏度计）两种，其中三管式黏度计由于可以直接在黏度计里加入溶剂或溶液改变浓度，更适合于测定不同浓度的黏度，故本实验选择三管式毛细管黏度计。此外，考虑推导黏度计算时动能校正项的忽略，还需选择适当的毛细管长度、毛细管的直径以及 E 球的大小，使溶剂水的流出时间不小于 100s。

黏度计使用前务必清洗干净，若使用新的黏度计，还须先用洗液或苯（有毒!）等浸洗，再用蒸馏水清洗；使用黏度计时应垂直置于恒温槽中，而且应远离加热器和搅拌器，以减小温度波动和振动对实验测定的影响。

(2) 以 $\eta_{SP}/c-c$ 及 $\ln\eta_r/c-c$ 作图缺乏线性的影响因素

① 温度的波动。一般而言，对于不同的溶剂和高聚物，温度的波动对黏度的影响不同。溶液黏度与温度的关系可用 Andraole 方程 $\eta=Ae^{B/RT}$ 表示，式中 R 为气体常数，对于给定液体，A、B 亦为常数。室温下，对于溶剂水而言，$d\eta/dT=0.02mPa\cdot s\cdot K^{-1}$，因此，如果 η 的测定精度要求为0.2%，则恒温槽的温度应该控制在 ±0.05℃的范围之内。

② 溶液的浓度。随着浓度的增加，高聚物分子链之间的距离逐渐缩短，因而分子链间作用力增大，当浓度超过一定限度时，高聚物溶液的 η_{SP}/c 或 $\ln\eta_r/c$ 与 c 的关系不呈线性。通常选用 $\eta_r=1.2\sim2.0$ 的浓度范围。

③ 测定过程中因为毛细管垂直发生改变以及微粒杂质局部堵塞毛细管而影响流经时间。

(3) 高聚物在溶剂中溶解迟缓，配制溶液时务必担保其完全溶解，故聚乙烯醇水溶液最好在实验前1~2天用热水配制，而且由于溶液中很小的杂质可能影响液体流动或堵塞毛细管，所以实验前要用3号砂芯漏斗过滤。

(4) 聚乙烯醇是一种起泡剂，混合、搅拌、抽吸时容易起泡且不易自然消泡，所以配制时滴加了消泡剂正丁醇。但加入正丁醇的量不能太多，否则将影响溶液的黏度。

(5) 实验表明，利用高碘酸盐对聚乙烯醇进行降解时，刚开始的10h内聚乙烯醇降解很快，摩尔质量成直线下降，10h以后，降解速率趋于缓慢。

(6) 黏度计的玻璃层较薄，易于破碎，清洗和使用时应特别小心，以防黏度计损坏受伤。

实验拓展

(1) 黏度法测定高聚物的相对分子量是大学物理化学的经典实验之一。众多学者对该实验进行了研究和改进，得到如下几点结论：

① 正丁醇的加入对聚乙烯醇分子量的测定有影响。计算中所用的 k 和 α 的值是纯水与聚乙烯醇体系的数据，用此数据计算含有正丁醇的水溶液作溶剂的体系，必然引起误差。此误差将随正丁醇含量的增大而增大。因此，正丁醇的用量应以能够消泡为准，越少越好。若采用100mL中含0.25~0.30mL正丁醇的水溶液作溶剂较为妥当，此时可使原始溶液中正丁醇的含量与溶剂中正丁醇的含量相同。

② 通过对溶剂流出时间进行改进可以减小实验误差。以高分子溶液流出时间对浓度作图的外推值代替纯溶剂的流出时间。计算聚乙烯醇水溶液的相对黏度，不但可以消除因高分子在毛细管管壁上的吸附导致的界面性质的改变，同时也可以消除由于高分子与界面之间相互作用对高分子溶液黏度测定结果的影响。

③ 利用能够摄像的现代先进仪器设备，代替传统的秒表测定高聚物溶液或溶剂在乌氏黏度计中的流动时间。实践表明，改进后的实验与传统的实验方法相比具有许多优点，高聚物溶液流动时间测试结果更为准确，测试效率得到提高。

(2) 高聚物分子链在溶液中所表现出的一些行为会影响［η］的测定

① 聚电解质行为，即某些高分子链的侧基可以电离，电离后的高分子链有相互排斥作用，随 c 的减小，η_{sp}/c 却反常地增大。通常可以加入少量小分子电解质作为抑制剂，利用

同离子效应加以抑制。

② 某些高聚物在溶液中会发生降解，会使［η］和 M 结果偏低，可加入少量的抗氧剂加以抑制。

（3）黏度测定中异常现象的近似处理。在严格操作的情况下，有时会出现图 5－10 所示的反常现象，目前不能清楚地解释其原因，只能作一些近似处理。式（5－18）物理意义明确，其中 κ_1 和 η_{sp}/c 值与高聚物结构（如高聚物的多分散性及高分子链的支化等）和形态有关；式（5－19）则基本上是数学运算式，含义不太明确。因此，出现图 5－10 中所示的异常现象时应以 η_{sp}/c 与 c 的关系为基准来求得高聚物溶液的特性黏度［η］。

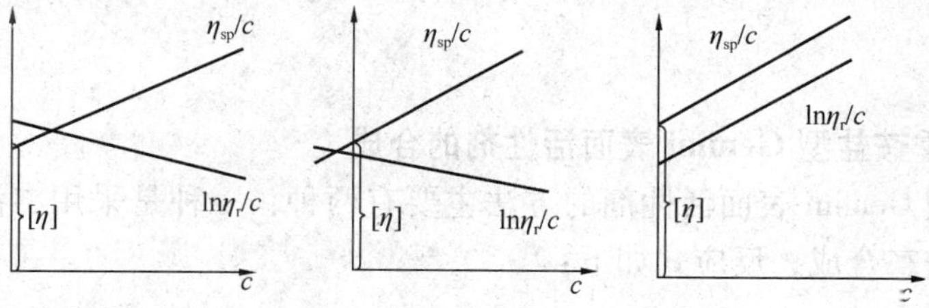

图 5－10　测定点的异常现象示意

实验思考

1. 乌氏黏度计中的支管 C 有什么作用？本实验可否使用双管黏度计（除去支管 C）测定黏度？

2. 评价黏度法测定高聚物分子量的优缺点。

3. 讨论影响本实验测定准确度的因素。

实验四　季铵盐型 Gemini 表面活性剂的合成及性能测定

实验目的

（1）了解季铵盐型 Gemini 表面活性剂的结构以及物理、化学性质的特点；

（2）掌握十二胺类季铵盐型 Gemini 表面活性剂的合成和结构分析方法；

（3）掌握电导法测定表面活性剂临界胶束浓度（CMC）的方法。

实验背景

Gemini 型表面活性剂是由两个单链单头基的普通表面活性剂在离子头基处通过化学键连接而成的一类新型表面活性剂。Gemini 表面活性剂的概念是由 Menger 等于 1991 年提出来的。他们首先合成了由刚性基连接的双离子头基表面活性剂并命名为 Geminis。由于 Geminis（双子星座）能形象地表述此类表面活性剂的结构特征，Rosen 小组采纳了 Gemini 这一命名，并系统合成和研究了氧乙烯及氧丙烯柔性基团连接的 Gemini 表面活性剂。之后，人们才真正系统地开展了这方面的研究工作。与传统表面活性剂相比，Gemini 表面活性剂具有更高降低表面张力的能力、更低的临界胶束浓度、特殊的流变学性质等独特性能，因此在洗涤、杀菌、乳化、分散、防腐以及化妆品、印染、三次采油、有序介孔材料的合成等领域具有较大的应用潜力。被誉为“新一代表面活性剂”，已成为表面活性剂的重要研究方向之一。

季铵盐型 Gemini 表面活性剂包含两个或两个以上的疏水基团和亲水基团，与单季铵型表面活性剂相比，Gemini 表面活性剂具有更好的表面活性，如较低的临界胶束浓度、极强的表面活性和良好的杀菌性能等。目前主要对季铵盐型双烷链 Gemini 表面活性剂进行了较为深入系统的研究，表明其在石油的开采、生物学上的抗菌和油田循环水的杀菌灭藻、相转移催化反应等领域具有广泛的应用前景。另一方面，随着表面活性剂应用范围不断扩大，普通表面活性剂对环境的危害也日益暴露出来，如废弃的表面活性剂生物降解性差，对环境造成严重污染，于是人们将注意力转移到低毒性及生物降解性好的新型表面活性剂上。

实验原理

1. 十二胺类季铵盐型 Gemini 表面活性剂的合成

合成季铵盐型 Gemini 表面活性剂的方法主要有两种：一种是采用二溴取代烷烃和单长链烷基二甲基叔胺来合成，反应式如下：

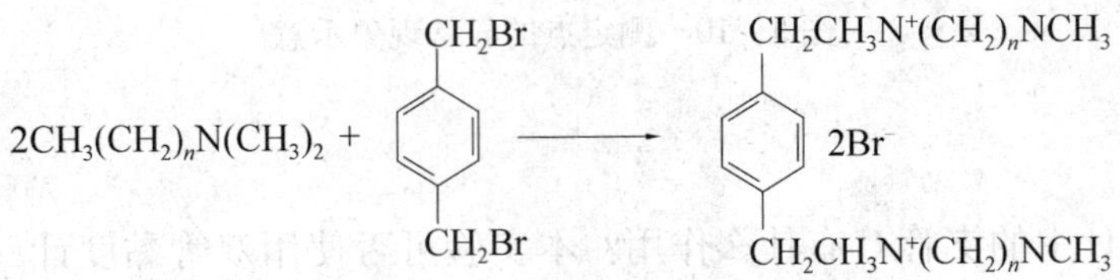

该法适用于二溴代烷烃非常活泼并且比较容易制备的情况，如由 $BrCH_2C_6H_4CH_2Br$ 来合成季铵盐型 Gemini 表面活性剂。

另一种是以 1 - 溴代长链烷烃和 *N*，*N*，*N'*，*N'* - 四甲基烷基二胺合成，反应式如下：

$2RBr + (CH_3)_2N(CH_2)_nN(CH_3)_2 \longrightarrow RN^+(CH_2)_2(CH_2)_nN^+(CH_3)_2R_2Br^-$

该法的优点在于所用原料较为价廉。

本实验以 *N*，*N* - 二甲基十二烷基胺和 1，3 - 二溴丙烷为原料，采用第一种反应路线合成十二胺类季铵盐型 Gemini 表面活性剂，反应方程式如下：

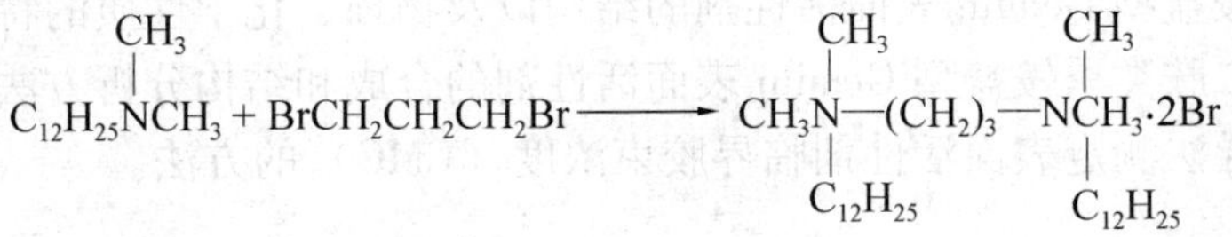

2. 合成产物结构表征——红外光谱测定

测定所得产物的红外光谱图，进行结构分析。图谱如图 5 - 11（KBr 压片法）。从图 5 - 11中可以看出，所合成的 Gemini 表面活性剂的红外光谱图在 2850 ~ 2980 cm^{-1} 处有—CH_3 和—CH_2 的伸缩振动吸收峰；1380 ~ 1500cm^{-1}、720 ~ 730cm^{-1} 处分别为—CH_3 和—CH_2 的弯曲变形振动吸收峰；950cm^{-1} 处是 C—N 的振动吸收峰。而图谱中 1610 ~ 1620cm^{-1} 和 3410 ~ 3510cm^{-1} 处的吸收是由于 Gemini 表面活性剂具有很强的吸湿性，试样中吸收少量水分引起的。

利用红外光谱对有机化合物的结构进行初步分析是常用的表征手段，然而本实验合成的 Gemini 表面活性剂的红外谱图与脂肪烃类似，吸收少，缺乏对结构解析有用的吸收（C—N

的振动吸收峰除外）。如有条件，可进一步用核磁共振等手段表征。

此外，Gemini 表面活性剂具有很强的吸湿性，测定时应特别注意水的干扰。

3. 表面活性剂表面活性研究——临界胶束浓度（CMC）测定

表面活性剂的各种性质往往与其溶液的表面性质（吸附）和内部性质（胶束形成）有关，临界胶束浓度（CMC）作为度量表面活性剂表面活性的一种依据，其测定对表面活性剂的研究和应用具有重要的意义。

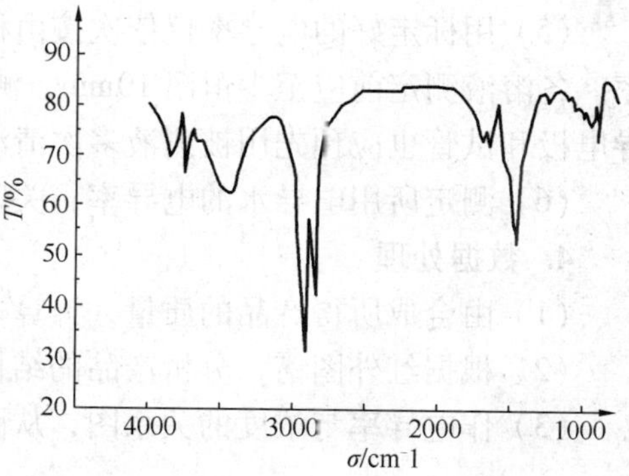

图 5-11　Gemini 表面活性剂的红外光谱图

临界胶束浓度是表面活性剂开始大量形成胶团时的浓度，当溶液中表面活性剂的浓度达到 CMC 时，溶液的性质将发生显著变化。测定 CMC 的方法很多，原则上说，一切随胶团形成而发生突变的溶液性质皆可被用来测定溶液的临界胶团浓度 CMC，其中常见的有电导法、表面张力法和光散射法等，本实验采用电导法进行测定。

仪器试剂

仪器：回流装置　蒸馏装置　烘箱　红外光谱测定仪　磁力加热搅拌器　电导率仪

试剂：1,3-二溴丙烷（A. R.）　*N*，*N*-二甲基十二烷基胺（A. R.）　无水乙醇（A. R.）　乙酸乙酯（A. R.）　氯化钾（A. R.）　溴化钾（A. R.）

实验步骤

1. 季铵盐型 Gemini 表面活性剂的合成

（1）量取 *N*，*N*-二甲基十二烷基胺 46mL（0.16mol·L^{-1}）、1,3-二溴丙烷 8mL（0.077mol·L^{-1}）和无水乙醇 25mL，置于 100mL 四口蒸馏瓶中，装上冷凝管和搅拌装置。

（2）开启加热电源，缓缓升温至 85℃，回流反应 48h。

（3）反应产物首先真空蒸馏脱尽溶剂乙醇，即得表面活性剂粗品。

（4）以乙酸乙酯-乙醇混合溶剂将粗品重结晶 6~8 次，所得结晶物在真空烘箱内于 50~60℃条件下干燥 6~10h，制得季铵盐型 Gemini 表面活性剂纯品，称量。

2. 季铵盐型 Gemini 表面活性剂结构表征

采用 KBr 压片法对制得的表面活性剂进行红外光谱图测定。测定时应特别注意水的干扰（为什么?）。

3. 电导法测定季铵盐型 Gemini 表面活性剂的 CMC

（1）开启恒温水浴的电源调节恒温水浴温度为 25℃并预热一段时间（为什么?）。

（2）用电导水（为什么?）分别准确配制 0.01mol·L^{-1}的 KCl 标准溶液和 2×10^{-4}、4×10^{-4}、6×10^{-4}、8×10^{-4}、1×10^{-3}、2×10^{-3}、4×10^{-3}、6×10^{-3}、8×10^{-3}、1×10^{-2}mol·L^{-1}的季铵盐表面活性剂溶液各 100mL（季铵盐试样应预先烘干）。

（3）开启电导率仪的电源并预热 15~20min。

（4）在恒定温度下，用 0.01mol·L^{-1}的 KCl 标准溶液标定电极的电导池常数。

（5）用标定好的电导率仪依次按由稀到浓（为什么?）的次序测定上述样品溶液的电导率。各溶液测定前应至少恒温 10min，测定时每个溶液取三次电导率读数的平均值，而且电导电极和试管也应预先用被测液多次清洗。

（6）测定所用电导水的电导率，关闭仪器电源。

4. 数据处理

（1）由合成所得产品的质量，计算季铵盐 Gemini 表面活性剂的产率。

（2）根据红外图谱，分析产品的结构。

（3）作电导率与浓度的关系图，从图中的转折点处找出临界胶束浓度。

实验指导

（1）本实验制备的 Gemini 表面活性剂受合成温度的影响较大，在常温下和较低温度下几乎没有目标产物生成，要想得到产物，反应必须在回流温度下进行；增加十二叔胺的量可以提高产率。此外，在回流的前 24h 大部分反应已经进行（反应物比例合理时，产率超过 75%），此后增加反应时间对产率的提高影响不大。溶剂对反应的影响也不大，但采用不同溶剂时，回流温度不同。

（2）最佳反应物配比关系为十二叔胺与 1，3 － 二溴丙烷的摩尔比为 2.2：1。

（3）25℃下，用电导法测得本实验制得的表面活性剂的 CMC 为 $0.89\times10^{-3}mol\cdot L^{-1}$。

（4）本实验所合成的目标物核磁共振图谱和数据如图 5－12 和表 5－5。

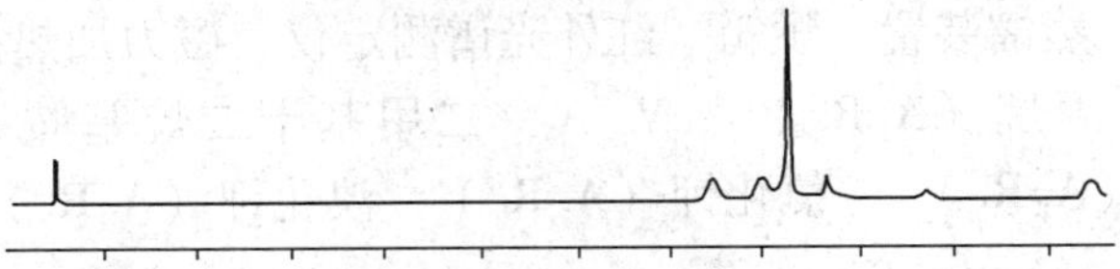

图 5－12　Gemini 表面活性剂的核磁共振图谱

表 5－5　Gemini 阳离子表面活性剂的核磁共振图谱解析

表面活性剂	化学位移 $\delta/10^{-6}$							
	碳　链				$\dot{N}-CH_3$	联结基团		
	CH_3	CH_2	NC_2H_2	NCH_2		NC_3H_2	NC_2H_2	NCH_2
12－3－12，$2Br^-$	0.89 (6H)	1.34 (36H)	1.83 (4H)	3.55 (4H)	3.36 (12H)	1.72 (4H)	2.75 (2H)	3.83 (4H)

（5）产物合成及产物真空蒸馏时要严格按照实验要求进行实验，以防意外发生。

实验拓展

（1）目前国内外的双子表面活性剂的合成路线主要有以下三种：

① 先设计合成一种适当的连接剂，然后将两个双亲体在头基处键合起来，如两个叔胺（或其衍生物）与双卤化物的反应；

② 选择分子结构中连接两个亲水基的物质，然后引入两条疏水链，如四甲基乙二胺与长链的卤代烷烃的反应；

③ 以现有的普通表面活性剂为原料，通过活化反应或引入化学活性功能团后，再与连接剂反应；

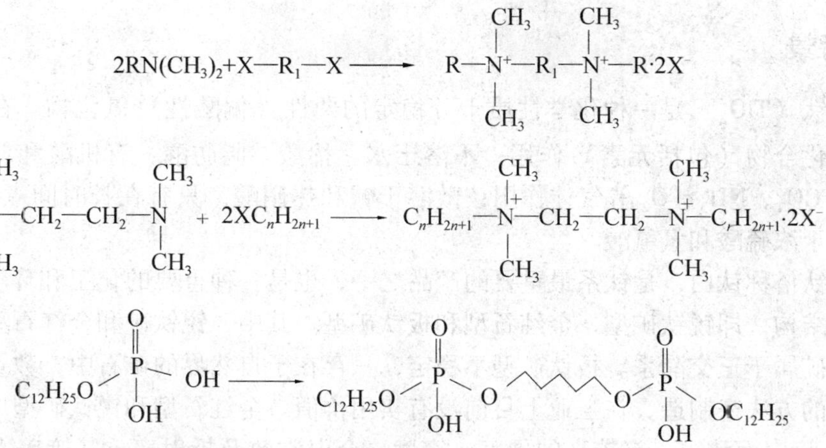

(2) 季铵盐型 Gemini 表面活性剂研究开发相对较早，目前主要有以下几个方面的应用：

① 杀菌。季铵盐型 Gemini 表面活性剂可将复杂的蛋白质分子分裂为若干多肽链，进而对细菌的活性产生抑制作用，而且随着临界胶束浓度的降低，季铵盐 Gemini 表面活性剂的杀菌能力呈线性增加。

② 三次采油。季铵盐型 Gemini 表面活性剂水溶液独特的流变行为，具有剪切、稀释特性，因此有利于扩大趋油波及体积，实现采油率的提高。

③ 金属腐蚀。在水中加入季铵盐型 Gemini 表面活性剂通常不改变质子还原机理，其抑制金属腐蚀的效率随表面活性剂表面活性的增大而增强。当浓度达到临界胶束浓度时，由于表面活性剂可在金属表面形成稳定的吸附层，所以效率达到最大。

此外，季铵盐型 Gemini 表面活性剂在相转移催化化学反应、生物碱分离、制备新材料等领域也有应用。

(3) 利用电导法测定表面活性剂的 CMC，是一种经典的测定方法，其优点是简便可靠，仪器成本低且对有较高活性的离子型表面活性剂准确性较高。缺点是只限于测定离子型表面活性剂，而且由于溶液中存在的无机盐影响测定结果，因此对实验用水的要求较高。

实验思考

1. 合成十二胺类季铵盐型 Gemini 表面活性剂时，反应物配比以及反应温度、时间对反应的产率有何影响？

2. 测定产品的红外光谱时，如何消除吸收水分的干扰？

3. 用电导法测定表面活性剂的临界胶束浓度时，为什么要用 KCl 标准溶液？

4. 查阅相关文献，了解季铵盐型 Gemini 表面活性剂的应用情况。

实验五　二氧化钛微粉的制备及其表面电性质测定

实验目的

(1) 采用溶胶－凝胶法制备 TiO_2 微粉；

(2) 采用显微电泳法测定不同 pH 值条件下 TiO_2 水溶胶中 TiO_2 粒子的 ζ 电势，并确定等电点。

实验背景

二氧化钛（TiO_2）是一种化学性质十分稳定的两性（偏酸性）氧化物。在常温下，几乎不与其他化合物（包括元素）作用；不溶于水、稀酸、脂肪酸、有机酸和弱无机酸；不与大气中的 CO_2、NH_3、O_2 等气体作用；微溶于碱和热硝酸，只有在长时间煮沸的条件下，才能完全溶于浓硫酸和氢氟酸。

二氧化钛俗称钛白，是钛系最重要的产品之一，也是一种重要的化工和环境材料。TiO_2 有三种晶型结构，即锐钛矿型、金红石型和板钛矿型。其中，锐钛矿和金红石型属于四方晶系，而板钛矿属于正交晶系。板钛矿型不稳定，只存在于自然界的矿石中，数量也不多，它不能用合成的方法来制造，在工业上目前没有实用价值。金红石型和锐钛矿型应用广泛：金红石型 TiO_2 稳定而致密，有较高的硬度、密度、介电常数及折射率，其遮盖力和着色力也较高；而锐钛矿型 TiO_2 在可见光短波部分的反射率比金红石型 TiO_2 要高，带蓝色色调，并且对紫外线的吸收能力比金红石低，但光催化性能比金红石型高。

TiO_2微粉的制备方法主要有两大类：其一是物理法，即利用物理方法来获得 TiO_2微粉，常用的有构筑法（如气相冷凝）、粉碎法（如高能球磨法）和轰爆法等；另一类是化学法，常见的有沉淀法、氧化－还原法、水解法、水热法、喷雾法、激光合成法、溶胶－凝胶法、沉淀解胶法及火花放电法等。其中，溶胶－凝胶法由于实验条件温和、凝胶的分散性优良、所得产物的颗粒均匀以及可有目的地控制产物的粒径等优势，在微粉制备方面具有较大的优势。

TiO_2 最早只是用做涂料，自从 20 世纪 80 年代超细二氧化钛问世后，TiO_2 纳米材料的研究才受到了极大的关注。由于物质的超细化，其表面电子结构和晶体结构均发生了变化，表现出块状材料所不具备的表面效应、小尺寸效应、量子尺寸效应等。TiO_2 微粉具有大的比表面积，其表面原子数、表面能和表面张力随粒径的下降而急剧增加。近年来，人们结合其在光学、电学、磁学、催化等方面的特性，采用不同的方法，通过控制实验条件，在制备、光催化、光伏电池、光电化学电池等领域的开展了广泛的研究。结果表明，TiO_2 在制备光电化学电池、等离子体器件、光敏元件、气敏元件、光解水器件、防雾玻璃、有机物光降解催化剂等方面具有重要的应用前景。

实验原理

微粉通常是指粒子直径较小的微小固体粉末（颗粒），有时也专指纳米级粉体。粉体物质相对于块状固体而言，其粒子直径和比表面积均发生较大变化，往往具有特殊的物理和化学性质。

本实验以钛酸四丁酯为前驱体，用溶胶－凝胶法制备 TiO_2 粉末。钛酸四丁酯水解反应历程可表示如下：

水解：

$$Ti(OC_4H_9)_4 + H_2O = Ti(OC_4H_9)_3OH + C_4H_9OH$$

$$Ti(OC_4H_9)_3OH + H_2O = Ti(OC_4H_9)_2(OH)_2 + C_4H_9OH$$

$$Ti(OC_4H_9)_2(OH)_2 + H_2O = Ti(OC_4H_9)(OH)_3 + C_4H_9OH$$

$$Ti(OC_4H_9)(OH)_3 + H_2O = Ti(OH)_4 + C_4H_9OH$$

缩聚：以上反应式从生成 $Ti(OC_4H_9)_3$ 以后，继续水解的同时发生如下缩聚反应。

失水缩聚　　　$-\mathrm{Ti}-\mathrm{OH}+\mathrm{HO}-\mathrm{Ti}- \xlongequal{\quad} -\mathrm{Ti}-\mathrm{O}-\mathrm{Ti}- +\mathrm{H_2O}$

失醇缩聚　　$-\mathrm{Ti}-\mathrm{OC_4H_9}+\mathrm{HO}-\mathrm{Ti}- \xlongequal{\quad} -\mathrm{Ti}-\mathrm{O}-\mathrm{Ti}- +\mathrm{C_4H_9OH}$

经醇盐水解缩聚制备 TiO_2 溶胶是一个复杂的过程，产品的质量既与前驱体、稳定剂和溶剂的种类有关，也受水解温度以及反应时间等因素的影响。实验时必须严格按要求操作，否则将得不到稳定、澄清和透明的 TiO_2 溶胶。

TiO_2 广泛应用于涂料、油墨、油漆以及化妆品中，也是陶瓷制备过程中重要的组成部分。其固体粉末的分散及分散稳定性将直接影响产品的质量和性能，因此 TiO_2 使用过程中的分散稳定性就成为一个十分重要的问题，尤其是对粒径小、比表面积大、表面能高的 TiO_2 微粉。然而粉体的分散是基础研究领域和工业技术部门普遍遇到的问题，在各种化学工业和材料科学领域，经常遇到如何使粉体易于在介质中分散，并使形成的悬浮体保持稳定或易于聚结和分离的课题。

一般地，颗粒分散在液体中是否稳定与其表面电荷和所附带的基团间空间排斥作用相关，ζ 电势的数值可以作为稳定性的一个反映，而等电点也可以从一定程度上反映粉末的团聚性。氧化物等电点的研究也是等电理论中的一个重要部分，在金属氧化物的制备与应用过程中极为重要。本实验采用显微电泳法测定不同 pH 值条件下 TiO_2 水溶胶中 TiO_2 粒子的的 ζ 电势，进而确定其等电点。

显微电泳法是在显微镜下直接观测液体介质中单个固体粒子在外电场作用下的运动速度，进而计算电泳速率和 ζ 电势的一种直观测定方法，由于此法可以在质点本身所处的环境下测定，且简便快速，因此非常适用于粗颗粒悬浮体和乳状液的测定。

由电泳原理可知，若电泳淌度 u 定义为单位电场强度 E 下粒子的移动速度 v，即 $u=v/E$，其单位为 $\mathrm{m^2 \cdot V^{-1} \cdot s^{-1}}$。

由理论分析得出，半径为 a 的不导电的球形胶粒，u 与 ζ 的关系为：

$$u = C\varepsilon\zeta/\eta \tag{5-27}$$

式中　η——介质黏度，Pa · s；

ε——介质的介电常数，$\mathrm{F \cdot m^{-1}}$；

C——与粒子的大小和形状有关的常数。

定义由粒子半径 a 和双电层厚度 κ^{-1}之比值为 κ_a，其中双电层厚度 κ^{-1}由下式决定：

$$\kappa^{-1} = \left(\frac{2nz^2e^2}{\varepsilon KT}\right)^{-\frac{1}{2}} \tag{5-28}$$

式中　n——单位体积溶液中的离子数；

z——离子价数；

e——电子电荷；

k——波尔兹曼常数，$1.3806505 \times 10^{-23}\ \mathrm{J \cdot K^{-1}}$；

ε——介质的介电常数，$\mathrm{F \cdot m^{-1}}$；

T——热力学温度，K。

当 $\kappa_a < 0.1$ 时，胶粒看作点电荷，$C=1.5$，则：

$$u = \varepsilon\zeta/(1.5\eta) \tag{5-29}$$

上式称为 Hückel 方程。

当 $\kappa_a > 100$ 时，胶粒看作平板，$C=1$，则：

$$u = \varepsilon\zeta/\eta \tag{5-30}$$

上式称为 Smoluchowski 方程。

而当 κ_a 介于 0.1 ~ 100 之间时，C 变得复杂，u 与 ζ 间无简单的正比关系。

实验时，为保证 u 与 ζ 有式（5-30）的关系，常在体系中加入浓度较高的惰性无机盐（如 NaCl），以保证体系中离子强度接近恒定，同时压缩双电层使 $\kappa_a > 100$。

仪器试剂

仪器：显微电泳仪　马弗炉　烘箱　超声波发生器　磁力搅拌器　锥形瓶　烧杯　具塞刻度试管　容量瓶　移液管　酸度计　研钵

试剂：钛酸四丁酯（A. R.）　无水乙醇（A. R.）　氨水（A. R.）　氯化钠（A. R.）　氢氧化钠（A. R.）　盐酸（A. R.）　硝酸（A. R.）

实验步骤

1. TiO_2 粉末的制备

（1）准确量取 12mL 钛酸四丁酯于 100mL 锥形瓶中，将 24mL 无水乙醇中倒入上述锥形瓶中，将锥形瓶置于磁力搅拌器上搅拌 30 ~ 40min，使钛酸四丁酯充分溶解。

（2）准确量取 2mL（为什么?）的蒸馏水、24mL 无水乙醇和 0.35mL 的硝酸于 50mL 烧杯中，混合均匀后加入到上述锥形瓶中，继续搅拌，得到透明的淡黄色溶胶。

（3）将上述透明溶胶于室温下继续陈化一段时间，然后于烘箱中 60℃ 干燥，得到松散、干燥的凝胶粉末。

（4）将上述凝胶粉末于马弗炉 110℃ 下保温 0.5h，再逐渐升温至 350℃，保温 2h 后让其自然冷却。

（5）将上述制得的二氧化钛研磨，过筛（孔径 0.125mm），得到二氧化钛粉末。

2. TiO_2 微粉在水溶液 ζ 电势的测定

（1）用蒸馏水配制 2 L 0.01mol · L^{-1} NaCl 溶液备用。

（2）分别配置 pH 值（可用盐酸或 NaOH 调节）约为 2、3、4、5、6、7、8、9 的含 0.01mol · L^{-1} NaCl 的水溶液 50mL。

（3）在 50mL 中性的 0.01mol · L^{-1} NaCl 水溶液加入约 0.5g TiO_2 微粉，超声分散 10min，得 TiO_2 浓悬浮液，备用。

（4）在 50mL 锥形瓶中加入约 25mL pH = 2 的含 NaCl 的水溶液，再加入数滴 TiO_2 浓悬浮液至呈现轻微浑浊，摇匀后准确测定其 pH 值（为什么?），然后将其置于电泳池内，测定粒子的运动速度。

（5）分别测定上述不同 pH 值溶液中 TiO_2 粒子的运动速度。需注意的是，在弱酸性和弱碱性介质中加入 TiO_2 浓悬浮液后原 pH 值可能变化较大，为不影响等电点的确定，可用 pH = 2 或 pH = 9 的溶液调节，使相邻两溶液的 pH 相差约一个单位（为什么?），再进行测定。

3. 数据处理

（1）根据实测的在不同 pH 值介质中 TiO_2 粒子运动速度计算电泳淌度 u：

$$u = al/tV \tag{5-31}$$

式中　a——粒子在 t 时间内移动距离，m；

l——两电极间距离，m；

V——两电极间施加的电压，V。

（2）利用式（5－30）计算在不同 pH 值介质中的 ζ 电势。由于体系中 TiO_2 量极少，η 和 ε 可近似应用水的相应数据进行计算。

（3）列表表示各实验数据和技术结果，作 ζ－pH 关系图，确定 TiO_2 粒子的等电点。

实验指导

（1）制备 TiO_2 溶胶的前驱体多用钛酸盐，常用的有钛酸四丁酯、钛酸丙酯或钛酸乙酯等，随着烷基中碳原子数目增加，钛醇盐的水解速率下降，如 $Ti(OCH_3)_4 > Ti(OC_2H_5)_4 > Ti(OC_3H_7)_4 > Ti(OC_4H_9)_4$，这是因为碳链的增长使醇盐的电负性降低，即把钛原子上的电子云吸走的程度降低，$Ti(OH)_n$ 接受电子的能力变差，使 Ti^+ 不易与 OH^- 配位。故应选择水解动力学稳定性差，即配位基团小的钛醇盐作反应的前驱物。其中钛酸四丁酯的水解速率比较合适，所以我们选其为原料。同时，钛醇盐的浓度对反应速率的影响也很大。随着反应物浓度的增大，水解反应加快。若浓度过高，容易引起粒子的聚集甚至生成沉淀。

（2）加水量的多少直接关系到水解产物的结构。加水量少，醇盐水解速度慢，加水量过大又会引起粒子的聚集。

（3）醇盐的水解反应非常剧烈，常采用酸或氨水作抑制剂，本实验加入的硝酸即是作为抑制剂。

（4）用溶胶－凝胶法制备 TiO_2 微粉时，焙烧温度决定着最终产品的晶型结构，不同的文献对最佳煅烧温度的叙述不同，通常选择在中温区（300～700℃）进行。

（5）产品焙烧时应每隔一段时间观察一次，以免意外发生。

实验拓展

（1）由于 TiO_2 纳米材料的很多应用都与其光学性质密不可分，而金红石型 TiO_2 的带隙为 3.0 eV，锐钛矿型为 3.2 eV，所以纯 TiO_2 纳米材料只能吸收太阳光中的紫外光。这在一定程度上限制了其利用效率。为了将 TiO_2 材料的光响应范围从紫外光区拓展到可见光区，以增加其光活性，目前经常采用贵金属沉积、离子掺杂、染料敏化和半导体复合等方法对 TiO_2 材料进行改性。

（2）在 TiO_2 的众多应用领域中，研究最多的是作为光催化剂。TiO_2 是目前公认的最佳光反应催化剂，除了价廉无毒、催化活性高、氧化能力强和稳定性好外，纳米 TiO_2 光催化氧化技术还具有以下优点：

① 降解速度快，一般只需几十分钟到几小时即可得到良好的废水处理效果。

② 降解无选择性，几乎能降解任何有机物，尤其适合于氯代有机物、多环芳烃等。

③ 氧化反应条件温和，投资少，能耗低，用紫外光照射或暴露在阳光下即可发生光催化氧化反应。

④ 无二次污染，有机物彻底被氧化降解为 CO_2 和 H_2O。

（3）TiO_2 光催化剂的作用机理及催化效率提高的途径。半导体光催化剂的作用机理是由于半导体具有特殊的电子结构（如价带充满、导带空闲和禁带较宽），其能带是不连续的，价带和导带之间存在一个禁带，其禁带宽度为数个电子伏特。当用光子能量大于或等于禁带宽度的光照射半导体材料时，其价电子被激发，越过禁带进入导带，同时在价带上形成相应的空穴，即产生所谓的电子－空穴对。在光催化的过程中，空穴具有极强的获取电子的能力（TiO_2 价带上空穴氧化还原电位为2.7 eV），能将水中的 OH^- 和 H_2O 分子转化为反应活性和氧化能力极强的羟基自由基 · OH，而吸附在 TiO_2 表面的物质或溶剂中的游离氧则俘获电子形成 O_2 等活性极强的自由基，这些自由基都具有很强的化学活性，能与各种污染物反应生成无毒无害的物质（如 CO_2 和 H_2O 等）。

光激发产生的电子和空穴可经历多种变化途径，其中最主要的是捕获和复合两个相互竞争的过程，对光催化反应来说，光生空穴的捕获并与给体或受体发生作用才是有效的，如果没有适当的电子或空穴捕获剂，分离的电子和空穴可在半导体粒子内部或表面复合并放出热能，选用适当的表面空位或捕获剂捕获空位或电子，可使复合过程受抑制，如果将有关电子受体或给体（捕获剂）预先吸附在催化剂表面，界面电子传递和被捕获过程就会更有效，更具有竞争力。因此，为提高 TiO_2 的光催化效率需着重考虑以下两点：

① 提高光生电子、空穴电荷的分离效率。

② 提高光生活性物种，特别是电子的消耗速率。

(4) TiO_2 光催化存在的问题主要有：

① 单纯 TiO_2光催化剂的光生电子 - 空穴对的再复合率高，导致其量子效率偏低，光催化性能不突出。

② 对太阳能的有效利用率低。由于纯 TiO_2（锐钛矿型）的吸收带隙为3.2 eV，光谱的吸收值是387nm，只能利用太阳频谱范围4%的紫外光部分。

此外还有选择吸附性差、催化剂粉末较易团聚以及存在失活等缺点。

实验思考

1. 凝胶法制备 TiO_2 微粉时，为什么常选择钛酸四丁酯作为原料？

2. 利用显微电泳法测定粒子的电压速率时，需已知哪些基本数据，需测定的数据有哪些？其中 ε 值表示什么？

3. 本实验中硝酸的作用是什么？

4. 为什么在水中固体表面常带有电荷？决定 TiO_2 颗粒表面电势的是什么离子？

实验六　凝胶法制备 $\gamma-Al_2O_3$ 及比表面积测定

实验目的

(1) 学习溶胶 - 凝胶法制备 $\gamma-Al_2O_3$ 的方法；

(2) 掌握 BET 容量法测定比表面的基本原理和操作技术；

(3) 学会用 BET 法测定 $\gamma-Al_2O_3$ 的比表面积。

实验背景

氧化铝是工业上常用的化学试剂，由于制备条件的不同，具有不同的结构和性质。到目前为止，氧化铝按其晶型可分为8种，即 $\alpha-Al_2O_3$、$\theta-Al_2O_3$、$\gamma-Al_2O_3$、$\delta-Al_2O_3$、$\eta-Al_2O_3$、$\chi-Al_2O_3$、$\kappa-Al_2O_3$、$\rho-Al_2O_3$ 型，其中 $\gamma-Al_2O_3$ 由于具有表面积大和在大多数催化反应的温度范围内稳定性好等特性，得到了广泛应用。$\gamma-Al_2O_3$ 被用作载体时，除可以起到分散和稳定活性组分的作用，还可提供酸、碱活性中心，与催化活性组分起到协同作用。

$\gamma-Al_2O_3$ 是一种分散度较高的多孔性固体材料，工业上也叫活性氧化铝、铝胶。因其具有吸附性能好、比表面积较大、表面酸性和热稳定性良好的优点，广泛地应用于炼油、橡胶、化肥、石油化工等工业中的吸附剂、干燥剂、催化剂和催化剂的载体，如在乙醇脱水制乙烯、三聚氰胺的制备中均使用 $\gamma-Al_2O_3$ 作为催化剂，而在加氢精制、重整等石油炼制和石油化工工业中则作为催化剂载体。

$\gamma-Al_2O_3$ 的制备方法大致可分为两类：其一是传统的薄水铝石脱水法，另一类是对这一传统工艺路线进行改进而建立的方法。另外，随着科学技术的不断发展，其他新方法如溶胶－凝胶法的应用等新的制备方法也不断出现。薄水铝石脱水法是以不同的原料出发，采用不同的工艺制备出薄水铝石，然后由薄水铝石在高温条件下脱水制得 $\gamma-Al_2O_3$。薄水铝石的合成方法主要有以下几种：

（1）碱沉淀法。该法是用碱从酸化铝盐溶液中沉淀出一水合氧化铝，再通过老化、洗涤、干燥等过程得到薄水铝石产品，碱沉淀剂常用氨水、氢氧化钠、铝酸钠等，缺点是对原料的纯度要求高，要完全除去杂质阴离子较困难。

（2）酸沉淀法。先用酸从铝酸盐溶液沉淀出一水合氧化铝，再通过老化、洗涤、干燥等过程得到薄水铝石产品，其中硝酸法是目前常用的一种方法。该法重复性好，所用原料比较便宜，成本较低，生产效率相对较高，环境污染也较小，制备出的拟薄水铝石比表面积较大。

（3）醇铝水解法。醇铝水解生成一水合氧化铝，再经老化、过滤、干燥得到薄水铝石产品。经最终脱水制得的 $\gamma-Al_2O_3$ 纯度非常高，而且产品晶型好，孔结构容易控制，但是该方法生产氧化铝成本较高，价格昂贵。

（4）碳化法。碳化法制备薄水铝石是利用 CO_2 和 $NaAlO_2$ 反应，最终制备出 $\gamma-Al_2O_3$ 载体。碳化法的工艺思路就是在偏铝酸钠（$NaAlO_2$）溶液中通入 CO_2。由于这种方法能结合铝厂的实际情况，利用中间产物 $NaA1O_2$ 溶液及 CO_2 废气作为反应原料，因而是成本最低的工艺路线。

溶胶－凝胶法是一种条件温和的材料制备方法，由于可低温合成出传统方法难以获得的氧化物，而且制备的产品纯度高、比表面积和活性大，近年来，在催化剂及载体制备领域备受关注。该法是用含高化学活性组分的化合物作前驱体，在水或有机溶剂中将这些原料均匀混合，并进行水解、缩合化学反应形成稳定的透明溶胶，溶胶经陈化形成凝胶。凝胶经过干燥、烧结固化制备出所需（粉体）材料。根据所用原料的不同，可将溶胶－凝胶法制备氧化铝载体分为有机盐原料法、无机盐原料法和粉体分散法三类，在实际生产中，氧化铝溶胶－凝胶应用也非常广泛，是无机材料领域研究的重点。

近几年来，随着我国石油化工业的飞速发展，对 $\gamma-Al_2O_3$ 的研究和开发也变得日益活跃。其中，如何用较低的成本制备出性能可靠、质量上乘的 $\gamma-Al_2O_3$ 产品是该领域的主流研究方向之一。

实验原理

氧化铝是氢氧化铝的加热脱水产物。氢氧化铝也称水合氧化铝，化学组成为 $Al_2O_3\cdot nH_2O$，通常按所含结晶水的数目分为三水合氧化铝和一水合氧化铝两大类。三水合氧化铝又有三水铝石、诺水铝石和湃铝石三种变体；一水氧化铝也有硬水铝石和薄水铝石两种，此外还有假一水软铝石和无定形凝胶。各种氢氧化铝受热分解就形成一系列微观结构和含水量不同的氧化铝。

用氢氧化铝制备氧化铝时，生成产物的微观结构和含水量受反应物形态、pH 值、反应温度、反应时间以及加热脱水温度等多种因素的影响。$\gamma-Al_2O_3$ 通常由薄水铝石加热脱水制得，薄水铝石的制备方法较多，一般有酸沉淀法、碱沉淀法、铝凝胶法和醇铝水解法等。本实验通过酸化中和法制备氢氧化铝凝胶的方法制得薄水铝石，即先用硝酸中和铝酸钠溶液，制得薄水铝石，再加热脱水得到 $\gamma-Al_2O_3$。反应方程式如下：

$$Al(OH)_3 + NaOH = NaAlO_2 + 2H_2O$$

$$NaAlO_2 + HNO_3 + H_2O = Al(OH)_3 + NaNO_3$$

$$2Al(OH)_3 = Al_2O_3 + 3H_2O$$

制备 $\gamma-Al_2O_3$ 的相关工艺过程大致如下：

$$NaOH + Al(OH)_3 \xrightarrow{H_2O,HNO_3} \text{中和} \rightarrow \text{过滤} \rightarrow \text{浆化洗涤} \rightarrow \text{胶溶} \rightarrow \text{成型} \rightarrow \text{活化} \rightarrow \text{成品}$$

酸化中和法制备氢氧化铝凝胶，控制不同的反应条件，可以生成薄水铝石，也可生成胶体氢氧化铝和湃铝石。为使反应向有利于薄水铝石生成的方向进行，必须严格控制影响薄水铝石生成的因素，主要有酸化中和法的 pH 值、温度和时间。

反应的 pH 值是影响生成氢氧化铝晶形的主要因素，pH 值太大，无法生成氢氧化铝胶体，体系中稳定存在的是铝酸根离子；$pH<9$ 易生成胶体，但 $pH>8.0$，尤其是大于 8.5 时，又易生成湃铝石；而 pH 值太低时，铝离子为稳定存在的状态，也无法生成胶体。所以在凝胶制备过程中须控制其 pH 值在 7.2 ~ 8.0 之间。

另外，反应温度太低，生成胶体的速率太慢，结晶状态亦很差；高温有利于胶体生成，而且产品的孔径也相对较大，但反应的温度也不宜太高，否则容易使氢氧化铝由一水向三水转化，故选择在 45 ~ 50℃下反应半小时，时间太长，将影响成型产品和强度。此外为使凝胶易过滤，浆化洗涤时可加入适量稀氨水调节溶液的 pH 值。

薄水铝石加热脱水时，随加热温度的不同，生成的氧化铝中氧原子和铝原子空间堆叠方式和含水量也不同。其加热温度和具体生成氧化铝的形态关系如下：

$$\text{薄水铝石}（Al_2O_3 \cdot H_2O）\xrightarrow{450℃} \gamma-Al_2O_3 \xrightarrow{600℃} \delta-Al_2O_3 \xrightarrow{1050℃} \theta-Al_2O_3 \xrightarrow{1200℃} \alpha-Al_2O_3$$

由上面关系式可见，加热薄水铝石的直接产物是 $\gamma-Al_2O_3$，它存在的范围是 450 ~ 600℃，薄水铝石的脱水顺序受结晶度的影响，当结晶度较差时，会使 $\delta-Al_2O_3$ 推迟生成或者不生成，从而扩大 $\gamma-Al_2O_3$ 的存在温度范围。

作为一种催化剂和催化剂载体材料，制备的 $\gamma-Al_2O_3$ 必须经过表征，以便对其性能进行评价，其中比表面积的测定是必不可少的表征手段。本实验采用 BET 容量法对制备好的 $\gamma-Al_2O_3$ 进行比表面积测定。

BET 容量法是依据 Brunauer、Emmett 和 Teller 建立的 BET 多分子层吸附理论，利用 BET 方程：

$$\frac{p}{V(p_s-p)} = \frac{1}{V_m \cdot C} + \frac{C-1}{V_m \cdot C} \cdot \frac{p}{p_s} \tag{5-32}$$

式中 p——平衡压力，Pa；

p_s——吸附平衡温度下吸附质的饱和蒸气压，Pa；

V——平衡时的吸附量（以标准状况 mL 计）；

V_m——单分子层饱和吸附所需的气体量（以标准状况 mL 计）；

C——与温度、吸附热和液化热有关的常数。

通过实验测得一系列的 p 和 V 后以 $\frac{p}{V(p_s - p)}$ 对 $\frac{p}{p_s}$ 作图，可得一直线，其斜率为 $\frac{C-1}{V_m C}$，截距为 $\frac{1}{V_m C}$，由斜率和截距数据可以算出 V_m。

若知道一个吸附质分子的截面积，则可根据下式算出吸附剂的比表面积：

$$A = \frac{V_m \cdot L \cdot \sigma_A}{22414 \cdot W} \quad (5-33)$$

式中 L——阿伏加德罗常数，$6.02 \times 1023 mol^{-1}$；

σ_A——一个吸附质分子的截面积，m^2；

W——吸附剂量，g；

V_m——单分子层饱和吸附所需的气体量（以标准状况 mL 计）；

22414——标准状况下 1mol 气体的体积，mL。

根据 Brunauer 和 Emmett 的建议，可按以下公式计算 σ_A：

$$\sigma_A = 4 \times 0.866 \left(\frac{M}{4\sqrt{2} \cdot L \cdot \rho} \right)^{\frac{2}{3}} \quad (5-34)$$

式中 M——吸附质的摩尔质量，$g \cdot mol^{-1}$；

ρ——实验温度下吸附质的液体密度，$g \cdot m^{-3}$。

本实验以 N_2 为吸附质，在 78K 时其截面积 σ_A 取 $16.2 \times 10^{-20} m^2$。将此数据代入式（5-33），可得：

$$A = 4.36 \frac{V_m}{W} \quad (5-35)$$

BET 公式的适用范围是相对压力 p/p_s 在 0.05～0.35 之间，因而实验时气体的引入量应控制在该范围内。由于 BET 方法在计算时需假定吸附质分子的截面积，因此严格地说，该方法只能是相对方法。本实验达到的精度一般可在 ±5% 之内。

BET 容量法适用的测量范围为 $1 \sim 1500 m^2 \cdot g^{-1}$，最好选择其比表面积为 $100 \sim 1000 m^2 \cdot g^{-1}$ 的固体样品。在测定之前，需将吸附剂表面上原已吸附的气体或蒸气分子除去，否则会影响比表面积的测定结果。这个脱附过程，在催化实验中又称为活化。活化的温度和时间，因吸附剂的性质而定，本实验选用 $\gamma-Al_2O_3$ 为吸附剂，活化温度为 300℃，活化时间约 3h，系统压力为 $\leq 10^{-2}$Pa。

仪器试剂

仪器：Micrometrics ASAP2000 型全自动物理吸附仪　高纯氮　液氮　氦气　电炉　抽滤装置　控温仪　电动搅拌器　精密 pH 试纸　烧杯 量筒　马弗炉　坩埚　有柄瓷蒸发皿

试剂：氢氧化钠（A. R.）氢氧化铝（A. R.）　浓硝酸（A. R）　甘油（A. R.）　氨水（A. R.）　白油

实验步骤

1. 凝胶的制备

（1）偏铝酸钠的制备：称取约 2.5g NaOH 于 100mL 烧杯中，加入 15mL 蒸馏水后，开启搅拌器溶解并加热至沸腾，然后缓缓加入约3g Al（OH）$_3$。沸腾状态下继续反应1h，使Al（OH）$_3$溶解反应完全。冷却后，用布氏漏斗抽滤，滤去未反应的Al（OH）$_3$，滤液即为制得的偏铝酸钠溶液。在反应过程中，应随时补充去离子水，保持溶液体积在15～20mL左右（为什么?），反应温度维持在100℃左右。

（2）酸化中和制备凝胶：在一干净的100mL烧杯中加入5mL去离子水，边搅拌边加热至50℃左右，然后在搅拌下将制得的$NaAlO_2$溶液和7mL 6.0mol·L^{-1} HNO_3倒入烧杯中，混合均匀后，立刻用pH精密试纸测定反应液的pH值，并调节其pH值保持在7.2～8.0之间（为什么?），控制反应温度在45～50℃之间，加热搅拌0.5h。

2. 浆化洗涤和胶溶

（1）将以上制备的氢氧化铝凝胶及时用布氏漏斗抽滤，弃去母液，然后将氢氧化铝凝胶转移到100mL烧杯中。

（2）取另一只100mL烧杯加入20mL去离子水，用稀氨水调节pH值至7.2～8.0，加热到40℃后，倒入氢氧化铝凝胶的烧杯中，加热搅拌5min，维持温度在35～45℃之间，使杂质Na^+、NO_3^-充分溶解，而后用布氏漏斗趁热抽滤，重复浆化洗涤2～3次。

（3）在盛有浆化洗涤后得到的氢氧化铝凝胶的烧杯中加入0.5～1.5mL 6.3mol·L^{-1}的HNO_3，强烈搅拌45min至很细的流动性较好的浆液（胶溶液）。

3. 成型和焙烧

（1）成型 取一支100mL的量筒，加入30mL 5.6mol·L^{-1}的氨水和1mL甘油，混匀，再缓慢添加15mL白油，做成一支简单的油成型柱，用一干净滴管向油成型柱中不断滴加步骤2制得的胶溶液（成圆球状沉入量筒底部）。滴加完毕后，倾去量筒中的上层液体（白油可回收利用），将量筒底部的球状氢氧化铝用布氏漏斗滤去其余液体，然后将氢氧化铝小球移入有柄瓷蒸发皿中备用。

（2）焙烧 放置一天后，将蒸发皿放入高温马弗炉中，逐渐升温至520℃±10℃（为什么?），在该温度下保温煅烧1.5h，即可得到最终产品$\gamma-Al_2O_3$。

4. $\gamma-Al_2O_3$的比表面积测定

用MicrometiticsASAP2000型物理吸附仪对制备的产品$\gamma-Al_2O_3$进行N_2吸附实验，样品测定前于200℃烘2h，300℃脱气3h（1.33 Pa，为什么?）。操作如下：

（1）样品的称量。称取0.2～0.3g干燥好的$\gamma-Al_2O_3$（粗称）。

（2）样品的活化。将装有$\gamma-Al_2O_3$的样品管接到仪器的活化口，打开仪器的Slow抽空键，待真空指示读数低于600，再将Slow抽空键切换成Fast抽空键，并加上加热袋，打开加热键（温度设为300℃）保持3h。

（3）测量文件的设定。打开计算机上ASAP的应用程序点击主菜单上File键，选择Open，Sample information（或直接点击F2键），出现一个对话框。设置新文件时，两次敲击Enter键，然后输入样品的名称、质量，选择分析的方法与条件，选择测量的报告，点击Save键保存，点击Close键退出。点击主菜单上Analyze键，选择新设置的文件，点击OK键开始分析。

（4）样品质量的校正。待测试结束后，取下样品管并在电子天平上准确称其质量，计算出样品的最终质量，进入Sample information进行质量校正。

（5）测试报告。点击主菜单上Reports键，选择Start reports（或直接点击F8键）。选择所测试文件的名称，点击OK键后出现测试报告，点击Print键即可打印结果。

实验指导

(1) 在胶溶时，HNO_3 的用量主要视浆液的流动性而定，若过滤得到的氢氧化铝凝胶比较干则可多加一些 HNO_3。这里 HNO_3 用量不足或过量均会影响成球的好坏和产品的强度。

(2) $\gamma-Al_2O_3$ 是一种多孔形物质，薄水铝脱水活化中，随活化温度提高到400℃时开始分解，生成微孔，比表面随之增大，到500℃时达到最大值，超过500℃微孔逐渐消失，比表面也大为减少，因此活化温度绝对不能超过550℃。

(3) 固体比表面的测定通常是利用物理吸附现象，通过测定出吸附等温线，然后依据BET吸附公式求出理论单分子层吸附量，进而利用吸附质分子截面积的大小，求算比表面积。实验室中，吸附等温线的测定有静态法和动态法，其中常用的静态法有气相容量吸附法、气相重量吸附法和溶液吸附法三种，动态法有流动法和色谱法两种。本实验所用的是静态法中的气相容量吸附法，即BET容量法，该法要求相对压力在0.05～0.35之间，其测量范围为1～1500$m^2 \cdot g^{-1}$（本实验制备的产品表面积在200～300$m^2 \cdot g^{-1}$左右）。

(4) 在进行BET容量法之前，需在减压条件下加热到一定温度进行脱附实验，已将吸附剂表面上原已吸附的气体或蒸气分子除去，否则会影响比表面积的测定结果。这个脱附过程，在催化实验中又称为活化。对于不同的吸附剂，其活化温度和时间一般也不同。本实验选择300℃下脱附3h(1.33 Pa)。

(5) 比表面积测定时应按照仪器说明或实验教师指导进行操作，以免损坏仪器。

实验拓展

(1) 近几年来，随着材料制备技术的发展，溶胶－凝胶法以其自身优点受到人们的广泛的关注和重视，这些优点主要有：①实验条件温和，通常在室温合成无机材料，特别是可低温合成传统方法难以获得的氧化物；②由于溶胶多组分溶液是原子分子级水平的混合，因此所制备的产品具有均匀的成分。③产品的纯度高，比表面积和活性大。在实际生产中，氧化铝溶胶凝胶应用非常广泛，是无机材料领域研究的重点。

(2) $\gamma-Al_2O_3$ 常用作催化剂或催化剂载体。载体其实就是一种承载催化剂的物质，它的主要功能是保证催化剂的应用方式与提高催化剂的使用效率，另一方面也起到在恶劣工作环境下继续保持强度、耐热、耐腐蚀等性能的作用。催化剂载体的种类繁多，主要包括氧化铝、活性炭、二氧化硅、分子筛、二氧化钛、碳化硅等。各种催化剂载体材料各有特点，而其中又尤以氧化铝系催化剂载体用途最为广泛。

(3) 氧化铝是氢氧化铝的脱水产物。各种氢氧化铝经热分解形成一系列同质异象体（主要是氧原子和铝原子空间堆叠方式和含水量不同），这些同质异象体，有些呈分散相，有的呈过渡态，但当加热温度超过1000℃以上时，它们又都转变成同一稳定的最终产物——真正的无水氧化铝，称作 $\alpha-Al_2O_3$，所以它们又都被看作是 $\alpha-Al_2O_3$ 的中间过渡形态。按照它们的生成温度可分为低温氧化铝和高温氧化铝两大类。低温氧化铝是前述各种氢氧化铝在不超过600℃的温度下脱水产物，其化学组成为 $Al_2O_3 \cdot nH_2O$，式中 $0<n<0.6$，属于这一类的有 ρ－、χ－、γ－及 $\eta-Al_2O_3$ 四种。高温氧化铝几乎是无水的氧化铝，是在900～1000 ℃之间的温度下生成的，属于这一类的有 $\kappa-Al_2O_3$、$\delta-Al_2O_3$、$\theta-Al_2O_3$。

(4) $\gamma-Al_2O_3$ 质量的差热分析鉴定。制备氢氧化铝凝胶时，由于操作条件不同，也会生成湃铝石，而湃铝石加热脱水基本上只能获得 $\eta-Al_2O_3$。其脱水顺序如下：

$$\text{湃铝石} \xrightarrow{230℃} \eta - Al_2O_3 \xrightarrow{850℃} \theta - Al_2O_3 \xrightarrow{1200℃} \alpha - Al_2O_3$$

因此由差热分析图谱可以定性判断产物中湃铝石的生成量，从而判断产品的质量好坏。本实验也可采用此法对制备的产品进行鉴定。

（5）$\gamma - Al_2O_3$ 作为催化剂载体时，其孔径分布对催化效果有较大的影响，因此近年来用新的合成方法制备孔径分布集中的中孔催化材料成为新的研究热点。控制 $\gamma - Al_2O_3$ 载体孔结构的方法主要有以下几种：

① 自组装法。近几年来，越来越多的研究者都开始注意到超分子化学中的分子自组装概念，即指分子在氢键、静电、疏水亲脂作用、范德华力等弱力的推动下，自发地构筑具有特殊结构和形状的集合体的过程。利用有机物和无机物的自组装反应，可以形成孔道排列有序、孔径均一、可调、形貌易于剪裁的多孔结构的催化材料。

② 水热处理法。近年来，人们开始用水热处理技术对氧化铝载体进行化学修饰。适当条件下对 $\gamma - Al_2O_3$ 进行水热处理后，可使其表面羟基浓度提高，表面酸性增强，有利于增大反应活性中心数目，提高催化活性。不过水热处理法的不足之处在于它对设备要求高，生产条件苛刻。

③ 扩孔剂法。相比于水热处理法，扩孔剂法属物理扩孔法。即在沉淀时或在其它成型过程中添加易于高温分解的物质来增大孔径。利用扩孔剂煅烧时分解逸出（扩孔剂是有机物）使孔隙贯通，达到控制孔径大小和分布的目的。

④ 低温烧结法。低温烧结法指添加适当的烧结剂使氧化铝在较低的温度发生烧结，从而有利于载体孔径的增加和防止比表面积的减少。

实验思考

1. $\gamma - Al_2O_3$ 有哪些主要用途？这些用途分别利用了 $\gamma - Al_2O_3$ 哪些方面的性质？

2. BET 多分子层吸附理论基本假设是什么？指出利用 BET 容量法测定固体的比表面积的实验条件和适用范围？

3. 查阅相关资料，指出 $\gamma - Al_2O_3$ 的晶体结构。

单元6 新型合成技术与应用

实验一 超声波法合成二苯甲醇及结构表征

实验目的

（1）学习以锌粉－氢氧化钠为还原剂还原酮制备仲醇的原理和方法；
（2）进一步掌握抽滤、重结晶等基本操作；
（3）学习超声波合成有机化合物的原理和方法。

实验背景

20世纪50年代以来，超声波在有机合成中的应用得到了世界各国的高度重视，并形成了一个专门的学科——声化学。超声波是指频率高于20kHz的声波。超声波在液体中传播时会引起超声空化效应，产生局部高温、高压、强烈的冲击波和微射流，可使水分子裂解、有机物降解、单体聚合等。声化学的研究范围涉及到各种化学反应，诸如取代、加成、氧化、还原、开环、聚合、缩合及金属有机反应。超声波作用于化学反应具有反应速度快、产率高、反应温度低等特点，近年来在有机合成中得到了迅速发展。

二苯甲醇是一类重要的有机合成中间体，在医药工业中主要作为苯甲托品、苯海拉明、莫达非尼、阿屈非尼等药物的中间体。近年来由于二苯甲醇大量应用于钢铁工业，因此需求巨大，对于它的合成研究也引起了国内外同行的极大关注。目前合成二苯甲醇的方法主要有以下几种：①由二苯甲酮在碱性条件下用锌粉还原得到产物。该方法的反应时间长，需2h以上，且二苯甲酮转化不完全，造成二苯甲醇和二苯甲酮分离困难；②由二苯甲酮在高压下催化加氢还原得到。该方法对设备要求高，且反应条件苛刻；③以四氢呋喃为溶剂，二苯甲酮经$NaBH_4$还原得到，该方法的缺点是$NaBH_4$不溶于四氢呋喃，反应物料接触不够充分。另外，利用酶作为催化剂的生物催化法也有较多的研究，酶具有非常独特的催化性能，概括起来有以下五点，即高效性、高选择性、常压室温，接近中性、条件温和等条件下反应，催化活性可以自动调节，同时具有均相和多相催化的特点。尽管酶的这些特点非常突出、诱人，但是目前这些特点的许多作用机理还不是很清楚。

实验原理

本实验以二苯甲酮为原料、锌粉－氢氧化钠为还原剂、乙醇为溶剂，采用超声波技术合成二苯甲醇。该方法反应时间短，后处理简便，且收率高。

仪器试剂

仪器：数控超声波清洗器　红外光谱仪　圆底烧瓶　冷凝管　熔点仪
试剂：二苯甲酮　氢氧化钠　95%乙醇　浓盐酸　石油醚　50mL圆底烧瓶　锌粉

实验步骤

（1）常温下，在装有冷凝管的50mL圆底烧瓶中，依次加入1.97g（49.3mmol）氢氧化钠、1.83g（10mmol）二苯甲酮、1.97g（30.1mmol）锌粉和20mL95%乙醇，混匀；使氢氧化钠和二苯甲酮逐渐溶解。在超声波功率为500W时，机械搅拌20min。冷却、抽滤；残渣用少量95%乙醇洗涤。滤液倒入盛有90mL冰水和4mL浓盐酸的烧杯中（pH值约为5~6）（为什么?），立即出现白色沉淀，减压过滤。粗产品用石油醚重结晶，得到白色针状晶体1.6g左右，收率约为90%。

（2）测定产物的熔点和红外光谱，并与标准值、标准谱图进行比较，确定产物（纯二苯甲醇熔点为69~70℃）。

实验指导

（1）加入盐酸不能过量，否则沉淀不容易出现。

（2）若无沉淀出现，可在水浴上蒸去大部分乙醇，冷却后将残液倒入10g碎冰和1mL浓盐酸的混合液中。

（3）也可以用已烷代替石油醚进行重结晶。

（4）酸化时溶液酸性不能太强，否则难以析出固体。

实验拓展

1. 二苯甲醇的传统合成方法

方法一：在装有冷凝管的50mL圆底烧瓶中，依次加入1.5g氢氧化钠、1.5g二苯甲酮、1.5g锌粉和15mL 95%乙醇，充分振摇，反应微微放热；约20min后，在80℃的水浴上加热5min，使反应完全。冷却、真空抽滤，固体用少量乙醇洗涤。滤液倒入事先盛有80mL冰水浴冷却的水中，摇荡混匀后用浓盐酸小心酸化，使溶液pH值为5~6，真空抽滤析出的固体。粗产品干燥后用15mL石油醚重结晶。干燥后得到二苯甲醇的白色针状晶体约1.0g左右，收率约为90%，二苯甲醇的熔点为69~70℃。

方法二：在装有回流冷凝管、滴液漏斗和磁力搅拌器的25mL三口烧瓶中，加入1.82g（0.01mol）二苯甲酮和10mL 95%乙醇，塞住余下的瓶口后，加热使固体物全部溶解，冷至室温后，在搅拌下分批加入0.19g（0.005mol）硼氢化钠，此时，可观察到有气泡发生，溶液变热，硼氢化钠加入速度以反应温度不超过50℃为宜。待硼氢化钠加毕，继续搅拌回流20min，此过程中有大量气泡放出，冷至室温后，通过分液漏斗加入10mL冷水，以分解过量的硼氢化钠，然后逐滴加入10%盐酸1.5~2.5mL，直至反应停止。当反应液冷却后，抽滤，用水洗涤所得固体，干燥后得粗产物。粗产物用石油醚（30~60℃）重结晶，得二苯甲醇针状结晶约1.0g，收率约为57%，纯二苯甲醇熔点为69℃。

2. 超声波简介

超声波（ultrasound）的频率范围大致在20kHz~1000MHz之间，常用超声波的能量为20kHz ~10MHz。20世纪20年代，发现超声波有加速化学反应的作用，但长期以来未引起化学家重视。直到20世纪80年代中期，大功率超声波设备的普及与发展，超声波在化学工业中的应用研究才迅速发展，形成了一门新兴的交叉学科——声化学。

超声化学（sonochemistry）是声学与化学相互交叉渗透而发展起来的一门新兴边缘学

科，是声学与化学的前沿学科之一。超声化学主要是利用超声波加速化学反应，提高化学产率的一门学科。利用超声能够加速和控制化学反应、提高反应产率、改变反应历程和改善反应条件以及引发新的化学反应等。

超声波虽然对液－液体系有显著的机械作用（如振荡作用），可加快物质分散、乳化、传热和传质等作用，在一定程度上促进化学反应，但这也不足以解释超声波成倍甚至上百倍地加快反应速率和增大产率的实验事实。研究表明，加快反应的主要作用是超声波的声空化效应。

声空化效应是指在超声波的作用下产生空化泡以及空化泡中空腔的形成、振荡、生长收缩及崩溃，以及引发的物理和化学变化。液体声空化过程是集中声场能量并迅速释放的过程，空化泡崩溃时，在极短时间（10^{-9}s）和空化泡的极小空间内，产生5000K以上的高温和大约50MPa的高压，温度变化率高达10^9 K·s^{-1}，并伴随产生强烈的冲击波和时速高达400km·h^{-1}的微射流，同时伴有孔穴的充电放电和发光现象。这一局部的高能环境可引起分子热解离、分子离子化和产生自由基等，引发和加快了一系列化学反应。这就为在一般条件下难以实现或不能实现的化学反应提供了一种新的非常特殊的物理环境，开启了新的化学反应通道。其现象包括两个方面，即强超声在液体中产生气泡和气泡在强超声作用下的特殊运动；在液体内施加超声场，当超声强度足够大时，会使液体中产生成群的气泡，成为“声空化泡”。这些气泡同时受到强超声的作用，在经历声的稀疏相和压缩相时，气泡生长、收缩、再生长、再收缩，经多次周期性振荡，最终以高速度崩裂。在其周期性振荡或崩裂过程中，会产生短暂的局部高温、高压；加热和冷却的速率大于10^9 K·s^{-1}，并产生强电场，从而引发许多力学、热学、化学、生物等效应。这些极端条件足以使有机物、无机物在空化气泡内发生化学键断裂、水相燃烧和热分解条件，促进非均相界面之间搅动和相界面的更新，极大地提高非均相反应的速率，实现非均相反应物间的介观均匀混合，加速反应物和产物的扩散过程，促进固体新相的生成。反应体系的环境条件会极大地影响空化的强度，而空化强度则直接影响到反应的速率和产率。这些环境条件包括反应温度、液体的静压力、超声辐射频率、声功率和超声强度。另外，溶解气体的种类和数量、溶剂的选择、样品的制备以及缓冲剂的选择对空化强度也有很大的影响。

超声波可改变液体，固体发生化学反应的途径，它所产生的高温、高压可使声化学通过一条不同寻常的途径来促进声能量和物质的相互作用。实验室常用的超声反应器有超声清洗器、超声细胞粉碎器等。

由于声能具有独特的优点：无二次污染、设备简单、应用面广，所以受到人们越来越多的关注，声化学已成为一个蓬勃发展的研究领域。目前，声化学的研究已涉及到化学、化工的各个领域，如有机合成、电化学、光化学、分析化学、无机化学、高分子材料、环境保护、生物化学等，我国的有关学者在声化学的基础研究和应用研究方面也做了大量的工作。近年来，声化学在物质合成、催化反应、水处理、废物降解、纳米材料等方面的研究已成为声化学重要的应用研究领域。

总之，超声波促进化学反应可归纳为以下几个主要特点：

（1）空化泡爆裂可产生促进化学反应的高能环境（高温高压），使溶剂和反应试剂产生活性物质，如离子、自由基等。

（2）超声辐射溶液时可产生机械作用，如促进传热、传质、分散和乳化等作用，并且溶液或多或少吸收超声波而产生一定的宏观加热效应。

(3) 对许多有机反应尤其是非均相反应有显著的加速效应，反应速度可较常规方法快数十乃至数百倍，并且在大多数情况下可提高反应产率，减少副产物。

(4) 可使反应在较温和的条件下进行，减少甚至不用催化剂。并且可简化实验操作，大多数情况再需要辅以搅拌，有些反应不再需要严格的无水无氧条件或分步投料方式。

(5) 对金属（作为反应物或催化剂）参与的反应，超声波可及时除去金属表面形成的产物、中间产物及杂质等，一直暴露着清洁的反应表面，从而大大促进了这类化学反应。

不过，超声辐射对有的化学反应效果不佳，对有的反应速率和产率增加不大，甚至对有的反应还有抑制作用；并且由于空化泡爆裂产生的离子和自由基与主反应竞争而降低了某些反应的选择性，使副产物增加。

3. 二苯甲醇分子的标准谱图

二苯甲醇的红外谱图、氢谱、碳谱和质谱图分别见图 6－1～图 6－4。

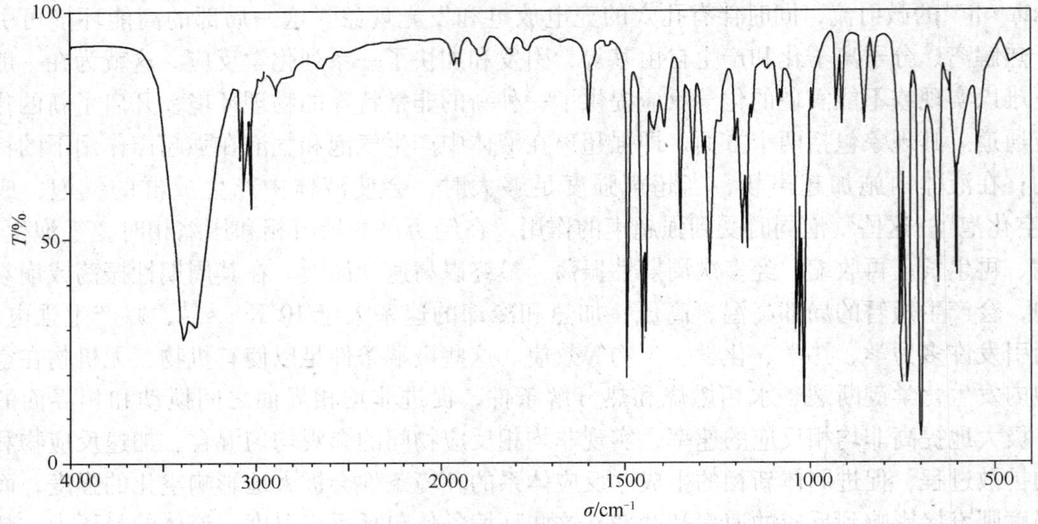

图 6－1　二苯甲醇的 IR 谱图

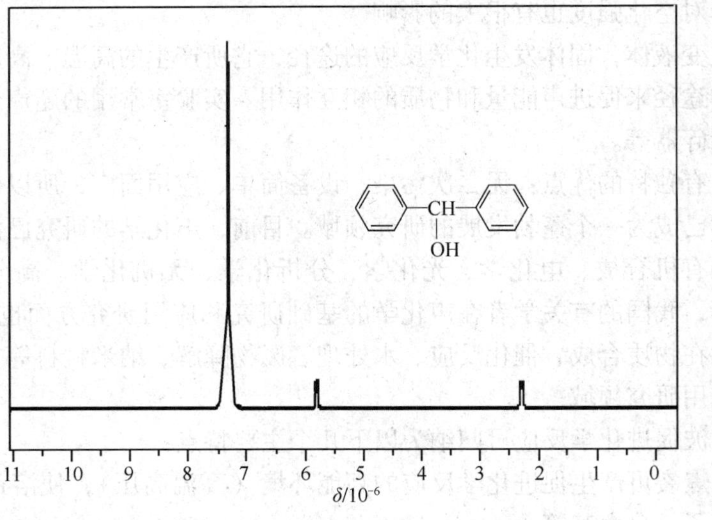

图 6－2　二苯甲醇的 ^{1}H NMR 谱图

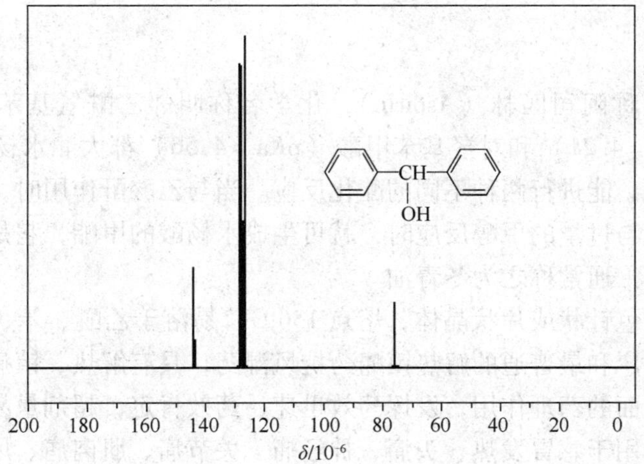

图 6-3　二苯甲醇的 ^{13}C NMR 谱图

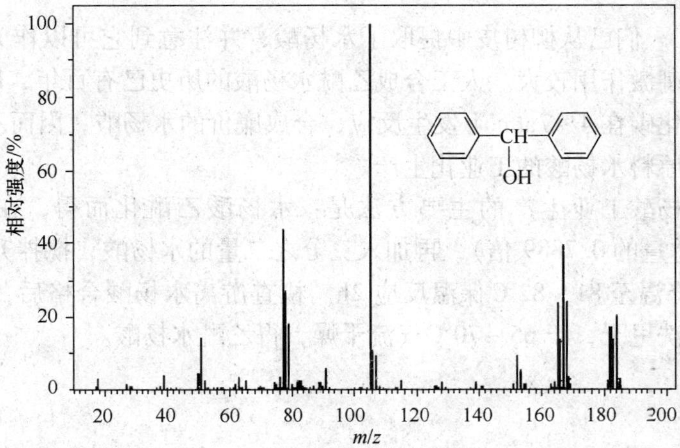

图 6-4　二苯甲醇的 MS 谱图

实验思考

1. 本实验反应完成以后，为什么要加入盐酸？
2. 比较传统方法和超声合成的不同和优缺点。
3. 试提出合成二苯甲醇的其他方法？

实验二　微波法合成乙酰水杨酸及结构表征

实验目的

(1) 学习微波法合成乙酰水杨酸的方法和原理；
(2) 熟悉重结晶的基本操作；
(3) 进一步熟悉水浴加热的操作方法。

实验背景

乙酰水杨酸，又称阿司匹林（Aspirin），化学名称叫邻乙酰氧基苯甲酸，p*K*a = 2.98，酸性比苯甲酸（p*K*a = 4.21）和对羟基苯甲酸（p*K*a = 4.56）都大。水杨酸是具有酚羟基和羧基双官能团化合物，能进行两种不同的酯化反应。当与乙酸酐作用时，可以得到乙酰水杨酸，即阿司匹林。当与过量的甲醇反应时，就可生成水杨酸的甲酯，它是第一个作为冬青树的香味成分被发现的，通常称之为冬青油。

乙酰水杨酸为白色针状或片状晶体，熔点136℃，易溶于乙醚、苯、热乙醇，难溶于冷水，是应用最早、最广和最普通的解热镇痛药抗风湿药，具有解热、镇痛、抗炎、抗风温和抗血小板聚集等多方面的药理作用，发挥药效迅速，药效肯定，超剂量易于诊断和处理，很少发生过敏反应。常用于感冒发热、头痛、神经痛、关节痛、肌肉痛、风湿热、急性内湿性关节炎、类风湿性关节炎及牙痛等。目前，阿司匹林仍然是一个广泛使用的具有解热止痛作用治疗感冒的药物。

早在18世纪，人们已从柳树皮中提取了水杨酸，并注意到它可以作为止痛、退热和抗炎药，不过对肠胃刺激作用较大。人工合成乙酰水杨酸的历史已有百年，1859年Koble用干燥的苯酚钠和二氧化碳在4～7atm下发生反应，合成廉价的水杨酸，因而乙酰水杨酸的大量合成开始于其主要原料水杨酸的工业化生产。

目前，乙酰水杨酸工业生产的主要方法是：水杨酸乙酰化而得，在反应罐中加乙酐（加料量为水杨酸总量的0.7889倍），再加入三分之二量的水杨酸，搅拌升温，在81～82℃反应40～60min。降温至81～82℃保温反应2h。检查游离水杨酸合格后，降温至13℃，析出结晶，甩滤，水洗甩干，于65～70℃气流干燥，得乙酰水杨酸。

实验原理

乙酰水杨酸是由水杨酸（邻羟基苯甲酸）和乙酸酐合成的：

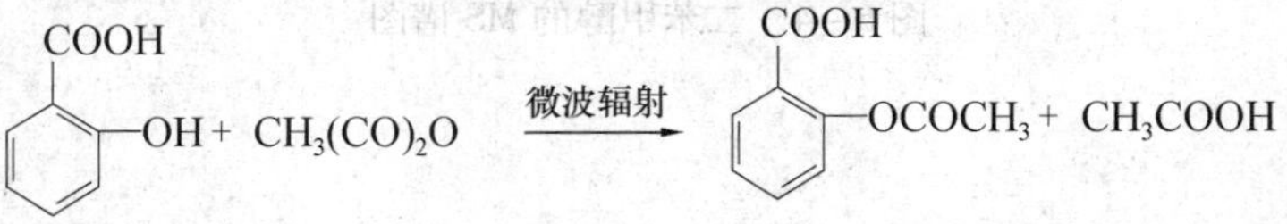

在生成乙酰水杨酸的同时，由于水杨酸本身具有两个不相同的官能团，反应中可生成少量的高分子聚合物，造成产物不纯。具体反应如下：

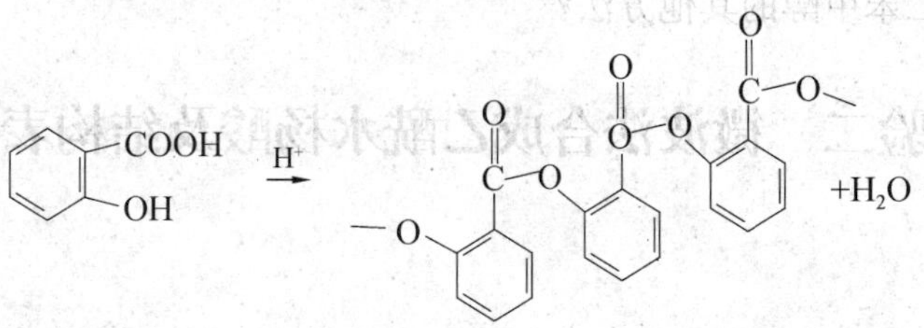

乙酰水杨酸能与碳酸氢钠反应生成水溶性钠盐，而副产物聚合物不能溶于碳酸氢钠，这种质上的差别可用于纯化阿司匹林。最终产物中的杂质可能存在水杨酸本身，这是由于乙酰化反应不完全或由于产物在分离步骤中发生水解造成的。水杨酸可以在各步纯化过程和产物的重结晶过程中被除去。至于反应进行的完全与否，可通过三氯化铁进行检测，由于与大多数酚类化合物一样，水杨酸可与三氯化铁形成深色络合物；乙酰水杨酸因酚羟基已被酰化，不再与三氯化铁发生颜色反应。

微波是指电磁波谱中位于远红外和无线电波之间的电磁辐射，微波具有很强的穿透力，能对被照射物质产生深层加热作用。对于微波加热促进有机反应的机理，现在较为普遍的看法是：极性有机分子接受到微波辐射的能量后会发生每秒几十亿次的偶极振动，产生热效应，使分子间的相互碰撞及能量交换次数增加，从而加快有机反应速度。另外，电磁波对反应分子间行为的直接作用而引起的所谓“非热效应”，也是促进有机反应的重要原因。与传统加热法相比，微波使反应速度可加快几倍甚至上千倍。目前微波辐射已发展成为一门新兴的合成技术。

乙酰水杨酸是人们熟悉的解热镇痛、抗风湿类药物，传统的合成通常用水杨酸和乙酸酐反应来合成，用浓硫酸或浓磷酸作催化剂，以加速反应的进行。该法反应速度相对较慢，乙酸酐用量大，收率仅74%～80%，且易产生副反应，对生产设备有较强的腐蚀性。

本实验将微波辐射技术用于合成和水解乙酰水杨酸并加以回收利用。和传统方法相比，新型实验具有反应时间短、产率高和物耗低及污染少等特点，体现了新兴技术的运用和大学化学实验绿色化的改革方向。

仪器药品

仪器：微波炉　电子天平　圆底烧瓶　锥形瓶　移液管　减压抽滤装置　红外光谱仪　熔点测定仪

试剂：水杨酸　乙酸酐　饱和碳酸氢钠水溶液　三氯化铁溶液　乙酸乙酯　浓硫酸　浓盐酸　碳酸钠　95%乙醇　活性炭

实验步骤

1. 乙酰水杨酸的合成

在干燥的100mL圆底烧瓶中加入2.0g（0.014mol）水杨酸和约0.1g碳酸钠，用移液管加入2.8mL（3.0g，0.029mol）乙酸酐，振荡溶解，放入微波炉中，于辐射输出功率495 W（中档）下，微波辐射20～40s。稍冷，加入20mL pH＝3～4的盐酸水溶液，用少量冷水洗涤结晶2～3次，减压抽滤，得乙酰水杨酸粗品。粗产品用乙醇水混合溶剂（1体积95%的乙醇和2体积的水）约16mL重结晶，干燥，得白色针状乙酰水杨酸2.4g（收率约92%），熔点135～136℃（产品结构还可用2% $FeCl_3$水溶液检验或用红外光谱测试）。

2. 乙酰水杨酸的红外光谱测定

（1）纯KBr薄片扫描本底　取少量KBr固体，于玛瑙研钵中充分研磨，并将其在红外灯下烘烤10min左右。取出约100mg装于干净的压膜内（均匀铺撒并使中心凸起），在压片机上于29.4MPa压力下压1min，压成透明薄片。将此片放于样品架上，插入红外光谱仪的试样安放处，从4000～600cm^{-1}进行波数扫描。

（2）扫描固体样品　取1～2mg乙酰水杨酸产品（经过干燥处理），在玛瑙研钵中充分研磨，再加入400mg干燥的KBr粉末，继续研磨至完全混合均匀，并将其在红外灯下烘烤10min左右。取出100mg按照2.（1）操作，得到红外吸收光谱，并和标准光谱图比较。

实验指导

（1）乙酸酐应是新蒸的，收集139～140℃馏分。

（2）乙酰水杨酸易受热分解，因此熔点不很明显，它的分解温度为 128 ~135℃。测定熔点时，应先将热载体加热至 120℃左右，然后放入样品测定。

（3）不同品牌的微波炉所用微波条件略有不同，微波条件的选定以使反应温度达 80 ~90℃为原则。使用的微波功率一般选择在 450 ~500W 之间，微波辐射时间为 20s。此外，微波炉不能长时间空载或近似空载操作，否则可能损坏磁控管。

实验拓展

1. 乙酰水杨酸的普通合成方法

向 125mL 锥形瓶中加入 2g 水杨酸、5mL 乙酸酐和 5 滴浓硫酸，摇动锥形瓶使水杨酸全部溶解后，在水浴上加热 5 ~10min，控制水浴温度在 85 ~90℃，冷至室温，即有乙酰水杨酸结晶析出。如不结晶，可用玻璃棒摩擦瓶壁并将反应物置于冰水中冷却。然后加入 50mL 水，将混合物继续在冰水浴中冷却结晶。抽滤，用滤液洗涤锥形瓶，至所有晶体被收集到布氏漏斗中。再用少量冷水洗涤结晶几次，继续抽滤将溶剂尽量抽干。将粗产物转移至表面皿上，在空气中晾干，称重，粗产物约 1.8g。

将粗产物转移至烧杯中，在搅拌下加入 25mL 饱和碳酸氢钠溶液，加完后继续搅拌几分钟，直至无二氧化碳气泡产生。抽滤，副产物聚合物应被滤出，用 5 ~10mL 水冲洗漏斗，合并滤液，倒入预先盛有 4 ~5mL 浓 HCl 和 10mL 水配成溶液的烧杯中，搅拌均匀，即有乙酰水杨酸析出。减压过滤，用洁净的玻塞挤压滤饼，尽量抽去滤液，再用冷水洗涤 2 ~3 次，抽干水分。干燥后约 1.5g，熔点 133 ~135℃。取几粒结晶加入盛有 5mL 水的试管中，加入 1 ~2 滴 1% 三氯化铁溶液，观察有无颜色反应。

进一步纯化产品，可将上述产品溶于少量的乙酸乙酯中（约需 4 ~6mL），小心加热溶解。如有不溶物出现，可趁热过滤，将滤液冷至室温，晶体析出。如不析出结晶，可在水浴上稍加浓缩，并将溶液置于冰水中冷却，或用玻璃棒摩擦瓶壁，抽滤收集产物，干燥后测熔点。乙酰水杨酸为白色针状晶体，熔点 135 ~136 ℃。

2. 微波合成简介

微波的频率大致在 300MHz ~300GHz，即波长在 100 ~0.1cm 内的电磁波。它位于电磁波谱的红外辐射（光波）和无线电波之间，因而只能激发分子的转动能级跃迁。

微波应用于合成化学始于 1986 年 Gedye 等对微波炉内进行酯化、水解、氧化和亲核取代反应及 Giguere 等对蒽和马来酸二甲酯的 Diels – Alder 环加成反应的研究。短短十几年时间，微波促进化学反应的研究已发展成为一门引人注目的全新领域——MORE 化学（Microwave – Induced Organic Reaction Enhancement Chemistry）。

微波作用下的反应速度比传统的加热方法快数倍甚至上千倍，具有操作方便、产率高及产品易纯化等优点，因此微波有机合成几乎涉及所有类型的有机化学反应。目前，微波有机合成化学的研究主要集中在三方面：第一，微波有机合成反应技术的进一步完善和新技术的建立；第二，微波在有机合成中的应用及反应规律；第三，微波化学理论的系统研究。关于微波能加速有机反应的原因，目前学术界有两种不同的学术观点：

一种观点认为，虽然微波是一种内加热，具有加热速度快、加热均匀、无速度梯度、无滞后效应等特点，但微波应用于化学反应仅仅是一种加热方式，与传统的加热方式一样，对某个特定的反应而言，在反应物、催化剂、产物不变的情况下，该反应动力学不变，与加热方式无关。他们认为，微波用于化学反应的频率 245MHz 属于非电离辐射，在与分子的化学键发生共振时不可能引起化学键断裂，也不能使分子激发到更高的转动或振动能级，微波对化学反应的加速主要归结为对极性有机物的选择加热，即微波的致热效应。

另一种观点认为，微波对化学反应的作用是非常复杂的，一方面是反应物分子吸收了微波能量，提高了分子运动速度，致使分子运动杂乱无章，导致熵增加；另一方面微波对极性分子的作用，迫使其按照电磁场作用方式运动，每秒变化 2.45×10^9 次，导致了熵的减小，因此微波促进化学反应的机理是不能仅用微波致热效应来描述的。微波除了具有热效应外，还存在一种不是由温度引起的非热效应。微波作用下的有机反应，改变了反应动力学，降低了反应活化能。因此微波存在非热效应，并在反应中起作用。

尽管微波用于有机合成已有二十几年的时间，但对微波加速反应机理的研究还是一个新的领域，目前还处于起始阶段，有些实验结果还缺乏实验上更充分的论证，有许多实验现象还需要更全面、细致和系统的解释，特别是化学动力学的研究中，温度的控制和检测方法等都将影响实验数据的准确性，从而得出可能完全相反的实验结论。

3. 乙酰水杨酸分子的标准谱图

乙酰水杨酸的红外谱图、质谱图、氢谱和碳谱图分别见图 6－5～图 6－8。

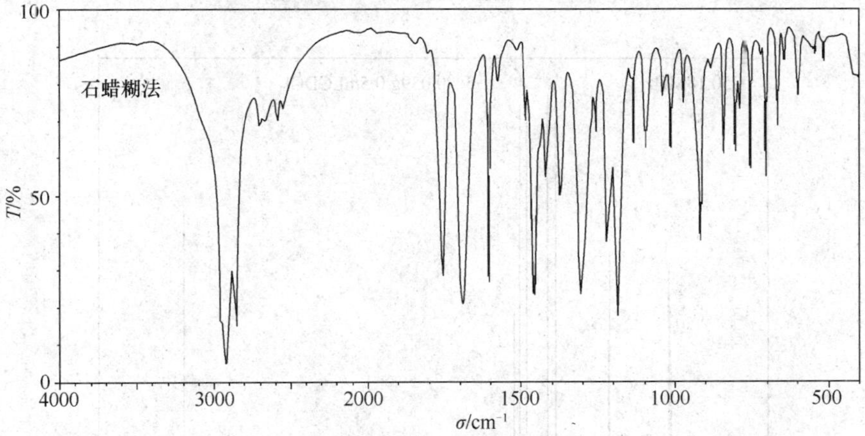

图 6－5　乙酰水杨酸的 IR 谱图

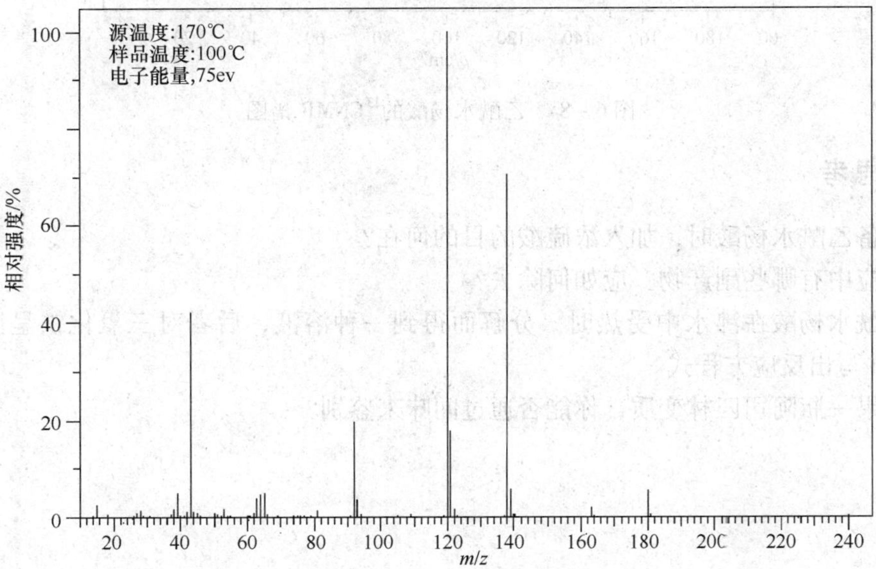

图 6－6　乙酰水杨酸的 MS 谱图

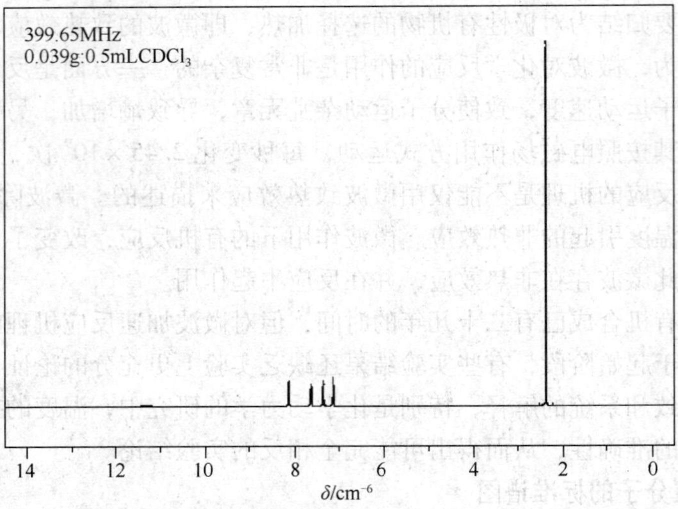

图 6－7　乙酰水杨酸的^{1}HNMR 谱图

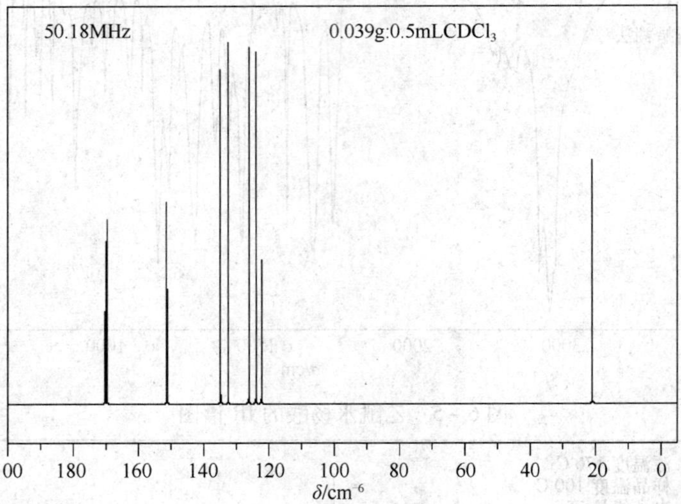

图 6－8　乙酰水杨酸的^{13}CNMR 谱图

实验思考

1. 制备乙酰水杨酸时，加入浓硫酸的目的何在？

2. 反应中有哪些副产物？应如何除去？

3. 乙酰水杨酸在沸水中受热时，分解而得到一种溶液，后者对三氯化铁呈阳性试验，试解释，并写出反应方程式。

4. 如果一瓶阿司匹林变质，你能否通过闻味来鉴别？

实验三　高压法合成α－萘酚及结构表征

实验目的

（1）了解高压反应釜的构造，初步学会高压釜的操作方法和技术；

（2）学习利用高压反应由α－氯萘水解制备α－萘酚；

（3）进一步掌握真空抽滤、重结晶等基本操作。

实验背景

α－萘酚是一种重要的化工原料中间体，广泛用在染料、农药、医药的生产中。20世纪80年代中期以后，由于环保和产品结构调整，发达国家相继停止生产萘酚，我国成为世界上萘酚的主要生产和出口国。目前合成α－萘酚的主要方法有磺化碱熔法、α－萘胺水解法、四氢萘法、电化法、异丙萘法、过氧化氢法等，但均存在着生产工艺复杂、流程长、设备腐蚀严重、三废多、环境污染大等缺陷。

增加反应体系的压力，不仅有助于以气态分子作原料的可逆反应，而且也适用于一些活化能较高的反应。以α－氯萘水解为例，由于氯原子与萘环之间存在p－π共轭，C—Cl键能较高，在水解过程中需要较高的活化能，在通常情况下不易发生水解反应。而在高温高压下，用铜作催化剂，可以使α－氯萘在氢氧化钠水溶液中水解成萘钠，萘钠经酸化后即得α－萘酚。这也是由芳卤衍生物制取其他酚类化合物的一种重要途径。

实验原理

α－氯萘水解法制备α－萘酚是一种工业生产方法，属于亲核取代反应。研究表明，此水解反应迅速，萘酚异构化的比率同催化剂的性质和用量有关；在无催化剂情况下，容易异构化。在合适的催化剂下，部分β－氯萘可异构化并水解为α－萘酚，而α－氯萘只水解为α－萘酚，催化剂以反应釜的镀铜表面、铜和Cu_2O效果好；催化剂用量一般为每克氯萘需用0.05～0.002g的催化剂。提高反应温度，可以显著缩短反应时间，随着反应时间增长，α－萘酚的产生和α－氯萘转化率之间差别增大，这可能是α－萘酚在该反应条件下进一步裂解，或者生成α，α′－二萘酚所致。研究表明：最佳的反应条件为：Cu－Cu_2O催化剂；反应温度为271～276℃；α－氯萘与NaOH摩尔比为1∶2.5～1∶4；碱浓度为2.5～3.8mol・L^{-1}；压力为5.0～5.5 MPa；反应时间为60～110min。

本实验在较高温度下，α－氯萘用铜催化，经碱性水解、酸化生成α－萘酚。反应式如下：

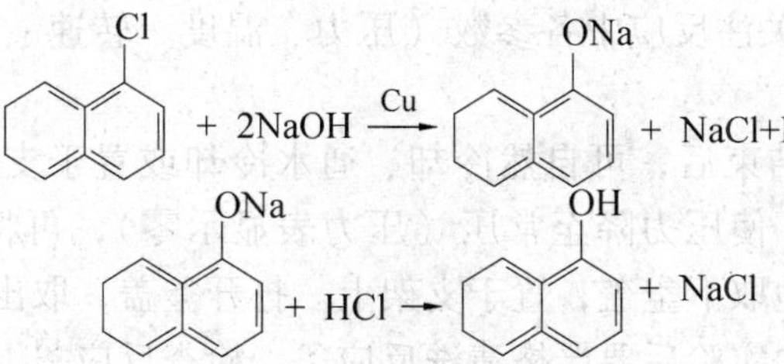

仪器试剂

仪器：高压釜　显微熔点仪　水循环真空泵　圆底烧瓶　球形冷凝管　红外光谱仪

试剂：α－氯萘　铜粉　氧化铜　氯化亚铜　氢氧化钠　盐酸　环己烷

实验步骤

（1）向 0.25L 高压釜中，放入 24.0g α－氯萘、0.23g 铜粉、0.44g 氧化亚铜、0.25g 氯化亚铜和 150mL 2.5mol·L^{-1}的氢氧化钠溶液。按操作规定安装高压釜，开动搅拌器，加热升温，保持温度在 273℃左右反应 90min。停止搅拌和加热，自然冷却至室温，打开釜盖。取出反应物，抽滤，滤饼干燥后即得灰白色或浅褐色 α－萘酚粗品。用环己烷重结晶，可得粉红色晶体。干燥称重，测熔点并计算产率。α－萘酚沸点为 288℃，熔点为 96℃，易升华，因此可用减压升华或减压分馏的方法提纯。

（2）测定产物的红外光谱，并与标准谱图进行比较，确定产物。

实验指导

1. 高压反应釜的使用

（1）开始反应

① 旋开反釜上卡套的螺栓，打开釜上盖，加入反应物，注意加料量不要超过釜容积的 3/4，缓慢将釜体与釜盖合上，使反应釜上下接口处对齐，适当调整后，四氟垫片与凹槽恰好吻合，否则重复上述操作。

② 将反应釜卡套安装在反应釜体与釜盖之间，先用小扳手对角旋紧螺栓后，再用专用大扳手旋紧（注意旋紧即可，不要过于用力）。

③ 检查各阀门（上方排气阀，釜上排气阀，进气阀，釜下出料口阀门等）是否旋紧（旋紧即可，不要过于用力），开启控制箱电源及其显示开关；数显表应有显示。

④ 开启氮气瓶总阀及分压阀，先将分压阀的压力调节到实验所需的压力，再开启反应釜进气阀，使气体缓慢充入反应釜内，当反应釜显示的压力值与氮气瓶上设定压力相同且不再变化时，顺序关闭反应釜的进气阀和氮气瓶的出气阀。

⑤ 在数显表上设定好各种参数（如上限报警温度、工作温度等），然后按下“加热”开关，电炉接通，同时“加热”开关上的指示灯亮。调节“调压”旋钮，即可调节电炉加热功率。

⑥ 按下“搅拌”开关，搅拌电机通电，同时“搅拌”开关上的指示灯亮，缓慢旋动“调速”旋钮，使电机缓慢转动，观察电机是否为正转，无误时，停机挂上皮带，再重新启动。

⑦ 反应开始后要密切关注反应中各参数（压力、温度、转速、转距）的变化，尤其是压力的变化。

（2）停止反应　操作结束后，可自然冷却、通水冷却或置于支架上空冷。待温度降低后，再放出釜内带压气体，使压力降至常压（压力表显示零），再将主螺母对称均等旋松，再卸下主螺母，然后小心地取下釜盖，置于支架上。打开釜盖，取出反应产物。

（3）清洗反应釜　每次实验后要严格清洗反应釜。检查反应釜上下接口处是否对齐，适当调整后，缓慢将釜体与釜盖合上，卡套卡紧但不要旋螺栓，将反应釜调整到反应前的状态，检查各阀门是否关紧。

2. 高压釜的操作注意事项

（1）高压釜为精密制造的仪器，高压反应带有一定的危险性，因此，使用高压釜时，一定要严格遵守高压釜操作规程，不得随意操作。

（2）使用前检查各阀门是否畅通，特别是压力表及防爆膜的管口。

（3）釜体和釜盖采用精密加工的圆弧面和锥面线接触密封形式。因此，在安装前一定要检查此处有没有固体物质。在装卸时，要使釜盖上下轻缓移动，防止釜本和釜盖的密封面相互撞击，造成密封面损坏。

（4）拧紧和卸去主螺母时，必须按对角、对称地分多次进行。用力要均匀，每次不可超过规定的拧紧力矩（50N·m）（使用专用工具）。禁止用力过大，以防釜盖向一边倾斜。

（5）升温和降温严禁速冷速热，升温速度不大于 80℃·h^{-1}，降温时，应自然冷却。

（6）在使用过程中，注意不要使加热、搅拌、热电偶的三根导线接触釜体，以防烧坏。

（7）实验中，务必监守岗位，不得擅自离岗。

（8）实验结束后，反应釜卡套的螺栓带上即可，不要旋紧，以防止粘住无法分离釜体与釜盖。

实验拓展

1. 高压下对硝基苯酚的制备

依次将 21g 对硝基氯苯和 180mL 氢氧化钠水溶液装入 500mL 的高压釜中，盖严高压釜。加热搅拌，1h 内使釜温升高至 160℃，釜内压力约 0.8MPa。在搅拌下保温 3h。停止反应，待釜体温度降至 60℃，打开高压釜，将反应液倒入烧杯中，反应液冷却至室温，有晶体析出。晶体经饱和食盐水洗涤后再溶入 200mL 水中，经水蒸气蒸馏，蒸除未反应的对硝基氯苯。蒸馏瓶中的剩余液经过滤后趁温热用浓盐酸酸化至 pH = 3。酸化液冷却至室温即得对硝基苯酚晶体。经过滤，水洗后晾干。称重、测定熔点并计算产率。对硝基苯酚为淡黄色或无色针状晶体，熔点为 112 ~ 113℃。

2. α - 萘酚分子的标准谱图

α - 萘酚的红外谱图、质谱、碳谱和氢谱图分别见图 6 - 9 ~ 图 6 - 12。

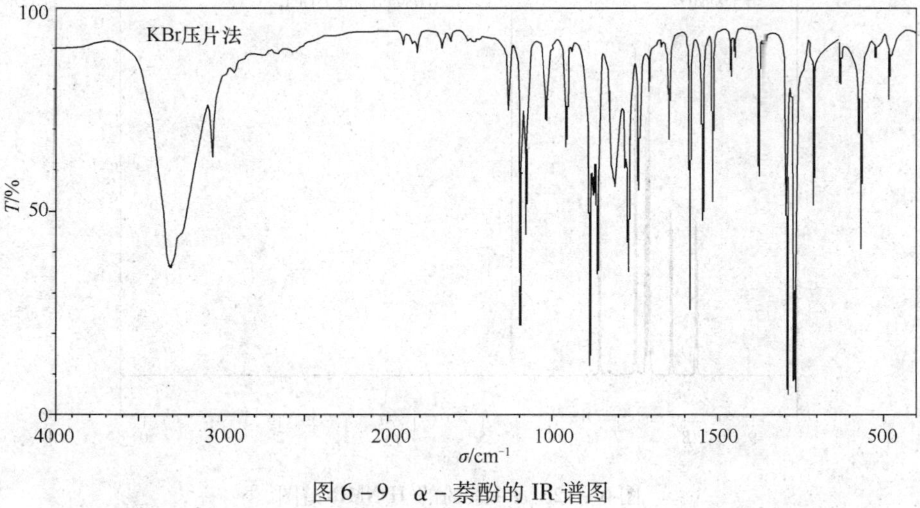

图 6 - 9　α - 萘酚的 IR 谱图

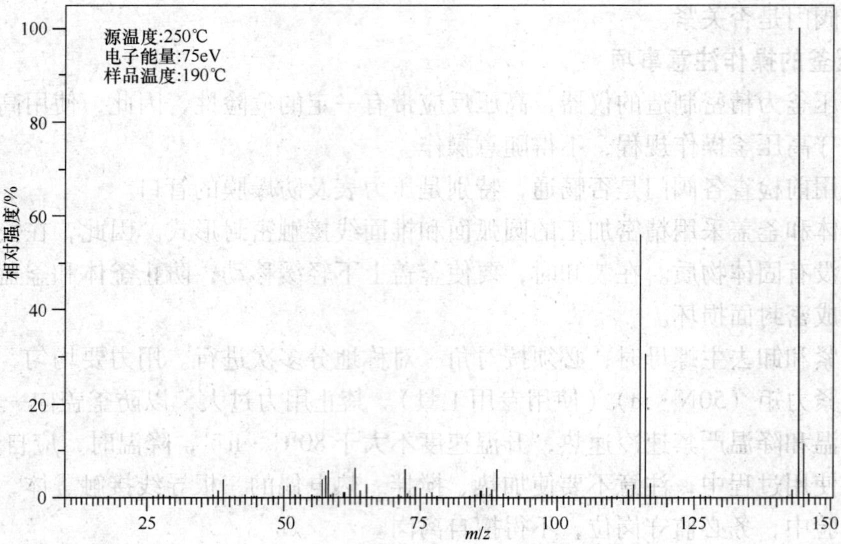

图 6－10　α－萘酚的 MS 谱图

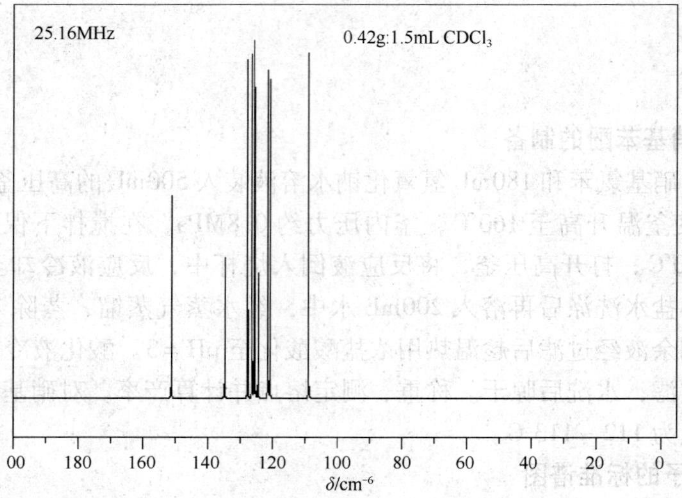

图 6－11　α－萘酚的 ^{13}C NMR 谱图

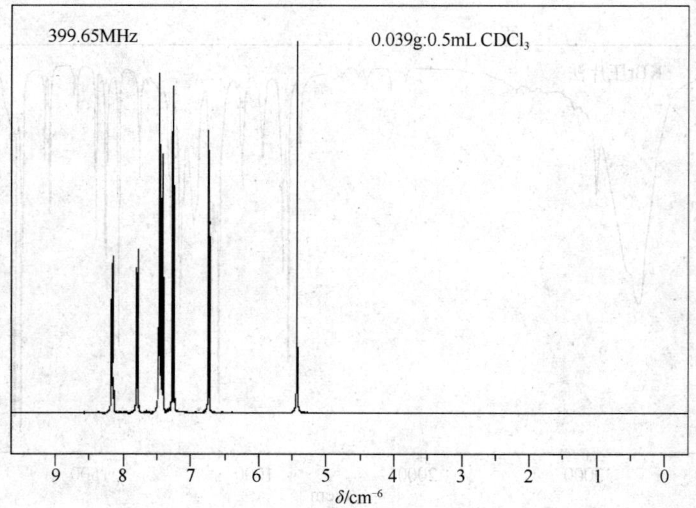

图 6－12　α－萘酚的 ^{1}H NMR 谱图

实验思考

1. 高压技术主要用于哪些有机化学反应?
2. α - 萘酚的传统合成方法有哪些?
3. 由 α - 氯萘制备 α - 萘酚为什么要在高压下进行?

实验四　电化学法合成碘仿及结构表征

实验目的

(1) 掌握有机合成中的电化学方法和原理；
(2) 了解用电解氧化法制备有机化合物的特点及应用；
(3) 进一步掌握过滤、重结晶等基本操作。

实验背景

人们在长期的实践中确实已经在电解池内完成了加成、取代裂解、消除、环合、偶合以及氧化和还原等各种反应。极性反应和自由基反应的概念在电化学中也是适用的，而某些有机反应之所以不能用电化学方法完成，只是因为它们所要求的电极电势超越了介质电化学势的范围，因而在实验上无法实现。

有机化学中的电化学合成方法，也称电解合成，是通过电流在电极上或电极周围实现物质合成的过程，很早就被人们所发现，Kolbe 合成法是其中的一个很有名的反应。

碘仿是一种重要的消毒剂，也是重要的精细化学品。碘仿的传统合成方法是由乙醇与碘的水溶液在碱性条件下加热反应制得，其反应式为：

$$CH_3CH_2OH + 5I_2 + 8Na_2CO_3 + 2H_2O = CHI_3 + 7NaI + 9NaHCO_3$$

显然该反应中碘只有 30% 被利用，其余 70% 被还原为碘离子，因此传统化学合成法成本高、生产效率低。为此随后开发了乙醇(或丙酮、异丙醇) - 碘化钾 - 氧化剂的改进工艺，但该工艺也存在生产成本高、物料组分复杂、产品纯化困难和环境污染等缺点。

电解合成法以碘化钾、乙醇（或丙酮）为原料，生产工艺简单，成本较低，周期短，产率高，选择性好，碘离子利用彻底，产品纯度高，无环境污染，是一种很有发展前途的绿色合成技术。

实验原理

碘仿其物态呈黄色有光泽片状结晶，又称黄碘，有特殊气味，d_4^{20} 为 4.008，熔点为 119 ~121℃，能升华，难溶于水，溶于乙醇和乙醚，易溶于丙酮。在医药和生物化学中用作消毒剂和防腐剂。碘仿可以由乙醇或丙酮与碘的碱溶液作用而制得，也可用电解法制备。

本实验以石墨碳棒做电极，直接在丙酮 - 碘化钾溶液中进行电解反应，十分方便地制取碘仿。在电化学反应中，物质的分子或离子与电极间发生电子转移，在电极表面生成新的分子或活性中间体，再进一步反应生成产物。碘化钾 - 丙酮水溶液进行电解时，在阳极碘离子失去电子被氧化成碘，碘在碱性介质中变成次碘酸根离子，再与丙酮作用生成碘仿。反应式如下：

$$2I^- - 2e \longrightarrow I_2$$

$$I_2 + 2OH^- \longrightarrow IO^- + I^- + H_2O$$

$$CH_3COCH_3 + 3IO^- \longrightarrow CH_3COO^- + CHI_3 + 2OH^-$$

副反应：

$$3IO^- \longrightarrow IO_3^- + 2I^-$$

仪器试剂

仪器：烧杯　石墨电极　磁力搅拌器　直流稳压电源　电流计　熔点仪　红外光谱仪

试剂：碘化钾　丙酮　蒸馏水　乙醇

实验步骤

（1）用150mL烧杯做电解槽，以2根石墨棒作电极，垂直地固定在安放于烧杯口上端的有机玻璃板上（如图6－13）。两电极间的距离约为3mm左右（注意：两电极靠得太近易发生短路现象）。

（2）电极下端距烧杯底约1～1.5cm，以便磁力搅拌器搅拌。电极上端经过可变电阻，电流换向器及安培计与直流电源（电流$I \geqslant 1$ A，可调电压0～12V）相连接（如图6－14）。

（3）向电解槽中加入100mL蒸馏水、3.3g碘化钾，经充分搅拌后使固体溶解，然后加入1mL丙酮。打开磁力搅拌器，接通电解电源，将电流调至1 A，在电解过程中，电极表面会逐渐蒙上一层不溶性产物，使电解电流降低，这时，可以通过换向器改变电流方向，使电流保持恒定（为什么?）。电解液pH值逐渐增大至8～10。在反应过程中，电解液温度维持在20～30℃，电解1h，切断电源，停止反应。

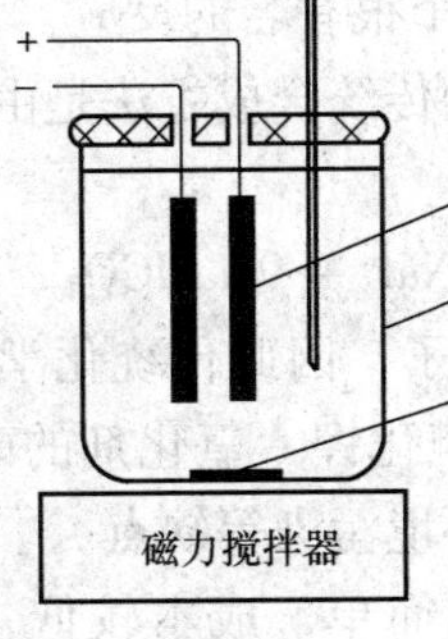

图6－13　碘仿的制备装置

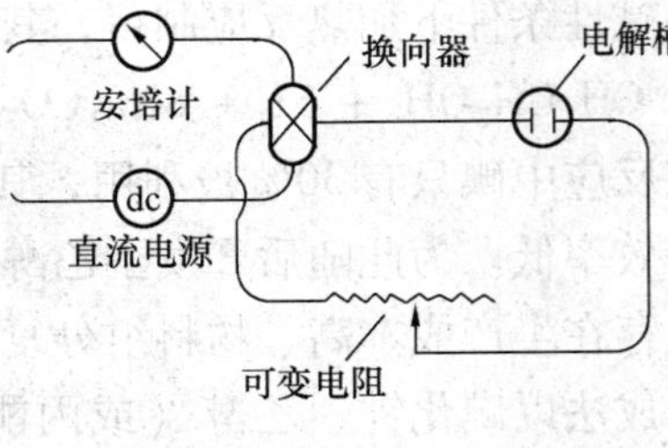

图6－14　电解槽电路示意图

（4）电解液经过滤，收集碘仿晶体。粘附在烧杯壁上和电极上的碘仿可用水洗入漏斗滤干，再用水洗一次，即得粗产物。

（5）粗产物可用乙醇作溶剂进行重结晶。产物经干燥后，称量，测熔点并计算产率。

（6）测定产物的红外光谱，并与标准谱图进行比较，确定产物。

实验指导

（1）从旧电池中拆出石墨棒做电极，其中以选用1号电池的碳棒为宜，电极表面积越大，反应速度也越快。

（2）为了减少电流通过介质的损失，两电极应尽可能的靠近。

（3）也可以采用人工搅拌，但要小心，不要触动电极。可用一支半圆形玻璃搅拌圈，将阳极（或阴极）插入其中，反应时，上下拉动搅拌圈，可以达到搅拌的目的。

(4) 如果没有配置换向器，可以暂时切断电源，用清水洗净电极表面后再接通电源继续电解。

(5) 电极浸入电解液的高度约40mm。

(6) 纯净的碘仿为黄色晶体，但用石墨作电极时，析出的晶体呈灰绿色，是因为混有石墨，需要精制。

实验拓展

1. 电解合成正十二烷

在电解槽中加入50mL 甲醇，搅拌下加入0.35g 金属钠。溶解后，将11.0mL（约10g）正庚酸加入电解槽中，搅拌均匀，测量电解液的pH 值，然后装好铂电极，接好通电线路，调节冰水浴温度在10℃左右。打开电源并调节电压及电阻控制电解电流在1.5 A 左右（电压至少达到1.5 V）开始电解反应。同时每隔10min 改变一次电流方向，在反应中经常注意水温，并及时用冰块调节。当电流明显减小（趋近于零），可测一下pH 值，若pH =8 时，说明反应已达终点，即可切断电源，停止反应。然后加几滴乙酸中和电解液，使呈中性，接着蒸除大部分溶剂，然后将剩余物倒入50mL 水中，用乙醚（2 ×30mL）萃取两次（注意：究竟要哪一层？如何操作?），再用5% NaOH 洗两次。然后，再用去离子水洗两次，洗涤后的乙醚液用无水氯化钙干燥后蒸除乙醚，减压蒸出产品，称重并计算产率。

2. 有机电化学合成概论

有机物电合成是研究用电化学方法合成有机化合物的科学。它是一门涉及电化学、有机合成、化学工程等领域的边缘科学。在注重环境保护的今天，电解合成法对有机物特别是高附加值精细化学品的生产具有广泛的价值，其地位愈显重要，发展相当迅速。

(1) 发展简况　从1834 年法国化学家Faraday 在实验室进行了首次有机电合成——电解乙酸钠溶液制取乙烷，到1849 年Kolbe 用铂电极电解一系列脂肪酸盐溶液制取较长链的烃（即柯尔比反应），有机物的电合成有了初步的发展。在此后的一百多年里，化学家们对那些用普通化学方法难以合成的有机产品借助于电化学反应来制备。20 世纪30 年代，有机电合成反应在化学工业得到了应用，如硝基苯电还原制苯胺、葡萄糖电还原制山梨醇与甘露醇等。到了20 世纪60 年代，以电合成己二腈与电合成四乙基铅的工业化为标志的现代有机电合成工业开始了蓬勃的发展。

近30 多年来，有机电合成倍受重视，尤其是美、英、日、德等工业发达国家。他们在该领域的开发和应用相当活跃，专利数大幅增加，医药、香料、感光材料、农药等高附加值的精细化工产品的电合成成为其主攻方向。

(2) 特点　有机电合成之所以越来越受到重视，是因为它和普通有机化学合成法相比具有很多独特的优点，主要包括：

①有机电化学反应可以免于使用有毒或危险的氧化剂和还原剂，电子就是清洁的反应剂，反应体系中，除原料和产物外，通常不含其他反应试剂。因此，产物易分离，产品纯度高，环境污染小，符合“绿色化学”的标准。

②反应一般在常温常压下进行，无需特殊设备，与普通化学法相比，可缩短工艺流程，减少设备投资。

③在电化学反应体系中，电子转移和化学反应同时进行，通过对电解条件（如电压、

电流、电解液组成等)的调节，可以较容易、较准确地实现对生产的控制。

④反应装置具有通用性，同一电解槽可以用于多种电合成反应，改变电极材料或反应溶液便能合成某种新的有机产品。

⑤有些用通常化学反应难以制得的产品(如难以氧化或还原的)只有通过电化学方法合成。当然，有机电合成法也有其局限性，如：电解需要消耗大量的电能，工业生产中的电解槽结构相当复杂等。因此，有机电合成往往适宜生产价格较高、需求量大的精细化工产品。

(3) 基本方法

①有机物的阳极氧化过程。有机物的阳极氧化涵盖脂肪烃、烯烃的阳极液氧化；醇、醚、羰基化合物的阳极氧化；有机物电化学卤化和含氧、硫化合物阳极氧化以及芳香化合物的阳极官能化等过程。当有机物难以直接氧化，或直接电氧化效率低时，可采用间接电氧化。此法综合了电解和相转移技术的优点，效率高、选择性好、产物易分离，典型的例子有对硝基苯甲酸的制备。对硝基苯甲酸是制备药物和染料的重要中间体，但却由于在电合成过程中所用的反应物均难溶解且易被电极吸附，所以导致产率和电流效率较低，若采用Cr(Ⅶ)与(Ⅲ)电对间接电氧化对硝基甲苯，则可实现工业化生产。

② 有机物的阴极还原过程。有机物的阴极还原包括 C ═C 双键化合物、有机卤代物、羰基化合物和含氨化合物的阴极还原等过程。

以乙醛酸(HCOCOOH)为例，乙醛酸是最简单的醛酸，它兼具醛和酸两类化合物的性质，是目前急需开发的精细化工产品的中间体。乙醛酸的电合成可通过草酸在阴极上电还原得到，其反应式为：

$$HOOC—COOH + 2H^+ + 2e \longrightarrow HCO—COOH + 2H_2O$$

(4) 研究动向 随着电解槽、电极、隔膜等新材料的开发，利用电解合成化学品的开发研究更加活跃。近十年来国内外主要研究动向有：阳极氧化反应、阴极还原反应、极性翻转反应、消耗阳极法有机电合成、有机超声电合成、酶催化电合成等。

3. 碘仿分子的标准谱图

碘仿的红外谱图、质谱、碳谱和氢谱分别见图6－15～图6－18。

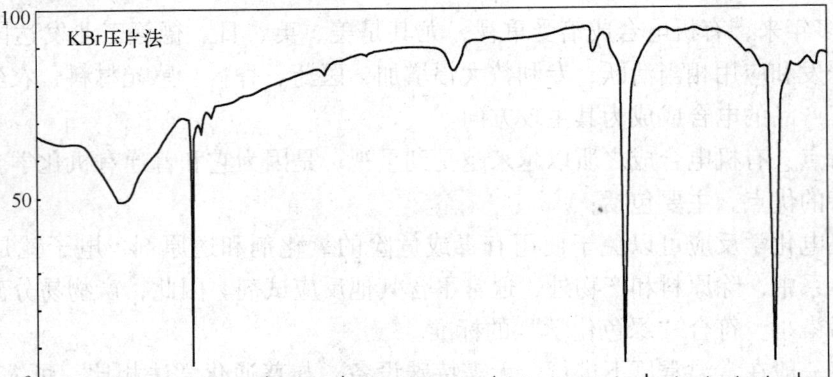

图6－15 碘仿的IR谱图

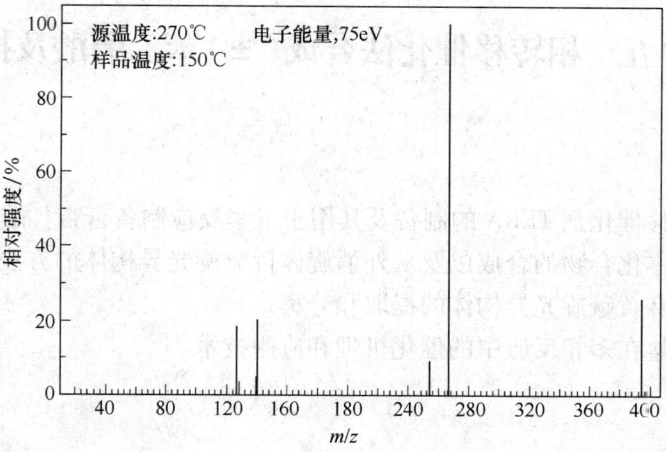

图 6-16　碘仿的 MS 谱图

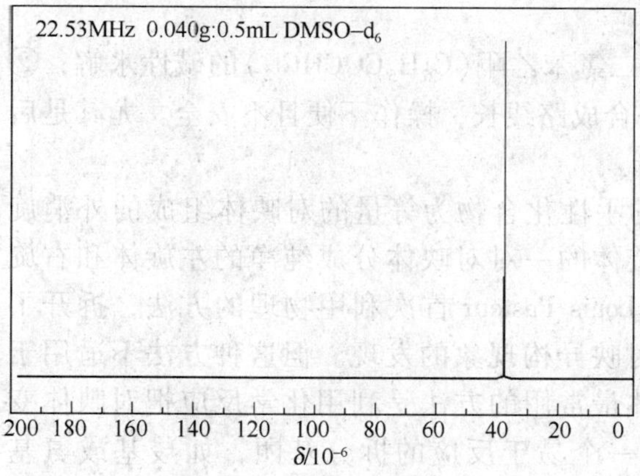

图 6-17　碘仿的[13]CNMR 谱图

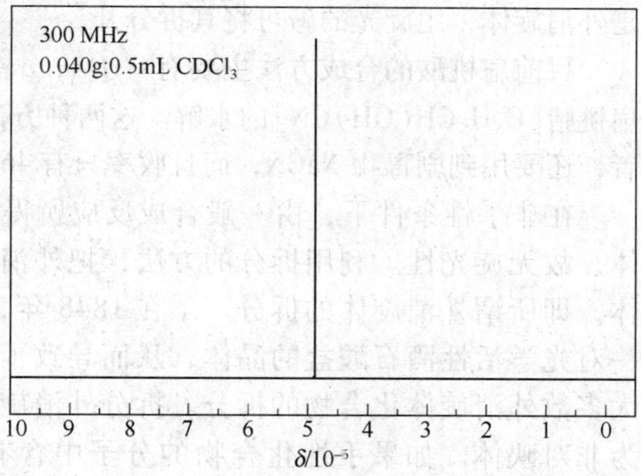

图 6-18　碘仿的[1]HNMR 谱图

实验思考

1. 用你所得的产品质量，计算你在试验中有多少碘化钾和丙酮转化为碘仿？写出反应方程式和计算式。

2. 以方程式表示每个电极上发生的反应和生成碘仿的反应，说明此反应是阳极过程还是阴极过程。

3. 在碘仿的红外光谱图中，1065cm^{-1}有一强吸收峰，试指出与其对应的基团。

4. 本实验过程中，为什么电解液的 pH 值会逐渐增大？

5. 从实验电极反应可知，每产生 1mol 碘仿分子，需 6mol 电子参与反应，亦即理论上需要通过电解槽的电量为 6×96500C。如果本实验电解反应 1h，电流为 1A，则通过的电量为 $Q=1\times60\times60$C。电解合成一定量的产物，理论上需要电量(Q_t)与实际消耗电量(Q_p)之比称为电流效率(η_i)，试根据电解条件和实验结果计算电流效率($\eta_i=Q_t/Q_p$)×100%。

实验五　相转移催化法合成(±)苯乙醇酸及拆分

实验目的

(1) 学习相转移催化剂 TEBA 的制备及其用于卡宾反应制备苦杏仁酸；

(2) 学习不对称化合物的合成以及从外消旋体拆分旋光异构体的方法；

(3) 学习天然麻黄碱旋光异构体的提取和分离；

(4) 掌握季铵盐在多相反应中的催化机理和应用技术。

实验背景

扁桃酸(Mandelic Acid)，学名为苯乙醇酸、苦杏仁酸，可作为治疗尿路感染的消炎药物以及某些有机合成的中间体，同时也是用于测定某些金属(铜和锆)的试剂。用于合成环扁桃酯、扁桃酸乌洛托品及阿托品类解痛剂；它含有一个手性碳原子，用化学方法合成得到的是外消旋体，用旋光的碱可将其拆分开。

目前扁桃酸的合成方法主要有：①α，α－二氯苯乙酮($C_6H_5COCHCl_2$)的碱性水解；②扁桃腈[$C_6H_5CH(OH)CN$]的水解。这两种方法合成路线长，操作不便且不安全。尤其是后者，还要用到剧毒物 NaCN，而且收率只有 46%。

在非手性条件下，由一般合成反应所得的手性化合物为等量的对映体组成的外消旋体，故无旋光性。利用拆分的方法，把外消旋体的一对对映体分成纯净的左旋体和右旋体，即所谓外消旋体的拆分。早在 1848 年，Louis Pasteur 首次利用物理的方法，拆开了一对光学活性酒石酸盐的晶体，从而导致了对映异构现象的发现。但这种方法不适用于大多数外消旋体化合物的拆分。拆分外消旋体最常用的方法是利用化学反应把对映体变为非对映体。如果手性化合物的分子中含有一个易于反应的拆分基团，如羧基或氨基等，就可以使它与一个纯的旋光化合物(拆解剂)反应，从而把一对对映体变成两种非对映体，由于非对映体具有不同的物理性质，如溶解性、结晶性等，利用结晶等方法将它们分离、精制，然后再去掉拆解剂，就可以得到纯的旋光化合物，达到拆分的目的。实际工作中，要得到纯的旋光化合物，并不是件容易的事情，往往需要冗长的拆分操作和反复的重结晶才能完成。常用的拆解剂有马钱子碱、奎宁和麻黄素等旋光纯的生物碱(用于拆分外消旋的有机酸)及酒石酸、樟脑磺酸等旋光纯的有机酸(用于拆分外消旋的有机碱)。

外消旋的醇通常先与丁二酸酐或邻苯二甲酸酐形成单酯，用旋光纯的碱把酸拆分，再经碱性水解得到单个的旋光性的醇。

此外，还可利用酶对它的底物有非常严格的空间专一性的反应性能，即生化的方法或利用具有光学活性的吸附剂即直接层析法等，把一对光学异构体分开。

对映体的完全分离当然是最理想的，但在实际工作中很难做到这一点，常用光学纯度表示被拆分后对映体的纯净程度，它等于样品的比旋光度除以纯对映体的比旋光度[α]。

$$光学纯度(op) = \frac{样品的[\alpha]}{纯物质的[\alpha]} \times 100\%$$

实验原理

1. 外消旋化合物扁桃酸的合成

扁桃酸传统上可用扁桃腈（$C_6H_5CH(OH)CN$）和α，α－二氯苯乙酮（$C_6H_5COCHCl_2$）的水解来制备，但合成路线长、操作不便且欠安全。本实验采用相转移（PT）催化反应，一步即可得到产物，显示了PT催化的优点。合成反应式如下：

$$C_6H_5CHO + CHCl_3 \xrightarrow[TEBA]{NaOH} \xrightarrow{H^+} C_6H_5-\underset{*}{\overset{OH}{\overset{|}{C}}}H-COOH$$

反应机理一般认为是，反应中产生的二氯卡宾对苯甲醛的羰基加成，再经重排及水解得到产物：

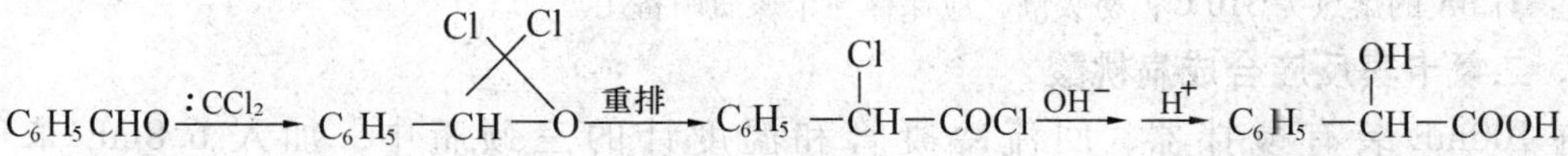

本实验采用的相转移催化剂TEBA（三乙基苄基氯化铵），是由三乙胺与氯化苄反应制得的季铵盐：

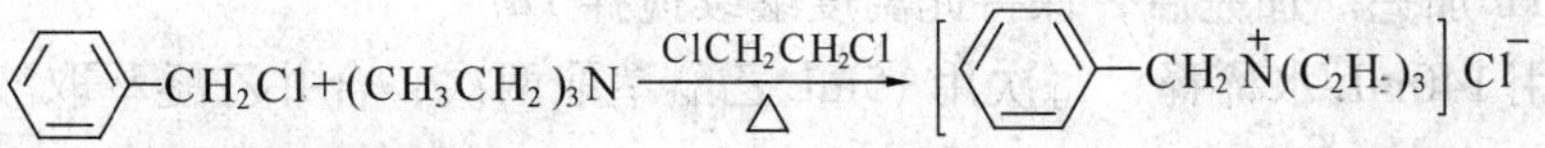

2. 外消旋化合物扁桃酸的拆分

本实验利用自制或购买的天然光学纯的D－（－）－麻黄素作为拆解剂，它与外消旋体的苦杏仁酸作用，生成非对映体的盐，利用两种非对映体的盐在无水乙醇中的溶解度不同，用分步结晶的方法将它们拆开，然后再用酸处理已拆分的盐，使苦杏仁酸重新游离出来，得到较纯的（－）－和（＋）－苦杏仁酸，并通过旋光度（α）的测定，计算产物的比旋光度[α]和光学纯度（op）。天然D－（－）－麻黄素的结构为：

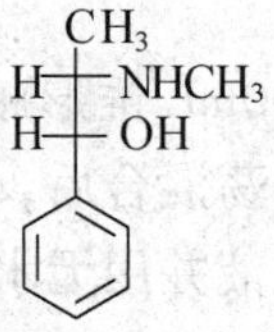

基本实验过程可用以下流程图说明：

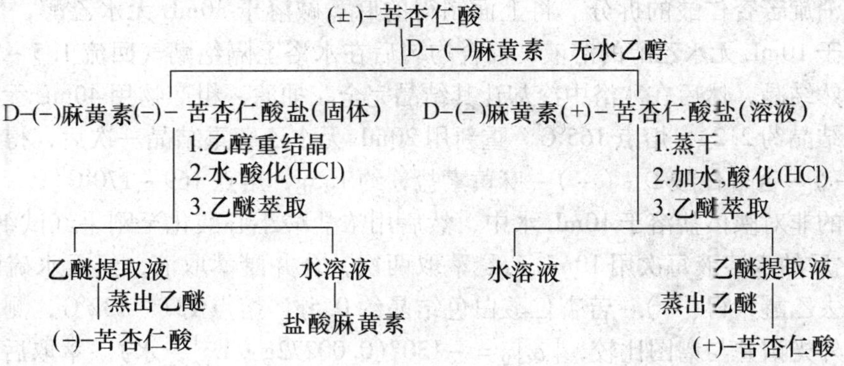

仪器试剂

仪器：圆底烧瓶　旋光仪　搅拌器　回流冷凝管　温度计　三颈瓶　熔点仪　红外光谱仪

试剂：苯甲醛（新蒸）　氯仿　三乙基苄基氯化铵（TEBA）　50%氢氧化钠　乙醚　硫酸　甲苯　无水硫酸钠　无水乙醇　麻黄素盐酸盐　苦杏仁酸　氢氧化钠　浓盐酸　1%盐酸　草麻黄　丙酮　氯仿　生石灰

实验步骤

1. 相转移催化剂 TEBA 的制备

在 100mL 圆底烧瓶中，加入 11.5mL 氯苄、40mL 1，2－二氯乙烷和 15.3mL 三乙胺，水浴加热回流 3～4h。冷却后，抽滤，用少许溶剂洗涤，得白色结晶烘干后称重，计算产率。

注：TEBA 的熔点为 310℃，易吸潮，应保存在干燥瓶中备用。

2. 二氯卡宾反应合成扁桃酸

在 100mL 装有搅拌器、回流冷凝管和温度计的三颈瓶中，加入 6.8mL 苯甲醛、0.7gTEBA 和 12mL 氯仿。开动搅拌，在水浴上加热，待温度上升至 50～60℃，自冷凝管上口慢慢滴加配制的 50%的氢氧化钠溶液（为什么?），滴加过程中控制反应温度在 60～65℃，约需 45min 到 1h 加完。加完后，保持此温度继续搅拌 1h。

将反应液用 140mL 水稀释，每次用 15mL 乙醚萃取两次，合并乙醚萃取液，倒入指定容器待回收乙醚。此时水层为亮黄色透明状，用 50%硫酸酸化至 pH 值为 1～2 后（为什么?），再每次用 30mL 乙醚萃取两次，合并酸化后的乙醚萃取液，用无水硫酸钠干燥。在水浴上蒸干乙醚，并用水泵减压抽净残留的乙醚（产物在醚中溶解度大），得粗产物 6～7g。

将粗产物用甲苯－无水乙醇（8∶1 体积比）进行重结晶（每克粗产物约需 3mL），趁热过滤，母液在室温下放置使结晶慢慢析出。冷却后抽滤，并用少量石油醚（30～60℃）洗涤促使其快干。产品为白色结晶，产量 4～5g，熔点 118～119℃。

3. 外消旋体扁桃酸的拆分

（1）D－（－）－麻黄素的制备　在 50mL 锥形瓶中，将 4g 麻黄素盐酸盐溶 10mL 水中，加入 1g 氢氧化钠溶于 5mL 水的溶液，摇荡混合后，D－（－）－麻黄素即游离出来。冷却后每次用 10mL 乙醚萃取两次，合并醚萃取液并用无水硫酸钠干燥，在 100mL 圆底烧瓶中蒸去乙醚后，即得 D－（－）－麻黄素。

（2）外消旋苦杏仁酸的拆分　将上面制得的麻黄碱溶于 30mL 无水乙醇，然后加入 3g 苦杏仁酸溶于 10mL 无水乙醇的溶液，混合均匀后在水浴上隔绝潮气回流 1.5～2h。放置至室温让其自然结晶，然后在冰浴中冷却让其结晶完全。抽滤，粗产物用 40mL 无水乙醇重结晶后得无色结晶约 2.2g，熔点 165℃。重新用 20mL 无水乙醇重结晶一次后，得到白色粒状晶体即为（－）－苦杏仁酸 D－（－）－麻黄素盐，约 1.5g，熔点 169～170℃。

将得到的非对映体盐溶于 10mL 水中，然后用浓盐酸小心酸化至刚果红试纸变蓝（约需 1mL）。酸化后的水溶液每次用 10mL 乙醚萃取两次，合并醚萃取液，经无水硫酸钠干燥后在水浴上蒸去乙醚，得（－）－苦杏仁酸白色结晶约 0.5g，熔点 131～132℃，测定熔点并测定产物的红外光谱并与谱图比较，$[\alpha]_D = -130°(0.00272g \cdot L^{-1}$，水）。萃取后的水溶液倒入指定的容器内，以便回收麻黄素。

将(－)－苦杏仁酸－D－(－)－麻黄素盐两次结晶后的乙醇母液在水浴上蒸去乙醇，并用水泵抽滤将溶液抽干。向残留物中加入20mL水，温热并搅拌使固体溶解，然后小心用浓盐酸酸化至刚果红试剂变蓝。此时若有油状黏稠物出现，可用滤纸滤掉。每次用10mL乙醚萃取两次，合并乙醚萃取液，经无水硫酸钠干燥后蒸去乙醚，得(＋)－苦杏仁酸。熔点120～124℃，$[\alpha]_D = -101°(0.00212g \cdot L^{-1}$，水)，萃取后的水溶液倒入指定容器回收麻黄素。

4. 比旋光度的测定

将上面制得的(＋)－及(－)－苦杏仁酸准确称量后，用蒸馏水配成2%的溶液。测定比旋光度，并计算拆分后单个对映体的光学纯度。纯粹苦杏仁酸的$[\alpha] = \pm 156$。

实验指导

(1) 氯化苄有毒！并具有催泪刺激性。过滤时应在通风橱中进行，因滤液中尚有未反应完的具有刺激性的氯化苄溢出。

(2) 季铵盐极易吸水，过滤应迅速。

(3) 乙醚是易燃、低沸点溶剂，回收乙醚时应避免明火。

(4) 也可用电磁搅拌代替电动搅拌，效果更好。相转移催化剂是非均相反应，搅拌必须是有效和安全的，这是实验成功的关键。

(5) 溶液呈浓稠状，腐蚀性极强，应小心操作。盛碱的分液漏斗用后要立即洗干净，以防活塞受腐蚀而粘结。

(6) 扁桃酸合成是否完全，可取反应液用试纸测其pH值，应接近中性，否则可适当延长反应时间。

(7) 扁桃酸亦可单独用甲苯重结晶(每克约需1.5mL)。

(8) 盐酸麻黄素熔点为216～220℃，$[\alpha]_D^{25} = -33 \sim 35.5°$，符合药典要求。

(9) 蒸出的乙醚可用于下一步萃取。

(10) 将萃取后的水溶液在蒸馏瓶中蒸去大部分水，然后移至烧杯中浓缩至一定体积后，冷却结晶，抽滤析出的晶体，干燥，即可回收(－)－麻黄素。

(11) (＋)－苦杏仁酸的分离显得较困难，一般难以得到纯品。

(12) 比旋光度的测定中，如溶液混浊，需用定量滤纸过滤。

(13) 苦杏仁酸有较强的亲水性，如果要得到苦杏仁酸的晶体，必需进行充分的干燥，保证使用足够的干燥剂和足够的干燥时间。

(14) 氯仿是有毒溶剂，使用时请戴好防护手套，皮肤接触后请立即用肥皂洗干净。

实验拓展

1. 从中药麻黄中提取麻黄碱

麻黄为麻黄科植物草麻黄或木贼麻黄(山麻黄)的干燥草质茎。是一种常用中草药，苦涩，具有发汗解表、止咳平喘、消水肿的能力，同时也是提取麻黄生物碱的主要原料。中药麻黄约含有1%～2%的生物碱，其中主要是D－(－)麻黄碱(占全碱重的80%左右)和L－(＋)－假麻黄碱。它们都具有相同的分子式$C_{10}H_{15}NO$，而天然产物中L－(＋)－假麻黄碱却含量很少，L－(＋)麻黄碱和D－(－)假麻黄碱则是人工合成的产物。

麻黄主要产于我国山西、河南、河北、内蒙、甘肃及新疆等地，其中以山西大同产的最好。一般情况下，是把提取得到的D－(－)麻黄碱做成盐酸盐保存，其盐酸盐为斜方针状结晶，熔点216～220℃，在水中的比旋光$[\alpha]_{25}^{D}=-33℃$。D－(－)麻黄碱性味微苦，是中草药麻黄的有效成分。

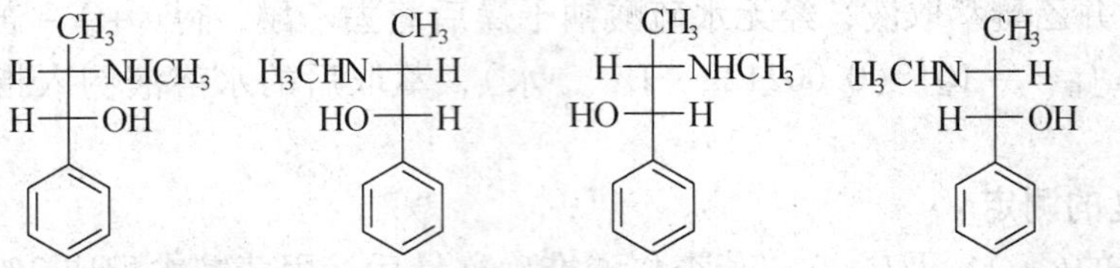

D－(－)麻黄碱　L－(＋)麻黄碱　L－(＋)假麻黄碱　D－(－)假麻黄碱

（1）溶剂提取法　在500mL的烧杯中加入草麻黄25g，然后用200mL 0.1%～0.5%稀盐酸溶液浸泡一昼夜以上，刚浸泡的草麻黄溶液pH＝1，浸泡一昼夜以上后为pH＝4～5，溶液呈桔黄色。滤去草麻黄及其残渣，并收集浸取液。浸取液用碳酸钠调节溶液酸度至pH＝5.5～6，再把浸取液减压浓缩至原体积的1/3左右。浓缩液用碳酸钠中和至pH＝10，这时浓缩液有浅桔黄色絮状沉淀析出，过滤，澄清的浸取液用氯化钠进行饱和。用40mL乙醚分三次萃取用氯化钠饱和过的浸取液，合并乙醚提取液，乙醚提取液为无色透明液体，其pH＝8～9。最后用粒状氢氧化钠干燥，滤去干燥剂，在常压下蒸去乙醚，残余物为桔红色油状物。在残余物中加入2～5mL饱和的氯化氢无水乙醇溶液，即有大量斜方针状结晶析出。待结晶完全析出后，过滤，用10mL氯仿或丙酮分三次进行洗涤，以除去混杂在产品中的L－(＋)－假麻黄碱。产品进行干燥，挑选其斜方针状结晶测其熔点(218～221℃)。然后把干燥好的产品放于真空干燥器内保存，产品可用无水乙醇重结晶。

（2）水蒸气蒸馏法　将25g的草麻黄用200mL0.1%的稀盐酸溶液浸泡一昼夜以上，然后滤去草麻黄及残渣，得到浸泡过的浸取液。将浸取液浓缩至一定体积后，加入石灰使呈碱性，再用食盐饱和后进行水蒸气蒸馏，收集蒸出液。在蒸出液中加入草酸使呈酸性，D－(－)－麻黄碱草酸盐即沉淀析出，过滤收集沉淀，母液待处理。将沉淀放入小烧杯中，加入饱和的氯化钙水溶液进行复分解，D－(－)麻黄碱草酸盐就变成D－(－)麻黄碱盐酸盐而溶解。滤去析出的草酸钙沉淀，然后把滤液浓缩到一定体积后，加入活性炭进行脱色，煮10min左右，趁热滤去活性炭。将滤液进行冷却，D－(－)－麻黄碱盐酸盐结晶即行析出。将过滤D－(－)麻黄碱草酸盐沉淀后的草酸母液，按类似的方法处理就可以得到L－(＋)－假麻黄碱的盐酸盐结晶。

（3）麻黄碱的鉴定试验——双缩脲反应　取本品酸性水浸液，加碱后，用乙醚提取，分出乙醚液，常压蒸去乙醚，残留物溶于少量稀酸溶液中，加入硫酸铜数滴及氢氧化钠溶液至稍过量，则溶液呈现紫色。再加入乙醚数毫升，混合后加上塞子放置，则醚层显紫色，而水相显蓝色。这是由于麻黄碱分子中—CH(NH_2)—CH(OH)的结构与蛋白质类似，可与铜发生双缩脲反应呈紫色。其螯合物可溶于有机溶剂，故醚层呈现紫色，其螯合物结构如下所示。

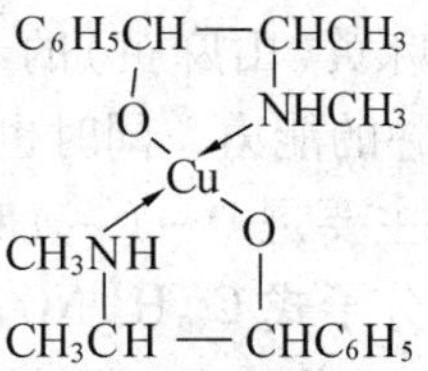

紫色螯合物

2. 相转移催化合成简介

在有机合成中，通常均相反应容易进行，而非均相反应则难以发生。例如在有机相与水相或无机盐共存的多相体系中，反应就十分困难。1951 年，M. J. Jarrousse 发现环己醇或苯乙腈在二相体系中进行烷基化时，季铵盐具有明显的催化作用。1965 年，M. Makosza 等人对季铵盐催化下的烷基化反应作了系统的研究，人们这才认识到，季铵盐具有一种奇特的性质，它能够使水相中的反应物转移到有机相中，从而加速反应，提高收率。后来，具有季铵盐这类性质的化合物就被称为相转移催化剂(Phase Transfer Catalyst，缩写为 PTC)，以卤代烷与氰化钠在季铵盐催化下的反应为例，其催化作用原理如下：

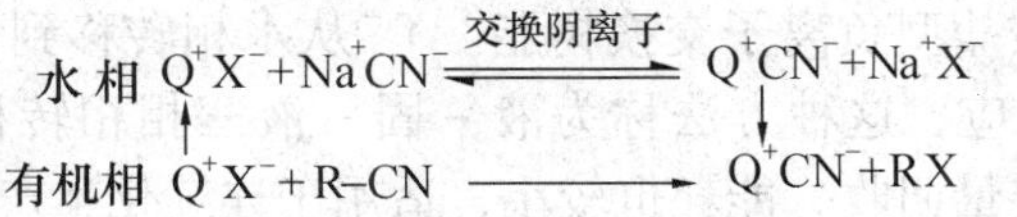

其中，Q^+ 为季铵盐阳离子；X^- 为阴离子；Q^+X^- 表示季铵盐。

季铵盐阳离子 Q^+ 既具有亲油性又具有亲水性，当 Q^+ 进入水相时，会与水相中的阴离子 CN^- 发生交换，形成离子对 Q^+CN^-；由于 Q^+ 的亲油性，Q^+CN^- 便转移到有机相中，从而使 CN^- 与 RX 在有机相中发生取代反应，生成 RCN。与此同时，从卤代烷分子中置换出来的卤负离子 X^- 与 Q^+ 形成新的离子对 Q^+X^-，即再生季铵盐，它将重返水相。如此循环往复，从而加速反应进程。

常用的相转移催化剂有三类：鎓盐类、聚醚类和高分子载体。鎓盐包括季铵盐、季鏻盐、季钟盐、叔锍盐；聚醚类包括冠醚、穴醚和开链聚醚。

以季铵盐为代表的盐类化合物，价廉无毒，是上述三类相转移催化剂中应用最广泛的一种。在这类催化剂中，阳离子 Q^+ 的体积要适中，若 Q^+ 体积太大，就会降低它在水中的溶解度；若 Q^+ 太小，它在水中溶解度会增大，但在有机相中的溶解性差，这样都会影响到相转移催化作用。通常，季铵盐分子中每个烷基的碳原子数为 12 ~ 25。常用的季铵盐有：$C_6H_5CH_2N^+(C_2H_5)_3Cl^-$，苄基三乙基氯化铵，BTEAC，$(C_8H_{17})_3N^+(CH_3)Cl^-$，三辛基甲基氯化铵，TOMAC，TBAB，四丁基硫酸氢铵等。

冠醚的相转移催化作用是由于它对金属离子具有配合作用，同时自身又具有亲油性所导致。它可以使无机化合物，如 KOH、$KMnO_4$ 分子等溶解在有机溶剂中．因而增加其阴离子在非极性溶剂中的反应活性。不过，由于冠醚价格较贵、毒性较高，因而其应用受到一定的限制。常用的冠醚有 15 - 冠 - 5、二苯并冠 - 5、18 - 冠 - 6、二苯并冠 - 6、二环己基并 18 - 冠 - 6 等。

非环多醚类相转移催化剂的作用机理与冠醚类似，其易得、无毒、蒸气压小、价廉，在使用过程中不受孔穴大小的限制，并有反应条件温和、操作简便及产率高等优点，是理想的冠醚替代品。常用的开链醚有：聚乙二醇类；聚氧乙烯脂肪醇类；聚氧乙烯烷基酚类。例如聚乙二醇(PEG)，当其呈弯曲状时，形如冠醚，对一些金属离子也具有一定的配合能力。一般相对分子质量在 400 ~ 600 之间的聚乙二醇，其弯曲结构的孔径大小适中，对金属离子的配合能力较强，相转移催化效果较好，能与金属离子配合形成(伪)有机正离子。

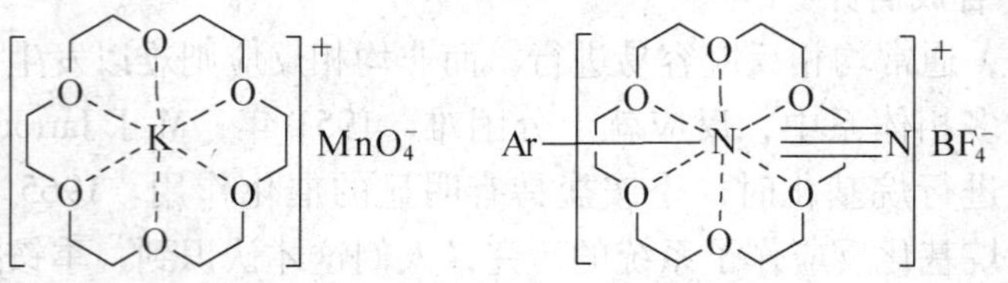

18-冠-6的(伪)有机正离子　18-冠-6的有机正离子

相转移催化剂价格高、难回收，因此又发展了固体相转移催化剂，它是将季铵盐、季鏻盐、开链聚醚或冠醚化学结合到固态高聚物上形成的既不溶于水也不溶于一般有机溶剂的固态相转移催化剂，如季铵盐型负离子交换树脂。Y^- 从水相转移到固态催化剂上，再与有机试剂 RX 发生亲核取代反应，这种方法称为液 - 固 - 液三相相转移催化。这种方法操作简便，反应后催化剂可以定量回收，能耗也较小，适用于连续化生产。

3. 光学异构药物的拆分方法

药物的立体结构与生物活性密切相关。含手性中心的药物，其对映体之间的生物活性往往有很大的差异。研究表明药物立体异构体药效差异的主要原因是他们与受体结合的差异。近年来人们对光学异构体间的药效有了长足的认识，以单一异构体供药用已引起各方面的重视，今后的新药研制将日益朝着单一对映体药物的方向发展。

对映异构体的药物一般可以通过不对称合成或拆分方法得到。然而就目前医药工业生产而言，尚未有成熟的不对称合成方法用于药物的大量生产，因此，拆分仍然是获得手性药物的重要方法。常用的光学异构药物的拆分方法与拆分原理包括：

（1）播种结晶法　在外消旋体的饱和溶液中加入其中一种纯的单一光学异构体（左旋或右旋）结晶，使溶液对这种异构体成过饱和状态，然后在一定温度下，该过饱和的旋光异构体优先大量析出结晶，迅速过滤得到单一光学异构体。再往滤液中加入一定量的消旋体，则溶液中另一种异构体达到饱和，经冷却过滤后得到另一个单一光学异构体，经过如此反复操作，连续拆分便可以交叉获得左旋体和右旋体。

播种结晶法的优点是不需用光学拆分剂，因此原料消耗少、成本低，而且该法操作较简单、所需设备少、生产周期短、母液可套用多次、拆分收率高。但对大部分只含一个手性碳原子的互为对映体的光学异构药物，无法用播种结晶法进行拆分。另外，播种结晶法拆分的条件控制也较麻烦，制备过饱和溶液的温度和冷却析晶的温度都必须通过实验加以确定，拆分所得的光学异构体的光学纯度不高。

（2）形成非对映异构盐法　对映异构体一般都具有相同的理化性质，用重结晶、分馏、萃取及常规色谱法不能分离。而非对映异构体的理化性质有一定差异，因此利用消旋体的化学性质，使其与某一光学活性化合物（即拆分剂）作用生成两种非对映异构盐，再利用它们的物理性质（如溶解度）不同，将他们分离，最后除去拆分剂，便可以得到光学纯的异构体。目前国内外大部分光学活性药物，均用此法生产。

（3）酶拆分法　利用酶对光学活性异构体选择性的酶解作用，使外消旋体中的一个光学异构体优先酶解，而另一个难酶解，后者被保留而达到分离的目的。

（4）色谱拆分法　利用气相和液相色谱可以测定光学异构体纯度，进行实验室少量样品制备，推断光学异构体的构型和构象等。

4. 扁桃酸分子的标准谱图

扁桃酸的红外谱图、质谱、碳谱和氢谱图分别见图 6 - 19 ~ 图 6 - 22。

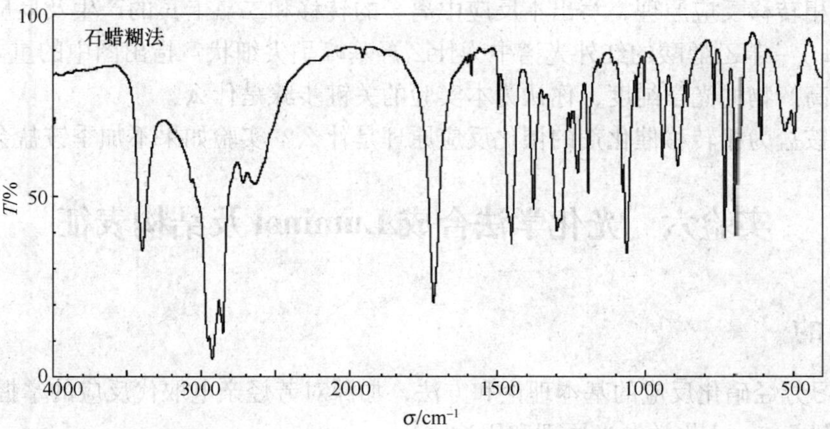

图 6－19　扁桃酸的 IR 谱图

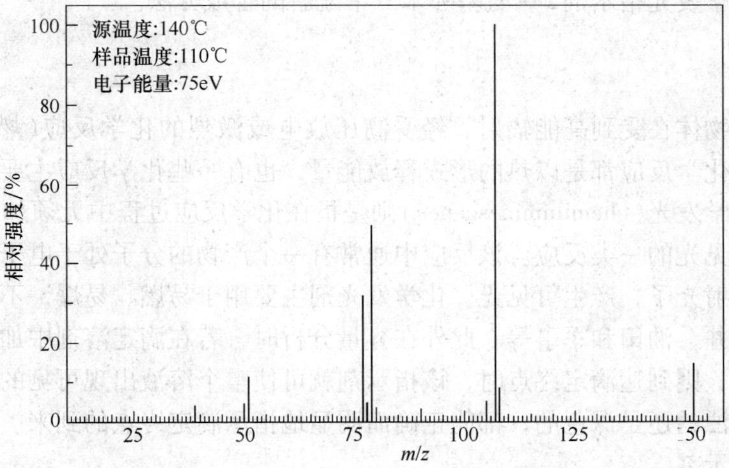

图 6－20　扁桃酸的 MS 谱图

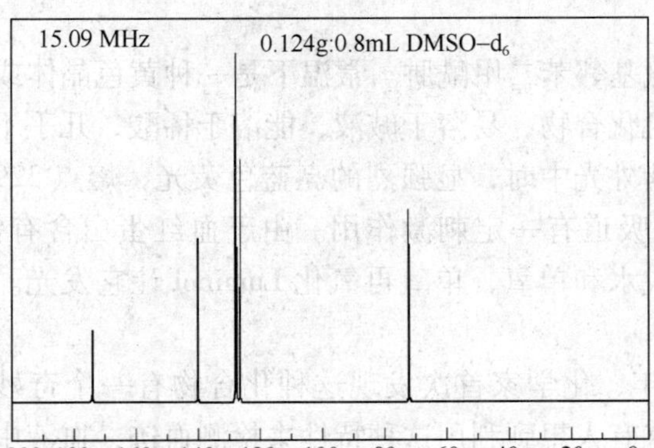

图 6－21　扁桃酸的 ^{13}CNMR 谱图

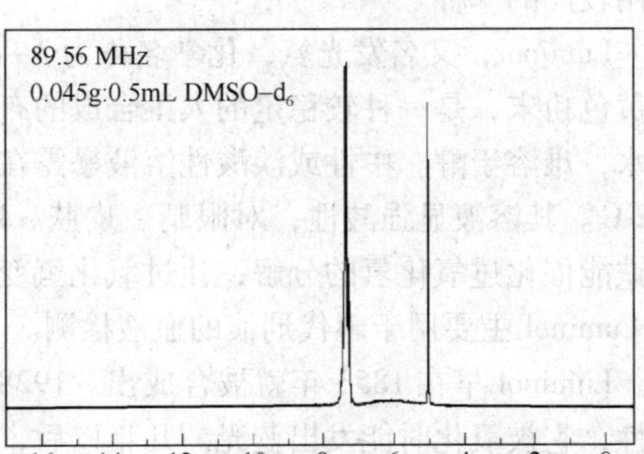

图 6－22　扁桃酸的 ^{1}HNMR 谱图

实验思考

1. 本实验中，酸化前后两次用乙醚萃取的目的何在？

2. 根据相转移反应原理，写出本反应中离子的转移和二氯卡宾的产生及反应过程。
3. 在(±)-苯乙醇酸的红外光谱中为什么羟基峰呈尖细状？指出图中的重要吸收峰。
4. 为提高产物的光学纯度，你认为本实验的关键步骤是什么？
5. 以季铵盐为相转移催化剂的催化反应原理是什么？实验如果不加季铵盐会怎么样？

实验六　光化学法合成 Luminol 及结构表征

实验目的

(1) 学习芳烃硝化反应的基本理论和方法，加深对芳烃亲电取代反应的掌握；
(2) 了解 Luminol 化学发光原理和用途；
(3) 进一步掌握重结晶操作技术；
(4) 掌握化学发光指示剂 5-氨基邻苯二甲酰肼的合成方法。

实验背景

一般而言，物体在受到高能辐射、经受高压放电或激烈的化学反应(燃烧)中才有发光现象产生。许多化学反应都是以热的形式释放能量，也有一些化学反应主要是以光的形式释放能量。所谓化学发光(chemiluminescence)则是指在化学反应过程中无须加热、也无明显放热现象而产生可见光的一类反应。该反应中通常有一个产物的分子处于电子激发态，这种激发态分子随即发射光子，产生可见光。化学发光剂主要用于易燃、易爆，不能使用电、热光源的场合，如矿井、油田和军事等。此外在容量分析时，若在滴定溶剂中加入了在滴定终点时能发光的物质，则到达滴定终点时，该指示剂就可使整个溶液出现可见的光亮，无论滴定溶液的背景是浑浊的还是深色的，都能正确而明显地指示滴定终点的到来。这种化学发光剂叫做化学发光指示剂。

化学发光指示剂主要有肼类、多聚硅烃的氧衍生物等。Luminol(Luminol)属于肼类，是应用较广的一种。

Luminol，又名发光氨，化学名称为3-氨基邻苯二甲酰肼。常温下是一种黄色晶体或者米黄色粉末，是一种较稳定的人工合成的有机化合物，易溶于碱液，能溶于稀酸，几乎不溶于水，难溶于醇。中性或淡酸性溶液暴露在紫外光中时，显强烈的亮蓝色荧光，熔点329～332℃。其溶液显强酸性，对眼睛、皮肤、呼吸道有一定刺激作用。由于血红蛋白含有铁，而铁能催化过氧化氢的分解，让过氧化氢变成水和单氧，单氧再氧化 Luminol 让它发光。所以 Luminol 主要用于现代刑侦的血液检测。

Luminol 早在1853年就被合成出。1928年，化学家首次发现这种化合物有一个奇妙的特性，它被氧化时能发出蓝光。几年以后，就有人想到利用这种特性去检测血迹，血液中含有血红蛋白，我们从空气中吸入的氧气就是靠这种蛋白质输送到全身各部分。血红蛋白含有铁，而铁能催化过氧化氢的分解，让过氧化氢变成水和单氧，单氧再氧化 Luminol 让它发光。在检验血痕时，Luminol 与血红素(Hemoglobin，血红蛋白中负责运输氧的一种蛋白质)发生反应，显出蓝绿色的荧光。这种检测方法极为灵敏，能检测只有百万分之一含量的血，即使滴一小滴血到一大缸水中也能被检测出来。

一般认为其化学发光过程是：Luminol 在碱性溶液中转变为二价负离子，后者与氧分子反应生成一种过氧化物，过氧化物不稳定而发生分解，导致形成一种具有发光性能的电子激发态中间体。其过程见图6-23。

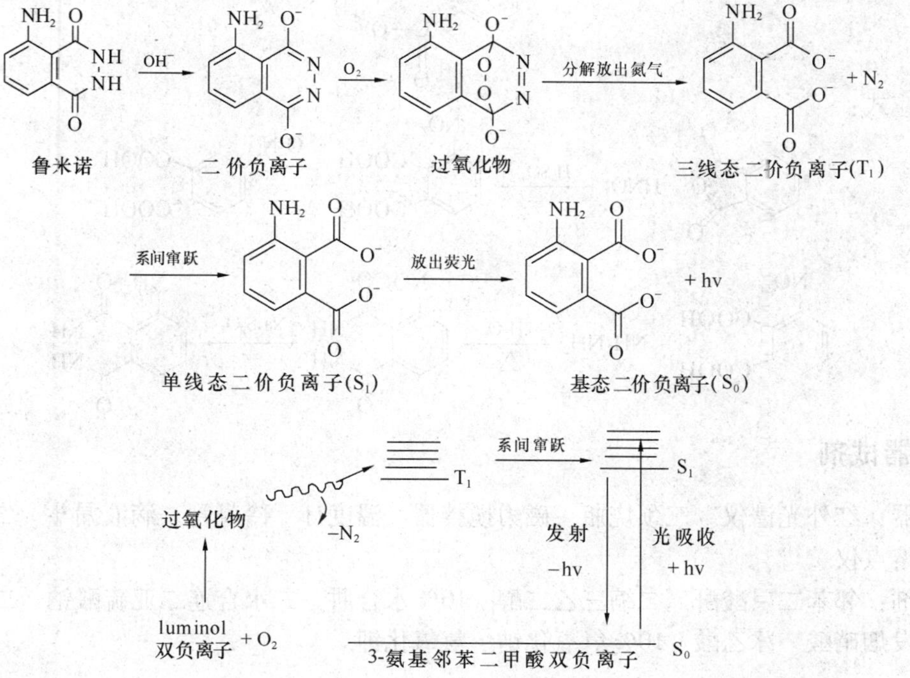

图6-23　Luminol发光机理示意图

现已证实，发光体是3-氨基邻苯二甲酸盐二价负离子的激发单线态。当激发单线态返回至基态时，释放的能量以光子的形式存在，波长位于可见光的蓝光部分，产生荧光。激发态中间体也可将能量传递至激发态能量较低的受体分子，受激发的受体分子再通过发出荧光释放能量恢复到基态。不同受体分子的激发态能量的差异使其发出的荧光各不相同，这些现象在本实验中可观察到。

Luminol只有用氧化剂处理过才会发光。通常使用双氧水和一种氢氧化物碱的混合水溶液作为激发剂。在铁化合物催化下，双氧水分解为氧气和水。

Luminol发光是氧化导致的，这就意味着有很多氧化物以及能起催化作用的金属也能让Luminol发光，这其中包括日常使用的次氯酸漂白剂。Luminol用于化学发光分析，能生成金属螯合物，在过氧化氢存在下发光，可测定各种金属离子浓度及过氧化氢的浓度。

实验原理

3-硝基邻苯二甲酸是制备化学发光剂Luminol的原料，经脱水后得到的3-硝基邻苯二甲酸酐可用于有机合成和醇类测定。邻苯二甲酸酐经直接硝化，既可获得3-硝基邻苯二甲酸，同时也会得到4-硝基邻苯二甲酸。在3-硝基-邻苯二甲酸分子中，硝基对邻位羧基影响很大，它和羧酸会形成分子内氢键，加上相邻二羧基之间存在的分子内氢键，对整个羧酸分子的离解产生显著的抑制作用，从而导致其水溶性下降。在4-硝基-邻苯二甲酸中，硝基与羧酸之间难形成分子内氢键，因而，它在水中的离解度相对要大一些，水溶性也好一些。邻苯二甲酸酐硝化后产生的异构体的分离正是利用它们在水溶性上的差异加以解决的。

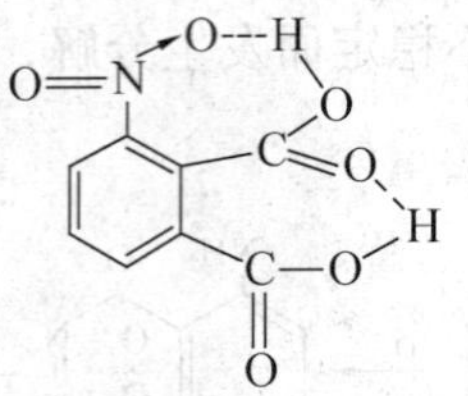

反应式：

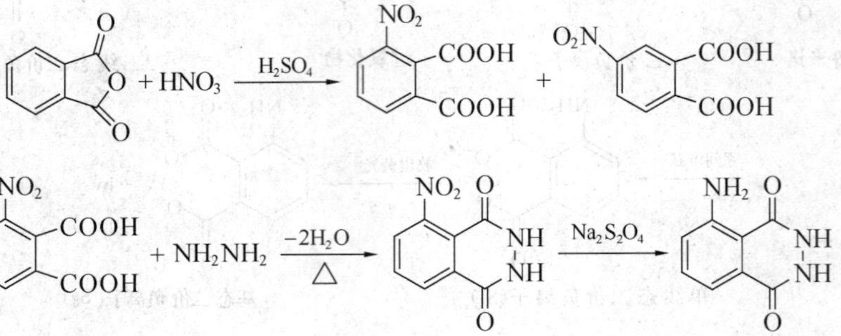

仪器试剂

仪器：红外光谱仪　三颈烧瓶　磁力搅拌器　温度计　冷凝管　滴液漏斗　二颈烧瓶　水泵　熔点仪

试剂：邻苯二甲酸酐　二缩三乙二醇　10%水合肼　二水合连二亚硫酸钠　二甲亚砜浓硫酸　发烟硝酸　冰乙酸　10%氢氧化钠　氢氧化钾

实验步骤

1. 3－硝基邻苯二甲酸的合成

在100mL三颈烧瓶上，装上磁力搅拌器、温度计、冷凝管和滴液漏斗，分别加入12mL浓硫酸和12g邻苯二甲酸酐。加热并开动搅拌器，当反应混合物温度升至80℃停止加热。将10mL发烟硝酸自滴液漏斗慢慢滴入烧瓶中，滴加速度以维持反应混合物温度在100～110℃之间(为什么?)。

加完硝酸后，继续加热并搅拌1h，温度控制在100℃。然后，让反应液冷却，在通风橱中将反应液慢慢倒入盛有40mL冷水的烧杯中(为什么?)。

当有固体析出时，倾去酸液，再向烧杯中加入10mL水，用玻璃棒充分搅拌，使副产物4－硝基邻苯二甲酸溶于水。过滤，收集固体即得到3－硝基邻苯二甲酸粗产物。

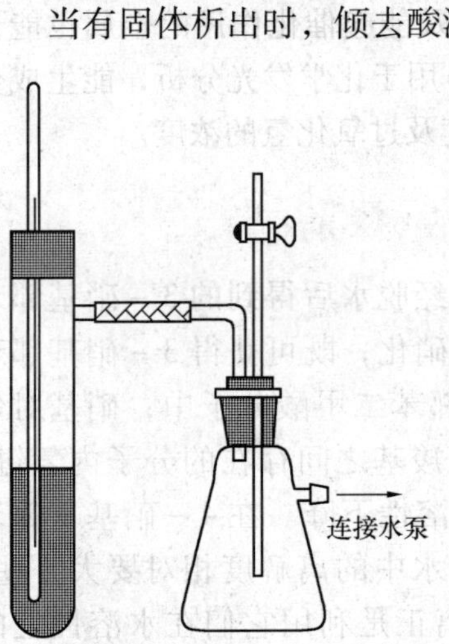

图6－24　Luminol的合成装置

3－硝基邻苯二甲酸粗产物可用水重结晶，在重结晶时，每克粗产物约需2.3mL的水。产物熔点215～218℃。

2. Luminol的合成

(1) 将1.3g3－硝基邻苯二甲酸和2mL 10%水合肼置入100mL二颈烧瓶(或具支试管)，加热溶解。然后加入4mL二缩三乙二醇，将二颈烧瓶固定在铁架台上，加入沸石，插入温度计，用一导管将烧瓶通过安全瓶与水泵相连(装置见图6－24)。打开水泵，加热烧瓶，瓶内反应物剧烈沸腾，蒸出的水蒸气由导管抽走。大约5min后，将温度快速升至200℃以上。继续加热，使反应温度维持在210～220℃，约

2min，打开安全瓶上活塞，使反应体系与大气相通，停止加热和抽气。让反应物冷却至100℃，加入20mL热水(加热后再冷却，所获粗产物容易过滤)，进一步冷却至室温，过滤，收集浅黄色晶体，即得到5－硝基邻苯二甲酰肼中间体，中间体不需要干燥即可用于下一步的反应。

(2) 将5－硝基邻苯二甲酰肼中间体转入到烧杯中，加入6.5mL10%氢氧化钠溶液，用玻璃棒搅拌使固体溶解(为什么?)。再加入4g二水合连二亚硫酸钠，然后加热至沸并不断搅拌，保持沸腾5min。稍冷却，加入2.6mL冰乙酸(为什么?)，继而在冷水浴中冷却至室温，有大量浅黄色结晶析出。抽滤，水洗3次，再抽干，收集终产物5－氨基邻苯二甲酰肼(Luminol)。全部干燥称重，总产率可达90%以上。

(3) 取少许样品经干燥测定熔点(熔点319～320℃)和红外光谱并与谱图比较。

3. 发光反应

在250mL锥形瓶中，依次加入15g氢氧化钾、25mL二甲亚砜和0.2g未经干燥的Luminol，盖上瓶塞，然后剧烈摇荡，使溶液与空气充分接触。此时，在暗处就能观察到从锥形瓶中发出的微弱蓝色荧光。继续摇荡并不时地打开瓶塞，让新鲜空气进入瓶内，瓶中的荧光会变得越来越亮。

若将不同荧光染料(1～5mg)分别溶于2～3mL水中，并加入到Luminol二甲亚砜溶液中，盖上瓶塞，用力摇动，在暗室里可以观察到不同颜色的荧光。部分结果如下：

无染料：蓝白色；曙红：橙红色；罗丹明B：绿色；荧光素：黄绿色。

实验指导

(1) 发烟硝酸是强腐蚀性试剂，应在通风橱中小心量取。若不慎溅到手上，可用水冲洗。

(2) 反应物在倒入水中的过程，有毒的一氧化氮气体会逸出，操作时应在通风橱中进行，以防吸入有毒气体。

(3) 洗涤液和母液合并后，经蒸发浓缩，可获得4－硝基邻苯二甲酸。不过浓缩要当心，当溶液变浓时，固体物质溶液发生碳化。或者用乙醚对经过初步浓缩后的合并液进行萃取，然后蒸去乙醚即可得到4－硝基邻苯二甲酸，熔点165℃。

(4) 水合肼极毒并具有强腐蚀性，应避免与皮肤接触。

(5) 停止加热前，一定要先打开安全瓶上的活塞，使反应体系与大气相通，否则容易发生倒吸。

实验拓展

1. 光化学合成简介

由光激发分子所导致的化学反应称为光化学反应(Photochemistry Reaction)。通常能引起化学反应的光为紫外光和可见光，其波长范围在200～700nm，能发生化学反应的物质一般具有不饱和键，如烯烃、醛酮等。

紫外光和可见光对有机分子的照射可以引起分子中电子的跃迁，即将原来在成键轨道或非键轨道上的电子激发到能级更高的反键轨道上，从而使原来的基态分子变成激发态分子。如果一个分子中所有的电子都是配对的，这个分子是没有磁矩的，它在磁场中只有一种状态，称为单线态(Singlet，简称S)；分子中如果有两个自旋平行的不成对电子，就会产生磁

矩，在磁场中可以有三种状态，故称为三线态(Triplet 简称 T)。绝大多数有机分子在基态时

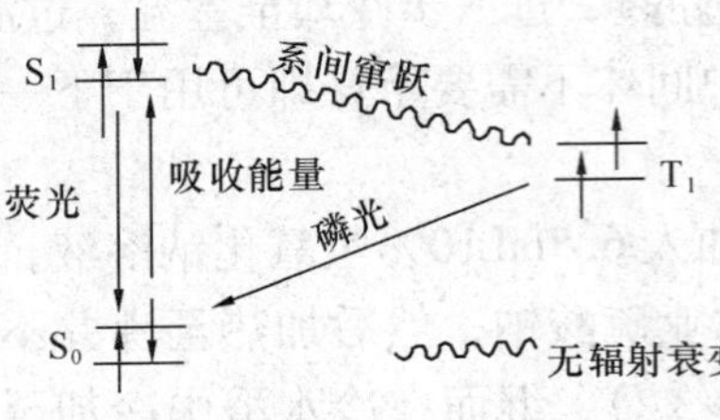

图 6 – 25　光能转换示意图

是单线态(基态单线态记作 S_0)，当吸收一定波长的光而受激发时，由于电子跃迁过程中电子自旋方向不变，所以总是产生单线激发态(分子的这个第一激发态记作 S_1)。但是单线激发态很不稳定，很快会发生激发电子自旋方向的倒转，变成热力学上比较稳定的三线态(激发三线态记作 T_1)，由激发单线态向三线态转化的过程称为系间窜跃(Inter System Crossing，简记为 ISC)。激发的单线态 S_1 可通过发出荧光释放出原来吸收的光子能量，从而恢复到基态 S_0，见图 6 – 25。

三线态 T_1 可通过发出磷光(波长较荧光要长)回复至基态，也可以通过无辐射跃迁，放出热能，返回基态。这两种途径都涉及自旋方向的转变，因而比较困难，需要一定的时间，故三线态比单线态的寿命要长。许多光化学反应都是当反应物分子处于激发三线态时发生的，因此三线态在光化学反应中特别重要，不过也有光化学反应是发生在激发单线态的。

2. Luminol 分子的标准谱图

Luminol 的红外谱图、碳谱和质谱图分别见图 6 – 26 ~ 图 6 – 28。

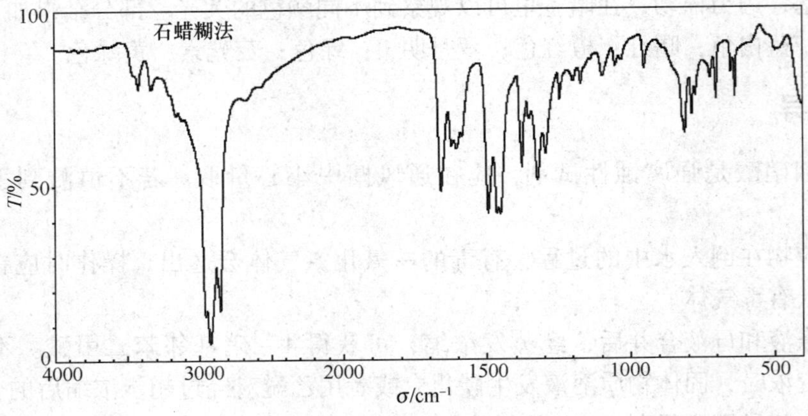

图 6 – 26　Luminol 的 IR 图

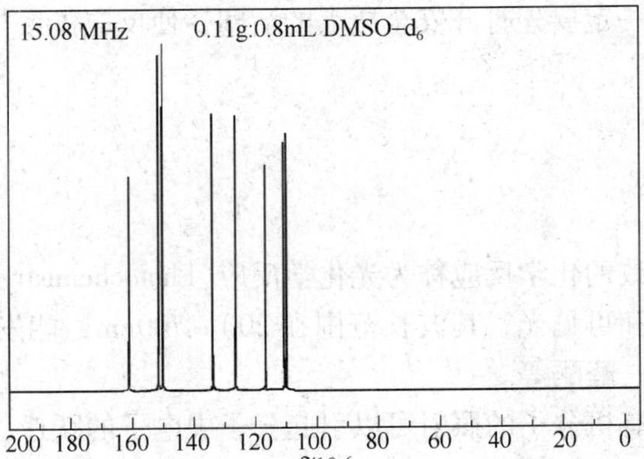

图 6 – 27　Luminol 的 ^{13}CNMR 图

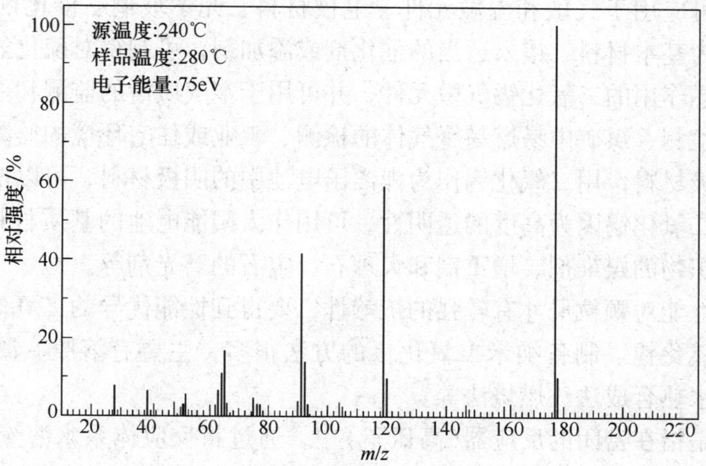

图 6-28 Luminol 的 MS 图

实验思考

1. 与氯苯硝化相比，邻苯二甲酸酐的硝化条件有什么不同？为什么？
2. 为什么 4-硝基邻苯二甲酸在水中的溶解性要比 3-硝基邻苯二甲酸强？
3. Luminol 化学发光的原理是什么？硝基化合物的还原方法还有哪些？
4. 本实验在做 Luminol 发光演示时，为什么要不时打开瓶盖并剧烈摇荡？
5. 通过实验找出发光的最佳条件，并说明影响化学发光的因素有哪些？

实验七　水热法制备二氧化锡的纳米粉及质量分析

实验目的

(1) 了解水热法制备二氧化锡纳米粉的基本原理；
(2) 学习水热法的基本操作；
(3) 学习利用 X 射线粉末衍射和电子透镜技术等手段表征纳米材料。

实验背景

1984 年德国的 Gleiter 以及美国的 Siegel 相继成功地制得纯物质的纳米细粉，Gleiter 在高真空的条件下将粒径为 6nm 的 Fe 粒原位加压成形，烧结得到纳米微晶块体，从而使纳米材料进入了一个新的阶段。纳米颗粒是指颗粒尺寸在 0.1nm 到 100nm 之间，处于原子簇和宏观物体交接区域内的颗粒。以这种颗粒为基础制成的材料称为纳米材料。

由于纳米微粒具有表面效应、体积效应、量子尺寸效应(小尺寸效应)和宏观量子隧道效应等特性，表现出了奇特的物理化学性质。物理方面表现在：热学、光学、磁学性质，微波吸收特性以及超导电性等。化学方面表现在：具有极强的吸附能力、极强的化学反应性、优异的催化性质等。由于纳米材料具有许多传统材料无法媲美的奇异特性和非凡的特殊功能，因此在各行业中将有空前的应用前景，成为 21 世纪新技术革命的主导中心。

纳米二氧化锡是一种 n 型宽禁带半导体材料，具有优异的气敏特性和光电性能，是一种新型功能材料，可应用于气敏和湿敏元件、电极材料、光学玻璃、催化剂、功能陶瓷等方面。以二氧化锡为基本材料，掺入适当的催化剂或添加剂，可制得对硫化氢、一氧化碳等气体具有选择性敏感作用的二氧化锡气敏元件，并可用于空气质量的监测和控制及健康与安全方面，如毒气的检测、煤矿中易燃易爆气体的检测、工业或住宅环境的监测等；二氧化锡也是一种很好的电极材料，用二氧化锡作为锂离子电池中的阴极材料，可以增强电化学电池的可逆循环性能；二氧化锡因为高度的透明性，可用作太阳能电池的基质材料和 LCD 材料等；另外，还可作为织物的媒染剂、增重剂和大理石、宝石的磨光剂等。

二氧化锡的性能对颗粒尺寸有较强的依赖性，要得到性能优异的二氧化锡材料，必须制备纳米尺寸的二氧化锡。制备纳米二氧化锡的方法很多，主要有溶胶－凝胶法、化学沉淀法、微乳液法、水热合成法、燃烧法等。

水热合成法是指在密闭的反应器(高压釜)中，通过将反应体系水溶液(或其他介质)加热至临界温度，从而产生高压环境并进行合成的一种生产方法。自 20 世纪 80 年代人们开始用水热反应制备超细材料以来，水热法已引起世界各国研究者的广泛重视。水热法为各前驱物的反应和结晶提供了一个在常压条件下无法得到的特殊物理、化学环境。水热法制备的粉体具有晶粒发育完整、粒度小、分布均匀、颗粒团聚较轻、分散性好和成分纯净等优点，而且制备过程污染小、成本低、工艺简单，尤其是无需后期的高温热处理，避免了高温处理过程中晶粒的长大、缺陷的形成和杂质的引入，制得的粉体具有较高的烧结活性。

本实验以 $SnCl_2$ 为原料，选用水热法合成纳米二氧化锡。该方法原理简单，操作简便，成本较低，适合在实验室操作。

实验原理

$SnCl_2 \cdot 2H_2O$ 是一种无色透明玻璃体，由于 $SnCl_2$ 在水溶液中极易水解形成沉淀，故将其溶解在乙醇中以形成均匀透明溶液。

$$SnCl_2 + H_2O \xlongequal{} Sn(OH)Cl\downarrow + H^+ + Cl^-$$

2 价锡具有较强的还原性，酸性条件下很容易被氧化为 4 价锡：

$$2Sn^{2+} + O_2 + 4H^+ \xlongequal{} 2Sn^{4+} + 2H_2O$$

4 价锡的醇溶液 $Sn(OC_2H_5)_4$ 在高温高压的水热条件下，迅速水解形成 $Sn(OH)_4$，也可以写成 $SnO_2 \cdot 2H_2O$，又叫锡酸：

$$Sn(OC_2H_5)_4 + 4H_2O \xlongequal{} Sn(OH)_4 + 4C_2H_5OH$$

$Sn(OH)_4$ 脱水缩合即可形成 SnO_2 微晶：

$$Sn(OH)_4 \xlongequal{} SnO_2 + 2H_2O$$

纳米粉的表征主要包括形貌、粒度和晶相三个方面。物相分析一般使用 X－射线粉末衍射仪(XRD)和电子显微镜。形貌和粒度可通过扫描电镜(SEM)和透射电镜(TEM)直接观测到粒子的大小和形状。

仪器试剂

仪器：电磁搅拌器　离心机　酸度计　水热合成反应釜　烘箱　X 射线衍射仪　透射电子显微镜　红外光谱仪　台秤　超声波仪　载膜铜网　研钵

试剂：$SnCl_2 \cdot 2H_2O(s)$　无水乙醇　$HCl(3mol \cdot L^{-1})$　$AgNO_3(0.1mol \cdot L^{-1})$

实验步骤

1. 二氧化锡纳米粉的制备

称取0.84g$SnCl_2 \cdot 2H_2O$溶于10mL无水乙醇(为什么?)，搅拌30min后，得澄清溶液，随后回流3h(为什么?)得无色透明溶胶。将新制备的溶胶注入50mL的水热合成反应釜内，加入少量$3mol \cdot L^{-1}$的HCl溶液调pH值为2~3(为什么?)，最后加入蒸馏水直至填充度达整个反应釜的80%，最后在150℃下恒温4h，然后冷却至室温取出反应产物。离心分离反应混合物，所得到的灰白色沉淀分别用去离子水和无水乙醇离心洗涤数次，直至用$AgNO_3$检验无Cl^-为止，最后沉淀物于110℃下干燥5h，即得所需粉体。

2. 二氧化锡纳米粉的分析与表征

(1)X射线衍射仪物相分析　称取0.2g SnO_2粉末，充分研磨后转入样品槽。在2θ为10°~80°的角度范围内收集数据，得到以衍射角度为横坐标，强度为纵坐标的衍射图谱。将谱图与标准卡对比，看是否属四方晶系金红石结构的SnO_2，并计算平均晶粒度。

(2) 透射电子显微镜分析　将所制得的样品经研磨后溶于乙醇，超声分散5min后取上层悬浮液，滴置于铜网上，晾干后在100电子束下观测。

观察所得SnO_2粉末的微观形貌，测量并计算照片中纳米颗粒的平均长度和宽度。

(3)红外光谱测试　对所得SnO_2粉末进行红外光谱检测，测定粉末的光吸收特性(溴化钾压片)，并解析图谱(Sn—O键的振动吸收大约在$550cm^{-1}$)。

实验指导

(1) 本实验第一步要将$SnCl_2 \cdot 2H_2O$溶于无水乙醇，一定要充分搅拌，并且要回流3h(为什么?)，理解这样操作的原因，注意回流操作的规范性和安全性。

(2) 水热合成操作中，要注意条件控制，如升温的速度快慢、填充度大小、压力范围的选择、温度的恒定及反应的时间，这些都会影响到产品的质量。最后要自然冷却到室温，再取出反应混合物。

(3) 固体的分离不能用过滤的方法，要用离心机分离，注意离心分离的转速和时间的选择，不能损失产品。

(4) 离心分离得到的二氧化锡纳米粉要经过反复洗涤，去除原料中带来的Cl^-，保证产品的纯度。

(5) 最后要将所得的二氧化锡纳米粉干燥，温度和时间可适当调节。

实验拓展

1. X射线衍射的相关知识

在材料科学工作中经常需要进行物相分析，即分析某种材料中含有哪几种结晶物质，或是某种物质以何种结晶状态存在。根据晶体对X射线的衍射特征——衍射线的位置、强度及数量来鉴定结晶物质方法，就是X射线物相分析。利用X射线衍射分析可确定某结晶物质属于立方、四方、六方、单斜还是斜方晶系。通常利用PDF衍射卡片进行物相分析。

纳米材料的晶粒尺寸直接影响到材料的性能。XRD可以很方便地提供纳米材料晶粒度的数据。测定的原理基于样品衍射线的宽度和材料晶粒大小，当晶粒小于100nm时，其衍射峰随晶粒尺寸的变大而宽化，当晶粒大于 100nm 时，宽化效应则不明显。晶粒大小可采用 Scherrel 公式进行计算：

$$D = K\lambda / B_{1/2}\cos\theta$$

式中：D 是沿晶面垂直方向的厚度，也可以认为是晶粒的大小；K 为衍射峰 Scherrel 常数，一般取 0.89；λ 为 X 射线的波长；$B_{1/2}$ 为衍射峰的半高宽，单位为弧度；θ 为布拉格衍射角。此外，根据晶粒大小还可以计算晶胞的堆垛层数 N 和纳米粉体的比表面积 s。

$$N = D_{hkl}/d_{hkl}$$

$$s = 6/\rho D$$

式中，N 为堆垛层数；D_{hkl} 表示垂直于晶面的厚度；d_{hkl} 为晶面间距；s 为比表面积；ρ 为纳米材料的晶体密度。

2. 透射电子显微镜相关知识

透射电子显微镜（简称透射电镜，TEM）主要有：高分辨电镜（HRTEM）、透射扫描电镜（STEM）、分析型电镜（AEM）等。成像原理与光学显微镜类似。它们的根本不同点在于光学显微镜以可见光作照明束，透射电子显微镜则以电子为照明束。在光学显微镜中将可见光聚焦成像的是玻璃透镜，在电子显微镜中相应的为磁透镜。由于电子波长极短，同时与物质作用遵从 Bragg 方程，产生衍射现象，使得透射电镜自身在进行高的像分辨分析时兼有结构分析的功能。

3. 纳米二氧化锡的 X 射线衍射图谱

纳米二氧化锡的 X 射线衍射图谱见图 6－29。

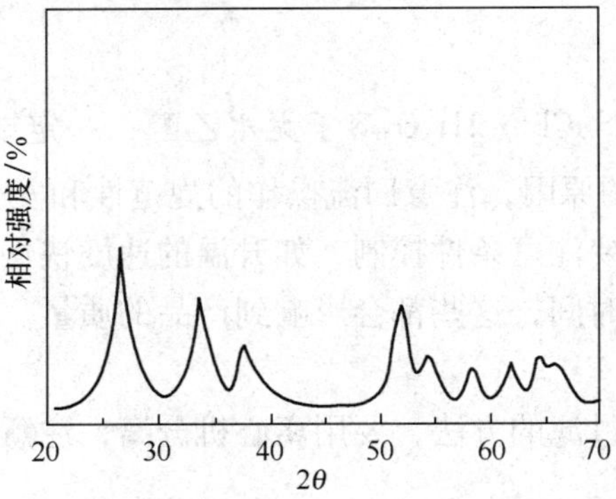

图 6－29　纳米二氧化锡的衍射图谱

实验思考

1. 如果将 $SnCl_2 \cdot 2H_2O$ 溶于水中，能否制得二氧化锡的纳米粉？

2. 水热法制备纳米粉材料有什么优点和缺点？

3. 粒度分析常采用两种方法：对 TEM 电镜照片的直接判读和利用 Scherrel 公式计算，试比较两种方法的不同点。

单元7　化学分析方法与应用

实验一　火焰原子吸收法测定大豆渣中铁、铜、锰、锌

实验目的

（1）熟练使用原子吸收分光光度计；
（2）掌握使用干法消化进行样品的处理；
（3）掌握应用标准曲线法测定大豆渣中铁、铜、锰、锌的含量。

实验背景

铁、铜、锰、锌均是人体必需的金属元素。铁参与血红蛋白及某些酶的合成，铜是人体血液、肝脏和脑组织等铜蛋白的组成部分，儿童缺锌可引起生长迟缓、食欲不振；但过量摄取会损害肝脏，引起慢性神经系统中毒等，因此这些成分是食品卫生部门常规检测的一项重要内容。大豆是我国主要粮食作物之一，分布范围很广，豆渣是大豆加工过程中的副产物，由于口感粗糙，没有引起人们的充分重视，过去大都作为家畜的饲料，有的作为废弃垃圾，造成了资源的浪费和大量的环境污染。目前，人们已研究发现豆渣有十分丰富的营养价值，豆渣所含的膳食纤维可以有效地预防肠癌和减肥，其氨基酸含量也相当丰富。此外豆渣中富含多种矿物质和维生素。在国内外，人们对豆渣矿物质元素做了大量的研究工作，对豆渣样品进行预处理时常用的样品前处理方法有灰化法和湿法消化法，前者操作简便，对环境污染小，故通常采取灰化法预处理样品。本文应用火焰原子吸收分光光度法同时测定大豆渣中铁、铜、锰、锌的含量。

实验原理

原子吸收法是基于气态的原子对同种元素原子特征谱线的吸收而建立起来的分析方法。由于不同的金属元素其特征谱线不同，所以原子吸收法可在多种金属元素共存的情况下对溶液中的不同金属离子进行分别测定，其吸光度 A 在一定条件下与溶液中的金属离子浓度成正比。

原子吸收法测定食品中微量金属元素，首先要处理试样，将其中的金属元素以可溶的状态存在。试样可以用湿法处理，即试样在酸中消解制成溶液；也可以用干法灰化处理，即将试样置于马弗炉中，在400～500℃高温下灰化，再将灰分溶解在盐酸或硝酸中制成溶液。

本实验采用干法灰化处理样品，然后测定其中铁、铜等营养元素。此法也可用于其他食品，如豆类、水果、蔬菜、牛奶中微量元素的测定。

标准曲线法是原子吸收分光光度分析中最常用的定量分析方法之一，该法是配制已知浓度的标准溶液系列，在一定的仪器条件下，依次测出它们的吸光度，以加入的标准溶液的浓度为横坐标，相应的吸光度为纵坐标，绘制标准曲线。试样经适当处理后，在与测量标准曲

线吸光度相同的实验条件下测量其吸光度，根据试样溶液的吸光度，在标准曲线上即可查出试样溶液中被测元素的含量，再换算成原始试样中被测元素的含量。

标准曲线法常用于分析共存的基体成分较为简单的试样。如果溶液中共存基体成分比较复杂，则应在标准溶液中加入相同类型和浓度的基体成分，以消除或减少基体效应带来的干扰，必要时须采用标准加入法进行定量分析。

仪器试剂

仪器：原子吸收分光光度计　铁、锌、铜和锰空心阴极灯　无油空压机或空气钢瓶　乙炔钢瓶　烘干箱　马弗炉　豆浆搅拌机

试剂：铜　锌　铁　锰　浓盐酸　浓硝酸　浓硫酸

铜标准储备液（$1000\mu g \cdot mL^{-1}$）：准确称取 1.0000g 金属铜置于 400mL 烧杯中加入 20mL 硝酸（1+1）溶解，在沙浴上加热至近干，然后加入 10mL 浓硫酸，小心蒸干至冒三氧化硫白烟，冷却后，加水使全部盐类溶解，冷却，移入 1L 容量瓶中，用水二次稀释至刻度，摇匀。备用。

锰标准储备液（$1000\mu g \cdot mL^{-1}$）：准确称取金属锰 1.0000g（称量前用稀硫酸洗去表面氧化物，再用水除酸后并烘干），用硫酸（1+4）溶解，移入 1L 容量瓶中，用水二次稀释至标线，摇匀，备用。

铁标准储备液（$1000\mu g \cdot mL^{-1}$）：称取 1.0000g 金属铁，用 30mL 硝酸（1+1）溶解[也可用盐酸（1+1）或硫酸（1+1）溶解]，溶解后加热除去二氧化氮，冷却，移入 1L 容量瓶中，用水二次稀释至标线，摇匀，备用。

锌标准储备液（$1000\mu g \cdot mL^{-1}$）：称取 1.0000g 金属锌，置于 300mL 烧杯中，加（30～40）mL 盐酸（1+1），使其溶解，待溶完后加热煮沸几分钟，冷却，移入 1L 容量瓶中，用水二次稀释至标线，摇匀，备用。

实验步骤

1. 试样预处理

大豆渣的制备：将大豆用水浸泡 12h 或 12h 以上，再将水倒干，放入豆浆搅拌机内制豆渣。再将豆渣放入烘箱烘干至恒重。

试样配置：准确称取 10.00g 大豆渣（干重）于瓷坩埚内，在电炉上炭化至无烟后，移入马弗炉中，在 550℃（为什么？）灰化 6h，取出用盐酸（1+1）溶解，定容至 50mL，摇匀，备用。

2. 仪器工作条件

本实验采用空气－乙炔火焰，如表 7－1 设置原子吸收分光光度计工作条件，待空心阴极灯预热 10～30min 后进样分析，应用标准曲线法比较定量。

表 7－1　仪器工作条件

元素	波长/nm	狭缝/nm	灯电流/mA	乙炔流量/（$L \cdot min^{-1}$）	空气流量/（$L \cdot min^{-1}$）	燃烧器高度/mm
Fe	248.3	0.2	3.5	1.5	7.0	6
Zn	213.9	0.2	1.5	1.0	6.5	6
Cu	324.7	0.2	3.5	1.0	6.5	6
Mn	279.5	0.2	2.0	1.0	3.0	6

3. 标准曲线的绘制

由标准储备液配置标准溶液如下：

铁标准溶液：0.0、2.0、4.0、6.0、8.0、10.0μg·mL^{-1}；

铜标准溶液：0.0、1.0、2.0、3.0、4.0、5.0μg·mL^{-1}；

锰标准溶液：0.0、1.0、1.5、2.0、2.5、3.0μg·mL^{-1}；

锌标准溶液：0.0、0.4、0.8、1.2、1.6、2.0μg·mL^{-1}。

按表7－1仪器工作条件分别测定铁、铜、锰、锌的系列标准液，用"试剂空白"调吸光度为零，然后由稀到浓依次测定各标准溶液的吸光度值，并由仪器显示的吸光度值，计算出各离子标准曲线的直线回归方程和直线相关系数，计算机绘制出标准工作曲线，结果记录于表7－2。

表7－2　直线回归方程和相关系数

元素	回归方程	相关系数
Fe		
Cu		
Mn		
Zn		

4. 样品测定和精密度试验

大豆渣样品，按照选定的仪器参数，依法平行测定六次，结果列于表7－3。

表7－3　精密度试验结果

样品编号	铜的含量/(μg·g^{-1})	锌的含量/(μg·g^{-1})	铁的含量/(μg·g^{-1})	锰的含量/(μg·g^{-1})
1				
2				
3				
4				
5				
6				
平均值				
标准偏差				
变异系数				

5. 重现性实验

大豆渣样品，由同一位操作者间隔一定时间依法测定，结果列于表7－4。可见在三周实验中，大豆渣各元素测定值较为稳定。

表7－4　重现性实验结果

测定时间	第一周	第二周	第三周
Fe 含量/(μg·g^{-1})			
Cu 含量/(μg·g^{-1})			
Mn 含量/(μg·g^{-1})			
Zn 含量/(μg·g^{-1})			

6. 回收率的测定

为了考察测定结果的准确性，在大豆渣样品中，按梯度分别加入标准溶液，然后依法测定，并计算回收率，如表7－5。

表7－5 回收率测定

样品编号	1	2	3	4	5	6	7	8
铜加入量/μg								
铜回收量/μg								
回收率/%								
锌加入量/μg								
锌回收量/μg								
回收率/%								
铁加入量/μg								
铁回收量/μg								
回收率/%								
锰加入量/μg								
锰回收量/μg								
回收率/%								

实验指导

(1) 乙炔为易燃易爆气体，必须严格按照操作步骤进行。在点燃乙炔火焰之前，应先开空气，然后开乙炔；结束或暂停实验时，应先关乙炔气，后关空气。必须切记，保障安全。

(2) 启动空气压缩机压力不允许大于0.2MPa，乙炔压力最好不要超过0.1MPa。排废水管必须用水封，以防回火。

(3) 整个测定过程应严格操作，玻璃器皿每次使用前都必须清洗干净。

(4) 不同的灰化温度对样品测定有一定的影响。实验表明，灰化温度为550℃，灰化时间为6h时，大豆渣灰化较为理想，所以本实验选择550℃灰化温度对样品进行预处理。

(5) 原子吸收分光光度计在使用前应预热半个小时，使测定条件稳定。各元素的测定参数是经单因素法研究获得的最佳操作条件。

(6) 在大豆渣中，除了含铁、铜、锰、锌等元素之外，还存在其他金属离子。实验表明，共存金属离子不干扰这些元素的测定。

(7) 酸的浓度对测定有影响，样品溶液和标准溶液的酸度应控制一致。

(8) 本实验采用干法灰化预处理大豆渣样品，四种元素的灰化方法趋于一致，与湿法消化相比，简化了分析手续，节省了分析成本。

实验拓展

1. 直接进样技术

原子吸收法对于测定食品中微量元素具有灵敏、快速、选择性高等特点，但是测定前必须对样品进行前处理。目前，前处理方法通常采用湿法消化法和干法消化法。这两种消化方法均有操作繁琐、耗时长、样品容易受污染、待测组分很容易损失等缺点。

近年来，悬浮液直接进样技术得到了迅速发展，悬浮液直接进样原子吸收光谱法成为一种对生物样品进行微量元素快速分析的简便、可靠的方法。悬浮液直接进样石墨炉原子吸收光谱法充分利用了石墨炉本身对样品基体具有灰化处理能力这一特点，直接进样分析，大大地简化了操作步骤，缩短了分析时间。与常规样品处理方法相比，悬浮液直接进样法操作简便、快速、无污染，不会造成被测元素的挥发损失，在很短的时间内就可以完成称样、悬浮液及试液配制等样品处理全过程，且灵敏度高，准确性好，无干扰，特别适合于快速分析。

但是，并非所有的样品均能找到一种合适的介质来制备适于分析测定的悬浮液，即使能制成悬浮液，由于样品未经消化而直接进样，基体干扰大，如不能有效地消除基体干扰，也无法采用悬浮液直接进样原子吸收光谱法来进行测定。采用悬浮液直接进样石墨炉原子吸收法时，升温程序选择是否得当，将对结果产生很大影响，因此其升温程序的选择也是至关重要的。正因为如此，悬浮液直接进样原子吸收光谱法的应用范围受到很大的限制。只有当样品能采用合适的介质制成悬浮液且能有效地消除基体干扰时，才能采用悬浮液直接进样原子吸收光谱法来进行测定。各种悬浮液制备方法，一般可分为两类：一类是机械搅拌法，即将样品粉碎后，利用机械搅拌使之悬浮，并在搅拌过程中动态进样；第二类方法利用某种悬浮液使样品稳定均匀地悬浮于介质中。最常用的悬浮剂有琼脂和 TritonX－100 等，其中又以琼脂应用更为广泛。琼脂加热溶解于水后形成胶体，具有动力学稳定性，其对固体微粒样品的悬浮能力随琼脂浓度的增大而增强。

2. TSA－990 原子吸光光谱仪操作步骤

（1）点软件 win2.1，开主机开关；

（2）点联机仪器开始自检；

（3）点相应元素灯为工作灯、预热灯、仪器给定测定条件；

（4）点“下一步”仪器执行其条件；

（5）点寻峰，仪器扫瞄相应谱线；

（6）点“设置”设标准系列浓度；

（7）点参数测定条件；

（8）点仪器设燃烧器条件等；

（9）点测量，开始进样测试；

（10）测试完毕，先关乙炔、灭灯，再关空压机，关软件，关主机。

实验思考

1. 试比较火焰和非火焰原子吸收光度法的优缺点？

2. 原子吸收分光光度分析为何要用待测元素的空心阴极灯作光源？能否用氢灯或钨灯代替？为什么？

3. 如何选择最佳实验条件？

实验二　同步荧光法测定植物中叶绿素 a 和叶绿素 b 的含量

实验目的

（1）了解荧光分光光度计的基本结构和工作原理，掌握其使用方法；

（2）掌握同步荧光分析基本原理和测量方法。

实验背景

光合作用是植物所特有的生理功能，是地球上最大规模地将太阳能转换为化学能，并利用它把 CO_2 和 H_2O 等无机物合成为有机物同时放出 O_2 的过程，是“地球上最重要的化学反应”。光合作用为人类、动植物及微生物的生命活动提供了有机物、O_2 和能量。

叶绿素是植物吸收光能的主要色素，类胡萝卜素在光合作用中的作用是辅助性质的，它们吸收的光能只有传递给叶绿素之后才能在光合作用中发挥作用。叶片中光合色素含量不同，会影响植物光合效率，还可引起叶片颜色的变化。叶绿素 a 呈蓝绿色，叶绿素 b 呈黄绿色，一般情况下类胡萝卜素的颜色被叶绿素所掩盖，在秋天叶绿素分解时才呈现出来。由于叶片所含叶绿素和类胡萝卜素的比例不同，所以秋季是植物叶片颜色多样的季节。

叶绿素 a 和叶绿素 b 的测定通常用在不同激发 - 发射波长下测量荧光强度，而后解联立方程的光度法。但叶绿素 a 和叶绿素 b 的分子结构相似，它们的荧光激发光谱和发射光谱重叠严重，用常规荧光方法难以实现其同时测定。本实验采用同步荧光法对多组分荧光物质进行同时测定。

实验原理

同步荧光分析法是多组分同时分析的较好手段之一，因其谱图简单、选择性高及散射光干扰少等优点而引起人们的注意，获得广泛的应用。

在常规荧光分析中，所获得的两种类型的光谱是荧光激发光谱和发射光谱。而同步荧光光谱是在同时扫描激发和发射两个单色器波长的情况下测绘光谱的，由测得的荧光强度信号与对应的激发波长(或发射波长)构成的光谱图，称为同步荧光光谱。而在常规的发光(荧光或磷光)分析中，则是固定发射或激发波长，而扫描另一波长，如此获得的是两种基本类型的光谱，即激发光谱或发射光谱。根据激发和发射两种波长在同时扫描过程中彼此间保持的关系，同步荧光法又可分为恒波长法、可变角法、恒能量法和恒基体同步荧光法。最早提出、目前最广为使用的恒波长同步荧光分析法，即在扫描过程中使激发波长(λ_{ex})和发射波长(λ_{em})两者之间始终保持固定的波长间隔($\Delta\lambda = \lambda_{em} - \lambda_{ex} =$ 常数)。对该法而言，波长差 $\Delta\lambda$ 是关键性的实验参数。可变角(或可变波长)同步荧光法提供了更为灵活的波长扫描方式。该法激发和发射单色器保持同时扫描，但扫描速度不同，所得的可变角同步荧光光谱常更能满足体系中各组分的波长要求，光谱选择性更好，但一般商品化荧光分光光度计上尚不具备该扫描功能。恒能量同步荧光法则以能量关系代替波长关系，在两个单色器同时扫描过程中使激发波长与发射波长之间保持恒定的能量差(或波数差)关系，它以荧光体的量子振动跃迁的特征能量为依据而进行同步扫描。若选择一能量差 $\Delta\nu$ 值等于某一振动能量差，则在同步扫描中，当激发能量和发射能量刚好匹配一特定吸收 - 发射跃迁条件时，该跃迁处于最佳条件，由此产生的同步光谱峰可达最大强度。该法特别适于某些多环芳烃的分析。恒基体同步荧光法可认为是非线性可变角同步荧光法的一种，其扫描路径在等高线图中表现为一曲线，该曲线是基体(将干扰物视为基体)的等荧光强度线，沿着基体的某一等高线扫描，则在整个扫描过程中，基体的荧光强度相等，当结合导数技术微分后，基体的导数信号为零。在混合物中沿着测定路径(干扰物或基体的等高线)扫描时所得的信号通常是混合物的总的荧光信号，既包括待测物的信号，又包括干扰物的信号，但由于是沿干扰物的等高线扫描，荧光信号求导后，干扰物的干扰就得以消除，扫描所得的导数信号则是被测物的净信号。

同步荧光扫描荧光测定具有如下优点：①简化光谱；②窄化谱带；③减少光谱的重叠现象；④减少散射光的影响。

对于某种待测物质，在实验条件保持固定的情况下，同步荧光信号 $I_{sf}(\lambda_{ex}, \lambda_{em})$ 与待测物质的浓度 c 成正比。

$$I_{sf}(\lambda_{ex}, \lambda_{em}) = kcbE_x(\lambda_{ex})E_m(\lambda_{em}) \quad (7-1)$$

式(7－1)中：c 为待测物质的浓度；b 为试样溶液的厚度；$E_x(\lambda_{ex})$ 为激发光谱；$E_m(\lambda_{em})$ 为发射光谱；K 为实验的条件常数。

恒波长同步荧光分析法要求在光谱扫描过程中保持 $\Delta\lambda = \lambda_{em} - \lambda_{ex}$ = 常数，因此上式可表示为 λ_{em} 或 λ_{ex} 的函数：

$$I_{sf}(\lambda_{ex}, \lambda_{em}) = kcbE_x(\lambda_{em} - \Delta\lambda)E_m(\lambda_{em}) \quad (7-2)$$

$$\text{或 } I_{sf}(\lambda_{ex}, \lambda_{em}) = kcbE_x(\lambda_{ex})E_m(\lambda_{ex} + \Delta\lambda) \quad (7-3)$$

可见，同步荧光光谱既可视为同步扫描激发波长时的发射光谱，也可看成同步扫描发射波长时的激发光谱。同步荧光光谱的波长轴既可用激发波长表示，也可用发射波长表示。

不难理解，同步荧光光谱显然与激发光谱及发射光谱都有关，它同时利用了物质的吸收特性和发射特性，使选择性得到改善。由于 $E_x(\lambda_{ex})$ 和 $E_m(\lambda_{em})$ 是分别以短波区域和长波区域为极限的函数，且又几乎镜像对称，因而使获得的同步光谱简化，且谱带宽度变小。

叶绿素 a 和 b 的发射峰分别位于 667nm 和 650nm；叶绿素 a 有两激发峰，强峰在 428nm，次峰在 409nm，而叶绿素 b 的激发峰位于 457nm。本实验采用同步荧光测定技术，用 $\Delta\lambda$ =258nm 得到适宜于叶绿素 a 测定的同步荧光光谱，叶绿素 b 不干扰；用 $\Delta\lambda$ =193nm 得适宜于叶绿素 b 的同步荧光光谱，叶绿素 a 不干扰。然后根据各自的同步荧光峰强度与对应浓度的线性关系进行定量测定。

仪器试剂

仪器：自动扫描式荧光分光光度计　离心机

试剂：Chla、Chlb 和类胡萝卜素的标准溶液用购买来的纯品试剂配制（自行用菜叶经纸色谱分离提纯后稀释而得均可）　丙酮溶液（90%）　$MgCO_3$（A. R.）

实验步骤

1. 标准溶液的制备

取叶绿素 a 和 b 的储备液，分别用 90% 丙酮稀释成 0.0、40.0、80.0、120、160、200ng · mL^{-1} 的两个系列标准溶液。

2. 荧光激发和发射光谱的测绘

取叶绿素 a 和叶绿素 b 标准溶液各 1 份（以 160ng · mL^{-1} 为例）：叶绿素 a：定激发波长为 428nm，在 600～800nm 范围内扫描其荧光发射光谱；定发射波长为 667nm，在 350～600nm 范围内扫描其荧光激发光谱。

叶绿素 b：定激发波长为 457nm，在 600～800nm 范围内扫描其荧光发射光谱；定发射波长为 650nm，在 350～600nm 范围内扫描其荧光激发光谱。

3. 同步荧光光谱的测绘

测叶绿素 a，排除叶绿素 b 的干扰：取叶绿素 a 和 b 标准溶液各 1 份（以 160ng · mL^{-1} 为例），用 $\Delta\lambda=258$nm 在激发波长 350～600nm 范围内进行同步扫描，仅得叶绿素 a 的同步荧光光谱，叶绿素 b 几乎无信号。

测叶绿素 b，排除叶绿素 a 的干扰：取叶绿素 a 和 b 标准溶液各 1 份，用 $\Delta\lambda=193$nm 在激发波长 350～600nm 范围内进行同步扫描，仅得叶绿素 b 的同步荧光光谱，叶绿素 a 几乎无信号。

4. 工作曲线

测叶绿素 a：以 $\Delta\lambda=258$nm 对系列叶绿素 a 标准溶液进行同步扫描，由同步荧光峰信号对浓度绘制成工作曲线。

测叶绿素 b：采用 $\Delta\lambda=193$nm，同上法绘制叶绿素 b 的工作曲线。

5. 菜叶中叶绿素 a 和 b 的测定

取干净新鲜菜叶 0.5g，剪碎置于研钵，加入 0.1g$MgCO_3$（为什么？）、2～3mL 丙酮，研磨至浆状，用滤纸过滤，以 90% 少量丙酮多次洗涤，将丙酮萃取液收集于 25mL 容量瓶中，用 90% 丙酮稀释至刻度。取适量溶液再稀释 100 倍。用与绘制工作曲线相同的方法分别测叶绿素 a 和 b 的同步荧光峰强度，查对工作曲线，求出浓度值，计算出菜叶中叶绿素 a 和 b 的含量。

6. 数据记录与处理

见表 7－6 与表 7－7。

表 7－6　叶绿素 a 的工作曲线绘制

浓度/（ng·mL^{-1}）	$\Delta\lambda$/nm	同步荧光强度
0	258	
40.0	258	
80.0	258	
120.0	258	
160.0	258	
200.0	258	

回归方程：　　　　　　　　相关系数：

表 7－7　叶绿素 b 的工作曲线绘制

浓度/（ng·mL^{-1}）	$\Delta\lambda$/nm	同步荧光强度
0	193	
40.0	193	
80.0	193	
120.0	193	
160.0	193	
200.0	193	

回归方程：　　　　　　　　相关系数：

实验指导

（1）在同步扫描过程中，$\Delta\lambda$ 值的选择十分重要，这直接影响到同步荧光光谱的形状、带宽和信号强度。$\Delta\lambda$ 值与同步荧光光谱的关系可以从理论上做预测，但 $\Delta\lambda$ 值的最终选择还是要在实际应用中通过实验确认。在可能的条件下，选择等于斯托克斯位移的 $\Delta\lambda$ 值是有利的，这时将会获得同步荧光信号最强、半宽度最小的单峰同步荧光光谱。

（2）荧光测定中所使用的溶剂都有瑞利散射和拉曼散射，这些散射的存在限制了荧光分析灵敏度的提高。瑞利散射光的波长等于激发光的波长，而拉曼光虽没有一定的波长，但它的发射频率和激发光的频率有一定的差值 Δ_{ν_R}。选择较小的 $\Delta\lambda$ 值，通过有利于减小光谱带宽。不过 $\Delta\lambda$ 值很小，仪器的狭缝宽度也应相应减少，才不致于增大散射光的干扰而减低光谱分辨率。然而，减小狭缝宽度又会减小光通量而降低灵敏度，因而必须两者加以兼顾。

（3）同步荧光光谱特性可用谱峰峰位位置、相对强度和半峰宽度等三个主要的参数表征。

实验拓展

从植物提取液分离出来的叶绿素和胡萝卜素已发现有多种异构体，而且常常是同时存在的。因此对叶绿素和胡萝卜素的深入研究较为困难。高效液相色谱既能对单一组分进行定量分析又能对混合物中的多组分在分离的基础上进行定量分析。既能用于主要成分的含量测定，又能用于微量和痕量组分的测定。尽管难以得到所有的植物色素标准品，但高效液相色谱技术仍被认为是研究叶绿素和胡萝卜素的一种最有效手段，因而高效液相色谱是一种准确度好和精密度高的分析技术。

叶绿体色素提取液可以采用正相或反相高效液相色谱法分析，实验表明，反相高效液相色谱法更加方便。但由于色素提取液各组分的极性差别较大，等度洗脱可能使某些组分的分离不够完全。因此，对植物色素提取液的全分析应采用梯度洗脱方式以改善分离和缩短分析时间。因此本实验还可以采用高效液相色谱法对绿色植物叶片提取液中的色素进行较全面的分离，并直接测定叶绿素 a、叶绿素 b 和β－胡萝卜素的含量。

同步荧光分析法具有谱图简化、选择性提高、光散射干扰减少等特点，尤其适于对多组分混合物的分析。可与低温技术联用，在低温荧光法中，主要利用低温激发和发射光谱来进行测定。尽管由于低温效应光谱谱带变窄，有利于物质的选择性测定；但谱带分裂加剧，复杂体系的光谱峰更加复杂难以区分，用普通低温荧光法测定困难较大且繁琐。联用技术能够充分结合低温技术和同步荧光技术两者的优点，有效解决这些问题，进一步提高实际测定中的灵敏度和选择性。

同步荧光分析法也可以与化学计量法的结合联用，同步荧光能简化光谱，减少光谱重叠，提高对荧光性质相近化合物同时测定的选择性和灵敏度，但对荧光光谱重叠十分严重的物质，导数－同步技术及结合化学计量手段更为有效。可结合恒波长同步荧光分析法和最小二乘法同时测定各组分含量。用双峰倍增配平导数同步荧光法或拟面积多波长数据线性双组合，多波长线性回归和导数解析同步荧光法对双组分体系如邻羟基苯甲酸和间羟基苯甲酸、苯酚和间苯二酚、苯酚和邻苯二酚进行测定，取得了良好的效果。

日立 F－4500 荧光分光光度计简易操作方法：

（1）开机顺序

① 开机前首先确认主机两个开关：POWER/MAIN 均处于关闭状态(扳向 O 处)。

② 先接通电源开关(POWER)，5s 后再按下氙灯点灯按钮，当氙灯点燃后，再接通主开

关(MAIN)。此时主开关上方绿色指示灯连续闪动三下。

③ 接通电脑及打印机电源，Win98 开始建立，随后 F－4500 操作界面自动进入。

④ 按界面提示选择操作方式。

(2) 关机顺序

① 逆开机顺序实施操作。

② 当电源开关关闭后 5s，再次接通 10min(目的是仅让风扇工作，使灯室散热)最后关闭电源开关。

(3) 操作界面介绍

① 当前显示的画面为模拟画面，即观测样品峰用。

② 在模拟画面右侧，是仪器当前状态显示。它给出了当前的信号能量值、激发和发射波长及狭缝值、光闸(Shutter)开/关状态等。

③ 显示屏最上一行为八个菜单栏，分别为 File/Edit/View/Spectrophotometer/Tools/Utility/Window/Help。每个菜单栏下均有子目录，供选用。

④ 为了方便用户操作，将常用的子目录演变为 23 个带彩图的快捷工具栏，随意点击后，操作界面立即更换，非常便利。该 23 个快捷栏分布在显示屏的上方及右方，非常醒目。

(4) 波长扫描的简易操作(Wavelength Scan)　点击快捷栏“Method”后，立即显示了分析方法(Analysis Method)的五个重叠界面，分别为“常规”(General)、“仪器条件”(Instrument)、“模拟画面”(Monitor)，“处理”(Processing)、“报告”(Report)。下面详细介绍每个界面：

① General(常规)。Measurement(测量方式)选择 Wavelength(波长扫描)；Operator(操作者名)键入人名；Insturment(仪器型号)自动给出；Sampling(样品名称)；Comments(注释表)可输入简单说明；Load(装载)调用已存入的条件；＊Save(存入)存储现有的条件；Save As(另存)另存现有的条件。

② Instrument(仪器条件)。Scan mode(扫描方式)：Excitation(激发波长扫描)、Emission(发射波长扫描)、Synchronous(同步扫描)；Data mode(数据方式)：Fluorescence(荧光采集)、Luminescence(发光采集)、Phosphorescence(磷光采集)；EM WL(发射波长)输入范围 200～900nm；EX Start WL(激发起始波长)输入范围 200～890nm；EX End WL(激发终止波长)输入范围 210～900nm；EX WL(激发波长)输入范围 200～900nm；EM Start WL(发射起始波长)输入范围 200～890nm；EM End WL(发射终止波长)输入范围 210～900nm；Scan speed(扫描速度)：15、60、300、1200、2400、12000、30000nm/min 六挡可选(磷光扫描：15，60，240nm/min)；Delay(延迟时间)输入范围 0～99s(启动后延迟测量)；EX Slit(激发单元狭缝)：1.0、2.5、5.0、10.0 四挡可选；EM Slit(发射单元狭缝)：1.0、2.5、5.0、10.0、20.0 五挡可选；PMT Voltage(光电管负高压)：400V、700V、950V 三挡可选(一般选择 700V)；Response(响应速度)：0.0004、0.01、0.05、0.1、0.5、2.0、8.0s、Auto 八挡可选，速度快峰形分辨率高，但噪音大，速度慢反之；Corrected spectra(光谱校正)使用 P/N251－0126 附件进行光谱校正；Shutter control(光闸控制)选择控制状态，样品待测或重复扫描时激发不能照射到样品上，避免产生化学变化；Replicates(重复次数)可在 1～99 之间选择(重复扫描用)；Cycle time(循环周期)可在 0～180min 间选择(重复扫描用)。

③ Processing(处理方法)。此界面主要是对已测定的图谱根据要求进行选择处理。

CAT(平均化)如选定则对重复测定的图谱进行平均处理；Processing choices(处理方法的选择)有如下四种处理方法：Mean Smooth(平均平滑)、Median Smooth(中间平滑)、Derivative(微分求导)；Peak Finding(峰检出)有如下三项内容：

Integration method(检出方法)：Rectangnlar(矩形)，Trapezoid(斜方形)；

Threshold(阈值)决定信号峰的舍取，赋值范围0.001～1000，小于赋值的峰可以显示但不打印结果；

Sensitivity(灵敏度)可改变放大器的放大倍数，一般设置为“1”。

(5)时间扫描的简单操作(Time Scan) 此扫描方式是EX、EM的波长均固定，仅观察样品随时间的变化。模拟画面的横坐标轴为时间单位。进入方法与波长扫描相同。

① General(常规)。Measurement(测量方式)选择Time Scan(时间扫描)(其他内容与波长扫描相同，故从略)。

② Instrument(仪器条件)。Data mode(数据方式)：Fluorescence(荧光采集)、Luminescence(发光采集)、Phosphorescence(磷光采集)、Phosphorescence Life Time(磷光寿命采集)、Phosphorescence Life Time(Shoet)(磷光短寿命采集)。

注：如果选择磷光短寿命采集方式，时间单位为ms，采集时间自动设定为20ms。

EX WL(激发波长)0nm，200～900nm设定；EM WL(发射波长)0nm，200～900nm设定；Time unit(时间单位)s、ms两种单位可设定；Scan time(扫描周期)时间单位为s时，周期范围为：10～3600s；

时间单位为ms时，周期范围为：1000～9999ms。扫描时间与采样间隔关系如下：

扫描时间/s	采样间隔/ms
3	1
7	2
18	5
36	10

(其他内容与波长扫描相同，故从略)。

③ Processing(处理方法)内容与波长扫描相同，略。

(6)光度计法的简单操作(PHOTOMETRY) 光度计法亦称浓度直读法，也称工作曲线法。利用配制的具有梯度的标准样品，先做出一条标准曲线，然后再测未知样品。

① General(常规)。Measurement(测量方式)选择Photometry(光度计)(其他内容与波长扫描相同，故从略。)

② Quantitation(定量条件)。Quantitation type(测量类型)A：Wavelength(指定波长)B：Peak area(峰面积)C：Peak height(峰高)D：Derivative(导数)E：Ratio(比率)；Calibration type(曲线校正类型)A：None(没有)B：1st order(线性方程)C：2nd order(二次方程)D：3rd order(三次方程)E：Segmented(折线)

Num ber of wavelengths(波长数)当曲线校正选择“None”时波长数可以在1～6间选择，但再不能使用工作曲线法了。其他校正类型只能在1～3间选择，但此时的波长数并不表示在若干波长值下可以同时测定样品的吸光度，仅仅是对光谱图的一种处理方法。

Concentration unit(浓度单位)根据需要格式设定；Manual calibration(手动校正)根据公式

校正；Force curve through zero(强制曲线归零)；Digit after decimal point(小数有效位)可以在1～3间赋值。

③ Instrument(仪器条件)。Data mode(数据方式)：Fluorescence(荧光采集)、Luminescence(发光采集)、Phosphorescence(磷光采集)；Wavelength mode(波长方式)：EX WL Fixed(激发波长固定)、EM WL Fixed(发射波长固定)、Both WL Fixed(两侧均固定)；Fixed WL(波长选定)可以选定1～6个波长值，波长值赋值范围0nm～900nm；EX Slit(激发单元狭缝)设定范围2.5、5.0、10.0nm；EM Slit(发射单元狭缝)设定范围2.5、5.0、10.0、20.0nm；PMT Voltage(光电管高压)设定范围400V、700V、950V；Auto statistic cal. number(自动统计计算可以进行平均值、标准偏差、变异系数的计算，为此目的则要设置样品重复个数，此数在2～4000间选择)；Replicates(重复次数)重复测量次数，输入范围1～20；Integration Time(积分时间)0.1～10.0s间设定；Delay(延迟时间)启动后经过所设定的时间自动开始测量。

④ Standards(标准样品表)。Number of Samples(标准样品数目的设定)1～20间设定；Update(修定确认)当标样数确定后，点击此框后显示标样表以供赋值；Insert(插入)点击此框可临时插入一个标样条目；Delete(删除)点击此框可临时删除一个标样条目。

注：标样测量点击Measure框，未知样品测量点击F4键，结束测量点击F9键。

实验思考

1. 在荧光测量时，为什么激发光的入射与荧光的接收不在一直线上，而呈一定角度？

2. 试比较叶绿素同步荧光光谱和常规荧光光谱的特点？

3. 本实验是经两次扫描步骤，测出其中叶绿素a和b的含量。有否更简便的荧光分析方法，能利用一次扫描得到的一张光谱，完成叶绿素a和b的测定？请加以解释。

实验三 微波消化-原子吸收分光光度法测定头发中的钙、锌、铁

实验目的

(1) 了解微波消化的原理；

(2) 学习生物样品的微波消化方法；

(3) 熟悉原子吸收光谱仪的使用和操作；

(4) 掌握锌、钙和铁的原子吸收分光光度法测定方法。

实验背景

人体内必需的微量元素有多种，其中锌为人体必需的微量元素，其作用巨大，正日益引起人们的重视，被喻为人体的"生命之花"、"智慧元素"。人体内的锌主要存在于肌肉、骨骼、皮肤和毛发中，锌主要以碳酸锌酶、呼吸酶、乳酸脱氢酶、超氧化物歧化酶、碱性磷酸酶、DNA和RNA聚合酶以及其他含锌金属酶类的形式存在。铁是组成血红蛋白、细胞色素和铁硫蛋白的元素。钙对蛋白质的合成、葡萄糖的氧化过程和细胞膜的能量传递具有重要作用。

微量元素虽然含量微小，但对生物体功能自动控制颇大，在造血、成骨、组织呼吸、色素形成以及其他生理代谢过程中，既能起到催化剂和激活剂的作用，又能抑制生物毒素的毒性，促进机体内的抗体形成，提高机体的免疫力。微量元素含量在机体内有恒定水平，当其含量过多或缺乏，或体内控制微量元素的平衡机制失调时都能引起疾病。头发是人体排泄金属离子的器官之一，头发中微量元素的含量能较敏感、稳定地反映体内的元素水平；利用头发中微量元素的含量来评价体内微量元素的代谢和营养状况是医学上通用的方法。

实验原理

AAS、ICP－AES 等光谱分析具有快速、灵敏和精密的特点，但都需要将样品经过分解处理成溶液，而常规的熔融法和酸分解法速度慢，自动化程度低，限制了分析速度。

微波是电磁波中位于远红外与无线电之间的电磁辐射，微波加热不像普通热源那样以热传导、热辐射等方式由外向里进行，而是通过偶极子旋转和离子传导两种方式里外同时加热。微波消化就是利用样品(酸与试样混合液)的极性分子在微波电磁场的作用下，以每秒24.5 亿次的速度做极性变换运动，从而产生键的振动和粒子间的相互摩擦、碰撞，迅速产生大量的热能，同时促使酸与试样之间更好地接触和反应；另一重要因素是与被加热试样相接触的介电液体(水和酸)可以产生比试样表面高几个数量级的热能，从而导致很强的热对流。这一作用将搅动并清除试样颗粒表面已溶解的不活泼的表面层，使试样与酸的接触界面不断地加速更新，加速试样的分解。因此微波消化大大缩短了样品溶液的制备时间，加快分析速度。

可从分子等微观粒子的运动来讨论介电加热，当对某一样品施加微波时，在电磁场的作用下，样品内微观粒子可产生四种类型的介电极化，即电子极化(原子核周围电子的重新排布)、原子极化(分子内原子的重新排布)、取向极化(分子永久偶极的重新取向)和空间电荷极化(自由电荷的重新排布)。在这四种极化中，与微波电磁场的变化速率相比，前两种极化要快得多，所以不会产生介电加热，而后两种极化则与之相当，故可产生介电加热。即可通过微观粒子的这种极化过程，将微波能转变为样品的热能。显然，这种微波加热与微波频率以及样品的组成、温度、形状等有关，样品吸收微波能的有效程度与微波频率有关，每一种物质都对应一个特征频率，在此频率下，此物质吸收微波能最有效。例如，水在大约20000MHz 处可最有效地吸收微波能，市售微波消解样品的仪器所用频率基本上都为2450MHz。样品的组成既影响取向极化，又影响空间电荷极化。一般固体在室温下吸收的微波能很小，而随着温度上升，吸收的微波能迅速增加。传统的加热方法是利用热源与样品间的中间介质将热传导给样品，与之相反，微波加热不需要这种中间介质，而是将能量直接引入样品的内部，因此样品的形状对样品内温度的分布有更大的影响，再加上微波在样品与周围物体界面处的弯曲及在样品中的反射，使样品内的温度的分布很复杂，因此，为使样品处均匀升温，一般需转动样品。

微波加热所涉及的材料主要有三类：导体、绝缘体和介质。绝大多数金属材料，如银、铜、铝等，微波不能进入导体，只在其表面反射。绝缘体，如玻璃、陶瓷、聚四氟乙烯、聚丙烯等，可透过微波而对微波吸收很少。介质(如水)可吸收微波。

微波消化样品可分为常压法、高压法。研究较多的是高压法，采用微波与密封增压溶样法相结合，能显著提高溶样效率和速度，其主要优点为：①显著地节省能源；②增温增压，提高了酸分解样品的效率和速度；③极大地缩短了溶样时间；④减少了试剂用量，降低了成本和空白；⑤具有低的交叉污染和挥发损失；⑥降低了污染物质的排放量，有利于环境保护。

1986 年，Kingston 和 Jassie 采用计算机系统对高温高压下封闭容器中微波溶样的一些基本参数进行了定量研究，确定了消解酸与微波能之间的基本关系式：

$$W_a = \frac{KC\Delta T \cdot m}{t} \tag{7-4}$$

式中 W_a——样品吸收的表观能量，W；

K——换算因子；

C——热容，$J \cdot (g \cdot ℃)^{-1}$；

ΔT——始终温度差，℃；

m——样品质量，g；

t——时间，s。

每种酸吸收的表观能量取决于酸的种类、浓度和总质量，如果确定了某一种酸所吸收的能量，便可预测消解过程的重要参数，如消解时间等，这为微波消解方法的建立提供了必要的参考。普遍认为，上述公式只适用于升温（升压）过程和单酸消解，对于恒温（恒压）过程和混酸消解，还需对该公式进行修正。这一关系的确立，使得密闭微波消解技术得到了质的飞跃。

生物质样品（如人发等）的分解一般采用酸分解法，普通方法制样时间一般要半天，而且试剂耗量大；微波消化仅需 10min 左右，其优点非常突出。

仪器试剂

仪器：微波溶样器　原子吸收分光光度计　恒温干燥箱　铁、锌、钙元素空心阴极灯

试剂：硝酸　双氧水　$SrCl_2$　标准储备溶液：$1mg \cdot mL^{-1}$（Fe^{2+}、Zn^{2+}、Ca^{2+}）使用时配制成所需浓度

实验步骤

1. 玻璃器皿的处理

所有的玻璃器皿均需置于 3% ~5% 硝酸溶液中浸泡 24h，取出用自来水洗净后，再用蒸馏水冲洗 2 ~3 次，放入恒温干燥箱中烘干，备用。

2. 发样的预处理

取头后枕部距头皮 2cm 以内的头发，并用不锈钢剪刀剪至 2mm 左右，用 1% 中性洗涤剂浸泡 15 分钟，用蒸馏水洗净，置于称量瓶中，80℃于恒温干燥箱中烘干。

3. 样品的制备

准确称取 0.2000g 烘干的发样于聚四氟乙烯消化罐中，加入 3mL 硝酸，反应片刻，再滴加 2mL30% 双氧水，让其充分反应，然后按操作规程，置于消化器中，以 500W 功率加热 8min 时间，然后取出，冷却至室温，用 2% HNO_3 +0.2% $SrCl_2$（为什么用 $SrCl_2$ 作抑制剂?）水溶液定容至 50mL 刻度，混匀，制成透明的样品溶液。同时制备试剂空白溶液。

4. 仪器的工作条件选择

用火焰原子吸收分光光度法测定标准溶液及样品中各微量元素的测定条件见表 7 -8。

表 7-8　各元素的测定条件

元素	波长/nm	狭缝/nm	灯电流/mA	乙炔流量/($L \cdot min^{-1}$)	空气流量/($L \cdot min^{-1}$)	燃烧器高度/mm
Fe	248.3	0.4	3	1.0	4.0	6
Zn	213.9	0.4	2	1.0	4.0	6
Ca	422.7	0.4	2	1.0	4.0	6

5. 标准溶液的制备和工作曲线的绘制

分别吸取标准储备液 Zn^{2+} 2.00mL、Fe^{2+} 1.00mL、Ca^{2+} 20.00mL 于 100mL 容量瓶中，用 2% HNO_3 +0.2% $SrCl_2$ 水溶液定容，此时溶液中分别含锌 20μg·mL^{-1}、铁 10μg·mL^{-1}、钙 200μg·mL^{-1}。吸取上式各标准溶液 0.0、0.50、1.50、3.00、4.50、6.00mL 于 50mL 容量瓶中，用 2% HNO_3 +0.2% $SrCl_2$ 水溶液定容，此时溶液中各元素浓度分别为：锌(μg·mL^{-1})：0.0、0.20、0.60、1.20、1.80、2.40；铁(μg·mL^{-1})：0.0、0.10、0.30、0.60、0.90、1.20；钙(μg·mL^{-1})：0.0、2.00、6.00、12.00、18.00、24.00。然后用火焰原子吸收分光光度计测定其吸光度值，以吸光度值对浓度作图，可得回归方程和相关系数。

6. 样品分析

(1)微波消化条件和消化溶液的优化　样品和酸的混合物在加压的微波场作用下，吸收微波能后，酸的氧化反应活性增加，使样品表面层搅动、破裂、不断产生新的样品表面与酸溶液接触，直至样品完全消解。微波能直接穿透样品内部，里外同时加热，短时间内可达到较高温度，同时微波使酸与样品充分接触，最大限度地发挥酸的作用。由于消化罐密封，避免了由于酸的挥发而造成的损失，大大减少了酸的消耗量，提高测定结果的准确性。

硝酸是大多数有机物的消解剂和无机物的溶解剂，过氧化氢的强氧化性对有机物消化的效果很好。本实验采用硝酸和过氧化氢为样品的消化液，以 3mL 硝酸和 2mL30% 过氧化氢的加入量较好。

(2)方法的线性范围与检出限　用空白溶液重复测定 10 次，取 3 倍标准偏差所对应的各元素的检出限列于表 7-9。

表 7-9　3 种元素的线性范围和检出限

元素	线性范围/(μg·mL^{-1})	检出限/(μg·mL^{-1})
Fe		
Zn		
Ca		

(3)方法的准确度与精密度　根据样品含量情况，按测定样品液浓度相当的含量加入标准溶液，进行加标回收试验(连续测定 7 次)，以及对同一样品连续测定 10 次。得到以上 3 种元素测定的回收率及相对标准偏差列于表 7-10。

表 7-10　3 种元素的相对标准偏差及回收率

元素	样品含量/μg	加入量/μg	测定总值/μg	回收率/%	RSD/%
Fe					
Zn					
Ca					

实验指导

（1）乙炔是微毒类气体，属危险品，具有弱麻醉作用，高浓度吸入可引起窒息。它极易燃烧爆炸，应避免与空气混合，避免与明火、高热能或氧化剂、氟、氯等接触，工作现场严禁吸烟，须穿防静电工作服，戴一般作业防护手套。乙炔气瓶具有不安全隐患，其运输、储存和使用必须严格执行《化学危险品安全管理条例》的有关规定。

（2）硝酸、双氧水易腐蚀皮肤，硝酸分解产物二氧化氮不能吸入，要在通风橱内进行分解；仔细阅读微波炉使用说明书，注意使用安全，防止射线伤害。

（3）由于钙镁为碱金属元素，易电离，在检测时，通常加入镧作为抑制剂，但用镧溶液作为抑制剂虽能提高灵敏度，但精密度较差，回收率也不理想。如果测定时加入 0.1% ~ 1.0% $SrCl_2$ 溶液作为抑制剂就可消除这些缺点。本法采用 0.2% $SrCl_2$ 溶液。

（4）生物样品的微波消化最佳条件选择取决于下述几个因素：样品(质量与组成成分)、试剂(消化试剂的组成与体积)、反应温度、压力(取决于微波炉的功率、消化时间)、反应时间(取决于微波炉的工作时间)。在使用微波消化系统溶样时，一般要根据样品的种类和样品量通过正交试验来选择溶剂、微波功率和时间等最佳的工作条件。

（5）试样加酸后，要观察试样的反应情况。如果反应剧烈，需要先放置一段时间，待反应过后再放入微波炉升温。对加酸初期反应很剧烈的试样，一次加酸量不要太多，可将酸分几次加完。

① 对于硫酸、磷酸等沸点较高的酸，应在低浓度以及严格控温的条件下使用；

② 应尽量避免使用高氯酸；

③ 样品和试剂组成的溶液总体积不要超过 20mL；

④ 具有突发性反应和含有爆炸组分的样品不能放入密闭系统中消解。

（6）功率越大，升压过程越快，危险性越大。为了避免溶样时反应剧烈、压力瞬间过高而发生意外，宜采用分步升压的方法。消解时间的选择一般来说，在保证温度和压力的前提下，消解的时间越长消解越完全，不过为了节省时间，采用梯度加大微波功率的模式进行样品消解。

实验拓展

消解试样的目的是通过试样与酸反应把待测物变成可溶性物质。如金属元素变成可溶性盐，呈离子状态存在于溶液中。酸的用量为完成反应所需量。合金试样的消解过程中使用最广泛的酸是 HNO_3、HCl、HF 等。

HNO_3：常压下沸点为 120℃，在 0.5MPa 下，沸点可达 176℃，氧化电位显著增大，氧化性增强。金属和合金可用硝酸氧化为相应的硝酸盐，这些硝酸盐通常易溶于水。部分金属元素，如 Au、Pt、Nb、Ta 不被溶解，Al 和 Cr 不易被溶解。通常与过氧化氢同时使用，以使消解完全。

HCl：高压与较高温度下可与许多硅酸盐及一些难溶氧化物、硫酸盐、氟化物作用，生成可溶性盐。HCl 可溶解绝大部分的钛基合金，$HCl-H_2O_2$ 是多种金属的良好溶剂。

HF：常压下沸点 112℃，在密闭容器中达 180℃，会产生约 0.8MPa 的分压，能有效地使硅酸盐变成可挥发的 SiF_4 从样品中分离出来，而留下其他待测元素。少量 HF 与其他酸结合使用，可有效地防止样品中待测元素形成硅酸盐。HF 与 HNO_3 的混合物可消解 TiO_2、W、

Nb、Zr 等。

H_2SO_4：常压下沸点 338℃。H_2SO_4 是许多合金、金属的有效溶剂。但在密闭消解时要严格监控反应温度，因为浓 H_2SO_4 在达到沸点温度时可能熔化聚四氟乙烯内罐，所以，一般不单独使用，而是与 HNO_3 一起组合使用。

H_3PO_4：常压下沸点 158℃。H_3PO_4 有较低的蒸气压，在 0.8MPa 时沸点可达 240℃。用 HCl 消解时会使某些特定痕量组分挥发损失的铁基合金，可用热 H_3PO_4 进行消解。

微波消解时，常常采用两种或两种以上的酸组合（混合）使用，消解效果更好。常使用的混酸有以下儿种：

王水 HCl∶HNO_3 = 3∶1（体积），需现配现用。王水可溶解许多金属和合金，其中包括钢、高温合金钢、铝合金、锑、铬和铂族金属等。

HNO_3∶HF，常用比例为 5∶1（体积）。其他方法很难处理的一些金属和合金，能与这种混合酸反应而被溶解。这种混合酸对于溶解金属钛、铌、锆、钽、钨及其合金特别有效，也可用来溶解铼、锡及锡合金、铀等。

HNO_3、HCl、HF 混酸，先配制王水（HCl∶HNO_3 = 3∶1，体积），再将王水∶HF = 5∶3（体积）配制，或者以 HNO_3∶HCl∶HF = 5∶15∶3（体积）配制。这种混酸适用于消解合金。

微波溶样（消解）技术已被广泛地用于各种各样材料样品的分析，如表 7－11。

表 7－11　利用微波溶样（消解）法分解的样品

样品类别	分解的部分样品
饮食样品	肉类、粮食、奶粉、果汁等
植物样品	树叶、松针、中草药等
动物样品	牛肝、猪肝、羊毛、鱼虾等
人体组织样品	体液、头发、牙齿、结石等
环保样品	硅酸盐、碳酸盐、硫化物、各种矿物、矿渣等
地质样品	土壤、沉积物、废水、淤泥等
冶金样品	合金钢、镍基合金、耐火材料、二氧化钦、焊料等
其他样品	煤、煤灰、油脂、催化剂、废核燃料、化学试剂等

XT－Ⅲ型压力自控密闭微波消解仪操作规程：

（1）设备操作步骤

① 称取一定量的样品，加入溶剂，放入消解罐中。

② 将消解罐放入消解仪内托盘中央的定位柱上，调节调零旋扭，使玉力显示为 0。

③ 将满度检验板放在消解罐测压板上，读出压力显示值 a，如果显示压力值 a 不为 40，则调节调满度旋扭使压力为 $40+(40-a)$。

④ 取下满度检验板，看压力显示是否为 0，如不为 0，则按步骤②和③重新进行调整，直至满足要求为止。

⑤ 按需要设定好加热时间。

⑥ 按需要选择好控制压力挡位。

⑦ 按下启动按钮，启动仪器，放下安全防护罩，按下加热按钮，微波加热指示灯亮，加热开始。操作人员应在炉子 1m 外处的左侧观察压力显示情况。

⑧ 待加热结束并且压力下降后，取出消解罐，进行冷却。

(2) 仪器操作注意事项

① 严禁空载运行仪器，以免损坏仪器。

② 仪器炉门开启状态或未关好情况下，严禁启动仪器，以免微波外泄伤害人体。

③ 消解炉内严禁使用金属容器。

④ 进出排气孔要保持畅通。

⑤ 严禁加热食品或其他无关各类物品，以免损坏传感器或影响压力检测灵敏度。

⑥ 消解罐内温度不得超过250℃，罐外温度不得超过180℃。

⑦ 在每次的溶样前都必须用密封碗的扩张容器处理好密封。装溶样杯之前必须检查是否已放好垫块。

⑧ 在调零和满度及进行微波加热时，必须将照明按钮置于关的位置，即炉腔内无灯光的情况下进行。必须待消解罐冷却下来之后才能开启消解罐，以免溶液喷出伤人。

⑨ 不要在消解罐内加热浓盐溶液，以免报废消解罐；消解罐每天用过后，必须拆卸下来，全部冲洗至无酸味，晾干，备用。

⑩ 禁止在消解罐中直接使用以下化合物：炸药、推进剂、引火化学物品、可自燃混合物、动物脂肪、航空燃料、二元醇、高氯酸盐、醚、漆、烷烃、酮等有爆炸可能的其他化合物。

实验思考

1. 为什么以样品液透明为溶样完全的判断标准？消化不完全对测定有什么影响？

2. 样品残余酸对原子化过程有没有显著影响？如有该如何消除？

3. 查阅有关资料，回答锌、铁和钙对人体有什么影响？其合理的人体含量各为多少？如何补锌、铁和钙？

实验四　水中溶解氧及大气中二氧化硫含量的测定

实验目的

(1) 掌握碘量法测定水中溶解氧的原理及方法；

(2) 掌握四氯汞盐吸收-副玫瑰苯胺分光光度法测定大气中二氧化硫的原理与方法；

(3) 了解化学分析方法在环境监测中的应用。

实验背景

空气中的分子态氧溶解在水中称为溶解氧，通常记作DO，其溶解度用每升水里氧气的毫克数表示。水中溶解氧的含量与空气中氧的分压、水的温度都有密切关系。在20℃、100kPa下，纯水大约溶解氧$9mg \cdot L^{-1}$。在自然情况下，空气中的含氧量变动不大，故水温是主要的因素，水温愈低，水中溶解氧的含量愈高。

水中溶解氧的含量与水生动植物的生存及水中一些工业设备的使用寿命有密切联系。有些有机化合物在喜氧菌作用下发生生物降解，要消耗水里的溶解氧，如果有机物以碳来计算，根据$C + O_2 = CO_2$可知，每12g碳要消耗32g氧气。当水中的溶解氧值降到$5mg \cdot L^{-1}$时，一些鱼类的呼吸就发生困难，而水体中的厌氧菌就会很快繁殖，水体就会变黑、发臭。

溶解氧值在一定程度上可反映水的自净能力，或者说反映水受污染的程度。水里的溶解氧由于空气里氧气的溶入及绿色水生植物的光合作用会不断得到补充。水里的溶解氧被消耗，要恢复到初始状态，所需时间短，说明该水体的自净能力强，或者说水体污染不严重。所以溶解氧值的测定，对环境保护具有重要意义。

水中溶解氧的测定方法常用的有碘量法和膜电极法。碘量法是最经典的方法，也是最准确、可靠的方法，常作为其他方法比较的标准。因此本实验采用碘量法测定水中溶解氧的含量。

二氧化硫是大气中最常见的污染物之一。大气中的二氧化硫主要来自于煤、石油等燃料的燃烧及对含有硫黄的矿物的冶炼。

二氧化硫对人的呼吸器官和眼膜具有刺激作用，吸入高浓度二氧化硫可发生喉头水肿和支气管炎。长期吸入二氧化硫会发生慢性中毒，不仅使呼吸道疾病加重，而且对肝、肾、心脏都有危害。另外，大气中二氧化硫对植物和建筑物都有危害，特别是二氧化硫在大气中经阳光照射以及某些金属粉尘（如工业烟尘中氧化铁）的催化作用，很容易氧化成三氧化硫，与空气中水蒸气结合即成硫酸雾，这是酸雨的主要成分，严重腐蚀金属制品及建筑物，并使土壤和江河湖泊日趋酸化，也是造成树木死亡的一个原因。

大气中二氧化硫的含量已经成为空气质量监测的重要指标之一。测定空气中 SO_2 常用方法有四氯汞盐吸收－副玫瑰苯胺分光光度法、甲醛吸收－副玫瑰苯胺分光光度法和紫外荧光法等。本实验采用四氯汞盐吸收－副玫瑰苯胺分光光度法，本方法测定范围为 $0.015 \sim 0.500 mg \cdot m^{-3}$。

实验原理

1. 碘量法测定水中溶解氧

生活用水或未污染的河水可直接采用碘量法测定。其原理是：水样中加入硫酸锰和碱性碘化钾，水中溶解氧将低价锰氧化成高价锰，生成四价锰的氢氧化物棕色沉淀，加酸后，氢氧化物沉淀溶解并与碘离子反应，析出游离碘，以淀粉作为指示剂，用硫代硫酸钠滴定析出的碘，即可计算出水中溶解氧的含量。反应式如下：

$$MnSO_4 + 2NaOH = Mn(OH)_2 \downarrow (\text{白色}) + Na_2SO_4$$

$$2Mn(OH)_2 + O_2 = 2MnO(OH)_2 (\text{棕色})$$

$$MnO(OH)_2 + 2KI + 2H_2SO_4 = I_2 + MnSO_4 + K_2SO_4 + 3H_2O$$

$$I_2 + 2Na_2S_2O_3 = 2NaI + Na_2S_4O_6$$

2. 四氯汞盐吸收－盐酸副玫瑰苯胺分光光度法测定大气中二氧化硫的含量

空气中的二氧化硫被四氯汞钾溶液吸收后，生成稳定的二氯亚硫酸盐络合物，此络合物再与甲醛及盐酸副玫瑰苯胺发生反应，生成紫红色的络合物，据其颜色深浅，用分光光度法测定。

按照所用的盐酸副玫瑰苯胺使用液含磷酸多少，分为两种操作方法。方法一含磷酸少，最后溶液的 pH 值为 1.6 ± 0.1，呈红紫色，最大吸收峰在548nm 处，方法灵敏度高，试剂空白值高。方法二含磷酸量多，最后溶液的 pH 值为 1.2 ± 0.1，呈蓝紫色，最大吸收在 575nm 处，方法灵敏度较前者低，但试剂空白值低，是我国广泛采用的方法。

仪器试剂

仪器：溶解氧瓶　空气采样器　多孔玻璃板吸收管　分光光度计　锥形瓶　酸式滴定管

移液管　吸耳球　容量瓶　碱式滴定管　棕色瓶　分析天平

试剂：硫酸锰溶液(2mol · L^{-1})　碱性碘化钾溶液　浓硫酸　淀粉溶液(0.2%)　$Na_2S_2O_3$ 标准溶液(0.025mol · L^{-1})　四氯汞钾吸收液(0.04mol · L^{-1})　甲醛溶液(2.0g · L^{-1})　氨基磺酸铵溶液(6.0g · L^{-1})　盐酸副玫瑰苯胺(PRA，即对品红)　贮备液(0.2%)　盐酸副玫瑰苯胺使用液(0.016%)　H_3PO_4(3mol · L^{-1})　Na_2SO_3 标准溶液

实验步骤

1. 碘量法测定水中溶解氧

(1) 采样　将取样管插入溶解氧瓶底让水样慢慢溢出，装满后再溢出半瓶左右(为什么?)，取出取样管，赶走瓶壁上可能存在的气泡，盖上瓶盖(盖下不能留有气泡)。取样时应注意水的流速不应过大，严禁气泡产生。

(2) 溶解氧的固定　用移液管吸取硫酸锰溶液 1mL 插入瓶内液面下，缓慢放出溶液于溶解氧瓶中(为什么?)。同样的方法加入 2mL 的碱性碘化钾溶液，盖好瓶盖颠倒混合数次，静置。待棕色沉淀物降至半瓶时，再颠倒混合一次，使沉淀物降到瓶底。

(3) 碘析出　轻轻打开瓶塞，立即把移液管插入液面下加入 1.5 ~ 2.0mL 浓硫酸，小心盖好瓶塞，颠倒混合均匀，至沉淀物全部溶解，若溶解不完全，继续加入少量浓硫酸，但此时不可溢流出溶液，然后放置暗处 5min(为什么?)。

(4) 滴定　用移液管吸取 100mL 上述溶液，注入 250mL 锥形瓶中，用 0.025mol · L^{-1} $Na_2S_2O_3$ 标准溶液滴定到溶液呈微黄色，加入 1mL 淀粉溶液，继续滴定至蓝色恰好褪去为止，记录 $Na_2S_2O_3$ 标准溶液的用量，计算水中溶解氧值。

$$DO(O_2, mg \cdot L^{-1}) = \frac{c \cdot V \times 8 \times 1000}{100} \quad (7-5)$$

式(7-5)中：c 为 $Na_2S_2O_3$ 溶液浓度，mol · L^{-1}；V 为滴定时消耗 $Na_2S_2O_3$ 溶液体积，mL。

2. 四氯汞盐吸收-盐酸副玫瑰苯胺分光光度法测定大气中的二氧化硫含量

(1) 标准曲线的绘制　取 8 支 10mL 带塞比色管，按表 7-12 配制标准色列。

表 7-12　标准色列的配制

试　剂	0	1	2	3	4	5	6	7
2.0μg · mL^{-1} 亚硫酸钠标准溶液/mL	0	0.60	1.00	1.40	1.60	1.80	2.20	2.70
四氯汞钾吸收液/mL	5.00	4.40	4.00	3.60	3.40	3.20	2.80	2.30
二氧化硫含量/μg	0	1.20	2.00	2.80	3.20	3.60	4.40	5.40

在以上各比色管中加入 6.0g · L^{-1} 氨基磺酸铵溶液 0.50mL，摇匀，再加 2.0g · L^{-1} 甲醛溶液 0.50mL 及 0.016% 盐酸副玫瑰苯胺使用液 1.50mL，摇匀。当室温为 15 ~ 20℃时，显色 30min；室温为 20 ~ 25℃时，显色 20min；室温为 25 ~ 30℃时，显色 15min(为什么?)。于 575nm 波长处，以蒸馏水为参比，测定吸光度，试剂空白值不应大于 0.050。以吸光度(扣除试剂空白值)对二氧化硫含量(μg)绘制标准曲线，并计算各点的 SO_2 含量与其吸光度的比值，取各点计算结果的平均值作为计算因子(B_s)。

(2) 采样　量取 5mL 四氯汞钾吸收液于棕色多孔玻璃吸收管内，通过塑料管连接在采样器上，以 0.5L · min^{-1} 流量采气 10 ~ 20L。采样完毕，封闭进出口，带回实验室测定。

(3) 样品测定　将采样后的吸收液放置20min后，转入10mL比色管中，用少许水洗涤吸收管并转入比色管中，使其总体积为5mL，再加入0.50mL6g·L^{-1}的氨基磺酸铵溶液，摇匀，放置10min(为什么?)，以下步骤同标准曲线的绘制。

按下式计算空气中SO_2浓度：

$$c(\mathrm{mg \cdot m^{-3}}) = \frac{(A - A_0) \cdot B_s}{V_n} \tag{7-6}$$

式(7-6)中：A为样品溶液的吸光度；A_0为试剂空白溶液的吸光度；B_s为计算因子(μg/吸光度)；V_n为换算成标准状况下的采样体积，L。

在测定每批样品时，至少要加入一个已知SO_2浓度的控制样品同时测定，以保证计算因子的可靠性。

实验指导

1. 碘量法测定水中溶解氧

过程中，应注意以下几点：

(1) 一般规定要在取水样后立即进行溶解氧的测定，如果不能在取水样处完成，应该在水样采取后立即加入硫酸锰及碱性碘化钾溶液，使溶解氧固定在水中，其余的测定步骤可送往实验室进行。取样与进行测定时间间隔不要太长，以不超过4h为宜。

(2) 瓶中充满水样时，必须不留空气泡，否则空气泡中的氧也会氧化$Mn(OH)_2$，使分析结果偏高。

(3) 2mol·L^{-1}硫酸锰溶液的配制。将$MnSO_4 \cdot 4H_2O$ 480g或$MnSO_4 \cdot 2H_2O$ 400g溶于蒸馏水中，过滤后稀释成1000mL。(此溶液中不能含有高价锰，试验方法是取少量此溶液加入碘化钾及稀硫酸后溶液不能变成黄色，如变成黄色表示有少量碘析出，即表示溶液中含有高价锰)。

(4) 碱性碘化钾溶液的配制。称取500g氢氧化钠溶解于300～400mL水中，另称取150g碘化钾溶于200mL水中，待氢氧化钠溶液冷却后，将两溶液合并，混匀，用水稀释至1000mL。如有沉淀，则放置过夜后，倾出上层清液，储于棕色瓶中，用橡皮塞塞紧，避光保存。此溶液酸化后，遇淀粉应不呈蓝色。

2. 四氯汞盐吸收－盐酸副玫瑰苯胺分光光度法测定大气中的二氧化硫含量

应注意以下几点：

(1) 要使吸收液吸收二氧化硫的效率尽可能高，必须使气液两相充分接触，接触表面越多越好，也可在吸收管外用冰浴或冷水浴控制吸收液温度，以提高吸收效率。

(2) 显色温度、显色时间的选择及操作时间的掌握是本实验成败的关键。应根据实验室条件、不同季节的室温选择适宜的显色温度及时间，温度对显色影响较大，温度越高，空白值越大，温度高时显色快，褪色也快，温度低灵敏度低，最适反应温度为20～25℃。标准管与样品管需在相同温度下显色，最好用恒温水浴控制显色温度，温度为15～16℃。放置时间需延长为25min，颜色稳定20min。

(3) 对品红试剂必须提纯后方可使用，否则，其中所含杂质会引起试剂空白值增高，使方法灵敏度降低。

(4) 六价铬能使紫红色络合物褪色，产生负干扰，故应避免用硫酸－铬酸洗液洗涤所用玻璃器皿，若已用此洗液洗过，则需用(1+1)盐酸溶液浸洗，再用水充分洗涤。

（5）用过的具塞比色管及比色皿应及时用酸洗涤，否则红色难于洗净。具塞比色管用(1+4)盐酸溶液洗涤，比色皿用(1+4)盐酸加1/3体积乙醇混合液洗涤。

（6）四氯汞钾溶液为剧毒试剂，使用时应小心，如溅到皮肤上，立即用水冲洗，使用过的废液要集中回收处理，以免污染环境。

（7）四氯汞钾吸收液(0.04mol·L^{-1})的配制：称10.9g氯化汞、6.0g氯化钾和0.07g乙二胺四乙酸二钠盐，溶解于水，稀释至1000mL。此溶液在密闭容器中储存，可稳定6个月，若有沉淀，不能再用。

（8）盐酸副玫瑰苯胺储备液(0.2%)的配制：称取0.20g经提纯的盐酸副玫瑰苯胺，溶解于100mL1.0mol·L^{-1}的盐酸溶液中。

（9）盐酸副玫瑰苯胺使用液(0.016%)的配制：吸取0.2%盐酸副玫瑰苯胺储备液20.00mL于250mL容量瓶中，加3mol·L^{-1}磷酸溶液200mL，用水稀释至标线，放置24h后使用。

（10）亚硫酸钠标准溶液的配制：称取0.20g亚硫酸钠及0.010g乙二胺四乙酸二钠，将其溶解于200mL新煮沸并已冷却的水中，轻轻摇匀(避免振荡，以防充氧)，放置2~3h后标定，此溶液每毫升相当于含320~400μg二氧化硫，用碘量法标定出其准确浓度。准确量取适量亚硫酸盐标准溶液，用四氯汞钾溶液稀释成每mL含2.0μg SO_2的标准使用溶液待用。

实验拓展

1. 修正碘量法测定水中溶解氧

若水中含有氧化性或还原性物质、藻类、悬浮物等，对碘量法测定均有干扰，测定时必须加以修正。常见的修正法有：

（1）叠氮化钠修正法　水样中如果有亚硝酸盐存在，需要用叠氮化钠修正法。亚硝酸氮含量大于0.1mg·L^{-1}时，由于亚硝酸盐与碘化钾作用能析出游离碘，在反应中析出的NO在滴定时受空气氧化而生成亚硝酸，亚硝酸又会从碘化钾中将碘析出，这样就使分析结果偏高，为了获得正确的结果，可在用浓硫酸溶解沉淀之前，在水样瓶中加入数滴5%叠氮化钠溶液，其反应如下：

$$2NaN_3 + H_2SO_4 \longrightarrow 2HN_3 + Na_2SO_4$$

$$HNO_2 + HN_3 \longrightarrow H_2O + N_2 + N_2O$$

（2）氟化钾修正法　水样中如果有Fe^{3+}存在，当Fe^{3+}的含量大于1mg·L^{-1}时，溶液酸化后Fe^{3+}将与KI作用而析出碘，这样就使分析结果偏高。为了使测定溶解氧获得正确的结果，可以在沉淀未溶解以前，加入2mL40%的氟化钾溶液，然后用4mL85%的磷酸代替硫酸，此时沉淀溶解，同时所有的Fe^{3+}与F^-或PO_4^{3-}络合成$[FeF_6]^{3-}$或$[Fe(PO_4)_2]^{3-}$，这样就抑制了Fe^{3+}与KI的作用。

（3）高锰酸钾修正法　如果水样中含有还原物质Fe^{2+}、S^{2-}、SO_3^{2-}、NO_2^-和有机物等，则可采用高锰酸钾修正法。在酸性条件下加高锰酸钾来去除，过量的高锰酸钾用草酸还原去除。

2. 空气污染指数

空气污染指数(简称API)是评估空气质量状况的一组数字，见表7-13与表7-14。

表 7-13　污染指数 API 分级限值

污染指数	污染物浓度/($mg \cdot m^{-3}$)		
I_n	TSP(总悬浮颗粒物)	SO_2	NO_x
500	1.000	2.620	0.940
400	0.875	2.100	0.750
300	0.625	1.600	0.565
200	0.500	0.250	0.150
100	0.300	0.150	0.100
50	0.120	0.050	0.050

表 7-14　空气污染指数及对应的空气质量级别

空气污染指数(API)	空气质量级别	空气质量状况	对健康的影响
0~50	Ⅰ	优	可正常活动
51~100	Ⅱ	良	可正常活动
101~200	Ⅲ	普通(轻度污染)	长期接触，易感人群症状有轻度加剧，健康人群出现刺激症状
201~300	Ⅳ	不佳(中度污染)	一定时间接触后，心脏病和肺病患者症状显著加剧，运动耐受力降低，健康人群中普遍出现症状
>300	Ⅴ	差(重度污染)	健康人除出现较强烈症状，降低运动耐受力外，长期接触会提前出现某些疾病

实验思考

1. 取水样时溶解氧瓶内为什么不能含有气泡？
2. 加硫酸时为什么要插入液面以下？
3. 当碘析出时为什么把溶解氧瓶放置暗处 5min？
4. 在北方什么季节空气污染较重？一天当中什么时间污染最重？

实验五　硅酸盐水泥中主要氧化物含量的测定

实验目的

(1) 了解重量法测定水泥熟料中 SiO_2 含量的原理和方法；

(2) 进一步掌握配位滴定法的原理，掌握多种金属离子共存时进行分别滴定的方法；

(3) 掌握配位滴定的直接滴定法、返滴定法，以及这两种测定法中的计算方法；

(4) 掌握水浴加热、沉淀、过滤、洗涤、灰化、灼烧等操作技术和尿素均匀沉淀法的分离技术；

(5) 学习复杂物质分析的方法。

实验背景

水泥主要由硅酸盐组成。按我国规定，水泥分为硅酸盐水泥(纯熟料水泥)、矿渣硅酸盐水泥(矿渣水泥)、火山灰质硅酸盐水泥(火山灰水泥)和粉煤灰硅酸盐水泥(煤灰水泥)五种。水泥熟料是由水泥生料经1400℃以上高温煅烧而成。硅酸盐水泥由熟料加入适量石膏而成，其成分与水泥熟料相似，其成分分析可按水泥熟料化学分析法进行。水泥熟料、未掺混合材料的硅酸水泥、碱性矿渣水泥，可采用酸分解法；不溶性含量较高的水泥熟料、酸性矿渣水泥、火山灰质水泥等酸性氧化物含量较高的物质，可采用碱熔融法。本实验所用样品为硅酸盐水泥，一般较易为酸所分解。

实验原理

硅酸是一种很弱的无机酸，在水溶液中绝大部分以溶胶状态存在，用浓酸和加热蒸干等方法处理后，能使绝大部分硅酸水溶胶脱水成水凝胶析出，因此可以利用沉淀分离的方法把硅酸与水泥中的铁、铝、钙、镁等其他组分分开，以重量法测定 SiO_2 的含量，其中 Fe_2O_3、Al_2O_3、CaO 和 MgO 的含量则以 EDTA 配位滴定法测定。

SiO_2 的测定，可分为容量法和重量法。重量法又因使硅酸盐凝聚所用的物质不同分为盐酸干涸法、动物胶法、NH_4Cl 法等。本实验用 NH_4Cl 法。在水泥经酸分解后的溶液中，采用加热蒸发近干和加固体 NH_4Cl 两种方式，使水溶性胶状硅酸尽可能全部脱水析出。为防止溶液中 Fe^{3+}、Al^{3+} 等离子在温度超过110℃时易水解生成难溶性的碱式盐而混在硅酸凝胶中，蒸干脱水应将溶液控制在100℃左右下进行。由于 HCl 的蒸发，硅酸所含的水分大部分被带走，硅酸水溶胶即成为水凝胶析出。加入固体氯化铵后由于氯化铵易离解生成氨水和氯化氢，加热时它们易于挥发逸去，从而消耗了水，因此能促进硅酸水溶液的脱水作用。沉淀经过滤、洗涤、烘干后，还须在瓷坩锅中950℃灼烧至恒重。

如不需测定 SiO_2，则试样用 HCl 分解后，用氨水沉淀法使 $Fe(OH)_3$、$Al(OH)_3$ 和 Ca^{2+}、Mg^{2+} 分离。沉淀用 HCl 溶解。调节溶液的 pH 值为 2～2.5，以磺基水杨酸作指示剂，用 EDTA 滴定 Fe^{3+}；然后加入一定量过量的 EDTA，煮沸，待 Al^{3+} 与 EDTA 完全络合后，再调节溶液的 pH≈4.2，以吡啶偶氮酚(PAN)作指示剂，Cu^{2+} 标准溶液滴定过量的 EDTA，从而分别测得 Fe_2O_3 和 Al_2O_3 的含量。但在样品中如果含有 Ti、Cu^{2+}，回滴法所测实际上是 Al、Ti 含量。若要测定 TiO_2 含量，可加入苦杏仁酸解蔽剂，从 TiY 中夺出 Ti^{4+}，再用标准 Cu^{2+} 滴定释放的 EDTA。

滤液中 Ca^{2+}、Mg^{2+} 按常法在 pH = 10 时用 EDTA 滴定，测得 Ca^{2+}、Mg^{2+} 含量；再在 pH = 12时，用 EDTA 滴定，测得 CaO 的含量，用差减法计算 MgO 的含量。生产上通常未经上述沉淀分离，加入三乙醇胺、氟化钾等作掩蔽剂，直接用 EDTA 进行滴定。

仪器试剂

仪器：容量瓶　移液管　烧杯　瓷坩锅　干燥器　虹吸管　滴定管　锥形瓶

试剂：

(1) 0.025mol·L^{-1}EDTA 标准溶液

配制：称取 10gEDTA 溶于温水中，用水稀释至1L。

标定：准确称取 0.35～0.40g$CaCO_3$ 放入 250mL 烧杯中，用少量水润湿，盖上表面皿，慢慢加入1∶1HCl溶液10~20mL，加热溶解，将溶液转入250mL容量瓶中，用水稀释至刻度，摇匀。移取25.00mL于锥形瓶中，加入20mLpH≈10的氨性缓冲溶液，2~3滴K－B指示剂(称取0.2g酸性铬兰K、0.4g萘酚绿B于烧杯中，加水溶解后，稀释至100mL)，用0.025mol·L^{-1}EDTA溶液滴定至溶液由紫红色变为兰绿色即为终点。

(2) 0.025mol·$L^{-1}$$CuSO_4$标准溶液

配制：称6.24g$CuSO_4 \cdot 5H_2O$溶于水中，加4~5滴1∶1H_2SO_4，用水稀释至1L。

体积比的测定：准确移取10.00mL0.025mol·L^{-1}EDTA，加水稀释至150mL左右，加10mLpH≈4.2的HAC－NaAC缓冲溶液，加热至80~90℃，加入PAN指示剂4~6滴，用$CuSO_4$溶液滴定至红色不变即为终点。

(3) 指示剂

1g·L^{-1}溴甲酚绿(在20%的乙醇溶液)　100g·L^{-1}磺基水杨酸

3g·L^{-1}吡啶偶氮酚(PAN)(在乙醇溶液中)

1g·L^{-1}铬黑T(称取0.1g铬黑T溶于75mL三乙醇胺和25mL乙醇中)

0.4g·L^{-1}乙二醛双缩2－羟基苯胺GBHA(乙醇溶液中)

(4) 缓冲溶液

氯乙酸－乙酸铵缓冲液(pH=2)：850mL0.1mol·L^{-1}氯乙酸于85mL0.1mol·L^{-1}乙酸铵混匀；

氯乙酸－乙酸钠缓冲液(pH=3.5)：250mL2mol·L^{-1}氯乙酸于500mL0.1mol·L^{-1}乙酸钠混匀；

氢氧化钠强碱缓冲液(pH=12.6)：10gNaOH与10g$Na_2B_4O_7 \cdot 10H_2O$(硼砂)溶于适量的水后，稀释到1L；

氨水－氯化铵缓冲液(pH=10)：67g氯化铵溶于适量水中，加入520mL浓氨水，稀释到1L。

(5) 其他　氯化铵固体　氨水(1∶1)　氢氧化钠溶液(200g·L^{-1})　盐酸溶液(浓，6mol·L^{-1},2mol·L^{-1})　尿素水溶液(500g·L^{-1})　浓硝酸　氟化铵溶液(200g·L^{-1})　硝酸银溶液(0.1mol·L^{-1})　硝酸铵溶液(10g·L^{-1})　H_2SO_4(1∶1)

实验步骤

1. SiO_2的测定

准确称取0.4g试样，置于干燥的50mL烧杯中，加入2.5~3g固体NH_4Cl，用玻璃棒混匀，滴加浓HCl至试样全部润湿(一般约2mL)，并滴加浓HNO_3(氧化Fe^{2+}为Fe^{3+})2~3滴，搅匀。小心压碎块状物，盖上表面皿，置于沸水浴上，加热10min，加热水约40mL，搅动，以溶解可溶性盐类。过滤，用热水洗涤烧杯和滤纸，直到滤液中无Cl^-为止(以$AgNO_3$检查)弃去滤液。

将沉淀连同滤纸放入已恒重的瓷坩锅中，低温炭化并灰化后，于950℃约烧30min。取下，置于干燥器中冷却至室温，称重。再灼烧并冷至室温，再称重，直至恒温。计算试样中SiO_2的含量。

2. Fe_2O_3、Al_2O_3、CaO、MgO的测定

准确称取2g试样置于250mL烧杯中，加8g氯化铵，用一端平头的玻璃棒压碎块状物，仔细搅拌20min，加入12mL浓盐酸，使试样全部弄湿，再滴加浓硝酸4~8滴，搅匀，盖上

表面皿，置于已预热的沙浴上加热 20 ~ 30min，直至无黑色或灰色的小颗粒为止。取下烧杯，稍后加热水 40mL，搅拌使盐类溶解。冷却后，连同沉淀一起转移到 500mL 容量瓶中，用水稀释至刻度，摇匀后放置 1 ~ 2h，使其澄清。然后用洁净干燥的虹吸管吸取溶液于洁净干燥的 400mL 烧杯中保存，作为测定 Fe、Al、Ca、Mg 等元素之用。

（1）Fe_2O_3 的测定　准确移取 25mL 试液于 250mL 锥形瓶中，加入 10 滴磺基水杨酸、10mLpH = 2 的缓冲溶液（为什么？），将溶液加热至 70℃，用 EDTA 标准溶液缓慢地滴定（为什么？）至由酒红色变为无色，记下消耗的 EDTA 体积。平行滴定 3 次。计算 Fe_2O_3 的含量：

$$w_{Fe_2O_3} = \frac{0.5 \times (cV)_{EDTA} \times M_{Fe_2O_3}}{m_s} \tag{7-7}$$

（2）Al_2O_3 的测定　在滴定 Fe^{3+} 后的溶液中，加入 1 滴溴甲酚绿，用氨水（1∶1）调至黄绿色，然后加入 15.00mL 过量的 EDTA 标准溶液（为什么是过量的？），加热煮沸 1min，加入 10mL 氯乙酸 – 乙酸钠缓冲溶液，加 6 ~ 8 滴 PAN 指示剂，用铜标准溶液滴定至溶液显红色即为终点。记下铜标准溶液的体积用量，平行滴定 3 次，计算试样中 Al_2O_3 的含量。

$$w_{Al_2O_3} = \frac{0.5 \times [(cV)_{EDTA} - (cV)_{Cu^{2+}}] \times M_{Al_2O_3}}{m_s} \tag{7-8}$$

（3）CaO 含量的测定　取试样 100mL 于 200mL 烧杯中，滴入氨水（1∶1）至红棕色沉淀生成时，再滴入 2mol · L^{-1} 盐酸溶液使沉淀刚好溶解。然后加入 25mL 尿素溶液（为什么用尿素作沉淀剂？），加热约 20min，不断搅拌，使 Fe^{3+}、Al^{3+} 完全沉淀，趁热过滤，滤液用 250mL 烧杯承接，用 1% 硝酸铵热水溶液洗涤沉淀至无 Cl^- 为止（用硝酸银溶液检验）。滤液冷却后转移至 250mL 容量瓶中，稀释至刻度，摇匀。滤液用于测定 Ca^{2+}、Mg^{2+}。

移取 25mL 或 50mL 分离氢氧化物沉淀后的滤液于锥形瓶中，加入 2 滴 GBHA 指示剂，滴加 200g · L^{-1} 氢氧化钠溶液使溶液变为微红色后，加入 10mLpH = 12.6 氢氧化钠强碱缓冲溶液和 20mL 水，用 EDTA 标准溶液滴至由红色变为亮黄色。记下消耗 EDTA 标准溶液的体积用量。平行测定 3 次。计算氧化钙的含量。

（4）MgO 含量的测定　在测定氧化钙后的溶液中，滴加 2mol · L^{-1} 盐酸溶液至溶液黄色褪去，加入 15mLpH = 10 的氨缓冲溶液、2 滴铬黑 T 指示剂，用 EDTA 标准溶液滴至由红色变为纯蓝色即为终点。记下消耗 EDTA 标准溶液的体积。平行测定 3 次。计算氧化镁的含量。

3. 数据记录与处理

按表 7 – 15 ~ 表 7 – 18 记录数据并进行计算。

表 7 – 15　三氧化二铁的含量数据

项　目	1	2	3
$V_{EDTA标准溶液}$			
$w_{Fe_2O_3}$			
$w_{Fe_2O_3}$（平均）			
$\vert d_i \vert$			
相对平均偏差/%			

表 7-16　三氧化二铝的含量计算数据

项　　目	1	2	3
$V_{Cu^{2+}标准溶液}$			
$w_{Al_2O_3}$			
$w_{Al_2O_3}$(平均)			
$\|d_i\|$			
相对平均偏差/%			

表 7-17　CaO 的含量计算数据

项　　目	1	2	3
$V_{EDTA标准溶液}$			
w_{CaO}			
w_{CaO}(平均)			
$\|d_i\|$			
相对平均偏差/%			

表 7-18　MgO 的含量计算数据

项　　目	1	2	3
$V_{EDTA标准溶液}$			
w_{MgO}			
w_{MgO}(平均)			
$\|d_i\|$			
相对平均偏差/%			

实验指导

(1) 可以用尿素代替 NH_3 分离 Fe_2O_3，因为使用尿素作沉淀剂可形成均匀沉淀 $Al(OH)_3$、$Fe(OH)_3$，能减少对 Ca^{2+}、Mg^{2+} 的吸附。

(2) EDTA 滴定 Fe^{3+} 时，溶液最高许可酸度为 pH = 1.5。pH < 1.5 络合不完全，结果偏低；pH > 3，Al^{3+} 有干扰，使结果偏高。若试样为矾土水泥，含 Al_2O_3 量高，则滴定 Fe^{3+} 时的 pH 值应控制在 1.5 ~ 2.5 之间，以减少大量 Al^{3+} 干扰。

(3) 在滴定 Fe^{3+} 时，近终点应放慢滴定速度，注意操作，仔细观察。滴定终点随铁的含量不同而不同，特别是含铁量低的样品，终点更难观察。当滴定至淡紫色时，每加入一滴，应摇动片刻，必要时再加热(滴完溶液温度约 60℃)，小心滴定至亮黄色。因为此处滴定不佳，不但影响 Fe 的测定，还影响 Al 的测定结果。

(4) 以 PAN 为指示剂，用 Cu^{2+} 滴定 EDTA 时，终点往往不清晰，应该注意操作条件。一般加 EDTA 过量 10mL 左右为宜，过量时，由于 Cu - EDTA 络合物呈绿色，对滴定终点时生成的红色有一定的影响，使终点为兰紫色甚至兰色；过量少时，终点基本是红色，所以 EDTA 过量适当才能得到敏锐好看的紫红色终点。滴定温度控制在 80 ~ 85℃ 为宜，温度过低，PAN 指示剂和 Cu - PAN 在水中溶解度降低；温度太高，终点不稳定。为改善终点，还可以加入适量乙醇。PAN 指示剂加入的量也要适当。

(5) 滴定钙时，当溶液 pH 值调至大于 12.5 后，应迅速滴定，以免溶液表面的 Ca^{2+} 吸收空气中 CO_2 形成非水溶性的碳酸钙，引起结果偏低。

(6) 滴定镁时，溶液的 pH 值应近似于 10，pH 值低则指示剂变色不太明显，pH 值高(如 pH 值大于 11)则形成氢氧化镁沉淀，使镁的分析结果偏低。滴定接近终点时，要慢滴快搅拌，以免滴过量。

实验拓展

本实验中若试样 Fe_2O_3、Al_2O_3 含量不高，可不经分离直接用 EDTA 滴定 Ca^{2+}、Mg^{2+}，即将过滤 SiO_2 后溶液稀释至 250mL，取出 100mL 连续滴定 Fe^{3+}、Al^{3+}，取出 50mL 滴定 Ca^{2+}、Mg^{2+} 含量，另取出 25mL 滴定 Ca^{2+}。但滴定 Ca^{2+}、Mg^{2+} 含量时，需用酒石酸钾和三乙醇胺(或氟化钾 + 三乙醇胺)联合掩蔽 Fe^{3+}、Al^{3+}，滴定 Ca^{2+} 时，需用三乙醇胺掩蔽 Fe^{3+}、Al^{3+}。

也可以将水泥试样用碳酸钠烧结。盐酸溶解后，为防止铁、铝、钛干扰草酸钙的生成，先用氨水调节溶液酸度，将铁、铝、钛等沉淀为氢氧化物，过滤除去。为得到大颗粒的草酸钙沉淀，在强酸性溶液中缓慢加入氨水，用均相沉淀法将 Ca^{2+} 以草酸钙形式沉淀。陈化、过滤和洗涤后，将草酸盐重新溶解，在最佳温度下用高锰酸钾标准溶液滴定滴定 $C_2O_4^{2-}$，通过消耗的高锰酸钾的量，最终得到氧化钙的含量。其反应方程式：

$$Ca^{2+} + C_2O_4^{2-} = CaC_2O_4$$

$$2MnO_4^- + 5C_2O_4^{2-} + 16H^+ = 2Mn^{2+} + 10CO_2 + 8H_2O$$

实验思考

1. EDTA 滴定 Al^{3+} 时，为什么采用返滴定法？
2. EDTA 滴定 Ca^{2+}、Mg^{2+} 时，怎样消除 Fe^{3+}、Al^{3+} 的干扰？
3. EDTA 滴定 Ca^{2+}、Mg^{2+} 时，怎样利用 GBHA 指示剂的性质调节溶液 pH 值？

参考文献

1. 武汉大学．分析化学实验[M]．第4版．北京：高等教育出版社，2001
2. 张利明等．无机化学实验[M]．北京：人民卫生出版社，2003
3. 赵慧春，申秀民，张永安．大学基础化学实验[M]．北京：北京师范大学出版社，2008
4. 申秀民主编．化学综合实验[M]．北京：北京师范大学出版社，2007
5. 朱湛，傅引霞．无机化学实验[M]．第1版．北京：北京理工大学出版，2007
6. 周公度，段连云．结构化学基础[M]．第3版．北京：北京大学出版社，2002
7. 朱文祥．中级无机化学[M]．第1版．北京：高等教育出版社，2004
8. 北京师范大学，华中师范大学，南京师范大学无机化学教研室．无机化学[M]．第4版．北京：高等教育出版社，2002
9. 辛剑，孟长功等．基础化学实验[M]．第1版．北京：高等教育出版社，2002
10. 谢晶曦．红外光谱——在有机化学和药物化学中的应用[M]．第1版，北京：科学出版社，2001
11. 钟山．中级无机化学实验[M]．第1版，北京：高等教育出版社，2003
12. 王伯康主编．综合化学实验[M]．南京大学出版社，2000
13. 龚良珍，虞大红．大学基础化学实验(Ⅱ)[M]．第2版．北京：化学工业出版社，2010
14. 大连理工大学无机化学教研室．无机化学实验[M]．第5版．北京：高等教育出版社，2006
15. 刘宝殿．化学合成实验[M]．第1版．北京：高等教育出版社，2005
16. 崔爱莉．基础无机化学实验[M]．第1版．北京：高等教育出版社，2007
17. 伊万·科热夫尼克夫．精细化学品的催化合成：多酸化合物及其催化[M]．第1版．北京：北京化学工业出版社，2005
18. 王恩波等．多酸化学概论[M]．第1版．长春：东北师范大学出版社，2009
19. 李梅君，徐志珍．无机化学实验[M]．第4版．北京：高等教育出版社，2007
20. 南京大学《无机及分析化学实验》编写组．无机及分析化学实验[M]．第4版．北京：高等教育出版社，2006
21. 徐家宁，门瑞芝，张寒琦．基础化学实验—无机化学和化学分析实验[M]．第1版．北京：高等教育出版社，2006
22. 范星河，李国宝．综合化学实验[M]．第1版．北京：北京大学出版社，2009
23. 章文伟．综合化学实验(南京大学)[M]．第1版．北京：北京大学出版社，2009
24. 四川大学化工学院．浙江大学化学系编 分析化学实验[M]．第3版，北京：高等教育出版社，2003.
25. 北京师范大学无机化学教研室等编．无机化学实验[M]．第4版．北京：高等教育出版社，2002.
26. 南京大学《无机及分析化实验》编写组．无机及分析化实验[M]．第3版，北京：高等教育出版社，1998
27. 南京大学大学化学实验教学组编．大学化学实验[M]．北京：高等教育出版社，1996.
28. 陈虹锦．实验化学(上册)[M]．北京：科学出版社，2003
29. 胡满成，汤发有主编．大学综合化学实验[M]．西安：陕西师范大学出版社，2009
30. 王尊本主编．综合化学实验[M]．北京：科学出版社，2003
31. 许金钩，王尊本主编．荧光分析法[M]．第3版．北京：科学出版社，2007
32. 沙艳梅，赵学沛，朱超英．容量法测定铅丹中四氧化三铅[J]．岩矿测试，2003，22(3)：231～234
33. 于海莲，胡震．过氧化钙的常温制备[J]．四川化工，2008，11(5)：1 ～ 3
34. 石娟，吴世华，王淑荣．从不同氧化态锡盐水热合成法制备纳米 SnO_2 粉体[J]．无机化学学报，2004，20(2)：199 ～ 201
35. 李元勋，何为，唐先忠，胡文成，王守绪．纳米二氧化锡的制备和特性测试[J]．实验科学与技术，2003，1(2)：61 ～ 63

36. 荆忠国，樊 刚，张德丰，宋群．纳米 SnO_2 材料制备技术研究进展[J]．南方金属，2007，5：5 ~ 7
37. 马艳然，于伯蕖，鲁秀国．从煤矸石中制备聚合氯化铝及应用研究[J]．化学世界，2004，45(2)：63 ~65
38. 李琦，孙根年，韩亚芬，陈素景．我国煤矸石资源化再生利用途径的分析[J]．煤炭转化，2007，30(1)：78 ~82
39. 孙立梅，游建南．聚合硫酸铁制备新工艺中分析方法的研究[J]．铀矿冶，2000，19(3)：199 ~204
40. 姜述芹，陈虹锦，梁竹梅等．三草酸合铁(Ⅲ)酸钾制备实验探索 [J]．实验室研究与探索，2006，25(10)：1194 ~1196
41. 王敬平，魏梅林，牛景杨．新型饱和 Dawson 结构杂多阴离子担载的钇(III)配合物的合成与晶体结构[J]．科学通报，2003，48(20)：2123 ~2126
42. 孙小梅，闪春霞等．修饰聚合物液 - 固亲和萃取体系连续分离铜(Ⅱ)、锌(Ⅱ)、钴(Ⅱ)、镍(Ⅱ)．分析化学，2002，30(2)：218 ~221
43. 李全民，耿新华，刘奇．硫酸铵存在下碘化钾 - 抗坏血酸 - 乙醇体系萃取浮选铜(Ⅱ)[J]．分析化学，2000，28(1)：64 ~67
44. 侯明，庞昌信．钴(Ⅱ) - 锌试剂 - 聚乙二醇 - 硫酸铵体系及其分析应用[J]．分析化学，2000，29(2)：258
45. 邓凡政，傅东祈，朱陈银．离子液体双水相萃取分光光度法测定铜[J]．冶金分析，2008，28(6)：29 ~32
46. 张秀敏，张曼．毛细管电泳分离技术的进展及其在蛋白质分离中的应用[J]．标记免疫分析与临床，2009，16(5)：326 ~ 328
47. 王咏梅等 毛细管区带电泳法测定食品中山梨酸、苯甲酸和糖精的含量[J]．食品科技，2007，6：227 ~ 227
48. 胡美珍，王文铮等．毛细管电泳法分离测定食品中山梨酸、苯甲酸和糖精[J]．上海师范大学学报(自然科学版)，2004，33(3)：63 ~ 65
49. 陈虹锦，马荔等．三氯化六氨合钴(Ⅲ)的组成测定方法探讨[J]．实验室研究与探索，2007，26(3)：30 ~ 31
50. 王尊本，郑朱梓，雷颖帆．蔬菜叶片中叶绿素 a 和叶绿素 b 的一阶导数分光光度法测定[J]．分析试验室，1994，13(2)：36 ~ 38
51. 黄贤智，许金钩，蔡挺．同步荧光分析法同时测定叶绿素 a 和叶绿素 b[J]．高等学校化学学报，1987，8(5)：418 ~ 420
52. 李耀群，丁爽，黄贤智，陈国珍．脱镁叶绿素 a 和脱镁叶绿素 b 的联合同步荧光分析法[J]．光谱学与光谱分析，1992，12(2)：43 ~ 46
53. 袁建明，张义明，史贤明等．高效液相色谱测定藻类中的类胡萝卜素和叶绿素[J]．色谱，1997，15(2)：133
54. 杨敏文．分光光度法测定叶片叶绿素 a、叶绿素 b 和类胡萝卜素含量[J]．化学教学，2000，8：44
55. 王尊本，郑朱梓，欧阳丽丽．导数分光光度法同时测定叶绿素 a 和叶绿素 b[J]．分析化学，1992，20(8)：987
56. 何立芳，林丹丽，李耀群．同步荧光分析法的应用及其新进展[J]．化学进展，2004，16(6)：879 ~ 882
57. 相启森，岳田利等．超声波辅助法提取苹果渣中总黄酮的研究[J]．食品研究与开发，2009，30(8)：80 ~ 83
58. 马亚琴等．超声波辅助提取植物活性成分的研究进展[J]．食品科学，2010，31(21)：459 ~ 463
59. 胡静丽等．杨梅叶黄酮类化合物最佳提取工艺研究[J]．食品科学，2003，24，1：96 ~ 99
60. 任静等．超声波萃取苹果渣中总黄酮工艺的研究[J]．中成药，2003，25(9)：761 ~ 762
61. 李红，张元湖．苹果果实中总黄酮的提取方法优化研究[J]．山东农业大学学报，2003，34(4)：471 ~ 474

62. 黄晓东. 火焰原子吸收法测定大豆渣中的铁、铜、锰、锌[J]. 粮油食品科技, 2004, 12(3): 40 ~ 41
63. 任健敏, 彭珊珊等. 火焰原子吸收法测定大豆和豆制品中铁、锌、铜、铬和镍[J]. 光谱实验室, 2006, 23(2): 314 ~ 315
64. 肖学明, 黄晖, 郭玉萍. 5 – Br – PADAP 浊点萃取分光光度法测定水样中的痕量铜[J]. 宝鸡文理学院学报, 2008, 28(1): 37 ~ 40
65. 王坚刚, 林建原. 浊点萃取技术的应用[J]. 广东微量元素科学, 2009, 16(3): 17 ~ 20
66. 邓勃. 浊点萃取在原子吸收光谱分析中的应用进展[J]. 现代仪器, 2010, 2: 1 ~ 10
67. KumarAnil, Kumar Jain Arvind. Photophysics and photochemistry of colloidal CdS – TiO_2 coup led semiconductors – photocatalytic oxidation of indole[J]. J. Mol. Catal. A: Chem, 2001, 165 : 265 ~ 273
68. Rominder P S Suri, Liu Junbiao, Crittenden J C, et al. Removal and Destruction of Organic Contaminants in Water Using Adsorp tion, Steam Regeneration, and Photocatalytic Oxidation: A Pilot – Svale Study[J]. Journal of the Air and Waste Management Association, 1999, 49(5): 1246 ~ 1248
69. Freire, Renato S, Kubota, et al. Application of Self – assembled Monolayer – based Electrode for Voltammetric Determination of Copper[J]. Electrochimica Acta, 2004, 4922: 3795 ~ 3799
70. Xia J. A Novel Voltammetric Method for the Direct Determination of Copper in Complex Enviromental Samples [J]. Anal Sci, 2004, 20(7): 1037 ~ 1041
71. Brown A. P., Anson F. C. Cyclic and Differential Pulse Voltammetric Behaviour of Reactants Confined to the Electrode Surface[J]. Anal. Chem., 1977, 49: 1589 ~ 1595
72. Antiochia Riccarda, Lavagnini Irma, Magno Franco. Electrocatalytic Oxidation of NADH at Single – Wall Carbon – Nanotube – Paste Electrode: Kinetic Consideration for Use of a Redox Mediator in Solution and Dissolved in the Paste[J]. Analytical & Bioanalytical Chemistry, 2005, 381(7): 1355 ~ 1361
73. Girousi S Th., Gherghi I Ch., Karava M K. DNA – Modified Carbon Paste Electrode Applied to the Study of Interaction Between Rifampicin (RIF) and DNA in Solution and at the Electrode Surface[J]. Journal of Pharmaceutical & Biomedical Analysis, 2004, 36(4): 851 ~ 858
74. Brown A. P., Anson F. C. Cyclic and Differential Pulse Voltammetric Behaviour of Reactants Confined to the Electrode Surface[J]. Anal. Chem., 1977, 49: 1589 ~ 1595
75. Clark, L. C., Jr., C. Lyons. Electrode systems for continuous montioring in cardiovascular surgery[J]. Academical Science, 1962, 102: 29 ~ 45
76. Huo Q, Margolesc D I, Ciesla U, et a1. Organization of organic molecules with inorganicmolecular species into nanocomposite biphasc arrays[J]. Chem Mater, 1994, 6: 1176 ~ 1191
77. Yada M, Hiyoshi H, Ohe K, et a1. Synthesis of aluminum – based surfactant mesophases morphologically controlled through a layer to hexagonal transition[J]. Inorg. Chem., 1997, 36: 5565 ~ 5569

